骨硬度学

Bone Hardness

主　编　张英泽

副主编　侯志勇　张晓娟　于腾波　陈　伟

编　委　（以姓氏汉语拼音为序）

胡祖圣　李　升　刘国彬　刘雅克

王建朝　吴卫卫　殷　兵

绘　图　付　蕾　杨思繁

人民卫生出版社

·北　京·

主编简介

张英泽　院士

中国工程院院士,河北医科大学教授、博士研究生导师,科罗拉多大学、陆军军医大学、华南理工大学等国内外 11 所大学的客座教授。曾任河北医科大学副校长、河北医科大学第三医院院长。现任河北医科大学第三医院名誉院长、河北省骨科研究所所长。兼任中国医师协会副会长、中国医师协会骨科医师分会会长、中国康复医学会修复重建外科专委会主任委员、中华医学会骨科学分会主任委员、河北省医师协会会长、河北省保膝学术研究会会长;《中华老年骨科与康复杂志》总编辑,*Journal of Bone and Joint Surgery*(JBJS)中文版主编,《中华外科杂志》《中国矫形外科杂志》《中国临床医生》杂志、《中国骨与关节杂志》和《临床外科杂志》和 *Orthopedics* 副总编辑。

张英泽院士一直致力于复杂骨折(包括关节内骨折)闭合复位微创固定的相关研究。主持、参与省部级以上课题 40 余项。培养博士研究生、硕士研究生 170 余名。原创性地提出了骨折顺势复位固定理论、骨折仿生固定理论、不均匀沉降理论等十余项创新理论,研发了系列微创复位固定技术、器械和内固定物;完成了我国首次骨折发病率的流行病学调查,创建了世界上样本量最大的骨折流行病学数据库,文章以论著形式发表在 *Lancet* 子刊 *Lancet Global Health*(IF=18.705)。以通讯作者和第一作者发表 SCI 收录论文 180 余篇。获得授权发明专利 70 余项、美国发明专利 5 项,进行成果转化,获批 12 项注册证。作为第一完成人荣获国家技术发明奖二等奖 1 项、国家科学技术进步奖二等奖 2 项、中华医学科技奖医学科学技术奖一等奖 2 项。2015 年荣获何梁何利基金科学与技术进步奖,2016 年入选国家高层次人才特殊支持计划领军人才("万人计划")。主编、主译学术专著 38 部,在德国 Thieme 出版社和 Springer 出版社出版英文专著 5 部。

自 序

世界上最古老的骨骼系统标本，是由近代解剖学之父维萨里捐赠给巴塞尔大学的，并保留至今，同时此举也揭开了人体骨骼解剖学的序幕。但由于定义不清和重复计算，维萨里的《人体结构》将全身骨骼数量定义为304块。历经数百年发展，Henry Gray 于1858年出版了第一版《格式解剖学》。在这本书中，他把成人骨骼定义为206块，剔除了牙齿，给出了条理分明的解释。跨越163年历史长河，经过42版更新，该结论经久不衰、沿用至今。经过数代人的努力，解剖学已经从宏观大体解剖发展到微观组织形态学解剖，这些研究对人类医学的发展与进步起到了巨大的推动作用。

人体的骨骼系统一方面是人体运动系统的主要组成部分，参与构成人体骨架、维持人体正常形态、使肌肉附着带动肢体运动、保护内脏器官、颅腔等；另一方面参与机体的新陈代谢、调节血液电解质浓度、维持内环境动态平衡。骨骼系统是人体中最为核心、最坚硬的器官；同时，也是一个有生命、能运动的器官，具备良好适应性，能够再生和自我修复。

骨骼的生理学和生物学特性，特别是力学特性一直以来都是国内外学者感兴趣及研究的领域。无论口腔科、头颈外科、胸外科、骨科及眼科等，都与骨骼的形态学、组织学有着密切的关联。人的容貌、生活和工作以及病理性疾病，譬如肿瘤、畸形、损伤等，无不与骨骼的生理、生物学特性息息相关。但由于人体骨骼系统具有十分复杂的层级结构以及繁复的自我更新和转换的能力，加上遗传、变异、地域、日照、种族、饮食、营养、生活、工作方式、运动强度以及居住环境等因素造成的个体差异性，使得人体骨骼系统的力学特性未能得到系统全面的研究。

从临床大体解剖到骨骼断层扫描，人们一直都试图揭开骨骼的奥秘，唯独无人对非常重要的骨骼硬度进行系统性研究。我们团队组织了7位博士用了将近7年时间在燕山大学田永君院士的国家级材料学重点实验室对骨骼硬度用维氏法进行了系统性研究，在人体全身骨头上取了3 897个区域，得出了19 995个数据。既找到了骨骼硬度的普遍规律，即骺区是同一骨骼的硬度薄弱区，并且与骺闭合时间成正比，即愈合越早，相对强度越大；愈合越晚，相对强度越弱。并且发现，同一个骺区男人较女人体积大。同时，也得到了一些个性结论，即胫骨中下1/3是全身骨骼最硬区域。

本书共计 19 章,将全身骨骼分为中轴骨和附肢骨,根据部位的不同,进行分类总结。依次为肱骨、尺桡骨、股骨、胫腓骨、脊柱、骨盆环及髋臼、手部、足部、髌骨、锁骨、肩胛骨、胸骨和肋骨、颅骨共计 13 章,大到全身硬度分布趋势,小到每一层面硬度分布规律,都进行了详细描述和探讨。解开了人体自身骨骼硬度变化情况的奥秘,对于指导骨科、头颈外科、胸外科等相关科室的临床手术,特别是内固定技术,还有法医学鉴定等均有重要意义。

骨骼硬度对于探讨一些骨骼代谢疾病引起病理性骨折的发生机制,进一步理解正常人体外伤性骨折的发生部位和类型以及骨折愈合的生物学行为很有益处。同时骨骼显微硬度作为重要的一项评估骨骼微观力学性能的指标,有望广泛应用在骨质疏松的药物试验及评价药物疗效方面的科研项目中,能够进一步阐明一些骨骼代谢性疾病的发病机制(如骨质疏松和骨关节炎),结合骨密度将进一步揭示骨骼的显微结构的构成,更好地评估骨折发生的风险,起到更全面的预测骨骼质量的作用。全身人体骨骼显微硬度研究填补了国人显微压痕硬度研究领域的空白。目前的 3D 打印技术通常是基于医学影像学图像获取骨组织的几何和结构信息,而没有考虑到骨组织的材料性能的差异。理想的内植物必须是在形态和材料力学性能上与人体任何解剖部位的骨骼都能达到完美相似,才算真正意义上的完美仿生,进而满足骨骼在人体内承受载荷和应力传导的功能。该研究结果会对未来 3D 打印、仿生骨设计以及更加符合我国人体的定制型假体等内植物的设计提供科学依据和指导。

这本书为临床手术、影像等相关科室的临床医生和法医提供了科学的数据。这本书图文并茂,不同部位的数据便于查找,是广大相关科室医生及学生的一本案前必备之书。

2021 年 6 月

前　言

　　人体解剖学是医学的基础，没有人体解剖学的奠基，就不可能有现代医学的今天。随着科技的不断进步，特别是显微镜的出现，人体解剖学从最初的宏观解剖学进入了宏观与微观并存发展的时代。电子显微镜的应用，使得解剖学进一步进入超微观，最后进入细胞解剖时代。这些为医学科学发展做出了巨大的贡献，但临床诊断、治疗与宏观解剖学密不可分，我们在宏观解剖方面还有一些被人们忽略的角落，特别是宏观与微观结合的领域，人类研究、开发的还不充分。如人体 206 块骨骼在 1858 年第一版《格氏解剖学》中已明确指出，但越来越多的证据表明，不同肤色人种的骨头数量不完全一致。人类知道骨骼的存在，但对于骨骼生物力学分布却缺乏系统性研究。关节置换、骨折内固定、骨折畸形矫形、骨肿瘤切除后材料支撑及固定、缺损部位材料的填充、骨板修复等大型手术操作均需要了解骨骼的生物力学特征，以便于研发与人体骨骼弹性模量接近或一致的材料及内植物。骨骼硬度是能够综合反映骨材料强度、韧性、塑性和弹性等力学性能的综合指标，应力差异会导致不同解剖部位的骨骼硬度不同。

　　Ward 在 1838 年提出"Ward 三角区"理论，即内侧骨小梁系统和外侧骨小梁系统在股骨颈交叉中心区形成的一个三角区，由主要张力小梁、主要压力小梁及次要压力小梁三种小梁形态围成。但该理论未对张力小梁、压力小梁的形成机制、时间进行系统性深入研究。基于 Ward 三角区、股骨硬度分布规律、影像学资料数据库和多年临床经验，我们提出：股骨头、颈及转子间骨小梁三角区远大于 1 个（见封面绘图），即在股骨头、颈及转子间骨小梁三角区存在数个"宏观三角"和无数个"微观三角"，并将多个三角区命名为"张氏 N 三角理论"。这些三角衍生结构对于股骨近端骨性结构稳定性具有重要生理意义。"张氏 N 三角理论"符合三角支撑固定原理，验证了应力差异导致不同解剖部位骨骼硬度差异。与骨硬度分布规律一并，对于骨折后内固定物的设计、研发、植入具有启发和指导意义。

不同部位的骨骼其形态、曲度和角度各不相同，我们团队正在开展系统性测量研究。与此同时，骨骼硬度的研究正处于实验和临床研究阶段，为进一步系统性研究人体自身骨骼硬度变化规律，经全体编写人员和出版社的共同努力，《骨硬度学》与广大读者见面了。

本书编写过程中，我们秉承以下初衷：①书中对人体全身骨骼进行系统、有效地测量，大到全身硬度分布趋势，小到每一层面硬度分布情况都有具体描述；②全身骨骼按部位进行划分，各章节格式统一，方便临床手术科室及影像等相关科室医师和法医按章查阅；③本书对全身骨骼的硬度分布尽可能给予讲述，但主要从硬度测量值分布情况出发，而不从基础医学生物学角度进行深入论述。

《骨硬度学》得以出版，得到了河北医科大学第三医院、燕山大学、青岛大学附属医院的支持及积极参与。本书中每个章节均由年轻医师协助处理文字及电子排版工作，是所有参编人员共同努力的结果。由于编写内容较多，时间仓促，难免有不足之处，望各位读者不吝赐教，提出宝贵意见，以便再版时改进。

河北医科大学第三医院

2021 年 6 月

致　谢

本书的出版要感谢燕山大学材料学院田永君院士,感谢他对"人体骨硬度系列研究"的全力支持,感谢他为河北医科大学第三医院张英泽院士团队研究人员提供了其所有的条件,从硬度测量的思路、实验指导人员到实验仪器。感谢他的团队——国家级材料学重点实验室的全体同人,可以说没有他们,就没有《骨硬度学》这本书的出版。

感谢燕山大学材料学院国家重点实验室的每一位老师,在我们团队有困难的时候总是提供无私的帮助:从实验场地的建设到实验条件的准备给予了我们最大的便利;从仪器的使用到实验的安排给予我们最大的帮助;在实验出现困难,比如仪器出问题时想尽各种办法帮我们解决。

感谢燕山大学材料学院国家重点实验室的研究生们,在此,我不能一一列举他们的名字来表达我们的感激之情,感谢他们给予我们团队的帮助和关心。在我们实验最困难最需要帮助的时候,他们总是第一时间放下自己的工作,无私地为我们付出一切。在我们心情低落时为我们分忧,在我们信心不足时给我们打气,从生活的点点滴滴中给我们帮助、给我们鼓励,难忘我们在一起时的欢乐时光,便留一路笑声洒落在山海关的脚下。

2021 年 6 月

目　录

第一章

总　论

第一节　骨硬度概念

硬度通常指的是材料抵抗另一物体压入其表面的能力。硬度不是一个简单的物理概念,而是反映材料弹性、塑性、强度和韧性等力学性能的综合指标。

骨骼硬度指的是骨骼局部抵抗硬物压入其表面,并形成永久压痕的能力。研究发现骨骼强度受到结构特性和材料特性的影响。骨组织的硬度是评估骨质量和骨强度的一个重要的生物力学性能的评价指标。骨组织的硬度,以下简称为骨硬度。自20世纪20年代以来,大量文献研究将骨硬度定义为一项评价骨组织生物力学性能的参考指标,同时也是评价骨质量的重要指标。

人体骨组织生物力学研究对于熟知人体解剖结构、骨骼病变、损伤、骨折创伤修复有着至关重要的作用,因此近年来骨硬度受到了骨科、材料学、生物工程等相关学科学者的关注。随着该研究领域的不断深入,骨硬度的研究从大体到宏观再到微纳观,进而有了骨骼宏观硬度、微观硬度(显微硬度和纳米硬度)的分类。

第二节　骨骼系统的力学特性

一、骨的基本概念

(一)骨的功能

人体的骨骼系统一方面是人体运动系统的主要组成部分,参与构成人体骨架、维持人体正常形态、使肌肉附着带动肢体运动、保护内脏器官、颅腔等;另一方面参与机体的新陈代谢、调节血液电解质浓度(如钙离子、氢离子、磷酸氢根离子)、维持内环境动态平衡。

(二)骨的形态

人体共有206块骨头,依据所在部位可以分为:颅骨、躯干骨和四肢骨。依据形态可以分为:长骨、短骨、扁骨和不规则骨。长骨呈管状,如股骨;短骨类似正方体,承压又能动,如腕骨;扁骨呈板状,如枕骨;不规则骨如椎骨。不同形态的骨是长期自然演变的结果,它符合最优化原则,即用最小结构材料承受最大外力,同时还具有良好的功能适应性。

(三)骨的成分

骨骼系统是人体最坚硬的器官,由骨膜、骨质和骨髓等成分构成。骨质主要是由骨组织(osseous tissue)构成,胚胎时期中胚层间充质发生形成骨组织,在骨组织的内外表面均覆盖有骨膜(骨髓腔面),骨膜是一种致密的结缔组织膜,由纤维结缔组织构成,薄而坚韧,按部位分为骨内膜和骨外膜。骨组织是一种由细胞和细胞外基质组成的坚硬的、动态的、特殊的结缔组织,由多种细胞和大量钙化的细胞间质构成。

骨组织由细胞和细胞间质组成。构成人体骨骼的细胞主要包括骨细胞、成骨细胞、骨祖细胞和破骨细胞,其中以骨细胞数量最多,位于骨基质内部;其余3种细胞位于骨质边缘。钙化的细胞外基质(extracellular matrix,ECM)被称作骨基质(bone matrix)。大量的骨盐沉积于骨基质中,使得骨组织成为人体最坚硬且又有一定韧性的结缔组织。

(四)骨的结构

微观上,构成骨基本结构的单位为骨单位,又称哈弗斯系统。宏观上,骨组织在骨内有2种存在形式:密质骨和松质骨,其差别主要是骨板的排列形式和空间结构。密质骨又称皮质骨,质地坚硬而致密,耐压性和抗弯曲强度强,由紧密排列的骨板构成,多位于骨的表层;松质骨弹性较大,结构疏松多孔,孔内含有

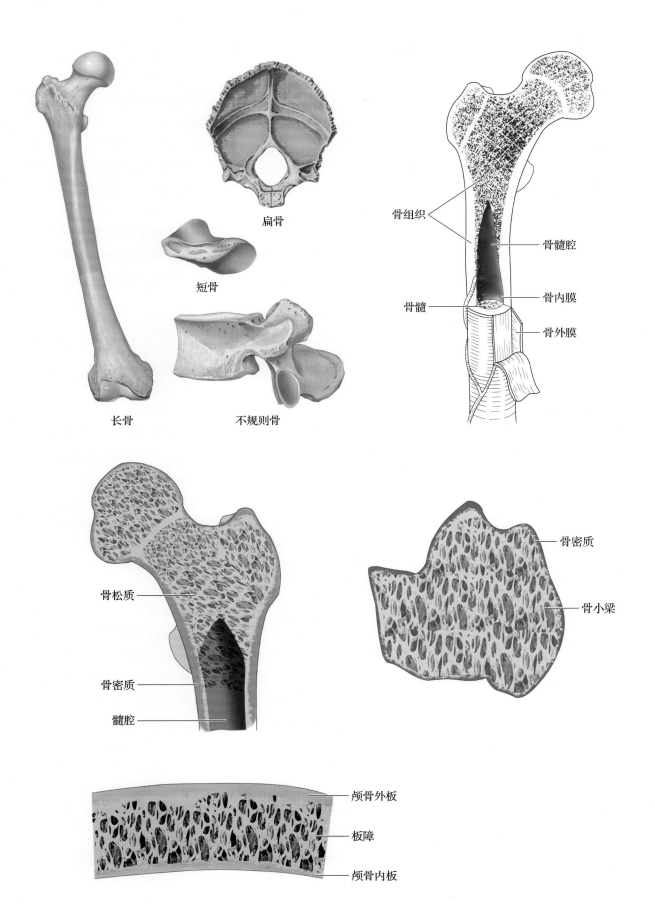

扁骨

短骨

长骨

不规则骨

骨组织

骨髓腔

骨髓

骨内膜

骨外膜

骨松质

骨密质

髓腔

骨密质

骨小梁

颅骨外板

板障

颅骨内板

骨髓,位于骨的深部,由诸多骨小梁构成。

二、骨的力学性质

骨骼系统是一个有生命、能运动的器官。骨是一个良好适应性材料,能再生和自我修复;并且是一种黏弹性材料。骨的力学性质包括 4 个基本概念:骨强度、骨刚度、骨韧性和骨稳定性。

(一)骨强度

强度是生物材料或非生物材料组成的构件抵抗破坏的能力,骨骼强度即骨抵抗骨折的能力。骨强度越高,发生骨折的可能性越小。然而,由于骨在不同受力环境下表现出的特性不同,所以"骨强度"难以用某一个单一的力学概念描述。强度的概念包括多个方面,如抵抗压缩(抗压强度)、抵抗拉伸(抗张强度)、抵抗剪切力(抗剪强度)的能力,韧性(延吸收能量发生非塑形形变而不受到破坏的能力),抵抗裂痕生成及延伸的能力(断裂韧性),以及抗疲劳的能力。骨强度不仅决定于骨材料本身的性质,还与骨量、骨的形状及内部结构密切相关。骨强度主要与骨的材料特性、骨量、骨组织的分布和骨的几何形态有关。骨硬度与骨强度密切相关。

(二)骨刚度

刚度是生物材料或非生物材料组成的构件抵抗变形的能力。骨的刚度则被定义为骨组织在负荷后对抗变形的能力。骨的刚度使得骨具备支架作用,以支撑保护柔软的器官,并为运动创造条件。

(三)骨韧性

韧性是生物材料或非生物材料组成的构件在外力作用下发生断裂前所能达到的最大变形程度。骨作为一种材料在发生骨折前能够吸收的总能量的大小,即骨韧性。韧性表现了骨对骨折的抗性,但它并不能说明骨是否容易出现不可逆形变,即塑形形变。理论上讲,韧性大的骨也可能存在较小的屈服点,即容易早期出现微损伤,但较难发生骨折,相反亦然。

(四)骨稳定性

稳定性是生物材料或非生物材料组成的构件保持其原有平衡形态的能力。骨稳定性即骨骼系统维持原有平衡形态的能力。

三、骨的力学性能

人体骨组织从胶原蛋白分子与矿物质晶体、胶原原纤维、胶原纤维、骨板、骨单位、密质骨和松质骨到整个骨骼共七级等级分层结构;是一种由有机质和无机质构成的、拥有生命活性、可以实现不断自我更新、具备高度复杂的七级等级结构的天然复合不均质材料。这种生物材料由胶原蛋白、矿物质和水三种主要成分组成,其中矿物质含量、分布和水分与骨组织的硬度密切相关,胶原蛋白与组织的韧性、弹性密切相关。

骨的有机成分使得骨组织具备一定的弹性和韧性,而无机成分使骨有一定的硬度。随着自然演变,骨组织不仅有着年龄性变化,还可以随其自身承载压力的不同进而发生改建,以保证骨骼对机体的支持、负荷并起到保护内脏器官的功能。为了符合并适应骨骼系统的负重、运动、力学等功能的需要,人体骨骼系统中无机质和有机质的紧密结合使得骨组织具有了既坚硬又兼备韧性和弹性的特点。骨组织中胶原纤维有规律的分层排列,各层胶原纤维与基质共同构成薄片状骨板(bone lamella),同一骨板内的胶原纤维平行排列,而相邻的骨板间的纤维则呈相互垂直状态,进而形成一种类似于多层胶合板结构。骨组织的这种分层结构使得骨组织具备一定的强度和硬度,有效地增强了骨组织的支撑功能。

由于人体骨骼系统具有十分复杂的分层机构,不同解剖部位在运动系统中承担的功能不同,因此有着不同的生物力学需要,而骨组织又是一种能够根据自身所处力学环境的需要进行结构改变、具备良好适应能力的一种"神奇组织"。一方面,骨需要足够的硬度才可以维持人体骨架形态并完成支撑体重、保护内脏器官的重要生理功能;另一方面,骨又必须要有一定程度的弹性,以利于在运动过程中吸收能量,使得正常骨骼不至于受到轻微外力而发生骨折。

力学作用下骨组织的改变一直以来都是国内外学者感兴趣及研究的领域,但时至今日,由于骨组织等级结构的高度复杂性以及繁复的可自我更新的骨骼重建及转换的代谢活动,加上遗传、变异、地域、日照、种族、饮食、生活、工作方式、运动强度以及居住环境等因素造成的个体差异性,使得人体骨骼系统的力学性能未能得到系统全面的研究。1638年意大利科学家伽利略首次发现负重与骨骼形态有关。Bell于1834年研究发现骨组织通过自身改变,使用尽可能少的材料以适应并承担自身载荷。1838年Ward研究发现增加压缩载荷会促进骨骼形成。Meyer于1867年提出骨外部形态和内部接受与其自身所承载的载荷大小、方向有关。1867年瑞士学者发现骨内部结构和外部形态均与承载大小、方向有关。德国医学博士Wolff于1892年提出了著名的Wolff定律,即骨结构与功能适应性定律。骨骼系统力学是生物力学的重要分支,其力学性能一直都是国内外学者感兴趣及研究的热点课题。没有合理的骨骼结构,人体不可能完成诸多精巧的运动。骨是人体内最坚硬的系统,力学性质与一般工程材料接近。骨是一种动态的、有生命的、在发育中生长的组织,其结构形成受到包括遗传、营养、生活方式等因素的影响。除此之外,骨的力学功能适应性是骨的一个十分重要的特性。在骨的结构和承载问题上,骨有着最优化的形状和结构。骨亦可自身修复,随着其承载应力应变的不同进而改变其性质和外形,进行外表和内部的再造等。由于骨组织的结构十分复杂,对这种生物材料进行力学特性的研究,无疑是具有实际意义的。因为它不仅可以使我们深度认识不同层级结构下骨的力学特性,而且由此将对力学学科的发展和新型材料的研究产生影响。骨具备生命力,所以对这种具有特殊组织结构生命体的研究,实际上是开拓了一个崭新的学科领域。我们寄希望于通过骨硬度的研究,从而进一步揭示生命的奥秘。

第三节　骨硬度的研究历史和现状

随着骨骼力学性能检测设备的不断发展,人们对骨骼的研究由宏观走向了微观与纳米观并做出了很多努力。Lexer于1929年使用一个大小为1/8英寸(1英寸等于25.4mm)的钢球在骨骼表面压入并形成肉眼可见的压痕,首次在全世界报道了人体骨骼系统宏观硬度并完成骨骼宏观硬度测量。其中具有代表性的研究之一为1954年Carlström首次测试人体骨骼显微压痕硬度值并提出显微骨硬度值与骨矿化程度有关。Amprino、Engström、Weaver分别于1956年、1958年、1966年利用显微压痕技术测量了动物的骨骼硬度并探讨其在加热及干燥等处理条件下骨组织显微压痕硬度变化情况。Hodgskinsoni于1989年首次提出密质骨和松质骨在骨硬度和矿物质含量方面存在差异,松质骨生物力学性能可以通过松质骨骨硬度反映。Katoh于1996年研究发现人体髋骨不同方位不同解剖位置的松质骨骨硬度存在差异,并首次提出可以根据人体髋骨不同部位骨硬度来设计研发更加符合人体生理功能的髋骨假体。Johnson于2007年提出影响骨骼显微压痕硬度测量的因素。Diez Perez和Güerri Fernández分别于2010年和2013年研究报道了在体应用显微压痕测量仪测量评价人体骨骼材料性能。同期,Ohman通过对一具老年捐献者尸体的四肢长骨进行显微压痕硬度测量研究,发现骨硬度与组织类型有关。骨显微压痕硬度的研究受到越来越多的学者的重视。

Wolff定律指出由于人体骨骼复杂的分层结构,不同的解剖位置在人体骨骼运动系统中承担的功能不同,以此适应人体不同的生物力学功能需要。与此同时,人体骨组织能够根据力学环境需要进行结构改变,从而更好地适应满足自身需要。骨既需要坚硬,完成维持人体骨架形态并支撑体重、保护内脏器官的重要生理功能；又要拥有适当的弹性，以便在运动过程中吸收能量，避免正常骨骼受到轻微外力而骨折等不良事件发生。截至目前，临床上难以直接测量活体人体骨骼的骨强度，临床上各种骨量测定方法是用来诊断骨质疏松症、流行病学调查研究、药物治疗效果的观察等。对骨组织的测量方法主要有：骨密度测定法、骨强度测定法、骨显微结构测量分析、骨形态计量法等。

截至目前，全世界尚未有关全身骨骼系统显微压痕硬度分布情况的系统研究报道。河北医科大学第三医院张英泽院士于 2014 年 12 月首次提出中国人体骨骼显微压痕硬度系统测量研究计划，用以全面系统揭示中国人体骨骼显微硬度的分布规律，描绘中国人体全身骨架的硬度分布图。

第四节　骨硬度研究意义

骨强度反映骨骼的两个主要方面，即骨矿物质密度和骨质量。骨密度是诊断骨质疏松的金标准。大量的研究表明骨密度只能反映 60%~70% 骨强度变化。在骨质疏松骨折及非骨折病人之间，骨密度值有很大的重叠。有时候，尽管骨密度在增加，但骨质疏松引起的骨折的危险性也在增加。骨量和骨质量是影响骨强度两个独立的因素。骨质量是反映骨强度的另外一个重要因素，除了骨密度，骨髓性质、骨组织代谢转换率、骨微结构、骨有机基质及矿物成分、微骨折及骨折修复能力等均影响骨强度，这些骨量之外影响骨强度的因素称为骨质量，反映了骨骼除骨量之外的生物力学特征。骨质量与骨质疏松引起脆性骨折的发生密切相关，骨质量是骨脆性的决定因素，可独立于骨密度而起作用，甚至比骨量更加重要。评估骨折风险时需考虑骨质量、骨微结构的影响，近期越来越多的文献表明骨量、骨的几何形状、骨骼大小是骨骼强度和骨骼脆性的重要预测因子。骨的几何形状包括骨长度、横断面大小、中轴直径等情况。

人体骨骼是人体运动系统的主要组成部分，构成人体的骨架，具有支撑人体，保护内部器官，完成运动，参与机体矿物质代谢、造血以及维持内环境平衡的重要功能。人体骨骼的生物力学性能一直是国内外同行研究的重要课题。骨组织硬度，以下简称骨硬度。自 20 世纪 20 年代以来，大量的文献研究均将骨组织硬度视为骨组织的生物力学性能参考指标，同时也是评价骨质量的重要指标，人体骨组织生物力学研究对于认识人体骨骼病变、损伤及骨折创伤修复过程有着不可替代的作用，因此其在骨科以及生物工程等相关学科科研中具有非常突出的作用。随着在该领域研究的不断深入，研究从大体到宏观再到微纳观，因此有了骨骼宏观硬度、微观硬度亦称为显微硬度和纳米硬度的分类。这些有关骨组织硬度的研究文献几乎全部集中在欧美国家 SCI 论文中，国内文献中关于骨组织硬度虽有少量提及，但均与骨组织强度、韧性以及刚度（stiffness）有所混淆，没有具体表达，更谈不上具体研究成果。国内以河北医科大学第三医院张英泽院士领导的科研团队在国内率先提出人体骨骼硬度的系统研究计划。

骨骼硬度对于研究一些骨骼代谢疾病引起病理性骨折的发生机制，进一步理解正常人体外伤性骨折的发生部位和类型以及骨折愈合的生物学行为很有益处，同时骨骼显微硬度作为重要的一项评估骨骼微观力学性能指标，广泛应用在骨质疏松的药物试验及评价药物疗效方面的科研项目中。骨硬度结合骨密度将进一步揭示骨骼的显微结构的构成，更好地评估骨折发生的风险，起到更全面的预测骨骼质量的作用。

在体参考点显微压痕技术（reference point indentation，RPI）在人体能够敏感地捕捉到类固醇激素导致的骨质疏松症的骨质量改变，而这种改变不能从骨密度上反映出来。应用手持式参考点压痕装置可以用来在体评估骨组织材料强度。

我们的全身人体骨骼显微硬度研究填补了国人显微压痕硬度研究领域的空白。目前的 3D 打印技术通常是基于医学影像学图像获取骨组织的几何和结构信息，而没有考虑到骨组织的材料性能的差异。

因为人体不同部位所承受的应变是不同的,如果用单一材料制成的人体仿生骨、假体等内植物在体内非均匀应变的承载下就会导致在高应变区域出现微损伤、微裂隙,从而导致其很快失败。

因此,理想的内植物必须是形态和材料力学性能上与人体任何解剖部位骨骼都达到完美相似,从而达到真正意义上完美仿生,这样才能满足体内承载和应力传导的功能。骨硬度的研究结果会对未来 3D 打印、仿生骨设计以及定制更加符合我国人体特点的假体等内植物提供科学依据和指导。

第五节　硬度测量方法

一、布氏硬度

布氏硬度(Brinell hardness),记作 HB,应用范围是 8~450 布氏硬度值。是目前硬度测试中应用频率较多的一种静态压入硬度参数。布氏硬度是由瑞典工程师布里涅耳于 1900 年提出的。布氏硬度指的是用一定直径的钢球以指定的载荷垂直压入试样表面,并保持一定的时间后卸载,最后测量试样上留下的压痕直径的大小,根据压痕直径代入公式得出单位压痕面积上所承受的平均应力,即 HB 值。布氏硬度测量所测得的硬度值精确度高,且操作流程和技巧易于掌握,其测量的方式有很高的可重复性,测量结果具有可比性。其中压痕直径的测量误差为布氏硬度值的主要误差来源。测量的结果的精确性受到测量工作者对此方法的熟练程度和压痕形状的清晰度的影响。因此测量时需要测量者熟练掌握操作流程,尽可能减少测量误差。

二、维氏硬度

维氏硬度(Vickers hardness),记作 HV。应用范围是 8~1 000 维氏硬度值。维氏硬度试验方法是英国史密斯(R. L. Smith)和塞德兰德(C. E. Sandland)于 1925 年提出的。英国的维克斯 - 阿姆斯特朗(Vickers-Armstrong)公司试制了第一台以此方法进行试验的硬度计。维氏硬度因此而得名。和布氏、洛氏硬度试验相比,维氏硬度试验测量范围较宽,从较软材料到超硬材料,几乎涵盖各种材料。

维氏硬度的测定原理基本上和布氏硬度相同,也是根据压痕单位面积上的载荷来计算硬度值。所不同的是维氏硬度试验的压头是金刚石的正四棱锥体。试验时,在一定载荷的作用下,试样表面上会留下一个四方锥形的压痕,测量该压痕的对角线长度来计算压痕的表面积,载荷除以压痕表面积的数值就是试样的硬度值。维氏硬度测量法所用的压头是金刚石正四棱锥,它的两相对面间的夹角为 136°,载荷有5、10、20、30、50、100 千克力等几种。该方法的测量精确度在静态力硬度测试方法中最高。该方法对产品的质量和操作者的规范操作要求高。载荷力的大小选择和试样的湿度对测量结果有显著影响。维氏硬度的测量精确度在静态力硬度测试方法中最高,但其受到试验力的大小、加载速度和试验力的保持时间等诸多因素的影响。

三、洛氏硬度

洛氏硬度(Rockwell hardness),记作 HR。通常 HB 值大于 450 时可用此方法测量硬度。这种硬度测定法是美国的洛克韦尔于 1919 年提出的。洛氏硬度所采用的压头是锥角为 120° 的金刚石圆锥或直径为 1/16 英寸(1 英寸等于 25.4mm)的钢球,并用压痕深度作为标定硬度值的依据。目前静态试验中常常使用。其测试原理是用钢球或金刚石圆锥体通过一定的力量压入试样的表面,通过测量试样表面留下的压痕深度来计算试样的硬度值。布氏硬度和洛氏硬度都反映的是压入硬度。

四、肖氏硬度

肖氏硬度（Shore hardness），记作 HS，由英国人肖尔（Albert F. Shore）于 1906 年研究淬火钢的硬度测定法时提出的。肖氏硬度测定法的测量原理是：用重量为 1/12 盎司（1 盎司等于 28.35g）的带有金刚石圆头或钢球的小锤，从 10 英寸的高度自由落下，使小锤以一定的动能冲击试样表面。小锤的部分动能转变成试样表面塑性变形功而被消耗；另一部分转变为弹性应变能被试样储藏。试样弹性变形恢复时释放出能量，使小锤回跳一定高度。被测物越硬则弹性极限越高，储藏的弹性应变能越多，小锤回跳得越高。因此肖氏硬度又称为回跳硬度。回跳硬度以小锤回跳高度进行分度。回跳硬度数只能在弹性模量相同的材料之间进行比较，否则就会得出橡皮比钢更硬的结论。压入硬度的测量属于静力测定法，而回跳硬度的测量则属于动力测定法。

五、显微硬度

显微硬度（Microhardness），记作 HM，又称为显微压痕硬度测试（Micro-indentation hardness test）。又根据压头的形态不同分为维氏显微压痕硬度和努普显微硬度等。显微硬度指的是压入载荷小于 1kg 而测得的硬度值。其测量方法与维氏硬度基本相同，但由于其压入试样的载荷很小，通常以克力（1g 物体所受到的重力大小）计数；而且其压痕的尺寸也很小，需要借助显微镜观察留在试样表面的压痕的形状并借用测量软件测量出压痕的对角线长度，故因此得名。1939 年，英国国家标准局决定采用努普、彼得斯和埃默森提出的菱形金刚石四棱锥压头，其压痕长对角线 L 和短对角线长度 W 之比大约为 7∶1，压痕深度约为 L 的 1/30，故在压痕较浅的情况下也能较精确地测出长对角线的长度。显微硬度主要用于实验室硬度测试研究中。

六、纳米压痕技术

近年来，随着科学技术的日新月异，对骨骼组织的研究从宏观、微观向纳米观方向纵深发展。纳米压痕技术逐渐被用来在骨科生物力学研究中用来分析骨骼的组成和超微结构的力学特性研究领域。该方法对薄层纳米结构材料、骨单位等微结构及单根骨小梁的硬度进行研究，为的是更加全面和深入地评价骨骼组织的微观力学性能。其具有压痕极小、较高的位置空间分辨率、纳米压痕仪的探针尺寸小和不损伤试样等诸多优点。能够测定纳米、微米级的组织微结构的硬度值。

第六节　骨显微硬度的研究方法

通过检索并复习文献发现到目前为止，国内外尚未见到有关人体全身骨骼显微压痕硬度的系统研究报告。河北医科大学第三医院张英泽院士在国内率先提出人体骨骼显微压痕硬度系统研究计划，以人体骨骼为框架，运用维氏显微压痕硬度测量仪测量人体全身骨骼显微压痕硬度值，并描绘出人体全身骨骼显微压痕硬度图，寻找每块骨骼最强显微压痕硬度区域。

本研究我们共测量了 3 具新鲜成年人的尸骨，捐献者的年龄分别为 62 岁、45 岁和 58 岁。两具为男性，一具为女性，均来自河北医科大学第三医院。我们的研究项目得到了河北医大第三医院医学伦理委员会的允许。三位捐献者经过严格的病案信息证实均死于非骨骼疾病。由于既往的研究认为人体骨骼的力学性能双侧是对称的，我们只测量了人体对称骨架的单侧骨骼的显微压痕硬度。

首先我们进行了骨骼的 X 线摄影和 QCT 检测，排除一些异常的骨骼疾病，比如严重的骨质疏松、骨肿瘤、骨结核、骨纤维结构不良等骨破坏及骨发育不良等疾病。剔除附着在骨表面的骨外膜、韧带和软组织附着之后，然后每一部分按照实验设计制备相应的标本。每一个部分我们在高精度的慢速锯的切割下制成厚度为 3mm 的薄片，这些薄片然后经过碳化硅粒依次为 800、1 000、1 200、2 000、4 000 目砂纸逐级打磨，表面给予抛光，处理后粘贴到载玻片上并按照解剖位置标记粘贴标签（图 1-6-1）。标本经过塑料薄膜包裹防止脱水后放到 −20℃冰箱保存。在每一个标本检测显微硬度之前提前从冰箱拿出，室温下放置 15 分钟，并用吸水纸吸除表面的水分。

本研究中维氏显微压痕硬度测量是在河北省燕山大学材料学院国家级重点实验室完成的。实验仪器是由德国生产目前世界上较先进的、测量精度高的维氏显微压痕测量仪（型号为 Model KB5 BVZ-Video，Germany）。试验采用国际上通用维氏显微压痕硬度测量的方法。在每一个骨骼试样标本的感兴趣区域给予 50 克力，持续压 50 秒并维持 12 秒的统一方法。该操作方法可以在骨骼试样标本的表面会留下一永久的压痕。

通过维氏显微压痕硬度测量仪配备的计算机屏幕上读取压痕的图像，计算机自带的软件会自动根据压痕的对角线长度计算出压痕的面积大小。在测量中为了保持数据的准确性和可靠性，凡是压痕对角线的长度差异超过 10% 的压痕，须重新选择该压痕邻近的部位重新测量获得新的压痕。在测量两个相邻的压痕时，为了避免边界效应对测量结果的影响，本研究中两个压痕的最小间隔为 60μm（图 1-6-2）。

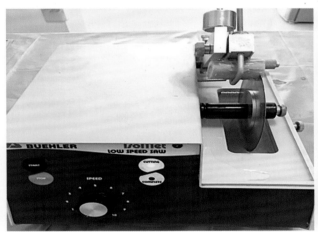
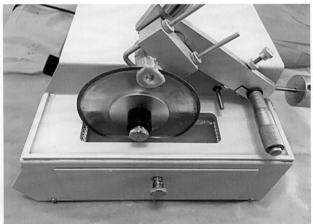

图 1-6-1　慢速锯切割骨骼标本

图 1-6-2　维氏显微压痕硬度测试仪和测量过程

第七节　研究结果

一、骨头数量

基于骨骼生物力学性能的对称性和标本获取的难易程度不同,除舌骨、听小骨、尾骨和足部 14 节趾骨外,每具尸体标本的中轴骨、下肢带骨和余下附肢骨的右侧部分均被收集用于本研究的维氏显微硬度测定,具体测定的骨头如下图所示。

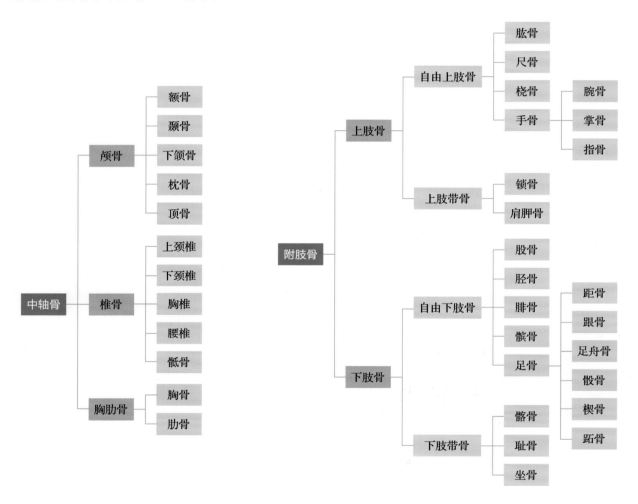

二、部位划分

本书将全身骨骼分为中轴骨和附肢骨,根据部位的不同,进行分类总结。依次为肱骨、尺骨和桡骨、股骨、胫腓骨、脊柱、骨盆环及髋臼、手部、足部、髌骨、锁骨、肩胛骨、胸骨和肋骨、颅骨共计 13 章。

其中每根长骨人为划分为近端、骨干、远端三节段(详见各章节),每节段垂直其长轴留取标本。短骨、扁骨和不规则骨,依据其生理位置不同,选取合适部位获取骨骼试样标本(详见各章节)。

三、切片及压痕的数量

本研究共制备 1 071 片骨骼试样标本,选取了 3 897 个测量区域,其中密质骨测量区域为 2 511 个,松质骨测量区域为 1 386 个。共计测量压痕数量为 19 995 个,其中密质骨压痕数量为 12 630 个,松质骨压痕数量为 7 365 个(图 1-7-1)。各章节及各骨块的切片和压痕数量详见表 1-7-1 和表 1-7-2。

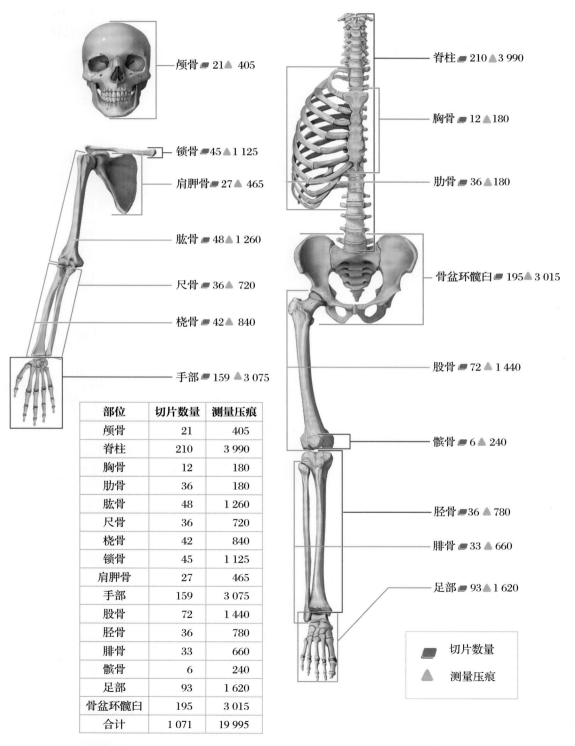

部位	切片数量	测量压痕
颅骨	21	405
脊柱	210	3 990
胸骨	12	180
肋骨	36	180
肱骨	48	1 260
尺骨	36	720
桡骨	42	840
锁骨	45	1 125
肩胛骨	27	465
手部	159	3 075
股骨	72	1 440
胫骨	36	780
腓骨	33	660
髌骨	6	240
足部	93	1 620
骨盆环髋臼	195	3 015
合计	1 071	19 995

图 1-7-1　全身骨硬度研究切片及压痕数量

表 1-7-1　全身骨硬度研究切片及压痕数量(单位:个)

部位	切片数量	测量区域	密质骨测量区域	松质骨测量区域	测量压痕	密质骨压痕	松质骨压痕
颅骨	21	81	42	39	405	210	195
脊柱	210	798	654	144	3 990	3 270	720
胸骨	12	36	24	12	180	120	60
肋骨	36	36	36	0	180	180	0
肱骨	48	252	228	24	1 260	1 140	120
尺骨	36	144	108	36	720	540	180
桡骨	42	168	108	60	840	540	300
锁骨	45	225	180	45	1 125	900	225
肩胛骨	27	93	93	0	465	465	0
手部	159	600	600	0	3 075	3 075	0
股骨	72	252	180	72	1 440	900	540
胫骨	36	129	72	57	780	360	420
腓骨	33	120	72	48	660	360	300
髌骨	6	36	24	12	240	120	120
足部	93	324	90	234	1 620	450	1 170
骨盆环髋臼	195	603	0	603	3 015	0	3 015
合计	1 071	3 897	2 511	1 386	19 995	12 630	7 365

表 1-7-2　各骨块骨硬度研究切片及压痕数量(单位:个)

部位		切片数量	测量区域	密质骨测量区域	松质骨测量区域	测量压痕	密质骨压痕	松质骨压痕
颅骨	额骨	3	9	6	3	45	30	15
	颞骨	6	18	12	6	90	60	30
	顶骨	6	30	12	18	150	60	90
	枕骨	3	15	6	9	75	30	45
	下颌骨	3	9	6	3	45	30	15
脊柱	寰椎	6	36	30	6	180	150	30
	枢椎	6	36	30	6	180	150	30
	下颈椎	45	165	135	30	825	675	150
	胸椎	108	396	324	72	1 980	1 620	360
	腰椎	45	165	135	30	825	675	150

续表

部位		切片数量	测量区域	密质骨测量区域	松质骨测量区域	测量压痕	密质骨压痕	松质骨压痕
骨盆环和髋臼	髂骨	54	162	0	162	810	0	810
	耻骨	33	108	0	108	540	0	540
	坐骨	27	90	0	90	450	0	450
	骶骨	27	81	0	81	405	0	405
	髋臼	54	162	0	162	810	0	810
胸肋骨	胸骨	12	36	24	12	180	120	60
	肋骨	36	36	36	0	180	180	0
上肢骨	肱骨	48	252	228	24	1 260	1 140	120
	尺骨	36	144	108	36	720	540	180
	桡骨	42	168	108	60	840	540	300
手部	腕骨	18	36	36	0	255	255	0
	掌骨	45	180	180	0	900	900	0
	指骨	96	384	384	0	1 920	1 920	0
上肢带骨	锁骨	45	225	180	45	1 125	900	225
	肩胛骨	27	93	93	0	465	465	0
下肢骨	股骨	72	252	180	72	1 440	900	540
	胫骨	36	129	72	57	780	360	420
	腓骨	33	120	72	48	660	360	300
	髌骨	6	36	24	12	240	120	120
足部	楔骨	9	36	0	36	180	0	180
	跖骨	45	180	60	120	900	300	600
	跟骨	12	24	12	12	120	60	60
	距骨	18	36	18	18	180	90	90
	足舟骨	6	24	0	24	120	0	120
	骰骨	3	24	0	24	120	0	120
合计		1 071	3 897	2 511	1 386	19 995	12 630	7 365

四、全身硬度分布

(一) 按位置划分的全身硬度分布

本书按中轴骨(椎骨、胸廓骨、颅骨)和附肢骨(上肢骨、下肢骨)为分类依据进行全身硬度分布图绘制。由于第六章脊柱骨硬度、第七章骨盆环和髋臼骨硬度、第八章手部骨硬度、第九章足部骨硬度和第十四章颅骨骨硬度涉及的非长骨骨块较多,故全身硬度分布图将脊柱划分为上颈椎、下颈椎、胸椎和腰椎4个节段;骨盆环和髋臼划分为骶骨、坐骨、髂骨、耻骨和髋臼5个部分;手部分为腕骨、掌骨、指骨3个部分;足部分为距骨、跟骨、足舟骨、骰骨、楔骨和跖骨6个部分;颅骨分为额骨、颞骨、下颌骨、枕骨和顶骨5部分,在此基础上进行分类汇总(表1-7-3)。

全身硬度值的变化范围是4.7~73.0HV。其中硬度值最高的位于颅骨的枕骨,硬度范围是31.2~69.5HV,平均硬度为(47.29±7.31)HV;硬度值最低的位于骨盆环的骶骨,硬度范围是21.3~37.9HV,平均硬度为(24.44±2.66)HV。

表 1-7-3　按位置划分的全身骨硬度分布

部位		最小值 /HV	最大值 /HV	平均值 ± 标准差 /HV
上肢骨	肱骨	17.1	73.0	40.49 ± 9.46
	尺骨	17.0	65.6	41.17 ± 7.92
	桡骨	19.1	60.4	39.70 ± 6.89
	腕骨	18.9	50.2	36.23 ± 6.14
	掌骨	17.8	58.5	38.23 ± 7.15
	指骨	10.9	64.6	34.11 ± 7.95
上肢带骨	锁骨	14.3	70.6	34.90 ± 8.05
	肩胛骨	11.9	69.5	35.20 ± 11.01
下肢骨	股骨	4.7	64.9	40.39 ± 8.51
	胫骨	24.8	65.4	44.59 ± 7.99
	腓骨	17.2	61.2	44.39 ± 7.31
	髌骨	21.1	62.9	38.55 ± 6.28
	距骨	22.1	51.0	36.70 ± 5.77
	跟骨	20.7	55.2	37.49 ± 8.00
	足舟骨	15.3	56.4	39.40 ± 8.16
	骰骨	13.1	59.0	32.08 ± 8.90
	楔骨	13.2	54.2	36.30 ± 7.06
	跖骨	11.7	62.7	36.35 ± 7.43
下肢带骨	耻骨	15.8	47.3	32.74 ± 2.62
	坐骨	12.3	38.4	26.51 ± 0.10
	髂骨	11.7	46.7	29.85 ± 4.20
	髋臼	11.8	44.7	29.46 ± 1.54
椎骨	上颈椎	17.7	44.8	31.06 ± 4.63
	下颈椎	11.1	47.8	25.47 ± 4.97
	胸椎	11.6	47.9	29.60 ± 5.03
	腰椎	19.0	48.8	32.80 ± 5.21
	骶骨	21.3	37.9	24.44 ± 2.66

续表

部位		最小值 /HV	最大值 /HV	平均值 ± 标准差 /HV
颅骨	额骨	28.7	54.1	39.86 ± 6.10
	颞骨	29.1	59.9	42.95 ± 5.67
	下颌骨	29.7	57.5	43.54 ± 5.28
	枕骨	31.2	69.5	47.29 ± 7.31
	顶骨	30.4	67.1	46.31 ± 6.68
胸廓骨	胸骨	12.5	41.9	25.69 ± 4.86
	肋骨	22.1	50.2	37.35 ± 4.82

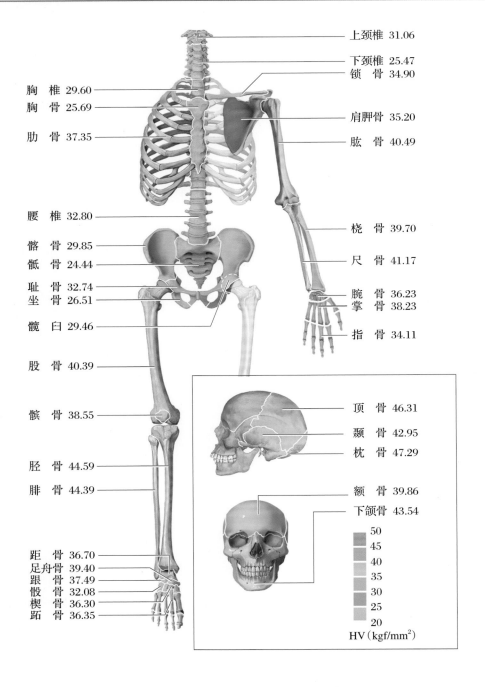

（二）按骨块划分的全身硬度分布

在表1-7-3的基础上，我们将手部的腕骨、掌骨、指骨，第1~12肋骨和脊柱的第1~24椎骨进一步划分，给予深入的分类汇总，见表1-7-4。

此表中，硬度值最高的部位依旧为枕骨，硬度值最低的部位为骶骨。

表 1-7-4　按骨块划分的全身硬度分布

部位			最小值 /HV	最大值 /HV	平均值 ± 标准差 /HV
上肢骨		肱骨	17.1	73.0	40.49 ± 9.46
		尺骨	17.0	65.6	41.17 ± 7.92
		桡骨	19.1	60.4	39.70 ± 6.89
	手骨 腕骨	手舟骨	24.3	48.9	37.72 ± 5.85
		月骨	20.0	46.2	33.65 ± 5.42
		大多角骨	26.3	46.7	35.89 ± 4.75
		小多角骨	18.9	42.7	31.82 ± 5.54
		头状骨	26.6	49.4	38.98 ± 6.17
		钩状骨	29.4	50.2	39.04 ± 5.79
	掌骨	第 1 掌骨	17.8	54.9	37.83 ± 6.52
		第 2 掌骨	18.7	58.5	39.62 ± 7.64
		第 3 掌骨	23.6	57.2	41.04 ± 6.75
		第 4 掌骨	23.3	57.2	35.97 ± 6.28
		第 5 掌骨	22.2	57.4	36.69 ± 7.30
	第 1 指骨	近节指骨	22.6	50.8	37.62 ± 5.31
		远节指骨	15.4	46.5	32.98 ± 6.46
	第 2 指骨	近节指骨	17.9	49.2	32.31 ± 5.66
		中节指骨	20.6	52.0	36.70 ± 6.75
		远节指骨	32.9	46.1	39.91 ± 3.37
	第 3 指骨	近节指骨	25.2	61.5	38.16 ± 7.61
		中节指骨	18.3	50.9	35.91 ± 6.92
		远节指骨	24.7	49.0	34.97 ± 5.08
	第 4 指骨	近节指骨	11.0	64.6	31.78 ± 9.53
		中节指骨	11.0	47.2	29.91 ± 8.93
		远节指骨	28.0	49.8	38.26 ± 4.86
	第 5 指骨	近节指骨	14.4	62.3	31.89 ± 9.33
		中节指骨	10.9	43.7	29.22 ± 6.61
		远节指骨	19.6	54.3	35.01 ± 7.45

续表

部位			最小值 /HV	最大值 /HV	平均值 ± 标准差 /HV
上肢带骨	锁骨		14.3	70.6	34.90 ± 8.05
	肩胛骨		11.9	69.5	35.20 ± 11.01
下肢骨	股骨		4.7	64.9	40.39 ± 8.51
	胫骨		24.8	65.4	44.59 ± 7.99
	腓骨		17.2	61.2	44.39 ± 7.31
	髌骨		21.1	62.9	38.55 ± 6.28
	足骨	距骨	22.1	51.0	36.70 ± 5.77
		跟骨	20.7	55.2	37.49 ± 8.00
		足舟骨	15.3	56.4	39.40 ± 8.16
		骰骨	13.1	59.0	32.08 ± 8.90
		楔骨 内侧楔骨	20.0	48.7	33.03 ± 6.25
		中间楔骨	14.4	49.9	38.87 ± 6.10
		外侧楔骨	13.2	46.9	33.74 ± 6.39
		跖骨 第 1 跖骨	11.7	54.3	34.63 ± 6.49
		第 2 跖骨	18.0	54.1	36.73 ± 6.95
		第 3 跖骨	19.7	62.7	38.95 ± 9.01
		第 4 跖骨	17.5	55.1	35.46 ± 6.74
		第 5 跖骨	20.7	59.0	35.99 ± 7.03
下肢带骨	耻骨		15.8	47.3	32.74 ± 2.62
	坐骨		12.3	38.4	26.51 ± 0.10
	髂骨		11.7	46.7	29.85 ± 4.20
	髋臼		11.8	44.7	29.46 ± 1.54
中轴骨	椎骨	上颈椎 C_1	20.9	44.8	32.05 ± 4.02
		C_2	17.7	41.4	30.06 ± 4.97
		下颈椎 C_3	11.1	40.1	24.73 ± 5.02
		C_4	14.4	34.7	24.87 ± 4.13
		C_5	12.7	47.8	25.29 ± 5.56
		C_6	12.4	38.5	25.88 ± 5.15
		C_7	12.5	41.4	26.57 ± 4.72
		胸椎 T_1	16.7	42.6	28.34 ± 5.02
		T_2	13.9	39.2	28.03 ± 4.74
		T_3	16.9	37.3	27.90 ± 4.46
		T_4	15.5	42.2	28.61 ± 5.00
		T_5	16.1	46.5	29.46 ± 4.98

部位				最小值 /HV	最大值 /HV	平均值 ± 标准差 /HV
中轴骨	椎骨	胸椎	T$_6$	19.0	42.0	30.33 ± 4.51
			T$_7$	19.4	41.4	30.52 ± 4.56
			T$_8$	15.6	47.9	31.59 ± 4.95
			T$_9$	20.0	42.6	30.50 ± 4.59
			T$_{10}$	19.3	43.8	31.23 ± 5.23
			T$_{11}$	11.6	44.9	29.31 ± 5.39
			T$_{12}$	13.8	46.0	29.38 ± 5.24
		腰椎	L$_1$	21.6	45.8	33.26 ± 5.65
			L$_2$	19.0	48.3	33.06 ± 5.05
			L$_3$	20.7	46.2	32.11 ± 4.77
			L$_4$	20.9	48.8	33.46 ± 5.64
			L$_5$	21.9	45.4	32.11 ± 4.76
		骶骨		21.3	37.9	24.44 ± 2.66
	颅骨	额骨		28.7	54.1	39.86 ± 6.10
		颞骨		29.1	59.9	42.95 ± 5.67
		下颌骨		29.7	57.5	43.54 ± 5.28
		枕骨		31.2	69.5	47.29 ± 7.31
		顶骨		30.4	67.1	46.31 ± 6.68
	胸廓骨	胸骨		12.5	41.9	25.69 ± 4.86
		肋骨	第 1 肋骨	30.0	33.3	31.58 ± 1.03
			第 2 肋骨	27.3	35.0	32.52 ± 2.22
			第 3 肋骨	33.6	37.1	35.19 ± 1.21
			第 4 肋骨	33.9	37.6	35.65 ± 1.19
			第 5 肋骨	38.0	45.6	40.34 ± 2.63
			第 6 肋骨	36.4	40.2	38.09 ± 1.34
			第 7 肋骨	40.0	49.8	43.63 ± 3.35
			第 8 肋骨	40.7	46.1	42.61 ± 1.61
			第 9 肋骨	39.3	50.2	42.71 ± 2.99
			第 10 肋骨	37.1	39.7	38.51 ± 0.92
			第 11 肋骨	35.1	38.9	37.56 ± 1.39
			第 12 肋骨	22.1	33.7	29.86 ± 3.35

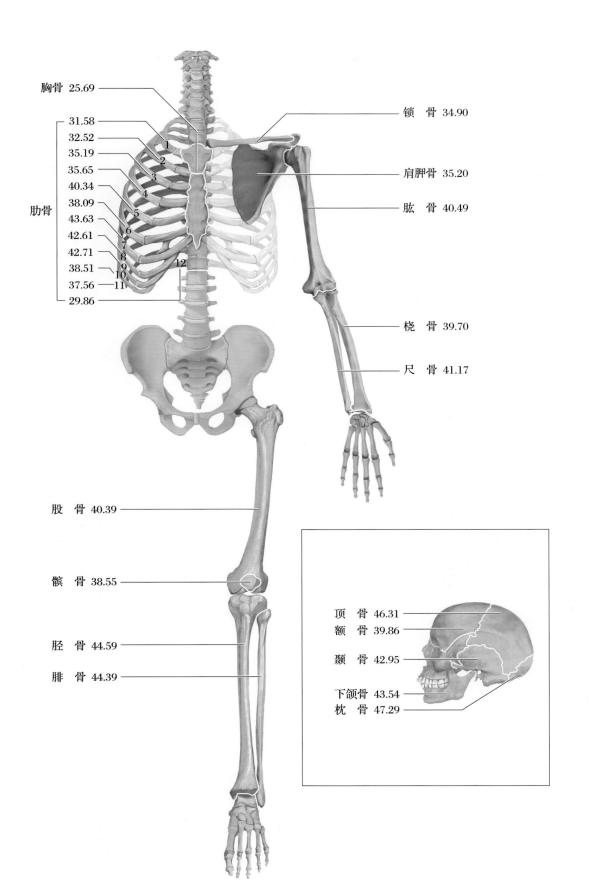

胸骨 25.69

31.58
32.52
35.19
35.65
40.34
38.09
43.63
42.61
42.71
38.51
37.56
29.86

肋骨

1
2
3
4
5
6
7
8
9
10
11
12

锁　骨 34.90

肩胛骨 35.20

肱　骨 40.49

桡　骨 39.70

尺　骨 41.17

股　骨 40.39

髌　骨 38.55

胫　骨 44.59

腓　骨 44.39

顶　骨 46.31
额　骨 39.86
颞　骨 42.95
下颌骨 43.54
枕　骨 47.29

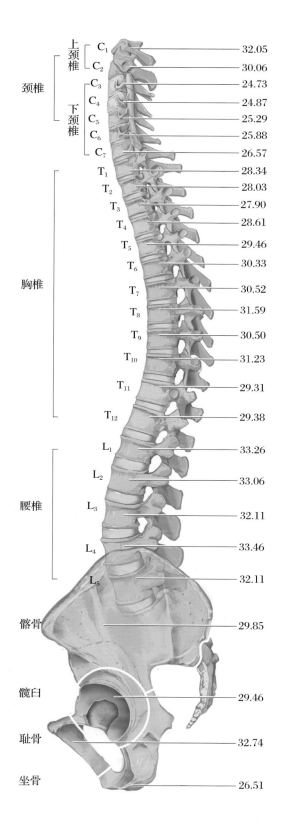

上颈椎
颈椎
下颈椎
胸椎
腰椎

C₁ — 32.05
C₂ — 30.06
C₃ — 24.73
C₄ — 24.87
C₅ — 25.29
C₆ — 25.88
C₇ — 26.57
T₁ — 28.34
T₂ — 28.03
T₃ — 27.90
T₄ — 28.61
T₅ — 29.46
T₆ — 30.33
T₇ — 30.52
T₈ — 31.59
T₉ — 30.50
T₁₀ — 31.23
T₁₁ — 29.31
T₁₂ — 29.38
L₁ — 33.26
L₂ — 33.06
L₃ — 32.11
L₄ — 33.46
L₅ — 32.11

髂骨 — 29.85
髋臼 — 29.46
耻骨 — 32.74
坐骨 — 26.51

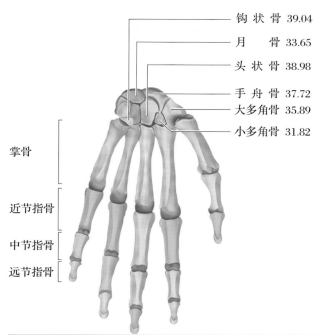

钩 状 骨 39.04
月   骨 33.65
头 状 骨 38.98
手 舟 骨 37.72
大多角骨 35.89
小多角骨 31.82

掌骨
近节指骨
中节指骨
远节指骨

掌骨	第1掌骨	第2掌骨	第3掌骨	第4掌骨	第5掌骨
	37.83	39.62	41.04	35.97	36.69
指骨	第1指骨				
	近节指骨		远节指骨		
	37.62		32.98		
	第2指骨				
	近节指骨	中节指骨	远节指骨		
	32.31	36.70	39.91		
	第3指骨				
	近节指骨	中节指骨	远节指骨		
	38.16	35.91	34.97		
	第4指骨				
	近节指骨	中节指骨	远节指骨		
	31.78	29.91	38.26		
	第5指骨				
	近节指骨	中节指骨	远节指骨		
	31.89	29.22	35.01		

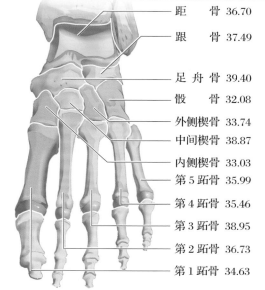

距   骨 36.70
跟   骨 37.49
足 舟 骨 39.40
骰   骨 32.08
外侧楔骨 33.74
中间楔骨 38.87
内侧楔骨 33.03
第5跖骨 35.99
第4跖骨 35.46
第3跖骨 38.95
第2跖骨 36.73
第1跖骨 34.63

（三）以重点解剖节段划分的全身硬度分布

为探究全身骨硬度分布的变化规律，本书对附肢骨、骨盆环和髋臼的重点解剖部位给予进一步划分，以了解不同解剖区节段的硬度分布。以重点解剖节段划分的全身硬度分布见表1-7-5。

在该表中，全身硬度值最高的节段为胫骨体部，硬度范围为36.50~65.40HV，平均硬度为(51.20±5.37)HV；硬度值最低的节段为骶骨Ⅱ区，硬度范围为(15.00~29.60)HV，平均硬度为(21.57±2.93)HV。

表 1-7-5 按重点解剖节段划分的全身硬度分布

部位				最小值/HV	最大值/HV	平均值 ± 标准差/HV
上肢骨	肱骨	近端	肩关节盂节段	20.40	53.50	32.78 ± 7.10
			外科颈节段	21.70	62.80	44.07 ± 6.45
		骨干	近段	33.90	57.60	46.37 ± 4.71
			中段	29.00	73.00	49.11 ± 6.44
			远段	25.30	59.80	46.28 ± 5.98
		远端	干骺端节段	33.30	59.80	46.50 ± 6.53
			内外髁节段	17.10	63.70	35.32 ± 8.52
	尺骨		近段	19.1	54.6	35.59 ± 7.64
			中段	23.3	65.6	43.69 ± 6.28
			远段	17	45.1	29.64 ± 5.47
	桡骨		近段	19.1	51.6	34.15 ± 6.48
			中段	26.1	60.4	42.54 ± 5.59
			远段	21.5	48	35.24 ± 5.17
	腕骨		手舟骨	24.3	48.9	37.72 ± 5.85
			月骨	20.0	46.2	33.65 ± 5.42
			大多角骨	26.3	46.7	35.89 ± 4.75
			小多角骨	18.9	42.7	31.82 ± 5.54
			头状骨	26.6	49.4	38.98 ± 6.17
			钩状骨	29.4	50.2	39.04 ± 5.79
	掌骨		第1掌骨	17.8	54.9	37.83 ± 6.52
			第2掌骨	18.7	58.5	39.62 ± 7.64
			第3掌骨	23.6	57.2	41.04 ± 6.75
			第4掌骨	23.3	57.2	35.97 ± 6.28
			第5掌骨	22.2	57.4	36.69 ± 7.30

续表

部位				最小值 /HV	最大值 /HV	平均值 ± 标准差 /HV
上肢骨	指骨	第 1 指骨	近节指骨	22.6	50.8	37.62 ± 5.31
			远节指骨	15.4	46.5	32.98 ± 6.46
		第 2 指骨	近节指骨	17.9	49.2	32.31 ± 5.66
			中节指骨	20.6	52.0	36.70 ± 6.75
			远节指骨	32.9	46.1	39.91 ± 3.37
		第 3 指骨	近节指骨	25.2	61.5	38.16 ± 7.61
			中节指骨	18.3	50.9	35.91 ± 6.92
			远节指骨	24.7	49.0	34.97 ± 5.08
		第 4 指骨	近节指骨	11.0	64.6	31.78 ± 9.53
			中节指骨	11.0	47.2	29.91 ± 8.93
			远节指骨	28.0	49.8	38.26 ± 4.86
		第 5 指骨	近节指骨	14.4	62.3	31.89 ± 9.33
			中节指骨	10.9	43.7	29.22 ± 6.61
			远节指骨	19.6	54.3	35.01 ± 7.45
上肢带骨	锁骨	近段		17.3	46.7	33.78 ± 6.08
		中段		17.9	70.6	41.32 ± 6.84
		远段		14.3	45	29.70 ± 5.35
	肩胛骨	肩胛骨突起部		11.90	47.30	29.21 ± 6.99
		关节盂		13.20	48.80	26.44 ± 7.14
		肩胛骨体部		17.80	69.50	43.67 ± 8.69
下肢骨	股骨	近端	股骨头	20.60	47.60	33.33 ± 4.92
			股骨颈	4.70	59.20	45.17 ± 5.16
			大转子	23.50	46.10	31.70 ± 4.19
			小转子	15.10	47.40	32.09 ± 5.95
		骨干	转子下区	23.10	55.90	40.93 ± 5.94
			上段	25.10	60.40	45.82 ± 5.65
			中段	39.60	64.90	50.28 ± 5.39
			下段	35.80	59.90	46.50 ± 5.22

续表

部位				最小值 /HV	最大值 /HV	平均值 ± 标准差 /HV
下肢骨	股骨	远端	髁上区	26.90	59.00	44.55 ± 5.93
			内髁	21.50	52.60	34.85 ± 4.85
			外髁	17.90	45.00	29.52 ± 5.56
	胫骨		近段	24.8	49.7	38.46 ± 4.76
			体部	36.5	65.4	51.20 ± 5.37
			远段	26	49.4	39.78 ± 5.16
	腓骨		近段	28.8	50.9	39.67 ± 5.01
			体部	31.3	61.2	49.53 ± 4.52
			远段	25.1	48.2	37.23 ± 4.43
	髌骨			21.1	62.9	38.55 ± 6.28
	足骨		距骨	22.1	51.0	36.70 ± 5.77
			跟骨	20.7	55.2	37.49 ± 8.00
			足舟骨	15.3	56.4	39.40 ± 8.16
			骰骨	13.1	59.0	32.08 ± 8.90
		楔骨	内侧楔骨	20.0	48.7	33.03 ± 6.25
			中间楔骨	14.4	49.9	38.87 ± 6.10
			外侧楔骨	13.2	46.9	33.74 ± 6.39
		跖骨	第 1 跖骨	11.7	54.3	34.63 ± 6.49
			第 2 跖骨	18.0	54.1	36.73 ± 6.95
			第 3 跖骨	19.7	62.7	38.95 ± 9.01
			第 4 跖骨	17.5	55.1	35.46 ± 6.74
			第 5 跖骨	20.7	59.0	35.99 ± 7.03
下肢带骨	耻骨		耻骨上支	15.8	43.5	30.45 ± 7.19
			耻骨下支	27.3	47.0	36.04 ± 4.79
			耻骨联合	18.0	47.3	31.74 ± 5.37
	坐骨		坐骨支上	12.3	37.9	26.41 ± 4.87
			坐骨结节	13.9	38.4	26.60 ± 4.95

续表

部位			最小值 /HV	最大值 /HV	平均值 ± 标准差 /HV
下肢带骨	髂骨	髂前上棘	23.1	46.3	34.93 ± 4.24
		髂前下棘	17.1	38.2	27.40 ± 3.86
		髂骨粗隆	22.7	41.7	31.61 ± 4.50
		髂后上下棘	11.7	34.4	22.97 ± 4.55
		髂骨翼	15.6	46.7	32.35 ± 5.75
	髋臼	髋臼前壁	19.8	40.7	31.15 ± 4.94
		髋臼后壁	16.4	39.5	29.93 ± 4.64
		髋臼顶区	14.5	44.7	29.80 ± 6.24
		髋臼窝	11.8	41.2	26.94 ± 6.12
中轴骨	上颈椎	C_1	20.9	44.8	32.05 ± 4.02
		C_2	17.7	41.4	30.06 ± 4.97
	下颈椎	C_3	11.1	40.1	24.73 ± 5.02
		C_4	14.4	34.7	24.87 ± 4.13
		C_5	12.7	47.8	25.29 ± 5.56
		C_6	12.4	38.5	25.88 ± 5.15
		C_7	12.5	41.4	26.57 ± 4.72
	胸椎	T_1	16.7	42.6	28.34 ± 5.02
		T_2	13.9	39.2	28.03 ± 4.74
		T_3	16.9	37.3	27.90 ± 4.46
		T_4	15.5	42.2	28.61 ± 5.00
		T_5	16.1	46.5	29.46 ± 4.98
		T_6	19.0	42.0	30.33 ± 4.51
		T_7	19.4	41.4	30.52 ± 4.56
		T_8	15.6	47.9	31.59 ± 4.95
		T_9	20.0	42.6	30.50 ± 4.59
		T_{10}	19.3	43.8	31.23 ± 5.23
		T_{11}	11.6	44.9	29.31 ± 5.39
		T_{12}	13.8	46.0	29.38 ± 5.24

续表

部位			最小值/HV	最大值/HV	平均值 ± 标准差/HV
中轴骨	腰椎	L₁	21.6	45.8	33.26 ± 5.65
		L₂	19.0	48.3	33.06 ± 5.05
		L₃	20.7	46.2	32.11 ± 4.77
		L₄	20.9	48.8	33.46 ± 5.64
		L₅	21.9	45.4	32.11 ± 4.76
	骶骨	骶骨Ⅰ区	16.7	37.9	24.00 ± 4.00
		骶骨Ⅱ区	15.0	29.6	21.57 ± 2.93
		骶骨Ⅲ区	21.3	35.0	27.80 ± 3.35
	颅骨	额骨	28.7	54.1	39.86 ± 6.10
		颞骨	29.1	59.9	42.95 ± 5.67
		下颌骨	29.7	57.5	43.54 ± 5.28
		枕骨	31.2	69.5	47.29 ± 7.31
		顶骨	30.4	67.1	46.31 ± 6.68
	胸骨	胸骨柄	20.70	41.90	27.35 ± 5.10
		胸骨体	12.50	31.70	24.04 ± 3.98
	肋骨	第1肋骨	30.0	33.3	31.58 ± 1.03
		第2肋骨	27.3	35.0	32.52 ± 2.22
		第3肋骨	33.6	37.1	35.19 ± 1.21
		第4肋骨	33.9	37.6	35.65 ± 1.19
		第5肋骨	38.0	45.6	40.34 ± 2.63
		第6肋骨	36.4	40.2	38.09 ± 1.34
		第7肋骨	40.0	49.8	43.63 ± 3.35
		第8肋骨	40.7	46.1	42.61 ± 1.61
		第9肋骨	39.3	50.2	42.71 ± 2.99
		第10肋骨	37.1	39.7	38.51 ± 0.92
		第11肋骨	35.1	38.9	37.56 ± 1.39
		第12肋骨	22.1	33.7	29.86 ± 3.35

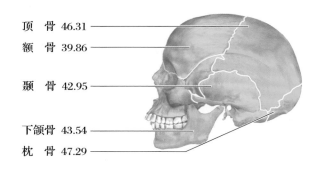

顶 骨 46.31
额 骨 39.86
颞 骨 42.95
下颌骨 43.54
枕 骨 47.29

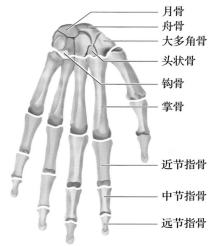

月骨
舟骨
大多角骨
头状骨
钩骨
掌骨
近节指骨
中节指骨
远节指骨

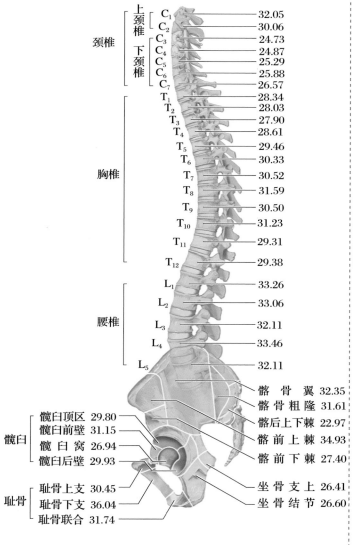

颈椎 上颈椎 C₁ — 32.05
           C₂ — 30.06
      下颈椎 C₃ — 24.73
           C₄ — 24.87
           C₅ — 25.29
           C₆ — 25.88
           C₇ — 26.57
胸椎 T₁ — 28.34
     T₂ — 28.03
     T₃ — 27.90
     T₄ — 28.61
     T₅ — 29.46
     T₆ — 30.33
     T₇ — 30.52
     T₈ — 31.59
     T₉ — 30.50
     T₁₀ — 31.23
     T₁₁ — 29.31
     T₁₂ — 29.38
腰椎 L₁ — 33.26
     L₂ — 33.06
     L₃ — 32.11
     L₄ — 33.46
     L₅ — 32.11

髂 骨 翼 32.35
髂骨粗隆 31.61
髂后上下棘 22.97
髂前上棘 34.93
髂前下棘 27.40

髋臼 髋臼顶区 29.80
     髋臼前壁 31.15
     髋 臼 窝 26.94
     髋臼后壁 29.93

耻骨 耻骨上支 30.45
     耻骨下支 36.04
     耻骨联合 31.74

坐 骨 支 上 26.41
坐 骨 结 节 26.60

腕骨	手舟骨	月骨	大多角骨	小多角骨	头状骨	钩状骨
	37.72	33.65	35.89	31.82	38.98	39.04
掌骨	第1掌骨	第2掌骨	第3掌骨	第4掌骨	第5掌骨	
	37.83	39.62	41.04	35.97	36.69	

指骨	第1指骨		第2指骨		
	近节指骨	远节指骨	近节指骨	中节指骨	远节指骨
	37.62	32.98	32.31	36.70	39.91
	第3指骨			第4指骨	
	近节指骨	中节指骨	远节指骨	近节指骨	中节指骨	远节指骨
	38.16	35.91	34.97	31.78	29.91	38.26
	第5指骨				
	近节指骨	中节指骨	远节指骨		
	31.89	29.22	35.01		

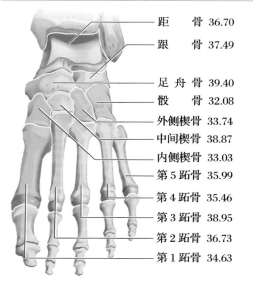

距 骨 36.70
跟 骨 37.49
足 舟 骨 39.40
骰 骨 32.08
外侧楔骨 33.74
中间楔骨 38.87
内侧楔骨 33.03
第5跖骨 35.99
第4跖骨 35.46
第3跖骨 38.95
第2跖骨 36.73
第1跖骨 34.63

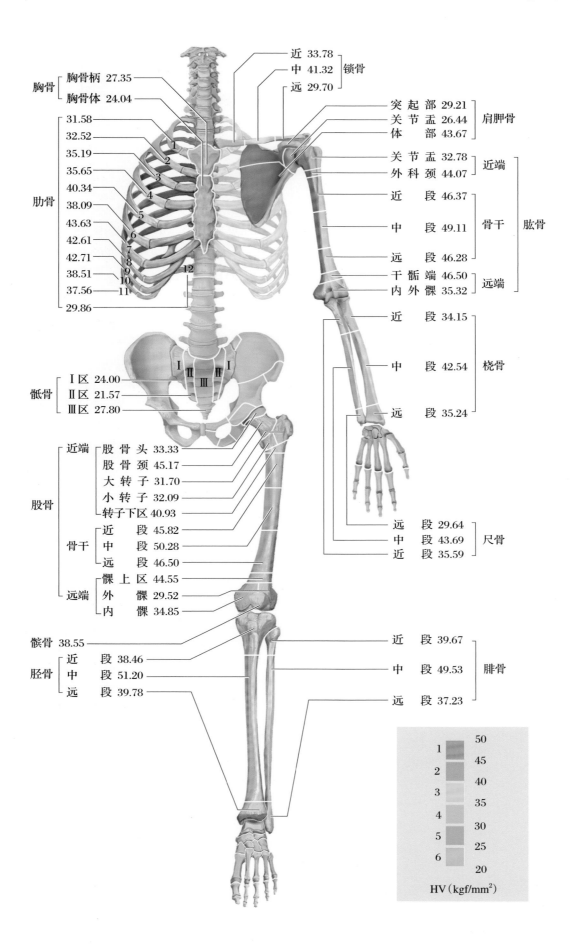

胸骨
胸骨柄 27.35
胸骨体 24.04

近 33.78
中 41.32 锁骨
远 29.70

突 起 部 29.21
关 节 盂 26.44 肩胛骨
体   部 43.67

关 节 盂 32.78
外 科 颈 44.07 近端

近 段 46.37
中 段 49.11 骨干 肱骨
远 段 46.28

干 骺 端 46.50 远端
内 外 髁 35.32

肋骨
31.58
32.52
35.19
35.65
40.34
38.09
43.63
42.61
42.71
38.51
37.56
29.86

1
2
3
4
5
6
7
8
9
10
11
12

近 段 34.15
中 段 42.54 桡骨
远 段 35.24

骶骨
I 区 24.00
II 区 21.57
III 区 27.80

I II III II I

股骨
近端
股 骨 头 33.33
股 骨 颈 45.17
大 转 子 31.70
小 转 子 32.09
转子下区 40.93

骨干
近 段 45.82
中 段 50.28
远 段 46.50

远端
髁 上 区 44.55
外 髁 29.52
内 髁 34.85

远 段 29.64
中 段 43.69 尺骨
近 段 35.59

髌骨 38.55

胫骨
近 段 38.46
中 段 51.20
远 段 39.78

近 段 39.67
中 段 49.53 腓骨
远 段 37.23

50
1
45
2
40
3
35
4
30
5
25
6
20

HV（kgf/mm²）

五、中轴骨硬度分布

中轴骨包括颅骨、椎骨、胸骨和肋骨,在该部分中硬度值最高的为颅骨中的枕骨,硬度范围为(31.20~69.50)HV,平均硬度为(47.29±7.31)HV;硬度值最低的为椎骨中的骶骨,硬度范围是21.3~37.9HV,平均硬度为(24.44±2.66)HV。

六、四肢骨硬度分布

(一)四肢骨硬度分布

四肢骨包括上肢骨、上肢带骨、下肢骨和下肢带骨,具体见表1-7-6。在四肢骨中,硬度最高的节段为胫骨体部,硬度范围为36.50~65.40HV,平均硬度为(51.20±5.37)HV;硬度值最低的节段为髂骨的髂后上下棘,硬度范围为11.70~34.40HV,平均硬度为(22.97±4.55)HV。

表 1-7-6　按重点解剖节段划分的四肢骨硬度分布

部位				最小值/HV	最大值/HV	平均值±标准差/HV
上肢骨	肱骨	近端	肩关节盂节段	20.40	53.50	32.78±7.10
			外科颈节段	21.70	62.80	44.07±6.45
		骨干	近段	33.90	57.60	46.37±4.71
			中段	29.00	73.00	49.11±6.44
			远段	25.30	59.80	46.28±5.98
		远端	干骺端节段	33.30	59.80	46.50±6.53
			内外髁节段	17.10	63.70	35.32±8.52
	尺骨		近段	19.10	54.60	35.59±7.64
			中段	23.30	65.60	43.69±6.28
			远段	17.00	45.10	29.64±5.47
	桡骨		近段	19.10	51.60	34.15±6.48
			中段	26.10	60.40	42.54±5.59
			远段	21.50	48.00	35.24±5.17
	腕骨		手舟骨	24.30	48.90	37.72±5.85
			月骨	20.00	46.20	33.65±5.42
			大多角骨	26.30	46.70	35.89±4.75
			小多角骨	18.90	42.70	31.82±5.54
			头状骨	26.60	49.40	38.98±6.17
			钩状骨	29.40	50.20	39.04±5.79
	掌骨		第1掌骨	17.80	54.90	37.83±6.52
			第2掌骨	18.70	58.50	39.62±7.64
			第3掌骨	23.60	57.20	41.04±6.75
			第4掌骨	23.30	57.20	35.97±6.28
			第5掌骨	22.20	57.40	36.69±7.30

部位			最小值 /HV	最大值 /HV	平均值 ± 标准差 /HV
上肢骨	指骨	第 1 指骨 近节指骨	22.60	50.80	37.62 ± 5.31
		第 1 指骨 远节指骨	15.40	46.50	32.98 ± 6.46
		第 2 指骨 近节指骨	17.90	49.20	32.31 ± 5.66
		第 2 指骨 中节指骨	20.60	52.00	36.70 ± 6.75
		第 2 指骨 远节指骨	32.90	46.10	39.91 ± 3.37
		第 3 指骨 近节指骨	25.20	61.50	38.16 ± 7.61
		第 3 指骨 中节指骨	18.30	50.90	35.91 ± 6.92
		第 3 指骨 远节指骨	24.70	49.00	34.97 ± 5.08
		第 4 指骨 近节指骨	11.00	64.60	31.78 ± 9.53
		第 4 指骨 中节指骨	11.00	47.20	29.91 ± 8.93
		第 4 指骨 远节指骨	28.00	49.80	38.26 ± 4.86
		第 5 指骨 近节指骨	14.40	62.30	31.89 ± 9.33
		第 5 指骨 中节指骨	10.90	43.70	29.22 ± 6.61
		第 5 指骨 远节指骨	19.60	54.30	35.01 ± 7.45
上肢带骨	锁骨	近段	17.30	46.70	33.78 ± 6.08
		中段	17.90	70.60	41.32 ± 6.84
		远段	14.30	45.00	29.70 ± 5.35
	肩胛骨	肩胛骨突起部	11.90	47.30	29.21 ± 6.99
		关节盂	13.20	48.80	26.44 ± 7.14
		肩胛骨体部	17.80	69.50	43.67 ± 8.69
下肢骨	股骨	近端 股骨头	20.60	47.60	33.33 ± 4.92
		近端 股骨颈	4.70	59.20	45.17 ± 5.16
		近端 大转子	23.50	46.10	31.70 ± 4.19
		近端 小转子	15.10	47.40	32.09 ± 5.95
		骨干 转子下区	23.10	55.90	40.93 ± 5.94
		骨干 上段	25.10	60.40	45.82 ± 5.65
		骨干 中段	39.60	64.90	50.28 ± 5.39
		骨干 下段	35.80	59.90	46.50 ± 5.22
		远端 髁上区	26.90	59.00	44.55 ± 5.93
		远端 内髁	21.50	52.60	34.85 ± 4.85
		远端 外髁	17.90	45.00	29.52 ± 5.56
	胫骨	近段	24.80	49.70	38.46 ± 4.76
		体部	36.50	65.40	51.20 ± 5.37
		远段	26.00	49.40	39.78 ± 5.16

续表

部位			最小值 /HV	最大值 /HV	平均值 ± 标准差 /HV
下肢骨	腓骨	近段	28.80	50.90	39.67 ± 5.01
		体部	31.30	61.20	49.53 ± 4.52
		远段	25.10	48.20	37.23 ± 4.43
	髌骨		21.10	62.90	38.55 ± 6.28
	足骨	距骨	22.10	51.00	36.70 ± 5.77
		跟骨	20.70	55.20	37.49 ± 8.00
		足舟骨	15.30	56.40	39.40 ± 8.16
		骰骨	13.10	59.00	32.08 ± 8.90
		楔骨 内侧楔骨	20.00	48.70	33.03 ± 6.25
		中间楔骨	14.40	49.90	38.87 ± 6.10
		外侧楔骨	13.20	46.90	33.74 ± 6.39
		跖骨 第 1 跖骨	11.70	54.30	34.63 ± 6.49
		第 2 跖骨	18.00	54.10	36.73 ± 6.95
		第 3 跖骨	19.70	62.70	38.95 ± 9.01
		第 4 跖骨	17.50	55.10	35.46 ± 6.74
		第 5 跖骨	20.70	59.00	35.99 ± 7.03
下肢带骨	耻骨	耻骨上支	15.80	43.50	30.45 ± 7.19
		耻骨下支	27.30	47.00	36.04 ± 4.79
		耻骨联合	18.00	47.30	31.74 ± 5.37
	坐骨	坐骨支上	12.30	37.90	26.41 ± 4.87
		坐骨结节	13.90	38.40	26.60 ± 4.95
	髂骨	髂前上棘	23.10	46.30	34.93 ± 4.24
		髂前下棘	17.10	38.20	27.40 ± 3.86
		髂骨粗隆	22.70	41.70	31.61 ± 4.50
		髂后上下棘	11.70	34.40	22.97 ± 4.55
		髂骨翼	15.60	46.70	32.35 ± 5.75
	髋臼	髋臼前壁	19.80	40.70	31.15 ± 4.94
		髋臼后壁	16.40	39.50	29.93 ± 4.64
		髋臼顶区	14.50	44.70	29.80 ± 6.24
		髋臼窝	11.80	41.20	26.94 ± 6.12

（二）上肢骨及上肢带骨硬度分布

上肢骨及上肢带骨各节段中,硬度值最高的节段为肱骨骨干中段,硬度范围是29.00~73.00HV,平均硬度为(49.11±6.44)HV;硬度值最低的节段是肩胛骨关节盂,硬度范围是13.20~48.80HV,平均硬度是(26.44±7.14)HV。

（三）下肢骨及下肢带骨硬度分布

下肢骨及下肢带骨各节段中,硬度最高的节段为胫骨体部,硬度范围为36.50~65.40HV,平均硬度为(51.20±5.37)HV;硬度值最低的节段为髂骨的髂后上下棘,硬度范围为11.70~34.40HV,平均硬度为(22.97±4.55)HV。

参 考 文 献

[1] SEEMAN E, DELMAS P D. Bone quality-the material and structural basis of bone strength and fragility[J]. N Engl J Med, 2006, 354 (21): 2250-2261.

[2] 谷国良, VAANANEN K H. 骨细胞的功能:生物学研究和机理探讨[J]. 中华骨质疏松和骨矿盐疾病杂志, 2009, 2 (1): 1-12.

[3] CURREY J D. Hierarchies in biomineral structures [J]. Science, 2005, 309 (5732): 253-254.

[4] FROST H M. Wolff's Law and bone's structural adaptations to mechanical usage: an overview for clinicians [J]. Angle Orthod, 1994, 64 (3): 175-188.

[5] LEES S. A model for bone hardness [J]. J Biomech, 1981, 14 (8): 561-567.

[6] BROITMAN E. Indentation hardness measurements at macro-, micro-, and nanoscale: a critical overview [J]. Tribol Lett, 2017, 65 (1): 23.

[7] HODGSKINSON R, CURREY J D, EVANS G P. Hardness, an indicator of the mechanical competence of cancellous bone [J]. J Orthop Res, 1989, 7 (5): 754-758.

[8] WEAVER J K. The microscopic hardness of bone [J]. J Bone Joint Surg Am, 1966, 48 (2): 273-288.

[9] CARLSTROM D. Micro-hardness measurements on single haversian systems in bone [J]. Experientia, 1954, 10 (4): 171-172.

[10] AMPRINO R. Investigations on some physical properties of bone tissue[J]. Acta Anat (Basel), 1958, 34 (3): 161-186.

[11] KATOH T, GRIFFIN M P, WEVERS H W, et al. Bone hardness testing in the trabecular bone of the human patella [J]. J Arthroplasty, 1996, 11 (4): 460-468.

[12] JOHNSON W M, RAPOFF A J. Microindentation in bone: hardness variation with five independent variables [J]. J Mater Sci Mater Med, 2007, 18 (4): 591-597.

[13] DIEZPEREZ A, GUERRI R, NOGUES X, et al. Microindentation for in vivo measurement of bone tissue mechanical properties in humans [J]. J Bone Miner Res, 2010, 25 (8): 1877-1885.

[14] GUERRIFERNANDEZ R, NOGUES X, GOMEZ J M Q, et al. Microindentation for in vivo measurement of bone tissue material properties in atypical femoral fracture patients and controls [J]. J Bone Miner Res, 2013, 28 (1): 162-168.

[15] CAROLINE O, IWONA Z, MASSIMILIANO B, et al. Human bone hardness seems to depend on tissue type but not on anatomical site in the long bones of an old subject [J]. Proc Inst Mech Eng H, 2013, 227 (2): 200-206.

[16] SEEMAN E. Bone quality: the material and structural basis of bone strength [J]. N Engl J Med, 2008, 26 (1): 1-8.

[17] 殷兵, 胡祖圣, 李升, 等. 人体骨骼显微硬度研究[J]. 河北医科大学学报, 2016, 37 (12): 1472-1474.

[18] 胡祖圣, 李升, 刘国彬, 等. 人体骨骼显微硬度及其相关因素初步研究[J]. 河北医科大学学报, 2016, 37 (1): 102-104.

第二章

肱骨骨硬度

第一节　概　　述

一、解剖特点

肱骨为上肢最粗最长的管状骨,分肱骨干和膨大的上下两端。肱骨上端组成肩部的一部分。肱骨头呈半圆形,与肩胛骨的关节盂构成肩肱关节。大结节有冈上肌、冈下肌及小圆肌附着,小结节有肩胛下肌附着。大小结节之间为结节间沟,有肱二头肌长头腱通过。解剖颈为关节囊附着部位,外科颈为肱骨近端与干部交界处最薄弱处,故肱骨近端骨折多发于此。肱骨大、小结节以下肱骨干大致呈圆柱形,肱骨干中部外侧有一粗糙隆起,称为三角肌粗隆,为三角肌止点附着处。肱骨干后面自内上到外下的浅沟称为桡神经沟,桡神经走行于此。下部逐渐变扁、变宽、变薄,呈三棱柱形。肱骨远端扁宽,前后极薄,但内、外髁较厚。肱骨远端的滑车及小头,分别与尺骨的滑车切迹及桡骨头构成关节。

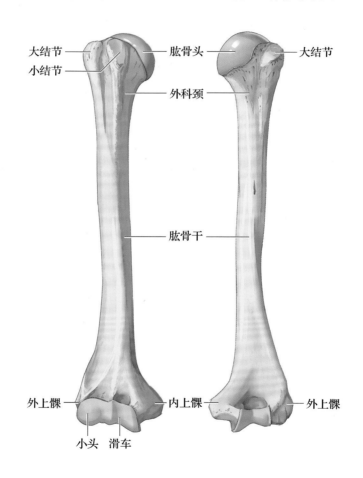

二、肱骨骨硬度测量分区原则

肱骨是典型的长骨,仿照 Heim 方块法则(Heim's square rule)将肱骨分为近端、骨干、远端三部分。根据解剖特点的不同,每个部位的测量方法不尽相同,本章节将分为三部分分别进行叙述:肱骨近端骨硬度、肱骨骨干骨硬度、肱骨远端骨硬度。针对不同节段采取不同的切割办法以利于获取合适的骨骼试样标本,用于骨硬度测量。下面将进行详细描述。

（一）肱骨近端

1. 肱骨肩关节盂水平　此区域由肱骨头、解剖颈、大结节、小结节、结节间沟等结构组成,其分割平面包含各主要结构。于大结节上缘下适当部位水平垂直其长轴截除肱骨近端部分骨质,随后用慢速锯向下锯取 2 片厚约 3mm 的骨骼试样切片,2 层骨质测量平面见图示。共计切取 6 片肱骨头骨骼试样,固定于纯平玻片上并给予标记。

每片骨骼试样选取 8 个不同的测量区域:肱骨头前侧软骨下骨,肱骨头前侧松质骨,肱骨头后侧软骨下骨,肱骨头后侧松质骨,大结节处密质骨、松质骨,小结节处密质骨、松质骨。

选取每个测量区域里的感兴趣区进行测量,最终选取 5 个有效的压痕硬度值。每个测量区域的 5 个有效压痕硬度值的平均值代表该区域的显微压痕硬度值。

2. 肱骨外科颈　此区域为肱骨近端骨松质延续为肱骨干部皮质的薄弱区,以此薄弱处为中心,慢速锯连续水平精确切取 3 层骨骼试样切片,每层厚 3mm。3 层骨质测量平面如下图所示。共计切取 9 片肱骨外科颈骨骼试样,固定于纯平玻片上并给予标记。

每片骨骼试样选取 4 个不同的测量区域:前、后、内、外 4 个区域的密质骨外壳。

选取每个测量区域里的感兴趣区进行测量,最终选取 5 个有效的压痕硬度值。每个测量区域的 5 个有效压痕硬度值的平均值代表该区域的显微压痕硬度值。

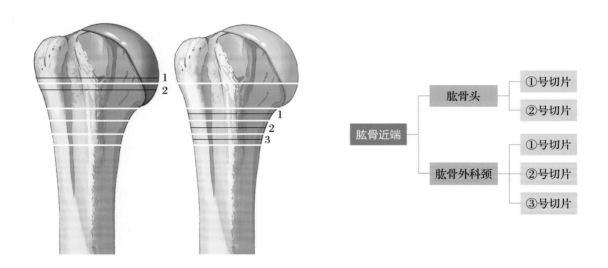

（二）肱骨干

肱骨干自上而下等分为 3 节段:骨干近段、骨干中段、骨干远段。其中骨干近段和骨干远段等分成 2 层,每层适宜部位使用慢速锯精确切取 1 片厚约 3mm 的骨骼试样切片;骨干中段等分成 3 层,每层适宜部位使用慢速锯精确切取 1 片厚约 3mm 的骨骼试样切片,肱骨干共留取 7 层骨骼试样标本,骨质测量平面如下图所示。肱骨干共计切取 21 片骨骼试样,固定于纯平玻片上并给予标记。

每片骨骼试样选取 4 个不同的测量区域:前、后、内、外 4 个区域的密质骨外壳。

选取每个测量区域里的感兴趣区进行测量,最终选取 5 个有效的压痕硬度值。每个测量区域的 5 个有效压痕硬度值的平均值代表该区域的显微压痕硬度值。

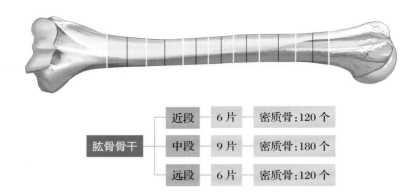

（三）肱骨远端

肱骨远端,包括内髁、肱骨滑车、肱骨小头、外髁及鹰嘴窝等结构,自鹰嘴窝上缘即干骺端水平使用慢速锯精确切取3mm骨骼试样1片,自鹰嘴窝下缘即内外上髁处连续水平切取3片厚约3mm的骨骼试样,共计4层骨骼试样,骨质测量平面如下图所示。肱骨远端共计切取12片骨骼试样标本,固定于纯平玻片上并给予标记。

干骺端节段的骨骼试样选取4个测量区域进行测量:干骺端前、后、内、外皮质区域。内外髁节段选取8个测量区域,均为密质骨测量区域:内上髁前方、内侧、后方区域;肱骨滑车前、后部区域,外上髁前方、外侧、后方区域。

选取每个测量区域里的感兴趣区进行测量,最终选取5个有效的压痕硬度值。每个测量区域的5个有效压痕硬度值的平均值代表该区域的显微压痕硬度值。

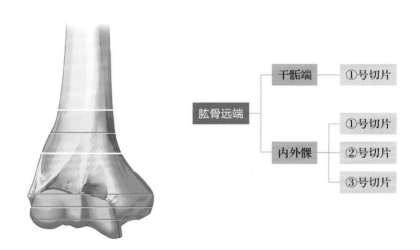

三、肱骨骨硬度的分布特点

（一）测量位点数量

共测量肱骨骨骼试样标本48片,252个测量区域(密质骨228个,松质骨24个),合计测量位点1 260个(密质骨1 140个,松质骨120个)。

肱骨近端包含肱骨肩关节盂水平节段和肱骨外科颈节段,共计标本15片,测量区域84个(密质骨60个,松质骨24个),测量位点420个(密质骨300个,松质骨120个)。其中肩关节盂水平节段包含标本6片,测量区域48个(密质骨24个,松质骨24个),测量位点240个(密质骨120个,松质骨120个);外科颈节段包含标本 9 片,测量区域 36 个(密质骨 36 个),测量位点 180 个(密质骨 180 个)。

肱骨干标本 21 片,测量区域 84 个(密质骨 84 个)。测量位点 420 个(密质骨 420 个)。

肱骨远端包含远端干骺端水平节段和内外上髁外水平节段,共计标本 12 片,测量区域 84 个(密质骨 84 个),测量位点 420 个(密质骨 420 个)。其中远端干骺端节段包含标本 3 片,测量区域 12 个(密质骨 12 个),测量位点 60 个(密质骨 60 个);内、外髁节段包含标本 9 片,测量区域 72 个(密质骨 72 个),测量位点 360 个(密质骨 360 个)。

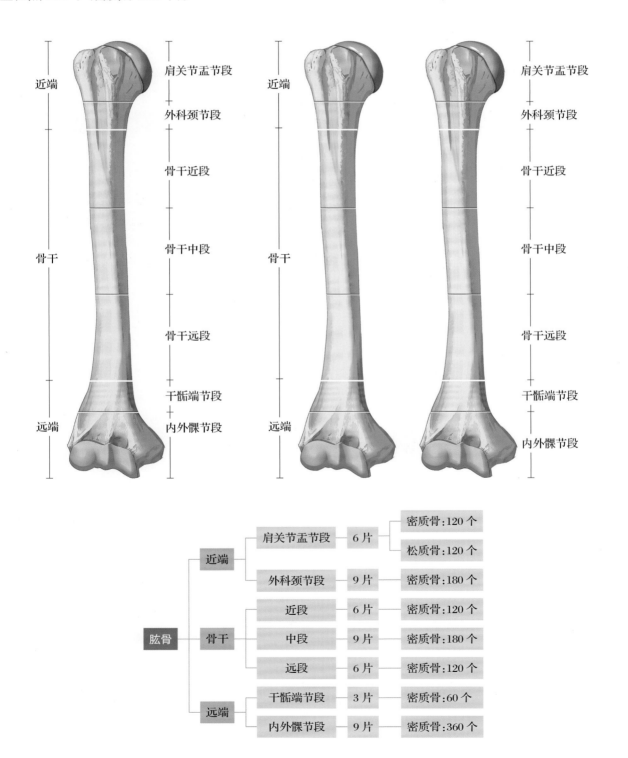

（二）肱骨骨硬度

肱骨骨硬度分布显示：其硬度范围为 17.10~73.00HV，平均硬度为（40.49±9.46）HV（表 2-1-1）。

表 2-1-1   肱骨骨硬度

部位	测量位点 / 个	最小值 /HV	最大值 /HV	平均值 ± 标准差 /HV
肱骨	1 260	17.10	73.00	40.49 ± 9.46

（三）肱骨三部分骨硬度分布

肱骨三部分硬度分布显示：硬度各不相同。硬度值最高的为肱骨骨干，平均硬度为（47.52±6.01）HV；硬度值最低的为肱骨远端，平均硬度为（35.90±8.78）HV（表 2-1-2）。

表 2-1-2   肱骨三部分骨硬度分布

部位	测量位点 / 个	最小值 /HV	最大值 /HV	平均值 ± 标准差 /HV
近端	420	20.40	62.80	37.62 ± 8.82
骨干	420	25.30	73.00	47.52 ± 6.01
远端	420	17.10	63.70	35.90 ± 8.78
合计	1 260	17.10	73.00	40.49 ± 9.46

最硬部分：肱骨骨干（47.52HV）
最软部分：肱骨远端（35.90HV）

（四）肱骨各节段骨硬度分布

肱骨共计而分为 7 节段，硬度分布各不相同，显示如下：硬度值最高的节段为骨干中段，平均硬度为（49.11±6.44）HV；硬度值最低的节段为肩关节盂节段，平均硬度为（32.78±7.10）HV（表 2-1-3）。

表 2-1-3　肱骨各节段骨硬度分布

部位		测量位点 / 个	最小值 /HV	最大值 /HV	平均值 ± 标准差 /HV
近端	肩关节盂节段	240	20.40	53.50	32.78 ± 7.10
	外科颈节段	180	21.70	62.80	44.07 ± 6.45
骨干	近段	120	33.90	57.60	46.37 ± 4.71
	中段	180	29.00	73.00	49.11 ± 6.44
	远段	120	25.30	59.80	46.28 ± 5.98
远端	干骺端节段	60	33.30	59.80	46.50 ± 6.53
	内外髁节段	360	17.10	63.70	35.32 ± 8.52
总计		1 260	17.10	73.00	40.49 ± 9.46

硬度值最高节段：肱骨骨干中段（49.11HV）
硬度值最低节段：肱骨近端肩关节盂节段（32.78HV）

（五）肱骨各解剖部位骨硬度分布

肱骨共计选取 11 个重要解剖部位，硬度分布如下表所示：硬度值最高的解剖部位为骨干中段，平均硬度为（49.11±6.44）HV；硬度值最低的解剖部位为肱骨近端肩关节盂节段大结节部位，平均硬度为（29.56±5.68）HV（表 2-1-4）。

表 2-1-4　肱骨各部位骨硬度分布

部位			测量位点 / 个	最小值 /HV	最大值 /HV	平均值 ± 标准差 /HV
近端	肩关节盂节段	肱骨头	120	21.50	49.00	33.60 ± 6.65
		大结节	60	20.70	45.40	29.56 ± 5.68
		小结节	60	20.40	53.50	34.34 ± 8.26
	外科颈节段	外科颈	180	21.70	62.80	44.07 ± 6.45

续表

部位		测量位点 / 个	最小值 /HV	最大值 /HV	平均值 ± 标准差 /HV
骨干	近段	120	33.90	57.60	46.37 ± 4.71
	中段	180	29.00	73.00	49.11 ± 6.44
	远段	120	25.30	59.80	46.28 ± 5.98
远端 干骺端节段	干骺端	60	33.30	59.80	46.50 ± 6.53
内外髁节段	内髁	135	22.00	55.70	38.59 ± 9.05
	滑车	90	20.50	63.70	35.02 ± 8.67
	外髁	135	17.10	52.00	32.24 ± 6.50
合计		1 260	17.10	73.00	40.49 ± 9.46

硬度值最高解剖部位:肱骨骨干中段(49.11HV)
硬度值最低解剖部位:肱骨近端肩关节盂节段大结节(29.56HV)

（六）肱骨各层面硬度分布

肱骨共分为 16 个层面,硬度分布如下表所示:硬度值最高层面位于骨干中段第 2 层面,平均硬度为(51.34 ± 7.01)HV;硬度值最低层面位于肱骨近端肩关节盂节段第 1 层面,平均硬度为(32.52 ± 7.51)HV(表 2-1-5)。

表 2-1-5　肱骨各层面硬度分布

部位		测量位点 / 个	最小值 /HV	最大值 /HV	平均值 ± 标准差 /HV
近端 肩关节盂节段	第 1 层面	120	20.40	53.50	32.52 ± 7.51
	第 2 层面	120	21.20	48.80	33.04 ± 6.68
外科颈节段	第 1 层面	60	29.50	62.80	44.78 ± 6.32
	第 2 层面	60	27.20	53.90	43.67 ± 5.45
	第 3 层面	60	21.70	54.20	43.77 ± 7.46

续表

部位			测量位点 / 个	最小值 /HV	最大值 /HV	平均值 ± 标准差 /HV
骨干	近段	第 1 层面	60	36.30	57.60	46.76 ± 4.27
		第 2 层面	60	33.90	57.40	45.98 ± 5.11
	中段	第 1 层面	60	29.00	61.70	46.47 ± 5.79
		第 2 层面	60	37.90	73.00	51.34 ± 7.01
		第 3 层面	60	39.20	65.60	49.52 ± 5.56
	远段	第 1 层面	60	33.30	59.80	46.84 ± 5.70
		第 2 层面	60	25.30	57.20	45.72 ± 6.25
远端	干骺端节段	第 1 层面	60	33.30	59.80	46.50 ± 6.53
	内外髁节段	第 1 层面	120	17.10	63.70	36.20 ± 9.81
		第 2 层面	120	21.60	52.50	35.29 ± 8.40
		第 3 层面	120	21.10	55.70	34.46 ± 7.12
合计			1 260	17.10	73.00	40.49 ± 9.46

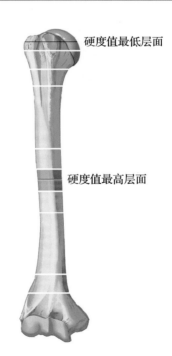

肩关节盂节段	第 1 层面：32.52HV 第 2 层面：33.04HV
外科颈节段	第 1 层面：44.78HV 第 2 层面：43.67HV 第 3 层面：43.77HV
近段	第 1 层面：46.76HV 第 2 层面：45.98HV
中段	第 1 层面：46.47HV 第 2 层面：51.34HV 第 3 层面：49.52HV
远段	第 1 层面：46.84HV 第 2 层面：45.72HV
干骺端节段	第 1 层面：46.50HV
内外髁节段	第 1 层面：36.20HV 第 2 层面：35.29HV 第 3 层面：34.46HV

硬度值最低层面

硬度值最高层面

第二节　肱骨近端骨硬度

一、解剖特点

肱骨近端由肱骨头、解剖颈和大小结节组成。

肱骨头：是一个小半球形，截面观呈椭圆形。表面为平滑的关节面覆盖透明软骨。当上臂位于体侧时，肱骨头朝向内后上与肩胛骨的关节盂相关节。

小结节：在解剖颈之前，上部一平滑肌性压迹（肩峰尖下3cm处可通过增厚的三角肌触及）。肱骨旋转时，骨性隆起则从检查者的检查手指中滑脱。

大结节：位于肱骨近端最外侧。

解剖颈：与肱骨头边缘紧密相连，代表肩关节关节囊的界线。在结节间沟处有二头肌长头腱。关节囊的内侧和解剖颈分开下降1cm左右至肱骨体。

肱骨肩关节盂水平节段的骨骼试样切片测量区域包含了肱骨头、大结节区、小结节区；肱骨外科颈节段测量区域包含外科颈，因此肱骨近端骨硬度主要围绕上述4个重点解剖结构开展测量。

二、肱骨近端骨硬度分布特点

（一）测量位点数量

肱骨近端包含肱骨肩关节盂水平节段和肱骨外科颈节段，共计标本15片，测量区域84个（密质骨60个，松质骨24个），测量位点420个（密质骨300个，松质骨120个）。

其中肩关节盂水平节段包含标本6片，测量区域48个（密质骨24个，松质骨24个），测量位点240个（密质骨及软骨下骨120个，松质骨120个）；外科颈节段包含标本9片，测量区域36个（密质骨36个），测量位点180个（密质骨180个）。

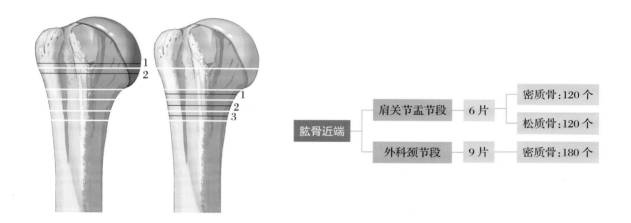

（二）肱骨近端总体骨硬度

肱骨近端总体骨硬度分布如下，硬度范围为20.40~62.80HV，平均硬度为（37.62±8.82）HV（表2-2-1）。

表2-2-1　肱骨近端总体骨硬度分布

肱骨近端	测量位点/个	最小值/HV	最大值/HV	平均值±标准差/HV
总体	420	20.40	62.80	37.62±8.82

（三）肱骨近端各节段骨硬度分布

肱骨近端分为2个节段，分别为肩关节盂水平节段和外科颈节段，其中外科颈节段硬度值最高，平均硬度为（44.07±6.45）HV；肩关节盂水平节段硬度值最低，平均硬度为（32.78±7.10）HV（表2-2-2）。

表 2-2-2　肱骨近端各节段骨硬度分布

部位	测量位点 / 个	最小值 /HV	最大值 /HV	平均值 ± 标准差 /HV
肩关节盂水平节段	240	20.40	53.50	32.78 ± 7.10
外科颈节段	180	21.70	62.80	44.07 ± 6.45
总计	420	20.40	62.80	37.62 ± 8.82

硬度值最高节段：外科颈节段（44.07HV）
硬度值最低节段：肩关节盂节段（32.78HV）

（四）肱骨近端各解剖部位骨硬度分布

　　肱骨近端选取了 4 个重要解剖部位，分别是肱骨头区、大结节区、小结节区和外科颈区。其中外科颈区硬度值最高，平均硬度为（44.07±6.45）HV；大结节区硬度值最低，平均硬度为（29.56±5.68）HV（表2-2-3）。

表 2-2-3　肱骨近端各解剖部位骨硬度分布

部位	测量位点 / 个	最小值 /HV	最大值 /HV	平均值 ± 标准差 /HV
肱骨头区	120	21.50	49.00	33.60 ± 6.65
大结节区	60	20.70	45.40	29.56 ± 5.68
小结节区	60	20.40	53.50	34.34 ± 8.26
外科颈区	180	21.70	62.80	44.07 ± 6.45
总计	420	20.40	62.80	37.62 ± 8.82

硬度值最高部位：外科颈区（44.07HV）
硬度值最低部位：大结节区（29.56HV）

（五）肱骨近端各层面骨硬度分布

肱骨近端选取了 5 个层面,其中硬度值最高的层面为外科颈第 1 层面,平均硬度为(44.78±6.32)HV;硬度值最低的层面为肩关节盂水平节段第 1 层面,平均硬度为(32.52±7.51)HV(表 2-2-4)。

表 2-2-4   肱骨近端各层面骨硬度分布

部位		测量位点 / 个	最小值 /HV	最大值 /HV	平均值 ± 标准差 /HV
肩关节盂水平节段	第 1 层面	120	20.40	53.50	32.52 ± 7.51
	第 2 层面	120	21.20	48.80	33.04 ± 6.68
外科颈节段	第 1 层面	60	29.50	62.80	44.78 ± 6.32
	第 2 层面	60	27.20	53.90	43.67 ± 5.45
	第 3 层面	60	21.70	54.20	43.77 ± 7.46
合计		420	20.40	62.80	37.62 ± 8.82

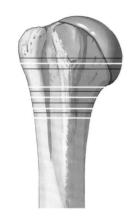

硬度值最高层面:外科颈第 1 层面(44.78HV)

硬度值最低层面:肩关节盂水平节段第 1 层面(32.52HV)

近端 5 个层面选取示意图   近端 5 个层面软硬分布图

三、肱骨近端各层面骨硬度分布

（一）肩关节盂节段第 1 层面

1. 示意图

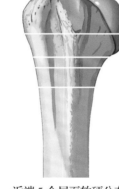

硬度最高区域:肱骨小结节密质骨(38.45HV)

硬度最低区域:肱骨大结节密质骨(26.19HV)

第 1 层面   第 1 层面切片示意图   第 1 层面硬度

2. 硬度分布   肱骨近端肩关节盂第 1 层面硬度分布显示如上:硬度值最高区域为肱骨小结节密质骨,平均硬度为(38.45±8.99)HV;硬度值最低区域为肱骨大结节密质骨,平均硬度为(26.19±3.46)HV(表 2-2-5)。

表 2-2-5　肩关节盂节段第 1 层面硬度分布

部位	最小值 /HV	最大值 /HV	平均值 ± 标准差 /HV
肱骨头前半部软骨下骨	26.90	43.90	38.14 ± 6.56
肱骨头前半部松质骨	23.00	40.70	33.43 ± 6.49
肱骨头后半部软骨下骨	23.10	45.80	33.11 ± 7.84
肱骨头后半部松质骨	23.70	49.00	34.25 ± 6.70
肱骨大结节密质骨	21.00	33.10	26.19 ± 3.46
肱骨大结节松质骨	20.70	32.50	27.66 ± 3.99
肱骨小结节密质骨	26.30	53.50	38.45 ± 8.99
肱骨小结节松质骨	20.40	34.70	28.91 ± 4.53

（二）肩关节盂节段第 2 层面

1. 示意图

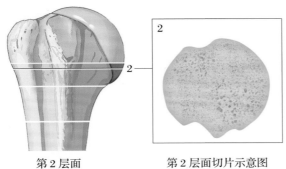

硬度最高区域:肱骨小结节密质骨
(38.09HV)
硬度最低区域:肱骨大结节松质骨
(28.97HV)

第 2 层面　　　　　第 2 层面切片示意图　　　　　第 2 层面硬度

2. 硬度分布　　肱骨近端肩关节盂第 2 层面硬度分布显示如上:硬度值最高区域为肱骨小结节密质骨,平均硬度为(38.09 ± 8.41)HV;硬度值最低区域为肱骨大结节松质骨,平均硬度为(28.97 ± 4.72)HV(表 2-2-6)。

表 2-2-6　肩关节盂节段第 2 层面硬度分布

部位	最小值 /HV	最大值 /HV	平均值 ± 标准差 /HV
肱骨头前半部软骨下骨	23.90	47.00	34.03 ± 6.97
肱骨头前半部松质骨	22.90	45.60	34.83 ± 6.93
肱骨头后半部软骨下骨	21.50	36.30	30.46 ± 4.79
肱骨头后半部松质骨	23.60	37.80	30.57 ± 4.42
肱骨大结节密质骨	24.40	45.40	35.43 ± 5.69
肱骨大结节松质骨	22.40	38.40	28.97 ± 4.72
肱骨小结节密质骨	21.20	48.80	38.09 ± 8.41
肱骨小结节松质骨	21.80	41.70	31.91 ± 6.65

（三）外科颈第 1 层面

1. 示意图

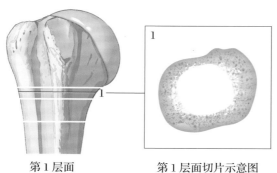

硬度最高区域:内侧密质骨
(46.93HV)
硬度最低区域:后侧密质骨
(42.20HV)

第 1 层面　　　　　　第 1 层面切片示意图　　　　　　第 1 层面硬度

2. 硬度分布　肱骨近端肩外科颈第 1 层面硬度分布显示如上:硬度值最高区域为内侧密质骨,平均硬度为(46.93±6.10)HV;硬度值最低区域为后侧密质骨,平均硬度为(42.20±5.42)HV(表 2-2-7)。

表 2-2-7　外科颈第 1 层面硬度分布

部位	最小值 /HV	最大值 /HV	平均值 ± 标准差 /HV
前侧	29.50	54.20	44.38 ± 8.40
后侧	32.10	52.20	42.20 ± 5.42
内侧	36.10	62.80	46.93 ± 6.10
外侧	33.50	51.10	45.62 ± 4.27

（四）外科颈第 2 层面

1. 示意图

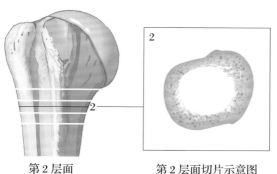

硬度最高区域:内侧密质骨
(46.97HV)
硬度最低区域:前侧密质骨
(40.35HV)

第 2 层面　　　　　　第 2 层面切片示意图　　　　　　第 2 层面硬度

2. 硬度分布　肱骨近端肩外科颈第 2 层面硬度分布显示如上:硬度值最高区域为内侧密质骨,平均硬度为(46.97±3.75)HV;硬度值最低区域为前侧密质骨,平均硬度为(40.35±6.27)HV(表 2-2-8)。

表 2-2-8 外科颈第 2 层面硬度分布

部位	最小值 /HV	最大值 /HV	平均值 ± 标准差 /HV
前侧	27.20	47.40	40.35 ± 6.27
后侧	34.80	48.20	42.95 ± 3.98
内侧	41.40	53.90	46.97 ± 3.75
外侧	32.30	52.60	44.39 ± 5.59

（五）外科颈第 3 层面

1. 示意图

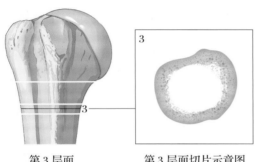

硬度最高区域：后侧密质骨
（48.29HV）
硬度最低区域：前侧密质骨
（38.19HV）

第 3 层面　　　　第 3 层面切片示意图　　　　第 3 层面硬度

2. 硬度分布　肱骨近端肩外科颈第 3 层面硬度分布显示如上：硬度值最高区域为后侧密质骨，平均硬度为（48.29 ± 4.72）HV；硬度值最低区域为前侧密质骨，平均硬度为（38.19 ± 8.38）HV（表 2-2-9）。

表 2-2-9 外科颈第 3 层面硬度分布

部位	最小值 /HV	最大值 /HV	平均值 ± 标准差 /HV
前侧	21.70	50.00	38.19 ± 8.38
后侧	40.00	56.10	48.29 ± 4.72
内侧	33.20	50.20	43.58 ± 6.13
外侧	35.70	59.30	45.00 ± 6.91

第三节　肱骨干骨硬度

一、解剖特点

肱骨干的近段及中段截面近似圆柱形，皮质较厚；远段截面逐渐变宽、变扁，近似较扁的、底边向后的三角形，皮质逐渐变薄。肱骨干表面有大结节嵴、小结节嵴、三角肌粗隆、桡神经沟等骨性结构。

前缘：起自大结节前向下至骨的下端，近端 1/3 参与构成结节间沟外侧唇。

外侧缘：中上 1/3 几乎不可分辨，其在肱骨下端显著，前面观锐利缘粗糙。

内侧缘：较为圆隆，但在骨体中下段较易识别，成为内上髁嵴。中上部分有一个 V 形

粗糙区域被称作三角肌结节。

二、肱骨干骨硬度分布特点

(一)测量位点数量

肱骨干自上而下等分为 3 节段：骨干近段、骨干中段、骨干远段。其中骨干近段和骨干远段等分成 2 层；骨干中段等分成 3 层。共测量肱骨干骨骼试样标本 21 片，每片标本共计 20 个有效密质骨硬度测量值，合计测量位点 420 个。

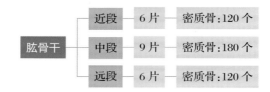

(二)肱骨干骨硬度

肱骨干骨硬度分布显示如下：硬度范围为 25.30~73.00HV，平均硬度为（47.52±6.01）HV（表 2-3-1）。

表 2-3-1   肱骨干骨硬度

部位	测量位点/个	最小值/HV	最大值/HV	平均值±标准差/HV
肱骨干	420	25.30	73.00	47.52±6.01

(三)肱骨干各节段骨硬度

肱骨干分为 3 个节段：近段、中段和远段。其中硬度值最高的节段为骨干中段，平均硬度为（49.11±6.44）HV；硬度值最低的节段为骨干远段，平均硬度为（46.28±5.98）HV（表 2-3-2）。

表 2-3-2   肱骨干各节段骨硬度分布

部位	测量位点/个	最小值/HV	最大值/HV	平均值±标准差/HV
近段	120	33.90	57.60	46.37±4.71
中段	180	29.00	73.00	49.11±6.44
远段	120	25.30	59.80	46.28±5.98
合计	420	25.30	73.00	47.52±6.01

最硬节段：肱骨干中段（49.11HV）
最软节段：肱骨干远段（46.28HV）

（四）肱骨干各层面硬度

肱骨干分选取 7 个层面，其中近段选取 2 层，中段选取 3 层，远段选取 2 层，硬度值各不相同，结果如下：硬度值最高层面为骨干中段第 2 层面，平均硬度为（51.34±7.01）HV；硬度值最低层面为远端第 2 层面，平均硬度为（45.72±6.25）HV（表 2-3-3）。

表 2-3-3　肱骨干各层面硬度分布

部位	层面	测量位点 / 个	最小值 /HV	最大值 /HV	平均值 ± 标准差 /HV
近段	第 1 层面	60	36.30	57.60	46.76 ± 4.27
	第 2 层面	60	33.90	57.40	45.98 ± 5.11
中段	第 1 层面	60	29.00	61.70	46.47 ± 5.79
	第 2 层面	60	37.90	73.00	51.34 ± 7.01
	第 3 层面	60	39.20	65.60	49.52 ± 5.56
远段	第 1 层面	60	33.30	59.80	46.84 ± 5.70
	第 2 层面	60	25.30	57.20	45.72 ± 6.25
合计		420	25.30	73.00	47.52 ± 6.01

最硬层面：肱骨干中段第 2 层（51.34HV）
最软层面：肱骨干远段第 2 层（45.72HV）

（五）肱骨干各测量方位硬度

肱骨干选取了前侧、后侧、内侧、外侧 4 个测量方位，其中硬度值最高为外侧，平均硬度为（49.12±5.22）HV；硬度值最低为后侧，平均硬度为（45.28±6.47）HV（表 2-3-4）。

表 2-3-4　肱骨干各测量方位硬度分布

部位	测量位点 / 个	最小值 /HV	最大值 /HV	平均值 ± 标准差 /HV
前侧	105	33.30	65.60	47.40 ± 5.55
后侧	105	25.30	68.90	45.28 ± 6.47
内侧	105	29.00	73.00	48.28 ± 6.10
外侧	105	33.90	65.30	49.12 ± 5.22

三、肱骨干各层面骨硬度分布

(一) 近段 1~2 层面

1. 示意图

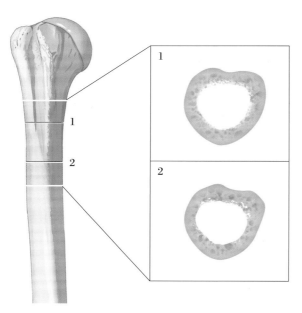

近段第 1 层面:46.76HV
近段第 2 层面:45.98HV

骨干近段 1~2 层面切片示意图　　　　　　　　硬度分布

2. 硬度分布　肱骨干近段第 1 层面硬度显示:前侧、后侧、内侧和外侧硬度各不相同。其中硬度值最高的方位为后侧,平均硬度为(48.53 ± 5.22)HV;硬度值最低的方位为前侧,平均硬度为(45.44 ± 4.02)HV(表 2-3-5)。

表 2-3-5　肱骨干近段第 1 层面硬度分布

部位	最小值 /HV	最大值 /HV	平均值 ± 标准差 /HV
前侧	36.30	51.90	45.44 ± 4.02
后侧	38.90	57.60	48.53 ± 5.22
内侧	37.70	54.80	46.41 ± 4.40
外侧	41.80	50.70	46.65 ± 2.97

3. 硬度分布　肱骨干近段第 2 层面硬度显示:前侧、后侧、内侧和外侧硬度各不相同。其中硬度值最高的方位为内侧,平均硬度为(47.53 ± 4.64)HV;硬度值最低的方位为后侧,平均硬度为(43.43 ± 5.05)HV(表 2-3-6)。

表 2-3-6　肱骨干第 2 层面硬度分布

部位	最小值 /HV	最大值 /HV	平均值 ± 标准差 /HV
前侧	40.20	54.20	46.66 ± 4.83
后侧	34.00	50.00	43.43 ± 5.05
内侧	41.80	57.40	47.53 ± 4.64
外侧	33.90	53.00	46.31 ± 5.43

（二）中段 1~3 层面

1. 示意图

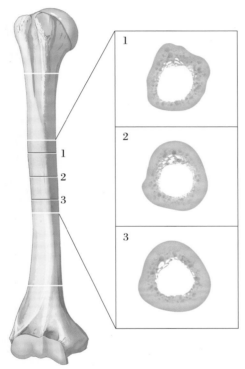

中段第 1 层面：46.47HV
中段第 2 层面：51.34HV
中段第 3 层面：49.52HV

骨干中段 1~3 层面切片示意图　　　　　硬度分布

2. 硬度分布　　肱骨干中段第 1 层面硬度显示：前侧、后侧、内侧和外侧硬度各不相同。其中硬度值最高的方位为外侧，平均硬度为（48.75 ± 6.34）HV；硬度值最低的方位为后侧，平均硬度为（42.77 ± 6.61）HV（表 2-3-7）。

表 2-3-7　肱骨干中段第 1 层面硬度分布

部位	最小值 /HV	最大值 /HV	平均值 ± 标准差 /HV
前侧	41.20	53.50	46.50 ± 3.45
后侧	29.00	50.00	42.77 ± 6.61
内侧	40.00	54.80	47.83 ± 4.81
外侧	40.30	61.70	48.75 ± 6.34

3. 硬度分布　肱骨干中段第2层面硬度显示：前侧、后侧、内侧和外侧硬度各不相同。其中硬度值最高的方位为内侧，平均硬度为(53.77±8.70)HV；硬度值最低的方位为前侧，平均硬度为(48.78±5.83)HV（表2-3-8）。

表 2-3-8　肱骨干中段第 2 层面硬度分布

部位	最小值 /HV	最大值 /HV	平均值 ± 标准差 /HV
前侧	39.80	60.20	48.78 ± 5.83
后侧	37.90	68.90	50.19 ± 7.52
内侧	41.80	73.00	53.77 ± 8.70
外侧	46.90	65.30	52.61 ± 4.96

4. 硬度分布　肱骨干中段第3层面硬度显示：前侧、后侧、内侧和外侧硬度各不相同。其中硬度值最高的方位为外侧，平均硬度为(51.87±4.90)HV；硬度值最低的方位为后侧，平均硬度为(46.69±3.45)HV（表2-3-9）。

表 2-3-9　肱骨干中段第 3 层面硬度分布

部位	最小值 /HV	最大值 /HV	平均值 ± 标准差 /HV
前侧	39.20	65.60	49.99 ± 7.32
后侧	40.90	53.90	46.69 ± 3.45
内侧	42.00	62.10	49.53 ± 5.12
外侧	44.80	62.30	51.87 ± 4.90

(三) 远段 1~2 层面
1. 示意图

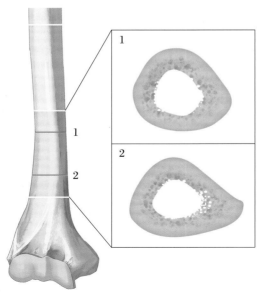

远段第 1 层面：46.84HV
远段第 2 层面：45.72HV

骨干远段 1~2 层面切片示意图　　　　　　硬度分布

2. 硬度分布　肱骨干远段第 1 层面硬度显示：前侧、后侧、内侧和外侧硬度各不相同。其中硬度值最高的方位为外侧，平均硬度为(48.77±5.05)HV；硬度值最低的方位为后侧，平均硬度为(43.31±5.01)HV（表 2-3-10）。

表 2-3-10　肱骨干远段第 1 层面硬度分布

部位	最小值 /HV	最大值 /HV	平均值 ± 标准差 /HV
前侧	33.30	58.50	47.87 ± 7.03
后侧	35.10	55.80	43.31 ± 5.01
内侧	40.50	56.00	47.41 ± 4.23
外侧	41.30	59.80	48.77 ± 5.05

3. 硬度分布　肱骨干远段第 2 层面硬度显示：前侧、后侧、内侧和外侧硬度各不相同。其中硬度值最高的方位为外侧，平均硬度为(48.87±3.64)HV；硬度值最低的方位为后侧，平均硬度为(42.02±7.47)HV（表 2-3-11）。

表 2-3-11　肱骨干远段第 2 层面硬度分布

部位	最小值 /HV	最大值 /HV	平均值 ± 标准差 /HV
前侧	35.50	54.80	46.54 ± 4.99
后侧	25.30	55.30	42.02 ± 7.47
内侧	29.00	56.00	45.43 ± 6.69
外侧	44.00	57.20	48.87 ± 3.64

第四节　肱骨远端骨硬度

一、解剖特点

肱骨远端包括内髁、肱骨滑车、肱骨小头、外髁及鹰嘴窝等结构，截面扁宽，前后极薄，但内、外髁处较厚。肱骨下端的滑车及小头，分别与尺骨的滑车切迹及桡骨头构成关节。

肱骨小头：圆且前凸，肱骨髁外侧部前下面被包裹但未到达后面。其与桡骨扁圆形头相关节，该头在肘关节全伸时与下表面相接触，但屈曲时滑到前面。

滑车：为一滑轮形表面，覆盖在肱骨内侧髁的前下后表面，与尺骨滑车切迹相关节。外侧面有一浅沟与小头分开，内侧缘超过骨的其余部分向下突起。肘伸展时滑车下后面与尺骨相接触，肘屈曲时，滑车切迹滑到前面，后面未被覆盖。

内上髁：为肱骨内侧缘当内上髁轻微回旋时，形成髁内侧一个显著的钝性突起，当肘被动屈曲时皮下清晰可见。后面有尺神经经一浅沟进入前臂，该处可扪及尺神经，刺激内上髁能够产生特征性的麻刺感觉。

外上髁：肱骨外侧缘终于外上髁，下端构成外上髁嵴。外上髁占据了髁非关节部分的外侧部，但突起不超过外上髁嵴。

鹰嘴窝、冠突窝和桡窝:鹰嘴窝位于滑车之上、髁后面的一深凹,肘伸展时用于容纳尺骨的鹰嘴。滑车的上前面有一小凹陷被称作冠突窝,在屈肘时容纳冠突前缘。冠突窝外侧的肱骨小头上方有一浅压迹,在肘关节完全屈曲位时与桡骨头缘相关节被称作桡窝。

二、肱骨远端骨硬度分布特点

(一) 测量位点数量

共测量肱骨远端骨骼试样标本12片,测量区域84个(密质骨84个),测量位点420个(密质骨420个)。其中远端干骺端节段包含标本3片,每片包含4个密质骨测量区域,共计测量区域12个(密质骨12个),测量位点60个(密质骨60个);内、外髁节段包含标本9片,每片包含8个密质骨测量区域,共计测量区域72个(密质骨72个),测量位点360个(密质骨360个)。

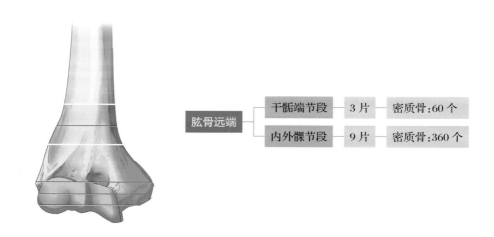

(二) 肱骨远端骨硬度

肱骨远端骨硬度分布如下:硬度范围17.10~63.70HV,平均硬度为(35.90±8.78)HV(表2-4-1)。

表 2-4-1　肱骨远端骨硬度

部位	测量位点 / 个	最小值 /HV	最大值 /HV	平均值 ± 标准差 /HV
肱骨远端	420	17.10	63.70	35.90 ± 8.78

(三) 肱骨远端各节段骨硬度分布

肱骨远端分为2个节段:干骺端节段、内外髁节段。其中干骺端节段硬度值(46.50±6.53HV)高于内外髁节段(35.32±8.52HV),见表2-4-2。

表 2-4-2　肱骨远端各节段骨硬度分布

部位	测量位点 / 个	最小值 /HV	最大值 /HV	平均值 ± 标准差 /HV
干骺端节段	60	33.30	59.80	46.50 ± 6.53
内外髁节段	360	17.10	63.70	35.32 ± 8.52
总计	420	17.10	63.70	35.90 ± 8.78

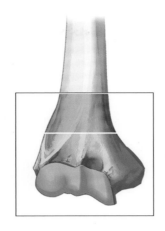

硬度值最高节段：干骺端（46.50HV）
硬度值最低节段：内外髁（35.32HV）

（四）肱骨远端各层面骨硬度分布

肱骨远端选取 4 个层面，硬度值各不相同：硬度值最高层面为干骺端第 1 层面，平均硬度为
（46.50±6.53）HV；硬度值最低层面为内外髁节段第 3 层面，平均硬度为（34.46±7.12）HV（表 2-4-3）。

表 2-4-3　肱骨远端各层面骨硬度分布

部位	层面	测量位点 / 个	最小值 /HV	最大值 /HV	平均值 ± 标准差 /HV
干骺端节段	第 1 层面	60	33.30	59.80	46.50 ± 6.53
内外髁节段	第 1 层面	120	21.10	55.70	34.46 ± 7.12
	第 2 层面	120	21.60	52.50	35.29 ± 8.40
	第 3 层面	120	17.10	63.70	36.20 ± 9.81
合计		420	17.10	63.70	35.90 ± 8.78

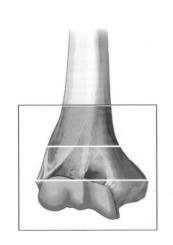

硬度值最高层面：干骺端第 1 层面（46.50HV）
硬度值最低层面：内外髁节段第 1 层面（34.46HV）

（五）肱骨远端各解剖部位骨硬度分布

肱骨远端选取了 4 个重要解剖部位：干骺端、内髁、滑车和外髁。硬度值最高的解剖部位为干骺端，
平均硬度为（46.50±6.53）HV；硬度值最低的解剖部位为外髁，平均硬度为（32.24±6.50）HV（表 2-4-4）。

表 2-4-4　肱骨远端各部位骨硬度分布

部位		测量位点 / 个	最小值 /HV	最大值 /HV	平均值 ± 标准差 /HV
干骺端节段	干骺端	60	33.30	59.80	46.50 ± 6.53
内外髁节段	内髁	135	22.00	55.70	38.59 ± 9.05
	滑车	90	20.50	63.70	35.02 ± 8.67
	外髁	135	17.10	52.00	32.24 ± 6.50
合计		420	17.10	63.70	35.90 ± 8.78

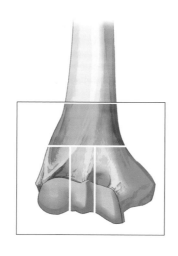

硬度最高部位:肱骨远端干骺端(46.50HV)
硬度最低部位:肱骨远端内外髁节段的外髁(32.24HV)

三、肱骨远端各层面骨硬度分布

(一) 干骺端第 1 层面

1. 示意图

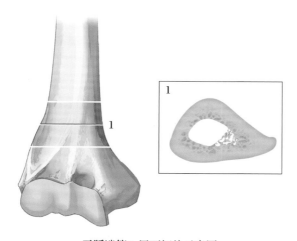

硬度值最高方位:外侧(52.14HV)
硬度值最低方位:后侧(40.38HV)

干骺端第 1 层面切片示意图　　　　　　　　硬度分布

2. 硬度分布　肱骨远端干骺端节段第1层面硬度显示：前侧、后侧、内侧和外侧硬度各不相同。其中硬度值最高的方位为外侧，平均硬度为(52.14±5.46)HV；硬度值最低的方位为后侧，平均硬度为(40.38±4.54)HV（表2-4-5）。

表 2-4-5　干骺端第 1 层面硬度分布

部位	最小值 /HV	最大值 /HV	平均值 ± 标准差 /HV
前侧	33.30	53.40	46.18 ± 7.96
后侧	35.10	44.50	40.38 ± 4.54
内侧	46.10	48.60	47.28 ± 1.05
外侧	45.10	59.80	52.14 ± 5.46

（二）内外髁节段第 1 层面

1. 示意图

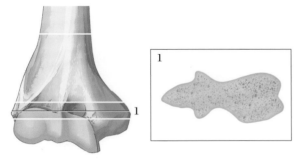

硬度值最高区域：内上髁前方(39.96HV)
硬度值最低区域：外上髁前方(29.42HV)

内外髁节段第 1 层面切片示意图　　　　　硬度分布

2. 硬度分布　内外髁节段第1层面硬度分布显示：8个测量区域硬度值各不相同。其中硬度值最高部位为内上髁前方，平均硬度为(39.96±8.39)HV；硬度值最低部位为外上髁前方，平均硬度为(29.42±4.16)HV（表2-4-6）。

表 2-4-6　内外髁节段第 1 层面硬度分布

部位	最小值 /HV	最大值 /HV	平均值 ± 标准差 /HV
内上髁前方	27.80	50.90	39.96 ± 8.39
内上髁内侧	25.70	52.70	39.29 ± 8.04
内上髁后方	28.30	55.70	37.33 ± 7.24
肱骨滑车前方	23.30	39.50	30.66 ± 4.64
肱骨滑车后方	24.80	46.20	35.66 ± 6.67
外上髁前方	21.10	36.20	29.42 ± 4.16
外上髁外侧	26.90	35.70	29.94 ± 2.56
外上髁后方	26.00	39.70	33.45 ± 4.54

（三）内外髁节段第 2 层面

1. 示意图

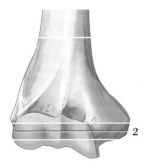

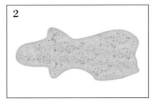

硬度最高区域：内上髁内侧（38.66HV）
硬度最低区域：外上髁后方（33.35HV）

内外髁节段第 2 层面切片示意图　　　　　　　　　　　　硬度分布

2. 硬度分布　　内外髁节段第 2 层面硬度分布显示：8 个测量区域硬度值各不相同。其中硬度值最高部位为内上髁内侧，平均硬度为（38.66±8.98）HV；硬度值最低部位为外上髁后方，平均硬度为（33.35±5.96）HV（表 2-4-7）。

表 2-4-7　内外髁节段第 2 层面硬度分布

部位	最小值 /HV	最大值 /HV	平均值 ± 标准差 /HV
内上髁前方	22.30	52.00	37.87 ± 9.19
内上髁内侧	24.70	51.90	38.66 ± 8.98
内上髁后方	24.90	42.40	35.32 ± 5.84
肱骨滑车前方	23.80	52.30	36.87 ± 8.62
肱骨滑车后方	24.90	52.50	36.87 ± 10.35
外上髁前方	21.60	45.50	33.73 ± 7.83
外上髁外侧	22.20	52.00	33.50 ± 9.18
外上髁后方	23.70	44.60	33.35 ± 5.96

（四）内外髁节段第 3 层面

1. 示意图

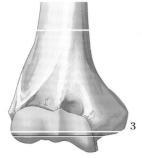

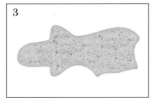

硬度值最高区域：肱骨滑车后方（42.10HV）
硬度值最低区域：外上髁后方（30.18HV）

内外髁节段第 3 层面切片示意图　　　　　　　　　　　　硬度分布

2. 硬度分布　内外髁节段第 3 层面硬度分布显示:8 个测量区域硬度值各不相同。其中硬度值最高部位为肱骨滑车后方,平均硬度为(42.10±10.32)HV;硬度值最低部位为外上髁后方,平均硬度为(30.18±6.88)HV(表 2-4-8)。

表 2-4-8　内外髁节段第 3 层面硬度分布

部位	最小值/HV	最大值/HV	平均值 ± 标准差/HV
内上髁前方	22.90	54.80	41.30 ± 11.01
内上髁内侧	22.00	52.70	37.32 ± 10.74
内上髁后方	23.10	55.70	40.27 ± 11.51
肱骨滑车前方	20.50	39.40	31.81 ± 5.48
肱骨滑车后方	26.90	63.70	42.10 ± 10.32
外上髁前方	26.90	43.80	33.97 ± 5.09
外上髁外侧	17.10	46.80	32.61 ± 8.74
外上髁后方	19.80	41.80	30.18 ± 6.88

第3章

尺骨和桡骨骨硬度

第一节 概 述

一、解剖特点

　　尺骨和桡骨构成前臂的骨性结构,近端连接肱骨构成肘关节,远端连接腕骨构成腕关节。尺骨位于前臂内侧,上端大,下端小。上下有两个突起,前方较小的为冠突,后方较大的为鹰嘴,冠突前下方的粗隆为尺骨粗隆。尺骨下端称尺骨头,头的后内侧向下伸出的突起,称为尺骨茎突。尺骨和桡骨之间通过近、远侧关节及骨间膜相连接,在旋前和旋后时两者可以看作一个关节。尺骨和桡骨大体可看作相互平行、指向相反的两个圆锥体,尺骨相对较直,桡骨相对弯曲。

　　桡骨位于前臂外侧,分一体两端,上端小,下端大,上端稍膨大称桡骨头,头上面的关节凹与肱骨小头相关节。桡骨头下方缩细的部分为桡骨颈,桡骨体呈三棱柱形,内侧为薄锐的骨间缘,颈、体相连的后内侧有卵圆形隆起称桡骨粗隆,桡骨外侧向下的突起为桡骨茎突,下端内侧有凹陷的关节面称尺切迹,与尺骨相关节。

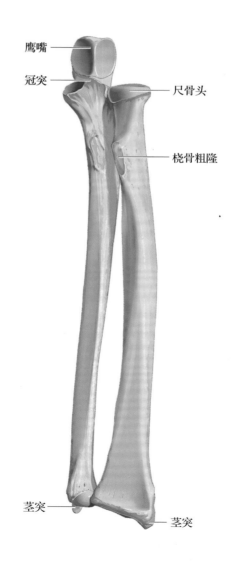

鹰嘴
冠突
尺骨头
桡骨粗隆
茎突
茎突

二、尺骨和桡骨骨硬度测量分区原则

尺骨和桡骨是典型的长骨,将尺骨和桡骨分为近段、中段和远段三节段。根据解剖特点的不同,每个节段的切割和测量方法不同。针对具体节段采取不同的切割方法以利于获取合适的骨骼试样标本,用于骨硬度测量。下面将进行详细描述。

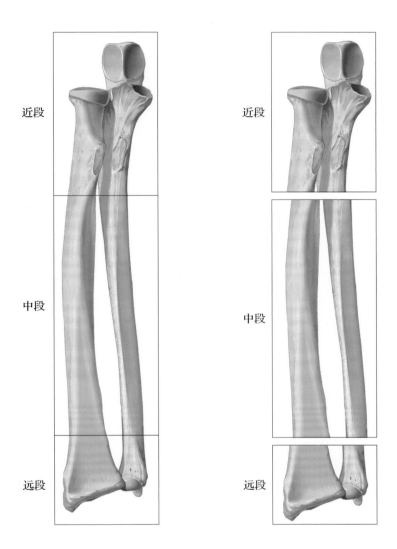

（一）尺骨

每个节段使用慢速锯垂直于长轴进行切割,选取适宜的厚约 3mm 的骨骼试样切片:近段切取 6 片,中段切取 27 片,远段切取 3 片。尺骨共计切取 36 片骨骼试样,固定于纯平玻片上并给予标记。

根据生理解剖位置,每片骨骼试样进一步划分为前、后、内、外四个方位。近段和远段选取每个方位里松质骨进行测量,最终选取 5 个有效的压痕硬度值;中段选取每个方位里密质骨外壳的感兴趣区进行测量,最终选取 5 个有效的压痕硬度值;每个方位/区域的 5 个有效压痕硬度值的平均值代表该方位/区域的显微压痕硬度值。

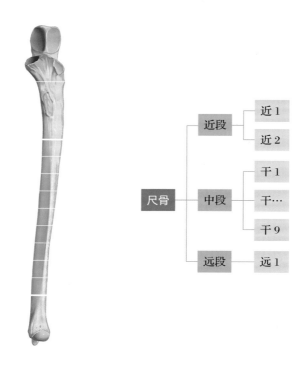

（二）桡骨

　　每个节段使用慢速锯垂直于长轴进行切割，选取适宜的厚约 3mm 的骨骼试样切片：近段切取 9 片，中段切取 27 片，远段切取 6 片。尺骨共计切取 42 片骨骼试样，固定于纯平玻片上并给予标记。

　　根据生理解剖位置，每片骨骼试样进一步划分为前、后、内、外四个方位。近段和远段选取每个方位里松质骨进行测量，最终选取 5 个有效的压痕硬度值；中段选取每个方位里密质骨外壳的感兴趣区进行测量，最终选取 5 个有效的压痕硬度值；每个方位 / 区域的 5 个有效压痕硬度值的平均值代表该方位 / 区域的显微压痕硬度值。

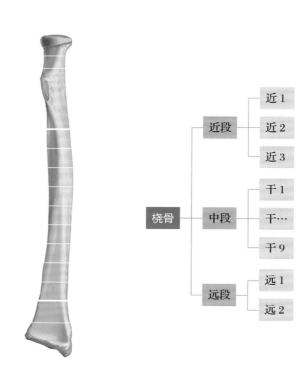

三、尺骨和桡骨骨硬度的分布特点

(一)测量位点数量

共测量尺骨和桡骨骨骼试样标本 78 片,312 个测量区域(密质骨 216 个,松质骨 96 个),1 560 个测量位点(密质骨 1 080 个,松质骨 480 个),每片标本共计 20 个有效密质骨或松质骨硬度测量值。其中尺骨和桡骨近段及远段测量松质骨骨硬度,尺骨和桡骨干测量密质骨骨硬度。尺骨近段标本 6 片,测量位点 120 个,尺骨远段标本 3 片,测量位点 60 个,尺骨中段标本 54 片,测量位点 1 080 个。桡骨近段标本 9 片,测量位点 180 个,桡骨远段标本 6 片,测量位点 120 个,桡骨中段标本 54 片,测量位点 1 080 个。

(二)尺骨和桡骨硬度

尺骨测量了 720 个位点,硬度范围为 17.00~65.60HV,平均硬度为(41.17±7.92)HV;桡骨测量了 840 个位点,硬度范围为 19.10~60.40HV,平均硬度为(39.70±6.89)HV(表 3-1-1)。

表 3-1-1　尺骨和桡骨硬度分布

部位	测量位点 / 个	最小值 /HV	最大值 /HV	平均值 ± 标准差 /HV
尺骨	720	17.00	65.60	41.17 ± 7.92
桡骨	840	19.10	60.40	39.70 ± 6.89

硬度值最高:尺骨(41.17HV)
硬度值最低:桡骨(39.70HV)

（三）尺骨总体骨硬度

尺骨总体密质骨硬度范围 23.30~65.60HV，平均硬度为（43.69±6.28）HV；总体松质骨硬度范围 17.00~54.60HV，平均硬度为（32.81±7.19）HV。密质骨骨硬度值高于松质骨骨硬度（表 3-1-2）。

表 3-1-2　尺骨总体骨硬度分布

部位	测量位点 / 个	最小值 /HV	最大值 /HV	平均值 ± 标准差 /HV
密质骨	540	23.30	65.60	43.69 ± 6.28
松质骨	180	17.00	54.60	32.81 ± 7.19

（四）桡骨总体骨硬度

桡骨总体骨硬度范围 26.10~60.40HV，平均硬度为（42.54±5.59）HV；总体松质骨硬度范围 19.10~51.60HV，平均硬度为（34.58±6.00）HV。密质骨骨硬度值高于松质骨骨硬度（表 3-1-3）。

表 3-1-3　桡骨总体骨硬度分布

类型	测量位点 / 个	最小值 /HV	最大值 /HV	平均值 ± 标准差 /HV
密质骨	540	26.10	60.40	42.54 ± 5.59
松质骨	300	19.10	51.60	34.58 ± 6.00

（五）尺骨三节段硬度分布

尺骨三节段骨硬度分布显示：最硬节段为尺骨中段，23.30~65.60HV，平均硬度为（43.69±6.28）HV；最软节段为尺骨远段，硬度范围 17.00~45.10HV，平均硬度为（29.64±5.47）HV（表 3-1-4）。

表 3-1-4　尺骨各节段骨硬度分布

部位	测量位点 / 个	最小值 /HV	最大值 /HV	平均值 ± 标准差 /HV
近段	120	19.10	54.60	35.59 ± 7.64
中段	540	23.30	65.60	43.69 ± 6.28
远段	60	17.00	45.10	29.64 ± 5.47
合计	720	17.00	65.60	41.17 ± 7.92

尺骨
最硬节段：中段（43.69HV）
最软节段：远段（29.64HV）

（六）桡骨三节段硬度分布

桡骨三节段骨硬度分布显示：最硬节段为桡骨中段，26.10~60.40HV，平均硬度为（42.54±5.59）HV；最软节段为桡骨近段，硬度范围19.10~51.60HV，平均硬度为（34.15±6.48）HV（表3-1-5）。

表 3-1-5　桡骨各节段骨硬度分布

部位	测量位点/个	最小值/HV	最大值/HV	平均值±标准差/HV
近段	180	19.10	51.60	34.15±6.48
中段	540	26.10	60.40	42.54±5.59
远段	120	21.50	48.00	35.24±5.17
合计	840	19.10	60.40	39.70±6.89

桡骨
最硬节段：中段（42.54HV）
最软节段：近段（34.15HV）

（七）尺骨不同层面硬度分布

尺骨选取了12个层面，不同层面硬度分布显示：硬度值最高层面位于尺骨中段第7层，硬度范围40.20~58.10HV，平均硬度（47.77±4.08）HV；硬度值最低层面位于尺骨远段第1层，硬度范围17.00~45.10HV，平均硬度（29.64±5.47）HV（表3-1-6）。

表 3-1-6　尺骨不同层面硬度分布

部位	层面	测量位点/个	最小值/HV	最大值/HV	平均值±标准差/HV
近段	第1层面	60	19.10	54.60	33.62±8.65
	第2层面	60	20.00	47.00	35.16±5.95

续表

部位	层面	测量位点 / 个	最小值 /HV	最大值 /HV	平均值 ± 标准差 /HV
中段	第 1 层面	60	31.90	52.00	43.12 ± 4.62
	第 2 层面	60	23.30	55.40	40.55 ± 6.42
	第 3 层面	60	27.60	54.10	42.15 ± 6.99
	第 4 层面	60	31.60	65.60	47.22 ± 8.06
	第 5 层面	60	29.30	51.40	41.25 ± 5.17
	第 6 层面	60	30.60	53.00	42.91 ± 5.10
	第 7 层面	60	40.20	58.10	47.77 ± 4.08
	第 8 层面	60	32.40	54.40	42.83 ± 5.07
	第 9 层面	60	26.80	55.20	43.45 ± 5.89
远段	第 1 层面	60	17.00	45.10	29.64 ± 5.47

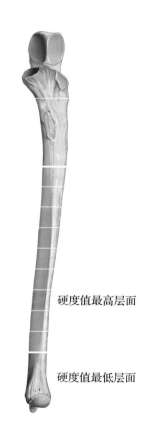

近段
第 1 层面：33.62HV
第 2 层面：35.16HV

中段
第 1 层面：43.12HV
第 2 层面：40.55HV
第 3 层面：42.15HV
第 4 层面：47.22HV
第 5 层面：41.25HV
第 6 层面：42.91HV
第 7 层面：47.77HV
第 8 层面：42.83HV
第 9 层面：43.45HV

远段
第 1 层面：29.64HV

硬度值最高层面

硬度值最低层面

（八）桡骨不同层面硬度分布

桡骨不同层面硬度分布显示：硬度值最高层面位于桡骨中段第 8 层，硬度范围 33.30~55.70HV，平均硬度（43.82 ± 5.20）HV；硬度值最低层面位于桡骨近段第 1 层，硬度范围 23.50~41.00HV，平均硬度（33.31 ± 3.60）HV（表 3-1-7）。

表 3-1-7 桡骨不同层面硬度分布

部位	层面	测量位点 / 个	最小值 /HV	最大值 /HV	平均值 ± 标准差 /HV
近段	第 1 层面	60	23.50	41.00	33.31 ± 3.60
	第 2 层面	60	19.80	47.80	34.40 ± 7.77
	第 3 层面	60	19.10	51.60	34.76 ± 7.27
中段	第 1 层面	60	26.70	51.40	39.36 ± 5.42
	第 2 层面	60	32.40	52.10	42.00 ± 4.82
	第 3 层面	60	26.10	54.00	42.03 ± 6.40
	第 4 层面	60	33.90	60.40	43.39 ± 5.73
	第 5 层面	60	31.20	54.40	43.11 ± 5.78
	第 6 层面	60	32.60	53.40	42.91 ± 5.60
	第 7 层面	60	29.70	54.10	42.82 ± 5.87
	第 8 层面	60	33.30	55.70	43.82 ± 5.20
	第 9 层面	60	34.40	56.30	43.42 ± 4.29
远段	第 1 层面	60	24.80	46.90	36.95 ± 4.77
	第 2 层面	60	21.50	48.00	33.52 ± 5.02

近端
第 1 层面：33.31HV
第 2 层面：34.40HV
第 3 层面：34.76HV

骨干
第 1 层面：39.36HV
第 2 层面：42.00HV
第 3 层面：42.03HV
第 4 层面：43.39HV
第 5 层面：43.11HV
第 6 层面：42.91HV
第 7 层面：42.82HV
第 8 层面：43.82HV
第 9 层面：43.42HV

远端
第 1 层面：36.95HV
第 2 层面：33.52HV

硬度值最低层面

硬度值最高层面

第二节　尺骨和桡骨近段骨硬度

一、解剖特点

尺骨和桡骨近段肘关节的重要组成部分之一,肘关节是一个复杂的滑膜关节,主要由尺骨近段、桡骨近段及肱骨远段构成,肘关节连接着上臂与前臂,在上肢的功能中起着重要作用。桡骨近段主要由桡骨头、桡骨颈、桡骨粗隆构成,尺骨近段主要由尺骨鹰嘴、尺骨鹰嘴干骺端、尺骨冠突等构成。

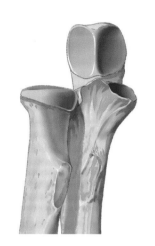

二、尺骨和桡骨近段骨硬度分布特点

(一)测量位点数量

共测量尺骨和桡骨近段骨骼试样标本 15 片,测量区域 60 个(松质骨 60 个),测量位点 300 个(均为松质骨)。其中尺骨近段骨骼试样标本 6 片,测量区域 24 个,测量位点 120 个;桡骨近段骨骼试样标本 9 片,测量区域 36 个,测量位点 180 个。

```
尺骨和桡骨 ┬─ 尺骨近段 ─ 6 片 ─ 松质骨:120 个
           └─ 桡骨近段 ─ 9 片 ─ 松质骨:180 个
```

(二)尺骨和桡骨近段总体骨硬度

尺骨和桡骨近段总体骨硬度范围 19.10~54.40HV,平均硬度为(35.59±7.64)HV;桡骨近段总体骨硬度范围 19.10~51.60HV,平均硬度为(34.15±6.48)HV。尺骨近段骨硬度值高于桡骨近段骨硬度(表 3-2-1)。

表 3-2-1　尺骨和桡骨近段总体骨硬度分布

部位	测量位点/个	最小值/HV	最大值/HV	平均值±标准差/HV
尺骨近段	120	19.10	54.40	35.59±7.64
桡骨近段	180	19.10	51.60	34.15±6.48

(三)尺骨和桡骨近段各层面硬度

尺骨近段选取了 2 个层面,桡骨近段选取了 3 个层面:桡骨头、桡骨颈和桡骨粗隆。硬度值最高的为尺骨近段第 2 层面,平均硬度为(35.16±5.95)HV;硬度值最低的为桡骨近段第 1 层面(桡骨头),平均硬度为(33.31±3.60)HV(表 3-2-2)。

表 3-2-2　尺骨和桡骨近段各层面硬度分布

部位	层面	测量位点 / 个	最小值 /HV	最大值 /HV	平均值 ± 标准差 /HV
尺骨近段	第 1 层面	60	19.10	54.60	33.62 ± 8.65
	第 2 层面	60	20.00	47.00	35.16 ± 5.95
桡骨近段	第 1 层面（桡骨头）	60	23.50	41.00	33.31 ± 3.60
	第 2 层面（桡骨颈）	60	19.80	47.80	34.40 ± 7.77
	第 3 层面（桡骨粗隆）	60	19.10	51.60	34.76 ± 7.27

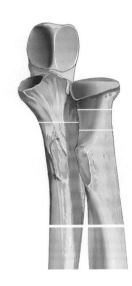

尺骨和桡骨近段
最硬层面：尺骨近段第 2 层面
最软层面：桡骨近段第 1 层面（桡骨头）

三、尺骨和桡骨近段各层面骨硬度分布

（一）尺骨近段第 1 层面

1. 示意图

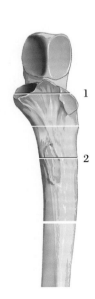

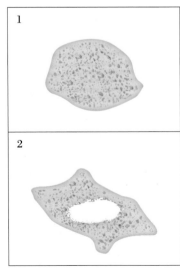

第 1 层面：33.62HV
第 2 层面：35.16HV

尺骨近段切片示意图　　　　　　　　　硬度分布

2. 硬度分布　尺骨近段第 1 层面硬度分布显示：骨硬度范围 19.10~54.60HV，平均硬度（33.62 ± 8.65）HV；分区测量中，后侧硬度最高，为（36.50 ± 10.11）HV，然后依次为外侧、内侧、前侧，硬度值分别为（34.08 ± 5.13）HV、（32.95 ± 5.54）HV 和（30.97 ± 11.79）HV（表 3-2-3）。

表 3-2-3　尺骨近段第 1 层面硬度分布

部位	最小值 /HV	最大值 /HV	平均值 ± 标准差 /HV
前侧	19.10	49.60	30.97 ± 11.79
后侧	21.90	54.60	36.50 ± 10.11
内侧	25.00	41.70	32.95 ± 5.54
外侧	27.50	41.40	34.08 ± 5.13

3. 硬度分布　尺骨近段第 2 层面硬度分布显示：骨硬度范围 20.00~44.90HV，平均硬度（35.16 ± 5.95）HV；分区测量中，后侧硬度最高，为（37.18 ± 5.68）HV，然后依次为外侧、内侧、前侧，硬度值分别为（36.29 ± 4.83）HV、（34.47 ± 4.61）HV 和（31.05 ± 6.92）HV（表 3-2-4）。

表 3-2-4　尺骨近段第 2 层面硬度分布

部位	最小值 /HV	最大值 /HV	平均值 ± 标准差 /HV
前侧	20.00	44.40	31.05 ± 6.92
后侧	26.00	44.90	37.18 ± 5.68
内侧	27.40	44.70	34.47 ± 4.61
外侧	26.10	43.70	36.29 ± 4.83

（二）桡骨近段 1~3 层面

1. 示意图

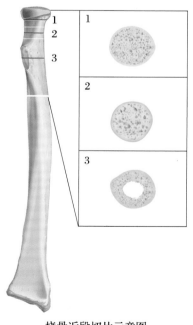

桡骨头：33.31HV
桡骨颈：34.40HV
桡骨粗隆：34.76HV

桡骨近段切片示意图　　　　　硬度分布

2. 硬度分布　桡骨近段第 1 层面(桡骨头)硬度分布显示:骨硬度范围 23.50~40.80HV,平均硬度(33.31±3.60)HV;分区测量中,外侧硬度最高,为(34.39±3.77)HV,然后依次为内侧、后侧、前侧,硬度值分别为(33.83±2.98)HV、(32.71±4.37)HV 和(32.33±3.08)HV(表 3-2-5)。

表 3-2-5　桡骨近段第 1 层面硬度分布

部位	最小值 /HV	最大值 /HV	平均值 ± 标准差 /HV
前侧	26.20	37.50	32.33 ± 3.08
后侧	23.50	41.00	32.71 ± 4.37
内侧	26.50	37.10	33.83 ± 2.98
外侧	27.00	40.80	34.39 ± 3.77

3. 硬度分布　桡骨近段第 2 层面(桡骨颈)硬度分布显示:骨硬度范围 19.80~47.80HV,平均硬度(34.40±7.77)HV;分区测量中,后侧硬度最高,为(37.05±9.85)HV,然后依次为内侧、外侧、前侧,硬度值分别为(36.01±8.39)HV、(32.94±5.39)HV 和(31.58±6.07)HV(表 3-2-6)。

表 3-2-6　桡骨近段第 2 层面硬度分布

部位	最小值 /HV	最大值 /HV	平均值 ± 标准差 /HV
前侧	19.80	43.20	31.58 ± 6.07
后侧	20.20	47.80	37.05 ± 9.85
内侧	21.00	45.70	36.01 ± 8.39
外侧	26.20	45.10	32.94 ± 5.39

4. 硬度分布　桡骨近段第 3 层面(桡骨粗隆)硬度分布显示:骨硬度范围 19.10~51.60HV,平均硬度(34.76±7.27)HV;分区测量中,后侧硬度最高,为(38.82±5.68)HV,然后依次为外侧、前侧、内侧,硬度值分别为(34.71±5.51)HV、(33.38±8.97)HV 和(32.12±7.23)HV(表 3-2-7)。

表 3-2-7　桡骨近段第 3 层面硬度分布

部位	最小值 /HV	最大值 /HV	平均值 ± 标准差 /HV
前侧	19.10	44.20	33.38 ± 8.97
后侧	27.70	51.60	38.82 ± 5.68
内侧	20.70	41.60	32.12 ± 7.23
外侧	22.90	40.50	34.71 ± 5.51

第三节　尺骨和桡骨干骨硬度

一、解剖特点

尺骨体部近端 3/4 的横截面呈三角形,远端为圆柱形。桡骨骨干有一个外侧凸起,横截面呈三角形。

二、尺骨和桡骨干骨硬度分布特点

（一）测量位点数量

共测量尺骨和桡骨中段骨骼试样标本 54 片,测量区域 216 个(密质骨 216 个),测量位点 1 080 个(均为密质骨)。其中尺骨中段骨骼试样标本 27 片,测量区域 108 个,测量位点 540 个;桡骨中段骨骼试样标本 27 片,测量区域 108 个,测量位点 540 个。

（二）尺骨和桡骨中段总体骨硬度

尺骨中段总体骨硬度范围 23.30~65.60HV,平均硬度为(43.69±6.28)HV;桡骨中段总体骨硬度范围 26.10~60.40HV,平均硬度为(42.54±5.59)HV。尺骨中段骨硬度值高于桡骨中段骨硬度(表 3-3-1)。

表 3-3-1　尺骨和桡骨干总体骨硬度分布

部位	测量位点 / 个	最小值 /HV	最大值 /HV	平均值 ± 标准差 /HV
尺骨中段	540	23.30	65.60	43.69 ± 6.28
桡骨中段	540	26.10	60.40	42.54 ± 5.59

尺骨和桡骨中段
最硬部位:尺骨中段(43.69HV)
最软部位:桡骨中段(42.54HV)

（三）尺骨和桡骨中段各层面硬度

尺骨和桡骨中段各自均分 9 层，其硬度值各不相同。其中硬度值最高的为尺骨中段第 7 层面，平均硬度为（47.77 ± 8.06）HV；硬度值最低的为桡骨中段第 1 层面，平均硬度为（39.36 ± 5.42）HV（表3-3-2）。

表 3-3-2　尺骨和桡骨中段各层面硬度分布

部位	层面	测量位点 / 个	最小值 /HV	最大值 /HV	平均值 ± 标准差 /HV
尺骨中段	第 1 层面	60	31.90	52.00	43.12 ± 4.62
	第 2 层面	60	23.30	55.40	40.55 ± 6.42
	第 3 层面	60	27.60	54.10	42.15 ± 6.99
	第 4 层面	60	31.60	65.60	47.22 ± 8.06
	第 5 层面	60	29.30	51.40	41.25 ± 5.17
	第 6 层面	60	30.60	53.00	42.91 ± 5.10
	第 7 层面	60	40.20	58.10	47.77 ± 4.08
	第 8 层面	60	32.40	54.40	42.83 ± 5.07
	第 9 层面	60	26.80	55.20	43.45 ± 5.89
桡骨中段	第 1 层面	60	26.70	51.40	39.36 ± 5.42
	第 2 层面	60	32.40	52.10	42.00 ± 4.82
	第 3 层面	60	26.10	54.00	42.03 ± 6.40
	第 4 层面	60	33.90	60.40	43.39 ± 5.73
	第 5 层面	60	31.20	54.40	43.11 ± 5.78
	第 6 层面	60	32.60	53.40	42.91 ± 5.60
	第 7 层面	60	29.70	54.10	42.82 ± 5.87
	第 8 层面	60	33.30	55.70	43.82 ± 5.20
	第 9 层面	60	34.40	56.30	43.42 ± 4.29

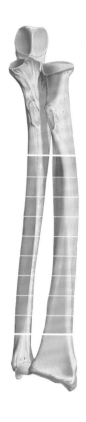

尺骨和桡骨中段
最硬层面:尺骨中段第 7 层面(47.77HV)
最软层面:桡骨中段第 1 层面(39.36HV)

三、尺骨和桡骨中段各层面骨硬度分布

(一) 尺骨中段 1~3 层面

1. 示意图

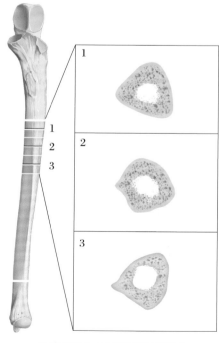

尺骨中段第 1 层面:43.12HV
尺骨中段第 2 层面:40.55HV
尺骨中段第 3 层面:42.15HV

尺骨中段 1~3 层面切片示意图   硬度分布

2. 硬度分布 尺骨中段第1层面硬度分布显示：骨硬度范围31.90~52.00HV，平均硬度 (43.12±4.62)HV；分区测量中，内侧硬度最高，为(45.02±3.08)HV，然后依次为后侧、前侧、外侧，硬度值 分别为(43.89±5.35)HV、(43.29±4.00)HV和(40.29±4.77)HV（表3-3-3）。

表3-3-3 尺骨中段第1层面硬度分布

部位	最小值/HV	最大值/HV	平均值 ± 标准差/HV
前侧	36.00	49.50	43.29 ± 4.00
后侧	36.40	52.00	43.89 ± 5.35
外侧	31.90	46.70	40.29 ± 4.77
内侧	38.90	49.60	45.02 ± 3.08

3. 硬度分布 尺骨中段第2层面硬度分布显示：骨硬度范围23.30~55.40HV，平均硬度 (40.55±6.42)HV；分区测量中，外侧硬度最高，为(42.85±5.18)HV，然后依次为前侧、后侧、内侧，硬度值 分别为(42.81±7.33)HV、(38.32±7.01)HV和(38.20±4.67)HV（表3-3-4）。

表3-3-4 尺骨中段第2层面硬度分布

部位	最小值/HV	最大值/HV	平均值 ± 标准差/HV
前侧	28.80	55.40	42.81 ± 7.33
后侧	23.30	47.60	38.32 ± 7.01
外侧	30.50	53.90	42.85 ± 5.18
内侧	30.00	49.50	38.20 ± 4.67

4. 硬度分布 尺骨中段第3层面硬度分布显示：骨硬度范围27.60~54.10HV，平均硬度 (42.15±6.99)HV；分区测量中，后侧硬度最高，为(44.91±5.58)HV，然后依次为前侧、外侧、内侧，硬度值 分别为(41.93±7.42)HV、(41.05±8.80)HV和(40.72±3.08)HV（表3-3-5）。

表3-3-5 尺骨中段第3层面硬度分布

部位	最小值/HV	最大值/HV	平均值 ± 标准差/HV
前侧	29.80	52.30	41.93 ± 7.42
后侧	36.10	52.40	44.91 ± 5.58
外侧	27.60	52.50	41.05 ± 8.80
内侧	33.50	54.10	40.72 ± 3.08

（二）尺骨中段 4~6 层面

1. 示意图

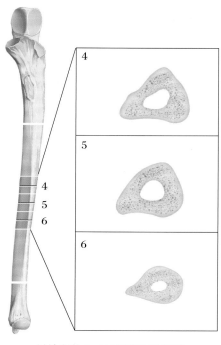

尺骨中段第 4 层面：47.22HV
尺骨中段第 5 层面：41.25HV
尺骨中段第 6 层面：42.91HV

尺骨中段 4~6 层面切片示意图　　　　　　　　　硬度分布

2. 硬度分布　尺骨中段第 4 层面硬度分布显示：骨硬度范围 31.60~65.60HV，平均硬度（47.22±8.06）HV；分区测量中，后侧硬度最高，为（49.70±9.90）HV，然后依次为内侧、外侧、前侧，硬度值分别为（49.07±6.67）HV、（45.53±8.11）HV 和（44.59±6.71）HV（表 3-3-6）。

表 3-3-6　尺骨中段第 4 层面硬度分布

部位	最小值 /HV	最大值 /HV	平均值 ± 标准差 /HV
前侧	34.30	56.50	44.59 ± 6.71
后侧	34.00	65.60	49.70 ± 9.90
外侧	34.20	60.80	45.53 ± 8.11
内侧	31.60	57.80	49.07 ± 6.67

3. 硬度分布　尺骨中段第 5 层面硬度分布显示：骨硬度范围 29.30~51.40HV，平均硬度（41.25±5.17）HV；分区测量中，内侧硬度最高，为（43.18±4.90）HV，然后依次为后侧、外侧、前侧，硬度值分别为（41.39±5.84）HV、（41.09±3.83）HV 和（39.35±5.64）HV（表 3-3-7）。

表 3-3-7 尺骨中段第 5 层面硬度分布

部位	最小值 /HV	最大值 /HV	平均值 ± 标准差 /HV
前侧	30.40	50.50	39.35 ± 5.64
后侧	29.30	49.60	41.39 ± 5.84
外侧	33.00	47.20	41.09 ± 3.83
内侧	32.40	51.40	43.18 ± 4.90

4. 硬度分布 尺骨中段第 6 层面硬度分布显示：骨硬度范围 30.60~53.00HV，平均硬度（42.91 ± 5.10）HV；分区测量中，后侧硬度最高，为（44.25 ± 4.86）HV，然后依次为内侧、前侧、外侧，硬度值分别为（43.51 ± 5.15）HV、（43.06 ± 4.96）HV 和（40.81 ± 5.27）HV（表 3-3-8）。

表 3-3-8 尺骨中段第 6 层面硬度分布

部位	最小值 /HV	最大值 /HV	平均值 ± 标准差 /HV
前侧	36.40	51.30	43.06 ± 4.96
后侧	35.40	53.00	44.25 ± 4.86
外侧	30.60	48.20	40.81 ± 5.27
内侧	35.70	51.50	43.51 ± 5.15

（三）尺骨中段 7~9 层面

1. 示意图

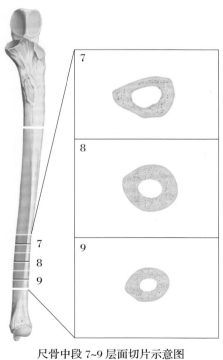

尺骨中段第 7 层面：47.77HV
尺骨中段第 8 层面：42.83HV
尺骨骨干第 9 层面：43.45HV

尺骨中段 7~9 层面切片示意图　　　　　硬度分布

2. 硬度分布　尺骨中段第 7 层面硬度分布显示:骨硬度范围 40.20~58.10HV,平均硬度(47.77 ±4.08)HV;分区测量中,内侧硬度最高,为(49.66 ± 4.15)HV,然后依次为外侧、前侧、后侧,硬度值分别为(47.87 ± 4.49)HV、(47.45 ± 3.47)HV 和(46.09 ± 3.69)HV(表 3-3-9)。

表 3-3-9　尺骨中段第 7 层面硬度分布

部位	最小值 /HV	最大值 /HV	平均值 ± 标准差 /HV
前侧	42.30	53.70	47.45 ± 3.47
后侧	40.40	52.60	46.09 ± 3.69
外侧	40.20	56.50	47.87 ± 4.49
内侧	40.90	58.10	49.66 ± 4.15

3. 硬度分布　尺骨中段第 8 层面硬度分布显示:骨硬度范围 32.40~54.40HV,平均硬度(42.83 ± 5.07)HV;分区测量中,内侧硬度最高,为(44.45 ± 5.35)HV,然后依次为前侧、外侧、后侧,硬度值分别为(42.84 ± 5.94)HV、(42.43 ± 4.25)HV 和(41.59 ± 4.67)HV(表 3-3-10)。

表 3-3-10　尺骨中段第 8 层面硬度分布

部位	最小值 /HV	最大值 /HV	平均值 ± 标准差 /HV
前侧	33.00	54.40	42.84 ± 5.94
后侧	33.50	52.00	41.59 ± 4.67
外侧	32.40	50.10	42.43 ± 4.25
内侧	34.40	54.30	44.45 ± 5.35

4. 硬度分布　尺骨中段第 9 层面硬度分布显示:骨硬度范围 26.80~54.30HV,平均硬度(43.45 ± 5.89)HV;分区测量中,后侧硬度最高,为(45.87 ± 5.45)HV,然后依次为内侧、前侧、外侧,硬度值分别为(44.15 ± 5.23)HV、(43.6 ± 5.78)HV 和(40.16 ± 6.1)HV(表 3-3-11)。

表 3-3-11　尺骨中段第 9 层面硬度分布

部位	最小值 /HV	最大值 /HV	平均值 ± 标准差 /HV
前侧	32.30	54.30	43.60 ± 5.78
后侧	39.10	55.20	45.87 ± 5.45
外侧	26.80	48.50	40.16 ± 6.10
内侧	37.40	53.50	44.15 ± 5.23

（四）桡骨中段 1~3 层面

1. 示意图

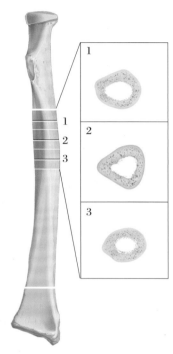

第 1 层面：39.36HV
第 2 层面：42.00HV
第 3 层面：42.03HV

桡骨中段 1~3 层面切片示意图　　　　　　硬度分布

2. 硬度分布　桡骨中段第 1 层面硬度分布显示：骨硬度范围 26.70~51.40HV，平均硬度（39.36±5.42）HV；分区测量中，内侧硬度最高，为（40.79±4.61）HV，然后依次为外侧、前侧、后侧，硬度值分别为（39.87±7.09）HV、（38.97±4.04）HV 和（37.82±5.54）HV（表 3-3-12）。

表 3-3-12　桡骨中段第 1 层面硬度分布

部位	最小值 /HV	最大值 /HV	平均值 ± 标准差 /HV
前侧	33.00	46.50	38.97 ± 4.04
后侧	26.70	43.10	37.82 ± 5.54
外侧	28.50	51.40	39.87 ± 7.09
内侧	31.10	47.90	40.79 ± 4.61

3. 硬度分布　桡骨中段第 2 层面硬度分布显示：骨硬度范围 32.40~52.10HV，平均硬度（42.00±4.82）HV；分区测量中，内侧硬度最高，为（42.74±4.71）HV，然后依次为外侧、后侧、前侧，硬度值分别为（42.51±4.83）HV、（41.49±4.61）HV 和（41.27±5.42）HV（表 3-3-13）。

表 3-3-13   桡骨中段第 2 层面硬度分布

部位	最小值 /HV	最大值 /HV	平均值 ± 标准差 /HV
前侧	33.20	51.20	41.27 ± 5.42
后侧	32.40	52.10	41.49 ± 4.61
外侧	33.70	50.30	42.51 ± 4.83
内侧	36.80	50.40	42.74 ± 4.71

4. 硬度分布   桡骨中段第 3 层面硬度分布显示: 骨硬度范围 26.10~54.00HV, 平均硬度 (42.03 ± 6.40) HV; 分区测量中, 后侧硬度最高, 为 (43.47 ± 7.63) HV, 然后依次为前侧、内侧、外侧, 硬度值分别为 (42.25 ± 6.33) HV、(41.94 ± 6.01) HV 和 (40.45 ± 5.78) HV (表 3-3-14)。

表 3-3-14   桡骨中段第 3 层面硬度分布

部位	最小值 /HV	最大值 /HV	平均值 ± 标准差 /HV
前侧	30.70	54.00	42.25 ± 6.33
后侧	26.10	53.80	43.47 ± 7.63
外侧	27.50	48.70	40.45 ± 5.78
内侧	32.80	50.50	41.94 ± 6.01

(五) 桡骨中段 4~6 层面

1. 示意图

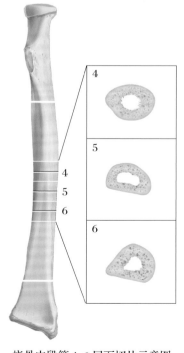

第 4 层面:43.39HV
第 5 层面:43.11HV
第 6 层面:42.91HV

桡骨中段第 4~6 层面切片示意图   硬度分布

2. 硬度分布　桡骨中段第4层面硬度分布显示：骨硬度范围33.90~60.40HV，平均硬度(43.39±5.73)HV；分区测量中，外侧硬度最高，为(45.13±7.33)HV，然后依次为前侧、内侧、后侧，硬度值分别为(43.31±7.39)HV、(43.08±3.47)HV 和(42.02±3.58)HV（表3-3-15）。

表 3-3-15　桡骨中段第4层面硬度分布

部位	最小值/HV	最大值/HV	平均值 ± 标准差/HV
前侧	34.10	60.40	43.31 ± 7.39
后侧	34.40	47.30	42.02 ± 3.58
外侧	36.00	59.10	45.13 ± 7.33
内侧	33.90	47.60	43.08 ± 3.47

3. 硬度分布　桡骨中段第5层面硬度分布显示：骨硬度范围31.20~54.40HV，平均硬度(43.11±5.78)HV；分区测量中，后侧硬度最高，为(44.89±6.05)HV，然后依次为前侧、外侧、内侧，硬度值分别为(43.29±4.38)HV、(42.75±6.19)HV 和(41.52±6.38)HV（表3-3-16）。

表 3-3-16　桡骨中段第5层面硬度分布

部位	最小值/HV	最大值/HV	平均值 ± 标准差/HV
前侧	34.40	49.60	43.29 ± 4.38
后侧	34.50	52.50	44.89 ± 6.05
外侧	31.20	54.40	42.75 ± 6.19
内侧	33.10	54.10	41.52 ± 6.38

4. 硬度分布　桡骨中段第6层面硬度分布显示：骨硬度范围32.60~53.40HV，平均硬度(42.91±5.60)HV；分区测量中，后侧硬度最高，为(45.77±5.67)HV，然后依次为外侧、内侧、前侧，硬度值分别为(44.48±5.53)HV、(42.20±5.47)HV 和(39.21±3.62)HV（表3-3-17）。

表 3-3-17　桡骨中段第6层面硬度分布

部位	最小值/HV	最大值/HV	平均值 ± 标准差/HV
前侧	33.60	45.70	39.21 ± 3.62
后侧	37.00	53.40	45.77 ± 5.67
外侧	36.70	52.70	44.48 ± 5.53
内侧	32.60	49.20	42.20 ± 5.47

（六）桡骨中段 7~9 层面

1. 示意图

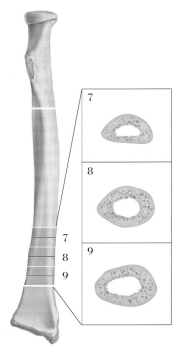

第 7 层面：42.82HV
第 8 层面：43.82HV
第 9 层面：43.42HV

桡骨中段第 7~9 层面切片示意图   硬度分布

2. 硬度分布　桡骨中段第 7 层面硬度分布显示：骨硬度范围 29.70~54.10HV，平均硬度（42.82±5.87）HV；分区测量中，前侧硬度最高，为（44.90±5.08）HV，然后依次为内侧、外侧、后侧，硬度值分别为（42.54±4.76）HV、（42.11±7.28）HV 和（41.74±6.10）HV（表 3-3-18）。

表 3-3-18　桡骨中段第 7 层面硬度分布

部位	最小值 /HV	最大值 /HV	平均值 ± 标准差 /HV
前侧	36.70	52.60	44.90 ± 5.08
后侧	33.80	53.40	41.74 ± 6.10
外侧	29.70	54.10	42.11 ± 7.28
内侧	34.00	49.50	42.54 ± 4.76

3. 硬度分布　桡骨中段第 8 层面硬度分布显示：骨硬度范围 33.30~54.90HV，平均硬度（43.82±5.20）HV；分区测量中，前侧硬度最高，为（45.07±4.67）HV，然后依次为外侧、内侧、后侧，硬度值分别为（44.62±5.87）HV、（43.34±4.83）HV 和（42.25±5.40）HV（表 3-3-19）。

表 3-3-19　桡骨中段第 8 层面硬度分布

部位	最小值 /HV	最大值 /HV	平均值 ± 标准差 /HV
前侧	39.90	54.70	45.07 ± 4.67
后侧	33.90	55.70	42.25 ± 5.40
外侧	33.30	54.90	44.62 ± 5.87
内侧	35.80	53.00	43.34 ± 4.83

4. 硬度分布　桡骨中段第 9 层面硬度分布显示：骨硬度范围 34.40~56.30HV，平均硬度
（43.42 ± 4.29）HV；分区测量中，外侧硬度最高，为（43.56 ± 5.12）HV，然后依次为后侧、内侧、前侧，硬度值
分别为（43.43 ± 4.44）HV、（43.37 ± 3.74）HV 和（43.32 ± 4.21）HV（表 3-3-20）。

表 3-3-20　桡骨中段第 9 层面硬度分布

部位	最小值 /HV	最大值 /HV	平均值 ± 标准差 /HV
前侧	37.00	50.50	43.32 ± 4.21
后侧	34.40	51.10	43.43 ± 4.44
外侧	36.50	56.30	43.56 ± 5.12
内侧	35.80	49.50	43.37 ± 3.74

第四节　尺骨和桡骨远段骨硬度

一、解剖特点

尺骨远段轻度扩大，有一个头和茎突。旋前位时腕后内侧面可见尺骨
头，外侧凸出的关节面与桡骨尺切迹相适应，其平滑的远端关节面借关节
盘与腕骨相分离，其顶点附着于关节面与茎突间的粗糙部分，后者呈短小、
圆形态。

桡骨远段是一最宽阔的区域，横截面呈四边形。外侧面微粗糙，远端
可触及的突出为茎突。光滑的腕关节面被嵴分成内、外侧，内侧部位呈四
边形，外侧呈三角形，并向茎突弯曲。前面较厚，有一个突起，位于鱼际隆
突近侧处，通过表面覆盖的肌腱可触及。中间为尺切迹，光滑。

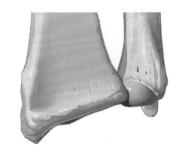

二、尺骨和桡骨远段骨硬度分布特点

（一）测量位点数量

共测量尺骨和桡骨远段骨骼试样标本 9 片，测量区域 36 个（松质骨 36 个），测量位点 180 个（均为松
质骨）。其中尺骨远端骨骼试样标本 3 片，测量区域 12 个，测量位点 60 个；桡骨远端骨骼试样标本 6 片，
测量区域 24 个，测量位点 120 个。

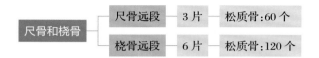

（二）尺骨和桡骨远段总体骨硬度

尺骨远段总体骨硬度范围 17.00~45.10HV，平均硬度为（29.64±5.47）HV；桡骨远段硬度范围 21.50~48.00HV，平均硬度为（35.24±5.17）HV。桡骨远段骨硬度值高于尺骨远段骨硬度（表 3-4-1）。

表 3-4-1　尺骨和桡骨远段总体骨硬度分布

部位	测量位点 / 个	最小值 /HV	最大值 /HV	平均值 ± 标准差 /HV
尺骨远段	60	17.00	45.10	29.64 ± 5.47
桡骨远段	120	21.50	48.00	35.24 ± 5.17

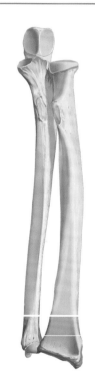

尺骨和桡骨远段
最硬节段：桡骨远段（35.24HV）
最软节段：尺骨远段（29.64HV）

（三）尺骨和桡骨远段各层面硬度

尺骨和桡骨远段共选取了 3 个层面，其中硬度值最高的为桡骨远段第 1 层面，硬度值为（36.95±4.77）HV，硬度值最低的为尺骨远段第 1 层面，硬度值为（29.64±5.47）HV（表 3-4-2）。

表 3-4-2　尺骨和桡骨远段各层面硬度分布

部位	层面	测量位点 / 个	最小值 /HV	最大值 /HV	平均值 ± 标准差 /HV
尺骨远段	第 1 层面	60	17.00	45.10	29.64 ± 5.47
桡骨远段	第 1 层面	60	24.80	46.90	36.95 ± 4.77
	第 2 层面	60	21.50	48.00	33.52 ± 5.02

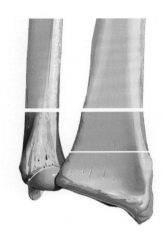

尺骨和桡骨远段
最硬层面:桡骨远段第 1 层面(36.95HV)
最软层面:尺骨远段第 1 层面(29.64HV)

三、尺骨和桡骨远段各层面骨硬度分布

(一)尺骨远段第 1 层面(尺骨头)

1. 示意图

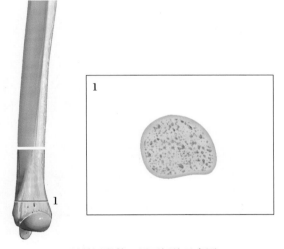

第 1 层面:29.64HV

尺骨远段第 1 层面切片示意图　　　　　　硬度分布

2. **硬度分布**　尺骨远段第 1 层面(尺骨头)硬度分布显示:骨硬度范围 17.00~45.10HV,平均硬度 (29.64±5.47)HV;分区测量中,外侧硬度最高,为(30.75±3.73)HV,然后依次为后侧、内侧、前侧,硬度值 分别为(30.36±6.42)HV、(29.18±5.99)HV 和(28.27±5.58)HV(表 3-4-3)。

表 3-4-3　尺骨远段第 1 层面硬度分布

部位	最小值 /HV	最大值 /HV	平均值 ± 标准差 /HV
前侧	19.00	39.60	28.27 ± 5.58
后侧	20.10	45.10	30.36 ± 6.42
内侧	17.00	38.50	29.18 ± 5.99
外侧	22.90	37.30	30.75 ± 3.73

（二）桡骨远段 1~2 层面

1. 示意图

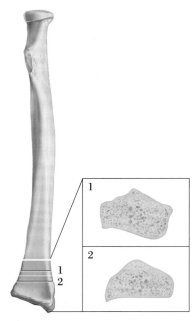

第 1 层面：36.95HV
第 2 层面：33.52HV

桡骨远段 1~2 层面切片示意图　　　　　硬度分布

2. 硬度分布　桡骨远端第 1 层面硬度分布显示：骨硬度范围 24.80~46.90HV，平均硬度（36.95±4.77）HV；分区测量中，内侧硬度最高，为（38.09±5.09）HV，然后依次为后侧、前侧、外侧，硬度值分别为（37.58±3.74）HV、（37.25±3.57）HV 和（34.87±6.06）HV（表 3-4-4）。

表 3-4-4　桡骨远段第 1 层面硬度分布

部位	最小值 /HV	最大值 /HV	平均值 ± 标准差 /HV
前侧	28.50	42.30	37.25 ± 3.57
后侧	30.50	43.00	37.58 ± 3.74
内侧	25.90	43.90	38.09 ± 5.09
外侧	24.80	46.90	34.87 ± 6.06

3. 硬度分布　桡骨远段第 2 层面硬度分布显示：骨硬度范围 21.50~48.00HV，平均硬度（33.52±5.02）HV；分区测量中，前侧硬度最高，为（35.39±5.69）HV，然后依次为后侧、内侧、外侧，硬度值分别为（33.95±6.68）HV、（32.53±3.51）HV 和（32.23±3.19）HV（表 3-4-5）。

表 3-4-5　桡骨远段第 2 层面硬度分布

部位	最小值 /HV	最大值 /HV	平均值 ± 标准差 /HV
前侧	21.50	42.10	35.39 ± 5.69
后侧	22.80	48.00	33.95 ± 6.68
内侧	24.80	38.00	32.53 ± 3.51
外侧	23.60	37.90	32.23 ± 3.19

第四章

4

股骨骨硬度

第一节　概　　述

一、解剖特点

股骨是人体内最长,最粗大结实的长骨,长度约占身高的 1/4,分为一体两端,其力量与自身体重和肌肉力量相关。

1. 股骨近端　主要包括股骨头、股骨颈、大转子、小转子构成的转子间区。

2. 股骨头　朝前上与髋臼的月状面形成髋关节,接近关节面中心处有一小凹,称为股骨头凹,为股骨头韧带附着处。股骨头并不是真的圆球形,而是球状。除头凹以外,股骨头均被一层光滑的关节软骨覆盖,软骨厚度并非均匀一致,中部较厚,边缘较薄。

股骨头主要由松质骨构成,软骨下有 0.5~1cm 的致密区,股骨头前方,关节软骨向外侧移行,止于头颈交界处,头的几何中心贯穿髋关节的垂直、水平和前后中心轴线。股骨头中心、膝关节中心与踝关节中心三点连成一条直线,这条直线称为下肢机械轴线。

3. 股骨颈　股骨头的外下方变细的部分称为股骨颈,股骨颈为附着股骨近端髋关节肌肉运动提供杠杆。股骨颈与股骨干相交形成两个重要角度,一个是颈干角,另一个是前倾角。颈干角是指股骨颈的解剖轴线与股骨干的解剖轴线形成的角度。正常成人约 127°（120°~135°）,若大于此角度称为髋外翻,小于此角度称为髋内翻。前倾角指的是股骨颈所在的平面与股骨干所在的平面形成的向前的 15°~20° 的角度,但个体与群体之间常存在差异。

股骨颈的轮廓呈圆形,上方几乎水平,呈轻度内凹态;下方较为倾斜,直向下外和后方近小转子处。前方扁平,与股骨干相交处有一粗糙的转子间线为标志;后方朝向后上横向凸起,与股骨干相交处有一转子间嵴为标志。股骨颈上有许多血管孔,尤其在前部和后上部。

4. 大转子、小转子　股骨颈与股骨体部交界处有两个大的隆起,上外侧的隆起为大转子,内下后方的隆起称为小转子。大、小转子都是重要的解剖标志,也是重要的肌肉附着处。大、小转子前后分别形成重要的解剖结构,前方称为转子间线,后方称为转子间嵴,为股方肌附着处。大转子有重要的臀中肌、臀小肌、梨状肌附着,小转子有髂腰肌附着。

5. 股骨干　股骨干被肌肉群包绕,不能被触诊。股骨体不是直形结构,倾斜有一向前的弯曲,称为股骨前弯,股骨上段呈圆柱形,中段呈三菱柱形,下段前后略扁。体的后方有纵向的骨嵴,称为粗线。其上端分叉,向上外延续为臀肌粗隆,为臀大肌附着处。

股骨干有大量骨髓腔,是圆柱形的骨密质。骨壁在中段 1/3 处最厚,此处股骨最窄,骨髓腔最宽。近端和远端的骨密质壁逐步变薄。

6. 股骨远端　股骨远端加宽,可以传递重量至胫骨承重面,其末端有两个突向后下方的膨大,分别称为股骨内侧髁和股骨外侧髁。两髁的前面、下方和后面都是光滑的关节面,是关节的一部分。前面形成髌面与髌骨形成髌股关节。两髁之间在后方形成深窝称为髁间窝,两髁的侧面均有粗糙隆起,分别称为内上髁和外上髁。在内上髁的上方有一三角形的突起称为收肌结节。股骨的内、外侧髁与胫骨内、外侧髁形成人体最大、最复杂,最重要的膝关节。股骨大转子及内外侧髁均可在体表触摸到,是重要的体表解剖标志。

7. 外侧髁　外侧髁的前后部比中央大,外侧副韧带附着于外上髁。一条前部稍深的短沟分开外上髁下部和关节边缘。内侧面是髁间窝外侧壁,外侧面突出与股骨干之外。

8. 内侧髁　内侧髁有一个凸起的内侧易在体表触及。近端收肌结节有大收肌腱附着。内侧髁内侧突起内上髁，位于结节的前下部，髁的外侧面是髁间窝内侧壁。此髁向远端突出，尽管股骨干倾斜，但股骨远侧末端的轮廓却几乎呈水平态。

二、股骨骨硬度测量分区原则

股骨是典型的长管状骨，分为一体两端，含骨髓腔，本章节股骨骨硬度测量参照 Heim 方块法则，依据股骨的解剖特点，将其分为股骨近端、股骨干和股骨远端三个节段进行分区测量。

因三个节段的生理解剖特点各不相同，故将采取不同的切割办法以利于获取合适的骨骼试样标本，用于骨硬度测量，下面将进行详细描述。

（一）股骨近端

股骨近端分为股骨头、股骨颈和股骨转子间三个部分。其中股骨头部分垂直其力矩轴线使用慢速锯于合适部位精确切取 3 片厚约 3mm 的骨骼试样切片；股骨颈部分矢状位使用慢速锯于合适部位精确切取 3 片厚约 3mm 的骨骼试样切片；股骨转子间部分以大、小转子 2 个重要解剖结构为测量区域，选取合适角度平行于大小转子区域用慢速锯于合适部位精确切取 3 片厚约 3mm 的骨骼试样切片。

股骨近端三部分共获得 27 片标本，分别予以编号，固定于纯平玻片上并给予标记。并根据生理解剖位置，每片骨骼试样进一步划分为不同的测量区域。

①～③号股骨头骨骼试样标本分别选取 4 个测量区域（均为松质骨）：前、后、内、外侧松质骨 4 个测量区域。

①～③号股骨颈骨骼试样标本分别选取 4 个测量区域（均为密质骨）：上、下、前、后侧密质骨 4 个测量区域。

①～③号股骨转子间骨骼试验标本分别选取 2 个测量区域（均为松质骨）：大转子、小转子松质骨 2 个测量区域。

股骨头和股骨颈部分选取每个测量区域里的感兴趣区进行测量，最终选取 5 个有效的压痕硬度值；每个测量区域的 5 个有效压痕硬度值的平均值代表该区域的显微压痕硬度值。转子间每个测量区域最终选取 10 个有效压痕硬度值；每个测量区域的 10 个有效压痕硬度值的平均值代表该区域的显微压痕硬度值。

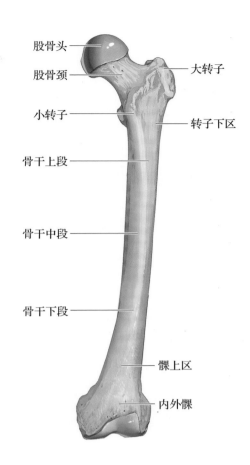

股骨头　　　　　　　　　大转子
股骨颈
小转子　　　　　　　　　转子下区
骨干上段
骨干中段
骨干下段
髁上区
内外髁

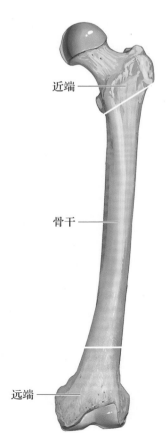

近端
骨干
远端

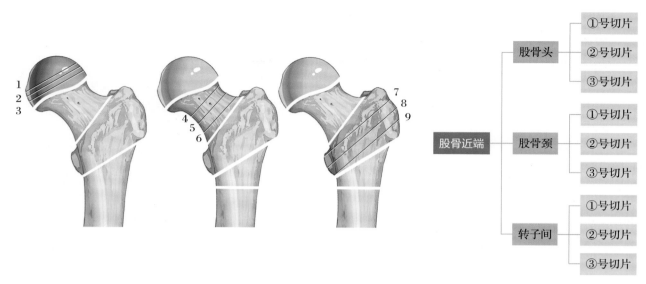

（二）股骨干

本章节将小转子以下 5cm 的股骨干被定义为转子下区,在该区域垂直于其长轴使用慢速锯于合适部位精确切取 3 片厚约 3mm 的骨骼试样切片;剩余股骨干等分为上段、中段、下段三节段,每个节段等分 2 份,每份适中部位使用慢速锯切取 1 片厚约 3mm 的骨骼试样切片。

根据生理解剖位置,每片骨骼试样进一步划分为不同的测量区域。①~③号转子下区骨骼试样标本分别选取 4 个测量区域(均为密质骨):前、后、内、外侧密质骨 4 个测量区域。每片股骨干骨骼试样标本分别选取 4 个测量区域(均为密质骨):前、后、内、外侧密质骨 4 个测量区域。

股骨干 4 个节段共获得 27 片标本,分别予以编号,固定于纯平玻片上并给予标记。

选取每个测量区域里的密质骨感兴趣区进行测量,最终选取 5 个有效的压痕硬度值。每个测量区域的 5 个有效压痕硬度值的平均值代表该区域的显微压痕硬度值。

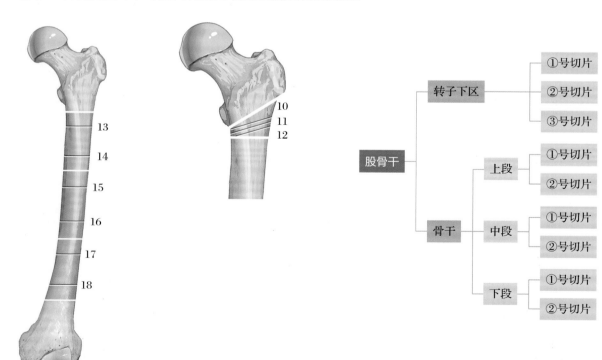

（三）股骨远端

股骨远端分为股骨髁上区、内侧髁和外侧髁三部分。在股骨髁上区于适中部位垂直其长轴、水平位使用慢速锯切取 3 层厚约 3mm 的骨骼试样切片，编号:髁上区骨骼试样切片。内侧髁、外侧髁部分使用慢速锯水平位切取 3 层厚约 3mm 的骨骼试样切片。

股骨远端共获得 18 片标本，分布予以编号，固定于纯平玻片上并给予标记。

髁上区每片骨骼试样标本分别选取 4 个测量区域:前、后、内、外侧密质骨 4 个测量区域;内外髁每片骨骼试样标本分别选取 2 个测量区域:内、外侧松质骨 2 个测量区域。

髁上区切片选取每个测量区域里的感兴趣区进行测量，最终选取 5 个有效的压痕硬度值;每个测量区域的 5 个密质骨有效压痕硬度值的平均值代表该区域的显微压痕硬度值。内外髁切片选取 10 个有效压痕硬度值;每个测量区域的 5 个有效松质骨压痕硬度值的平均值代表该区域的显微压痕硬度值。

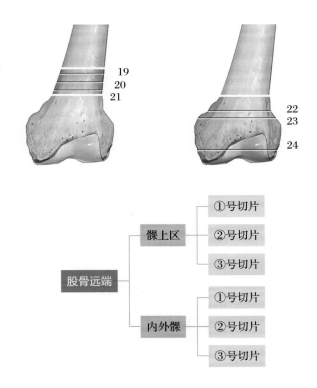

三、股骨骨硬度分布特点

（一）测量位点数量

共测量股骨骨骼试样标本 72 片，252 个测量区域(密质骨 180 个，松质骨 72 个)，合计测量位点 1 440 个(密质骨 900 个，松质骨 540 个)。

股骨近端标本 27 片，测量区域 90 个(密质骨 36 个，松质骨 54 个)，合计测量位点 540 个(密质骨 180 个，松质骨 360 个);股骨干标本 27 片，测量区域 108 个(均为密质骨)，合计测量位点 540 个;股骨远端标本 18 片，测量区域 54 个(密质骨 36 个，松质骨 18 个)，合计测量位点 360 个(密质骨 180 个，松质骨 180 个)。

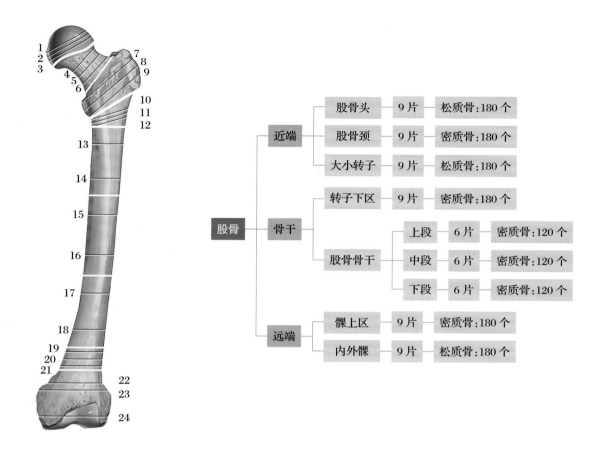

（二）股骨骨硬度

股骨共测量 1 440 个位点，硬度分布显示：硬度范围为 4.70~64.90HV，平均硬度为（40.39±8.51）HV（表 4-1-1）。

表 4-1-1　股骨骨硬度

部位	测量位点 / 个	最小值 /HV	最大值 /HV	平均值 ± 标准差 /HV
股骨	1 440	4.70	64.90	40.39±8.51

（三）股骨三节段骨硬度

股骨共分三节段，其硬度分布各不相同：硬度值最高节段位于股骨骨干，硬度范围为 23.10~64.90HV，平均硬度为（45.33±6.59）HV；硬度值最低节段位于股骨近端，硬度范围为 4.70~59.20HV，平均硬度为（36.80±7.82）HV（表 4-1-2）。

表 4-1-2　股骨三节段骨硬度

部位	测量位点 / 个	最小值 /HV	最大值 /HV	平均值 ± 标准差 /HV
近端	540	4.70	59.20	36.80±7.82
骨干	540	23.10	64.90	45.33±6.59
远端	360	17.90	59.00	38.37±8.54
总计	1 440	4.70	64.90	40.39±8.51

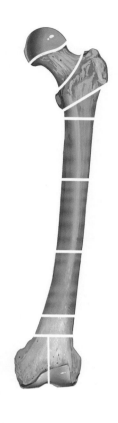

硬度值最高节段：骨干（45.33HV）
硬度值最低节段：近端（36.80HV）

（四）股骨各测量部位骨硬度

股骨共分 11 个测量部位，其中股骨近端包括 4 个：股骨头、股骨颈、大转子和小转子；股骨骨干包括
4 个：转子下区、上段、中段和下段；股骨远端包括 3 个：髁上区、内髁和外髁。11 个测量部位的骨硬度值
各不相同：最硬部位为股骨骨干中段，平均硬度值为（50.28±5.39）HV；最软部位为外髁，平均硬度值为
（29.52±5.56）HV（表 4-1-3）。

表 4-1-3　股骨各测量部位骨硬度

部位		测量位点 / 个	最小值 /HV	最大值 /HV	平均值 ± 标准差 /HV
股骨近端	股骨头	180	20.60	47.60	33.33 ± 4.92
	股骨颈	180	4.70	59.20	45.17 ± 5.16
	大转子	90	23.50	46.10	31.70 ± 4.19
	小转子	90	15.10	47.40	32.09 ± 5.95
骨干	转子下区	180	23.10	55.90	40.93 ± 5.94
	上段	120	25.10	60.40	45.82 ± 5.65
	中段	120	39.60	64.90	50.28 ± 5.39
	下段	120	35.80	59.90	46.50 ± 5.22
股骨远端	髁上区	180	26.90	59.00	44.55 ± 5.93
	内髁	90	21.50	52.60	34.85 ± 4.85
	外髁	90	17.90	45.00	29.52 ± 5.56
总计		1 440	4.70	64.90	40.39 ± 8.51

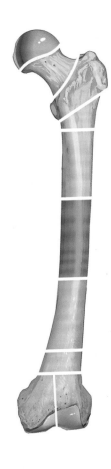

硬度值最高部位:骨干中段(50.28HV)
硬度值最低部位:外髁(29.52HV)

(五) 股骨密质骨、松质骨骨硬度

股骨不同层面的骨结构分布不同,本章节选取了最为适宜的骨结构作为测量对象,结果显示:密质骨平均硬度为(45.14±6.20)HV,松质骨平均硬度为(32.47±5.34)HV,密质骨硬度值高于松质骨硬度值(表4-1-4)。

表 4-1-4　股骨密质骨、松质骨骨硬度

部位	测量位点 / 个	最小值 /HV	最大值 /HV	平均值 ± 标准差 /HV
密质骨	900	4.70	64.90	45.14 ± 6.20
松质骨	540	15.10	52.60	32.47 ± 5.34
总计	1 440	4.70	64.90	40.39 ± 8.51

(六) 股骨各亚节段骨硬度

股骨三节段又各自分成了不同的亚节段,其中股骨近段分成 3 个亚节段:股骨头、股骨颈、转子间区;骨干分成了 2 个亚节段:转子下区和骨干;股骨远端分成了 2 个亚节段:髁上区和内外髁。股骨共计 7 个亚节段。

不同亚节段的硬度值各不相同,其中硬度值最高的亚节段为骨干,平均硬度为(47.53±5.75)HV;硬度值最低的亚节段为转子间区,平均硬度为(31.89±5.13)HV(表4-1-5)。

表 4-1-5 股骨各亚节段骨硬度

部位		测量位点 / 个	最小值 /HV	最大值 /HV	平均值 ± 标准差 /HV
股骨近端	股骨头	180	20.60	47.60	33.33 ± 4.92
	股骨颈	180	4.70	59.20	45.17 ± 5.16
	转子间区	180	15.10	47.40	31.89 ± 5.13
股骨骨干	转子下区	180	23.10	55.90	40.93 ± 5.94
	骨干	360	25.10	64.90	47.53 ± 5.75
股骨远端	髁上区	180	26.90	59.00	44.55 ± 5.93
	内外髁	180	17.90	52.60	32.19 ± 5.85
总计		1 440	4.70	64.90	40.39 ± 8.51

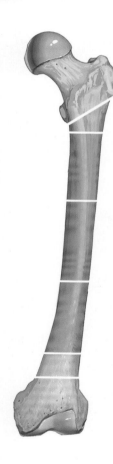

硬度值最高节段:骨干(47.53HV)
硬度值最低节段:转子间区(31.89HV)

（七）股骨各层面骨硬度

股骨共选取 24 个层面,其硬度分布显示:硬度值最高的层面位于骨干中段第 1 层面,硬度范围为 40.80~64.90HV,平均硬度(51.21 ± 5.86)HV;硬度值最低的层面位于股骨远端内外髁第 3 层面,硬度范围为 17.90~41.90HV,平均硬度(29.20 ± 5.21)HV(表 4-1-6)。

表 4-1-6   股骨各层面骨硬度

部位			测量位点/个	最小值/HV	最大值/HV	平均值 ± 标准差/HV
股骨近端	股骨头	第 1 层面	60	23.10	44.00	32.83 ± 4.62
		第 2 层面	60	20.60	47.60	32.53 ± 5.16
		第 3 层面	60	24.50	44.00	34.63 ± 4.77
	股骨颈	第 1 层面	60	4.70	55.50	44.55 ± 6.88
		第 2 层面	60	37.30	59.20	45.53 ± 4.59
		第 3 层面	60	38.40	54.90	45.45 ± 3.44
	转子间区	第 1 层面	60	23.50	46.10	33.14 ± 5.05
		第 2 层面	60	15.10	42.80	30.55 ± 5.52
		第 3 层面	60	21.00	47.40	31.99 ± 4.52
股骨骨干	转子下区	第 1 层面	60	23.10	55.90	39.42 ± 6.45
		第 2 层面	60	26.30	52.70	41.07 ± 5.19
		第 3 层面	60	31.30	54.20	42.29 ± 5.85
	骨干上段	第 1 层面	60	25.10	60.40	44.51 ± 6.24
		第 2 层面	60	37.60	59.00	47.13 ± 4.69
	骨干中段	第 1 层面	60	40.80	64.90	51.21 ± 5.86
		第 2 层面	60	39.60	61.60	49.35 ± 4.75
	骨干下段	第 1 层面	60	36.30	56.50	46.29 ± 5.10
		第 2 层面	60	35.80	59.90	46.72 ± 5.37
股骨远端	髁上区	第 1 层面	60	32.60	59.00	45.04 ± 5.94
		第 2 层面	60	26.90	54.60	43.38 ± 5.97
		第 3 层面	60	33.00	58.10	45.25 ± 5.80
	内外髁	第 1 层面	60	21.20	45.00	32.83 ± 5.64
		第 2 层面	60	21.10	52.60	34.53 ± 5.46
		第 3 层面	60	17.90	41.90	29.20 ± 5.21

股骨头	第1层面:32.83HV 第2层面:32.53HV 第3层面:34.63HV
股骨颈	第1层面:44.55HV 第2层面:45.53HV 第3层面:45.45HV
转子间区	第1层面:33.14HV 第2层面:30.55HV 第3层面:31.99HV
转子下区	第1层面:39.42HV 第2层面:41.07HV 第3层面:42.29HV
骨干上段	第1层面:44.51HV 第2层面:47.13HV
骨干中段	第1层面:51.21HV 第2层面:49.35HV
骨干下段	第1层面:46.29HV 第2层面:46.72HV
髁上区	第1层面:45.04HV 第2层面:43.38HV 第3层面:45.25HV
内外髁	第1层面:32.83HV 第2层面:34.53HV 第3层面:29.20HV

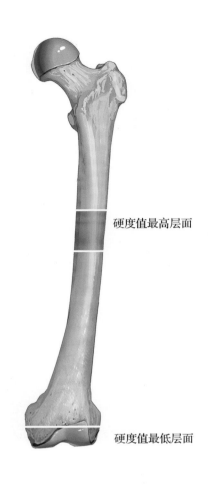

硬度值最高层面

硬度值最低层面

第二节　股骨近端骨硬度

一、解剖特点

股骨近端包括股骨头,股骨颈和股骨转子间区。股骨头呈圆形,大约为圆球的 2/3,几乎由松质骨构成,外面覆盖关节软骨。股骨颈在冠状面上形成前倾角,其中部较细,由密质骨构成外壳,内部充满松质骨,但老年人此部位往往松质骨稀疏,密质骨也变薄,导致该部位骨强度下降,也是老年股骨颈骨折好发的原因。股骨转子间有股骨大转子和股骨小转子共同构成,该部位主要由松质骨构成。

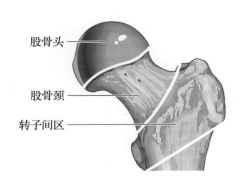

股骨头

股骨颈

转子间区

二、股骨近端骨硬度分布特点

(一)测量位点数量

共测量股骨近端骨骼试样标本 27 片,测量区域 90 个(密质骨 36 个,松质骨 54 个),合计测量位点 540 个(密质骨 180 个,松质骨 360 个)。

其中股骨头共测量骨骼试样标本 9 片,合计测量区域 36 个(均为松质骨),测量位点 180 个;股骨颈共测量骨骼试样标本 9 片,合计测量区域 36 个(均为密质骨),测量位点 180 个;转子间区共测量骨骼试样标本 9 片,合计测量区域 18 个(均为松质骨),测量位点 180 个。

(二)股骨近端骨硬度

股骨近端测量 540 个位点,硬度范围为 4.70~59.20HV,平均硬度为(36.80 ± 7.82)HV(表 4-2-1)。

表 4-2-1　股骨近端骨硬度

部位	测量位点 / 个	最小值 /HV	最大值 /HV	平均值 ± 标准差 /HV
股骨近端	540	4.70	59.20	36.80 ± 7.82

(三)股骨近端密质骨、松质骨骨硬度

股骨近端密质骨平均硬度值为(45.17 ± 5.16)HV,松质骨平均硬度值为(32.61 ± 5.07)HV,密质骨硬度值高于松质骨硬度值(表 4-2-2)。

表 4-2-2　股骨近端密质骨、松质骨骨硬度

部位	测量位点 / 个	最小值 /HV	最大值 /HV	平均值 ± 标准差 /HV
密质骨	180	4.70	59.20	45.17 ± 5.16
松质骨	360	15.10	47.60	32.61 ± 5.07
总计	540	4.70	59.20	36.80 ± 7.82

(四)股骨近端各测量部位骨硬度(表 4-2-3)

表 4-2-3　股骨近端各测量部位骨硬度

部位		测量位点 / 个	最小值 /HV	最大值 /HV	平均值 ± 标准差 /HV
股骨近端	股骨头区	180	20.60	47.60	33.33 ± 4.92
	股骨颈区	180	4.70	59.20	45.17 ± 5.16
	大转子区	90	23.50	46.10	31.70 ± 4.19
	小转子区	90	15.10	47.40	32.09 ± 5.95

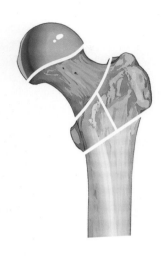

硬度值最高部位:股骨颈区(45.17HV)
硬度值最低部位:大转子区(31.70HV)

(五) 股骨近端各亚节段骨硬度(表 4-2-4)

表 4-2-4　股骨近端各亚节段骨硬度

部位		测量位点 / 个	最小值 /HV	最大值 /HV	平均值 ± 标准差 /HV
股骨近端	股骨头区	180	20.60	47.60	33.33 ± 4.92
	股骨颈区	180	4.70	59.20	45.17 ± 5.16
	转子间区	180	15.10	47.40	31.89 ± 5.13

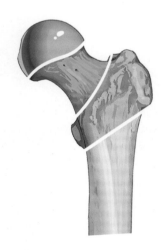

硬度值最高亚节段:股骨颈区(45.17HV)
硬度值最低亚节段:转子间区(31.89HV)

(六) 股骨近端各层面骨硬度(表 4-2-5)

表 4-2-5　股骨近端各层面骨硬度

股骨近端		测量位点 / 个	最小值 /HV	最大值 /HV	平均值 ± 标准差 /HV
股骨头	第 1 层面	60	23.10	44.00	32.83 ± 4.62
	第 2 层面	60	20.60	47.60	32.53 ± 5.16
	第 3 层面	60	24.50	44.00	34.63 ± 4.77

续表

股骨近端		测量位点 / 个	最小值 /HV	最大值 /HV	平均值 ± 标准差 /HV
股骨颈	第 1 层面	60	4.70	55.50	44.55 ± 6.88
	第 2 层面	60	37.30	59.20	45.53 ± 4.59
	第 3 层面	60	38.40	54.90	45.45 ± 3.44
转子间区	第 1 层面	60	23.50	46.10	33.14 ± 5.05
	第 2 层面	60	15.10	42.80	30.55 ± 5.52
	第 3 层面	60	21.00	47.40	31.99 ± 4.52

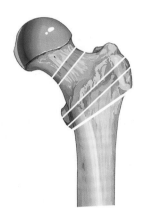

硬度值最高层面:股骨颈第 2 层面(45.53HV)
硬度值最低层面:转子间区第 2 层面(30.55HV)

三、股骨近端骨硬度

(一) 股骨头 1~3 层面

1. 示意图

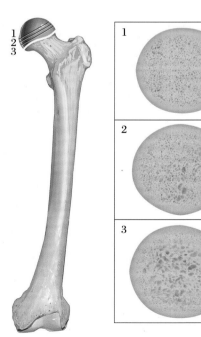

第 1 层面:32.83HV
第 2 层面:32.53HV
第 3 层面:34.63HV

股骨头层面切片示意图   硬度分布

2. 硬度分布　股骨头第 1 层面硬度分布显示：四个测量区域的硬度值各不相同，外侧 > 内侧 > 前侧 > 后侧，其中硬度值最高的区域为外侧，平均硬度为（35.33 ± 4.53）HV；硬度值最低的区域为后侧，平均硬度为（29.86 ± 5.06）HV（表 4-2-6）。

表 4-2-6　股骨头第 1 层面硬度分布

部位	最小值 /HV	最大值 /HV	平均值 ± 标准差 /HV
前侧	24.80	40.80	31.91 ± 4.36
后侧	23.10	40.40	29.86 ± 5.06
内侧	28.90	36.50	34.21 ± 2.36
外侧	27.80	44.00	35.33 ± 4.53

3. 硬度分布　股骨头第 2 层面硬度分布显示：四个测量区域的硬度值各不相同，外侧 > 前侧 > 内侧 > 后侧，其中硬度值最高的区域为外侧，平均硬度为（34.57 ± 5.55）HV；硬度值最低的区域为后侧，平均硬度为（29.27 ± 4.39）HV（表 4-2-7）。

表 4-2-7　股骨头第 2 层面硬度分布

部位	最小值 /HV	最大值 /HV	平均值 ± 标准差 /HV
前侧	20.60	47.60	33.87 ± 6.21
后侧	23.00	35.80	29.27 ± 4.39
内侧	29.10	37.10	32.42 ± 2.38
外侧	24.20	44.80	34.57 ± 5.55

4. 硬度分布　股骨头第 3 层面硬度分布显示：4 个测量区域的硬度值各不相同，前侧 > 外侧 > 后侧 > 内侧，其中硬度值最高的区域为前侧，平均硬度为（37.14 ± 3.35）HV；硬度值最低的区域为内侧，平均硬度为（30.39 ± 3.20）HV（表 4-2-8）。

表 4-2-8　股骨头第 3 层面硬度分布

部位	最小值 /HV	最大值 /HV	平均值 ± 标准差 /HV
前侧	29.90	41.40	37.14 ± 3.35
后侧	26.10	43.40	34.41 ± 5.49
内侧	24.50	35.80	30.39 ± 3.20
外侧	29.90	44.00	36.57 ± 3.78

（二）股骨颈 1~3 层面

1. 示意图

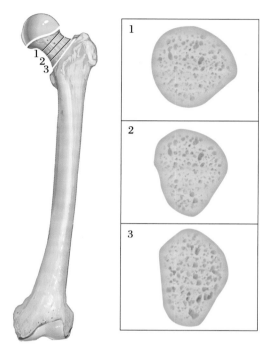

第 1 层面：44.55HV
第 2 层面：45.53HV
第 3 层面：45.45HV

股骨颈层面切片示意图　　　　　　　　硬度分布

2. 硬度分布　　股骨颈第 1 层面硬度分布显示：四个测量区域的硬度值各不相同，后侧 > 前侧 > 上侧 > 下侧，其中硬度值最高的区域为后侧，平均硬度为（48.63 ± 3.34）HV；硬度值最低的区域为下侧，平均硬度为（40.71 ± 10.64）HV（表 4-2-9）。

表 4-2-9　股骨颈第 1 层面硬度分布

部位	最小值 /HV	最大值 /HV	平均值 ± 标准差 /HV
上侧	35.00	46.80	41.33 ± 2.85
下侧	4.70	51.80	40.71 ± 10.64
前侧	40.80	53.90	47.53 ± 3.57
后侧	43.40	55.50	48.63 ± 3.34

3. 硬度分布　　股骨颈第 2 层面硬度分布显示：四个测量区域的硬度值各不相同，下侧 > 后侧 > 上侧 > 前侧，其中硬度值最高的区域为下侧，平均硬度为（46.65 ± 2.43）HV；硬度值最低的区域为前侧，平均硬度为（43.57 ± 4.54）HV（表 4-2-10）。

表 4-2-10　股骨颈第 2 层面硬度分布

部位	最小值 /HV	最大值 /HV	平均值 ± 标准差 /HV
上侧	37.70	59.20	45.85 ± 5.69
下侧	40.50	50.10	46.65 ± 2.43
前侧	38.90	54.90	43.57 ± 4.54
后侧	37.30	58.30	46.04 ± 4.92

4. 硬度分布　股骨颈第 3 层面硬度分布显示:四个测量区域的硬度值各不相同,前侧 > 上侧 > 后侧 > 下侧,其中硬度值最高的区域为前侧,平均硬度为(46.71 ± 3.78)HV;硬度值最低的区域为下侧,平均硬度为(44.07 ± 2.90)HV(表 4-2-11)。

表 4-2-11　股骨颈第 3 层面硬度分布

部位	最小值 /HV	最大值 /HV	平均值 ± 标准差 /HV
上侧	39.90	54.90	46.42 ± 3.83
下侧	38.40	50.30	44.07 ± 2.90
前侧	40.70	51.90	46.71 ± 3.78
后侧	40.80	48.70	44.59 ± 2.66

(三) 转子间区 1~3 层面

1. 示意图

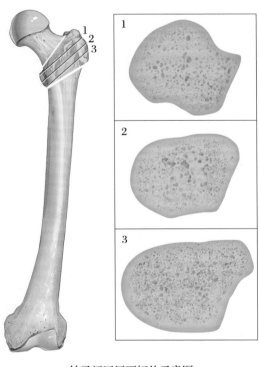

第 1 层面:33.14HV
第 2 层面:30.55HV
第 3 层面:31.99HV

转子间区层面切片示意图　　　　　　硬度分布

2. 硬度分布   转子间区第 1 层面硬度分布显示：小转子区域硬度值高于大转子区域，小转子平均硬度为（33.92±5.42）HV；大转子平均硬度为（32.36±4.61）HV（表 4-2-12）。

表 4-2-12   转子间区第 1 层面硬度分布

部位	最小值 /HV	最大值 /HV	平均值 ± 标准差 /HV
小转子	23.50	46.10	33.92 ± 5.42
大转子	24.50	46.00	32.36 ± 4.61

3. 硬度分布   转子间区第 2 层面硬度分布显示：小转子区域硬度值低于大转子区域，小转子平均硬度为（30.12±3.07）HV；大转子平均硬度为（30.97±7.23）HV（表 4-2-13）。

表 4-2-13   转子间区第 2 层面硬度分布

部位	最小值 /HV	最大值 /HV	平均值 ± 标准差 /HV
小转子	23.70	36.10	30.12 ± 3.07
大转子	15.10	42.80	30.97 ± 7.23

4. 硬度分布   转子间区第 2 层面硬度分布显示：小转子区域硬度值低于大转子区域，小转子平均硬度为（31.05±2.63）HV；大转子平均硬度为（32.93±5.73）HV（表 4-2-14）。

表 4-2-14   转子间区第 3 层面硬度分布

部位	最小值 /HV	最大值 /HV	平均值 ± 标准差 /HV
小转子	26.70	35.60	31.05 ± 2.63
大转子	21.00	47.40	32.93 ± 5.73

第三节   股骨干骨硬度

一、解剖特点

股骨干上段近似圆柱形，中段呈三棱形，下段前后略变扁。股骨干前面较光滑，后面有一纵形骨嵴称粗线。股骨干横径及骨皮质厚度与承受的压力有关，因此股骨干皮质中间最厚，向两端逐渐变薄。该部位主要有密质骨构成。

二、股骨干骨硬度分布特点

（一）测量位点数量

共测量股骨干骨骼试样标本 27 片，测量区域 108 个（均为密质骨），合计测量位点 540 个。

其中转子下区共测量骨骼试样标本 9 片，合计测量区域 36 个（均为密质骨），测量位点 180 个；骨干又进一步等分为上段、中段、下段，每段共测量骨骼试样标本 6 片，合计测量区域 24 个（密质骨），测量位点 120 个。

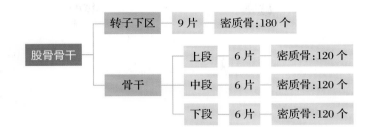

（二）股骨干骨硬度

股骨干共计测量 540 个位点，平均硬度为 23.10~64.90HV，平均硬度为（45.33±6.59）HV（表 4-3-1）。

表 4-3-1 股骨干骨硬度

部位	测量位点 / 个	最小值 /HV	最大值 /HV	平均值 ± 标准差 /HV
股骨干	540	23.10	64.90	45.33 ± 6.59

（三）股骨干各测量部位骨硬度

股骨干共选取 4 个测量部位：转子下区、骨干上段、骨干中段和骨干下段。其中骨干中段硬度值最高，平均硬度为（50.28±5.39）HV；转子下区硬度值最低，平均硬度为（40.93±5.94）HV。硬度值从高到低依次为骨干中段 > 骨干下段 > 骨干上段 > 转子下区（表 4-3-2）。

表 4-3-2 股骨干各测量部位骨硬度

部位		测量位点 / 个	最小值 /HV	最大值 /HV	平均值 ± 标准差 /HV
骨干	转子下区	180	23.10	55.90	40.93 ± 5.94
	上段	120	25.10	60.40	45.82 ± 5.65
	中段	120	39.60	64.90	50.28 ± 5.39
	下段	120	35.80	59.90	46.50 ± 5.22

硬度值最高部位：骨干中段（50.28HV）
硬度值最低部位：转子下区（40.93HV）

（四）股骨干各亚节段骨硬度

股骨干共 2 个亚节段：转子下区和骨干，骨干硬度值高于转子下区（表 4-3-3）。

表 4-3-3　股骨干各亚节段骨硬度

部位		测量位点 / 个	最小值 /HV	最大值 /HV	平均值 ± 标准差 /HV
股骨干	转子下区	180	23.10	55.90	40.93 ± 5.94
	骨干	360	25.10	64.90	47.53 ± 5.75

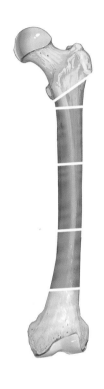

硬度值最高亚节段：骨干（47.53HV）
硬度值最低亚节段：转子下区（40.93HV）

（五）股骨干各层面骨硬度

股骨干共选取 9 个层面，其中硬度值最高的层面为骨干中段第 1 层面，平均硬度为（51.21 ± 5.86）HV，硬度值最低的层面为转子下区第 1 层面，平均硬度为（39.42 ± 6.45）HV（表 4-3-4）。

表 4-3-4　股骨干各层面骨硬度

部位		测量位点 / 个	最小值 /HV	最大值 /HV	平均值 ± 标准差 /HV
转子下区	第 1 层面	60	23.10	55.90	39.42 ± 6.45
	第 2 层面	60	26.30	52.70	41.07 ± 5.19
	第 3 层面	60	31.30	54.20	42.29 ± 5.85
骨干上段	第 1 层面	60	25.10	60.40	44.51 ± 6.24
	第 2 层面	60	37.60	59.00	47.13 ± 4.69

续表

部位		测量位点 / 个	最小值 /HV	最大值 /HV	平均值 ± 标准差 /HV
骨干中段	第 1 层面	60	40.80	64.90	51.21 ± 5.86
	第 2 层面	60	39.60	61.60	49.35 ± 4.75
骨干下段	第 1 层面	60	36.30	56.50	46.29 ± 5.10
	第 2 层面	60	35.80	59.90	46.72 ± 5.37

硬度值最高层面：骨干中段第 1 层面（51.21HV）
硬度值最低层面：转子下区第 1 层面（39.42HV）

（六）股骨干各测量方位骨硬度

股骨干选取了 4 个测量方位：前侧、后侧、内侧和外侧。其中硬度值最高的方位为前侧，平均硬度为（46.81 ± 7.37）HV；硬度值最低的方位为后侧，平均硬度为（43.67 ± 6.63）HV（表 4-3-5）。

表 4-3-5　股骨干各测量方位骨硬度

部位	测量位点 / 个	最小值 /HV	最大值 /HV	平均值 ± 标准差 /HV
前侧	135	25.10	64.90	46.81 ± 7.37
后侧	135	23.10	58.40	43.67 ± 6.63
内侧	135	28.60	63.00	46.59 ± 6.40
外侧	135	23.30	60.40	44.25 ± 5.27

三、股骨干骨硬度

（一）转子下区 1~3 层面

1. 示意图

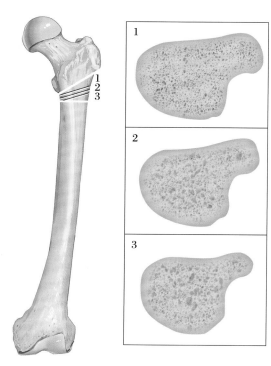

第 1 层面：39.42HV
第 2 层面：41.07HV
第 3 层面：42.29HV

转子下区层面切片示意图　　　　　　　　硬度分布

2. 硬度分布　转子下区第 1 层面硬度分布显示：四个测量区域硬度各不相同，前侧 > 内侧 > 外侧 > 后侧。前侧硬度值最高，平均硬度为（42.82 ± 4.00）HV；后侧硬度值最低，平均硬度为（36.14 ± 6.14）HV（表 4-3-6）。

表 4-3-6　转子下区第 1 层面硬度分布

部位	最小值 /HV	最大值 /HV	平均值 ± 标准差 /HV
前侧	37.8	50.4	42.82 ± 4.00
后侧	23.1	46.1	36.14 ± 6.14
内侧	28.6	55.9	41.95 ± 7.30
外侧	23.3	44.4	36.76 ± 5.45

3. 硬度分布　转子下区第 2 层面硬度分布显示：四个测量区域硬度各不相同，外侧 > 内侧 > 前侧 > 后侧。外侧硬度值最高，平均硬度为（42.82 ± 2.64）HV；后侧硬度值最低，平均硬度为（38.50 ± 6.11）HV（表 4-3-7）。

表 4-3-7　转子下区第 2 层面硬度分布

部位	最小值 /HV	最大值 /HV	平均值 ± 标准差
前侧	32.5	52.7	41.45 ± 5.10
后侧	26.3	50.1	38.50 ± 6.11
内侧	28.9	50.5	41.52 ± 5.68
外侧	38.8	47.4	42.82 ± 2.64

4. 硬度分布　转子下区第 3 层面硬度分布显示:四个测量区域硬度各不相同,前侧 > 外侧 > 后侧 > 内侧。前侧硬度值最高,平均硬度为(43.70 ± 6.83)HV;内侧硬度值最低,平均硬度为(40.27 ± 6.82)HV(表 4-3-8)。

表 4-3-8　转子下区第 2 层面硬度分布

部位	最小值 /HV	最大值 /HV	平均值 ± 标准差 /HV
前侧	31.3	54.2	43.70 ± 6.83
后侧	35.4	51.3	41.85 ± 5.11
内侧	32.3	53.5	40.27 ± 6.82
外侧	36.7	52.0	43.35 ± 4.13

(二) 骨干上段 1~2 层面

1. 示意图

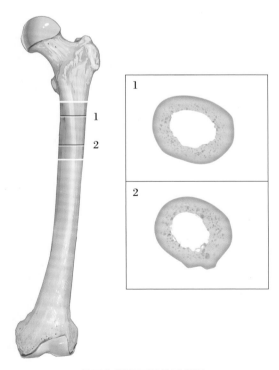

第 1 层面:44.51HV
第 2 层面:47.13HV

骨干上段层面切片示意图　　　　　　　　硬度分布

2. 硬度分布　骨干上段第1层面硬度分布显示:四个测量区域硬度各不相同,外侧>内侧>后侧>前侧。外侧硬度值最高,平均硬度为(48.53±4.63)HV;前侧硬度值最低,平均硬度为(41.20±9.32)HV(表4-3-9)。

表 4-3-9　骨干上段第 1 层面硬度分布

部位	最小值 /HV	最大值 /HV	平均值 ± 标准差 /HV
前侧	25.1	57.6	41.20 ± 9.32
后侧	37.4	47.8	42.36 ± 3.01
内侧	38.5	52.8	45.95 ± 3.27
外侧	40.8	60.4	48.53 ± 4.63

3. 硬度分布　骨干上段第2层面硬度分布显示:四个测量区域硬度各不相同,前侧>内侧>后侧>外侧。前侧硬度值最高,平均硬度为(49.47±5.70)HV;外侧硬度值最低,平均硬度为(44.05±3.55)HV(表4-3-10)。

表 4-3-10　骨干上段第 2 层面硬度分布

部位	最小值 /HV	最大值 /HV	平均值 ± 标准差 /HV
前侧	40.2	59.0	49.47 ± 5.70
后侧	37.6	54.0	46.71 ± 4.51
内侧	42.1	52.5	48.27 ± 3.09
外侧	38.1	49.4	44.05 ± 3.55

（三）骨干中段 1~2 层面

1. 示意图

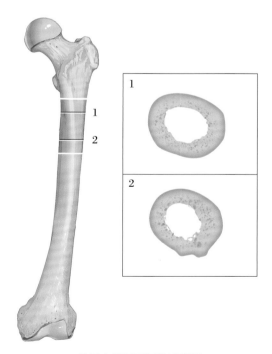

第 1 层面:51.21HV
第 2 层面:49.35HV

骨干中段层面切片示意图　　　　　　硬度分布

2. 硬度分布　骨干中段第1层面硬度分布显示:四个测量区域硬度各不相同,前侧>内侧>后侧>外侧。前侧硬度值最高,平均硬度为(54.87±5.60)HV;外侧硬度值最低,平均硬度为(47.64±5.40)HV(表 4-3-11)。

表 4-3-11　骨干中段第 1 层面硬度分布

部位	最小值 /HV	最大值 /HV	平均值 ± 标准差 /HV
前侧	45.4	64.9	54.87 ± 5.60
后侧	40.9	58.4	49.99 ± 5.45
内侧	45.6	63.0	52.33 ± 4.84
外侧	40.8	59.4	47.64 ± 5.40

3. 硬度分布　骨干中段第2层面硬度分布显示:四个测量区域硬度各不相同,前侧>内侧>后侧>外侧。前侧硬度值最高,平均硬度为(51.92±4.77)HV;外侧硬度值最低,平均硬度为(45.35±3.17)HV(表 4-3-12)。

表 4-3-12　骨干中段第 2 层面硬度分布

部位	最小值 /HV	最大值 /HV	平均值 ± 标准差 /HV
前侧	46.5	61.6	51.92 ± 4.77
后侧	43.5	56.4	48.41 ± 4.15
内侧	46.6	58.4	51.70 ± 3.72
外侧	39.6	50.3	45.35 ± 3.17

（四）骨干下段 1~2 层面

1. 示意图

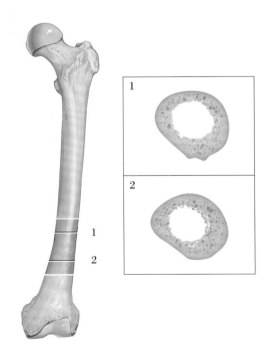

第 1 层面:46.29HV
第 2 层面:46.72HV

骨干下段层面切片示意图　　　　　　　　硬度分布

2. 硬度分布　骨干下段第 1 层面硬度分布显示:四个测量区域硬度各不相同,内侧 > 前侧 > 外侧 > 后侧。内侧硬度值最高,平均硬度为(49.37 ± 2.90)HV;后侧硬度值最低,平均硬度为(43.33 ± 4.82)HV(表 4-3-13)。

表 4-3-13　骨干下段第 1 层面硬度分布

部位	最小值 /HV	最大值 /HV	平均值 ± 标准差 /HV
前侧	36.3	53.9	46.27 ± 5.49
后侧	36.8	51.3	43.33 ± 4.82
内侧	45.1	55.2	49.37 ± 2.90
外侧	36.6	56.5	46.19 ± 5.31

3. 硬度分布　骨干下段第 2 层面硬度分布显示:四个测量区域硬度各不相同,前侧 > 内侧 > 后侧 > 外侧。前侧硬度值最高,平均硬度为(49.59 ± 4.66)HV;外侧硬度值最低,平均硬度为(43.53 ± 3.15)HV(表 4-3-14)。

表 4-3-14　骨干下段第 2 层面硬度分布

部位	最小值 /HV	最大值 /HV	平均值 ± 标准差 /HV
前侧	38.8	59.9	49.59 ± 4.66
后侧	35.8	55.3	45.75 ± 6.64
内侧	36.6	57.5	47.99 ± 4.85
外侧	39.3	48.8	43.53 ± 3.15

第四节　股骨远端骨硬度

一、解剖特点

股骨下端向两侧延长成为股骨髁,外侧髁较宽大,内侧髁较狭长。股骨远端前面形成股骨滑车和髌骨构成髌股关节。该部位主要由松质骨构成。

二、股骨远端骨硬度分布特点

(一) 测量位点数量

共测量股骨远端骨骼试样标本 18 片,测量区域 54 个(密质骨 36 个,松质骨 18 个),合计测量位点 360 个(密质骨 180 个,松质骨 180 个)。

其中髁上区骨骼试样标本 9 片,测量区域 36 个(均为密质骨),合计测量位点 180 个(密质骨);内外髁骨骼试样标本 9 片,测量区域 18 个(均为松质骨),合计测量位点 180 个(松质骨)。

（二）股骨远端骨硬度

股骨远端测量了 360 个位点，平均硬度为 17.90~59.00HV，平均硬度为（38.37±8.54）HV（表 4-4-1）。

表 4-4-1　股骨远端骨硬度

部位	测量位点 / 个	最小值 /HV	最大值 /HV	平均值 ± 标准差 /HV
股骨远端	360	17.90	59.00	38.37 ± 8.54

（三）股骨远端密质骨、松质骨骨硬度

股骨远端密质骨平均硬度为（44.55±5.93）HV，松质骨平均硬度为（32.19±5.85）HV，密质骨硬度值高于松质骨硬度值（表 4-4-2）。

表 4-4-2　股骨远端密质骨、松质骨骨硬度

部位	测量位点 / 个	最小值 /HV	最大值 /HV	平均值 ± 标准差 /HV
密质骨	180	26.90	59.00	44.55 ± 5.93
松质骨	180	17.90	52.60	32.19 ± 5.85
总计	360	17.90	59.00	38.37 ± 8.54

（四）股骨远端各测量部位骨硬度

股骨远端选取了 3 个测量部位：髁上区、内髁和外髁。髁上区平均硬度值最高，为（44.55±5.93）HV；外髁平均硬度值最低，为（29.52±5.56）HV（表 4-4-3）。

表 4-4-3　股骨远端各测量部位骨硬度

部位		测量位点 / 个	最小值 /HV	最大值 /HV	平均值 ± 标准差 /HV
股骨远端	髁上区	180	26.90	59.00	44.55 ± 5.93
	内髁	90	21.50	52.60	34.85 ± 4.85
	外髁	90	17.90	45.00	29.52 ± 5.56

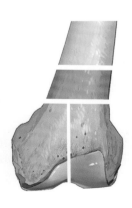

硬度值最高部位：髁上区（44.55HV）
硬度值最低部位：外髁（29.52HV）

（五）股骨远端各亚节段骨硬度

股骨远端选取了 2 个亚节段：髁上区和内外髁。其中硬度值最高的为髁上区，平均硬度为（44.55±5.93）HV；硬度值最低的为内外髁，平均硬度为（32.19±5.85）HV（表 4-4-4）。

表 4-4-4　股骨远端各亚节段骨硬度

部位	测量位点 / 个	最小值 /HV	最大值 /HV	平均值 ± 标准差 /HV
髁上区	180	26.90	59.00	44.55 ± 5.93
内外髁	180	17.90	52.60	32.19 ± 5.85

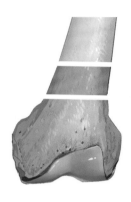

硬度值最高亚节段：髁上区（44.55HV）
硬度值最低亚节段：内外髁（32.19HV）

（六）股骨远端各层面骨硬度

股骨远端划分为 6 个层面，其中硬度值最高的为髁上区第 3 层面，平均硬度值为（45.25 ± 5.80）HV；硬度值最低的为内外髁第 3 层面，平均硬度值为（29.20 ± 5.21）HV（表 4-4-5）。

表 4-4-5　股骨远端各层面骨硬度

部位		测量位点 / 个	最小值 /HV	最大值 /HV	平均值 ± 标准差 /HV
髁上区	第 1 层面	60	32.60	59.00	45.04 ± 5.94
	第 2 层面	60	26.90	54.60	43.38 ± 5.97
	第 3 层面	60	33.00	58.10	45.25 ± 5.80
内外髁	第 1 层面	60	21.20	45.00	32.83 ± 5.64
	第 2 层面	60	21.10	52.60	34.53 ± 5.46
	第 3 层面	60	17.90	41.90	29.20 ± 5.21

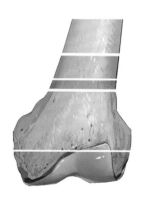

硬度值最高层面：髁上区第 3 层面（45.25HV）
硬度值最低层面：内外髁第 3 层面（29.20HV）

三、股骨远端骨硬度

(一) 髁上区 1~3 层面

1. 示意图

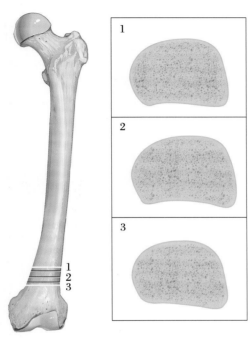

第 1 层面：45.04HV
第 2 层面：43.38HV
第 3 层面：45.25HV

髁上区层面切片示意图　　　　　　　硬度分布

2. **硬度分布**　髁上区第 1 层面硬度分布显示：四个测量区域硬度各不相同，内侧 > 后侧 > 前侧 > 外侧。内侧硬度值最高，平均硬度为（50.72 ± 5.39）HV；外侧硬度值最低，平均硬度为（42.49 ± 5.90）HV（表 4-4-6）。

表 4-4-6　髁上区第 1 层面硬度分布

部位	最小值 /HV	最大值 /HV	平均值 ± 标准差 /HV
前侧	35.50	52.10	42.59 ± 4.95
后侧	38.40	51.10	44.35 ± 3.47
内侧	41.30	59.00	50.72 ± 5.39
外侧	32.60	54.30	42.49 ± 5.90

3. **硬度分布**　髁上区第 2 层面硬度分布显示：四个测量区域硬度各不相同，前侧 > 内侧 > 后侧 > 外侧。前侧硬度值最高，平均硬度为（45.86 ± 7.32）HV；外侧硬度值最低，平均硬度为（41.33 ± 5.30）HV（表 4-4-7）。

表 4-4-7　髁上区第 2 层面硬度分布

部位	最小值 /HV	最大值 /HV	平均值 ± 标准差 /HV
前侧	33.90	54.60	45.86 ± 7.32
后侧	26.90	49.60	42.16 ± 6.11
内侧	36.20	51.20	44.15 ± 4.21
外侧	34.20	52.10	41.33 ± 5.30

4. 硬度分布　髁上区第 3 层面硬度分布显示：四个测量区域硬度各不相同，后侧 > 外侧 > 内侧 > 前侧。后侧硬度值最高，平均硬度为（46.71 ± 4.58）HV；前侧硬度值最低，平均硬度为（43.23 ± 5.02）HV（表 4-4-8）。

表 4-4-8　髁上区第 3 层面硬度分布

部位	最小值 /HV	最大值 /HV	平均值 ± 标准差 /HV
前侧	33.30	53.00	43.23 ± 5.02
后侧	38.70	51.90	46.71 ± 4.58
内侧	36.10	53.80	44.85 ± 4.94
外侧	33.00	58.10	46.23 ± 7.94

（二）内外髁 1~3 层面
1. 示意图

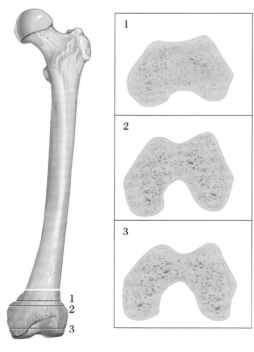

第 1 层面：32.83HV
第 2 层面：34.53HV
第 3 层面：29.20HV

内外髁层面切片示意图　　　　　　　　硬度分布

2. 硬度分布 内外髁第 1 层面硬度分布显示：内髁硬度值高于外髁硬度值，内髁平均硬度为 (35.33±3.40)HV，外髁平均硬度为 (30.32±6.34)HV（表 4-4-9）。

表 4-4-9 内外髁第 1 层面硬度分布

部位	最小值 /HV	最大值 /HV	平均值 ± 标准差 /HV
内髁	28.30	40.00	35.33 ± 3.40
外髁	21.20	45.00	30.32 ± 6.34

3. 硬度分布 内外髁第 2 层面硬度分布显示：内髁硬度值高于外髁硬度值，内髁平均硬度为 (37.82±4.14)HV，外髁平均硬度为 (31.24±4.61)HV（表 4-4-10）。

表 4-4-10 内外髁第 2 层面硬度分布

部位	最小值 /HV	最大值 /HV	平均值 ± 标准差 /HV
内髁	30.60	52.60	37.82 ± 4.14
外髁	21.10	39.30	31.24 ± 4.61

4. 硬度分布 内外髁第 3 层面硬度分布显示：内髁硬度值高于外髁硬度值，内髁平均硬度为 (31.41±4.67)HV，外髁平均硬度为 (26.99±4.83)HV（表 4-4-11）。

表 4-4-11 内外髁第 3 层面硬度分布

部位	最小值 /HV	最大值 /HV	平均值 ± 标准差 /HV
内髁	21.50	41.90	31.41 ± 4.67
外髁	17.90	35.30	26.99 ± 4.83

第五章

5

胫骨和腓骨骨硬度

第一节　概　　述

一、解剖特点

胫骨是下肢主要承重骨之一。胫骨近端向内侧和外侧增宽,构成胫骨平台。胫骨平台关节面向后倾斜10°。内侧平台比外侧平台骨质更加坚硬。胫骨体上2/3为三棱形管状骨,有3个嵴(缘)和3个面。其前方的嵴及前内侧面从胫骨结节至内踝上方位于皮下,体表可触及,而且骨质坚硬。胫骨下1/3略成四方形。胫骨的中下1/3交界处是三棱形和四方形骨干的移行处,为骨折的好发部位。腓骨头及远端1/3腓骨仅有皮肤覆盖。其余部分有肌肉和韧带附着。胫骨下端内侧骨质突出形成的内踝与腓骨远端共同构成踝穴,腓骨的完整性对踝穴稳定起到了重要的作用。

二、胫骨和腓骨骨硬度测量分区原则

参考Heim方块法则(Heim's square rule)将胫骨分为近端、体部和远端三部分;为方便胫腓骨对比,腓骨依胫骨分段平面同样分为三段。每段进一步分割为适宜测量骨硬度的切片并固定于纯平玻片上。

共计切取胫骨骨骼试样12片(近端:3片,体部:6片,远端:3片),腓骨骨骼试样11片(近端:2片,体部:6片,远端:3片),固定于纯平玻片上并给予标记。

(一)胫腓骨近端骨硬度测量分区原则

1. 胫骨近端骨硬度测量分区原则　胫骨近端指胫骨结节近侧部分,由内、外侧髁,髁间区和胫骨粗隆组成。于胫骨平台软骨下方截除软骨部分后依下图所示截取3层骨质,每层骨质厚约3.0mm。每层骨质再依下图分别分区测量骨硬度。

每片骨骼试样分为3个区域,分别为内髁、髁间和外髁。每个区域测量10个松质骨数据。

2. 腓骨近端骨硬度测量分区原则　腓骨近端由腓骨头和腓骨颈组成,腓骨头略膨大,向前、后、外侧突出,靠近腓骨头较缩细的部分称腓骨颈。于腓骨头、腓骨颈处分别依下图取2层骨质,每层骨质厚约3.0mm。

每片骨骼试样分为4个区域,分别为前、内、后、外。每个区域测量5个密质骨数据。

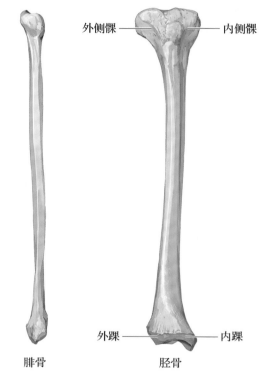

外侧髁　　　　　内侧髁

外踝　　　　　内踝

腓骨　　　　　胫骨

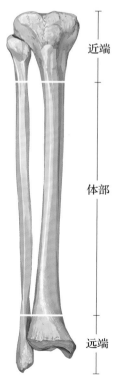

近端

体部

远端

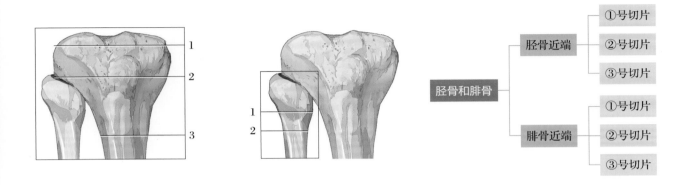

（二）胫腓骨体部骨硬度测量分区原则

胫腓骨体部平均分为 9 部分,每部分于相同平面取一层骨质固定于纯平玻片上(如下图所示)。每层骨样本再依下图分别取样测量骨硬度。

每片骨骼试样分为 4 个区域,分别为前、内、后、外。每个区域测量 5 个密质骨数据。

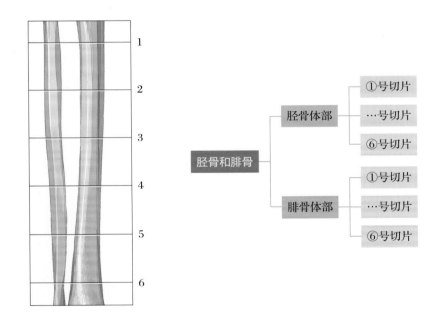

（三）胫腓骨远端骨硬度测量分区原则

依下图所示于胫骨远端取 2 层骨质,腓骨远端取 3 层骨质,每层骨质再分别分区测量骨硬度。

胫腓骨测量分区略有不同:

胫骨远端,全部为松质骨,未测密质骨数据。这其中的 1~2 层每片骨骼试样分为 4 个区域,分别为前、内、后、外。第 3 层分为 2 个区域。每个区域测量 5 个松质骨数据。

腓骨远端,全部为松质骨,未测密质骨数据。每片骨骼试样分为 4 个区域,分别为前、内、后、外。每个区域测量 5 个松质骨数据。

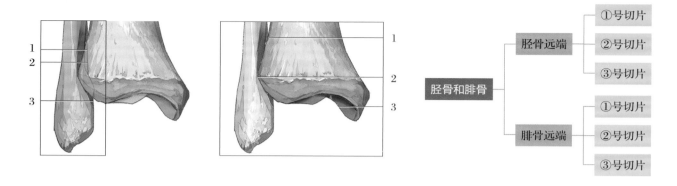

三、胫腓骨骨硬度的分布特点

(一) 测量位点数量

共测量胫骨骨骼标本 36 片,129 个测量区域(密质骨 72 个,松质骨 57 个),合计测量位点 780 个(密质骨 360 个,松质骨 420 个)。其中胫骨近端骨骼标本 9 片,测量位点 270 个(均为松质骨);胫骨体部标本 18 片,测量位点 360 个(均为密质骨);胫骨远端标本 9 片,测量位点 150 个(均为松质骨)。

腓骨骨骼标本 33 片,120 个测量区域(密质骨 72 个,松质骨 48 个),合计测量位点 660 个(密质骨 360 个,松质骨 300 个)。其中腓骨近端骨骼标本 6 片,测量位点 120 个(均为松质骨);腓骨体部标本 18 片,测量位点 360 个(均为密质骨);腓骨远端标本 9 片,测量位点 180 个(均为松质骨)。

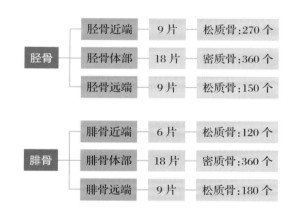

(二) 胫腓骨总体骨硬度

胫骨和腓骨总体硬度范围 24.80~65.40HV,平均硬度为(44.59±7.99)HV;腓骨总体骨硬度范围 25.10~61.20HV,平均硬度为(44.39±7.31)HV;胫骨骨硬度值高于腓骨骨硬度值(表 5-1-1)。

表 5-1-1   胫腓骨总体骨硬度分布

部位	测量位点 / 个	最小值 /HV	最大值 /HV	平均值 ± 标准差 /HV
胫骨	780	24.80	65.40	44.59 ± 7.99
腓骨	660	17.20	61.20	44.39 ± 7.31

最硬:胫骨(44.59HV)
最软:腓骨(44.39HV)

（三）胫腓骨三节段骨硬度分布

胫骨三节段骨硬度分布显示:最硬节段为胫骨体部,硬度范围为36.50~65.40HV,平均硬度为(51.20±5.37)HV;最软节段为胫骨近端,硬度范围为24.80~49.70HV,平均硬度为(38.46±4.76)HV(表5-1-2)。

腓骨三节段骨硬度分布显示:最硬节段为腓骨体部,硬度范围为31.30~61.20HV,平均硬度为(49.53±4.52)HV;最软节段为腓骨远端,硬度范围为25.10~48.20HV,平均硬度为(37.23±4.43)HV(表5-1-3)。

表 5-1-2　胫骨三节段骨硬度分布

部位	测量位点 / 个	最小值 /HV	最大值 /HV	平均值 ± 标准差 /HV
胫骨近端	270	24.80	49.70	38.46 ± 4.76
胫骨体部	360	36.50	65.40	51.20 ± 5.37
胫骨远端	150	26.00	49.40	39.78 ± 5.16
合计	780	24.80	65.40	44.59 ± 7.99

胫骨
最硬节段:体部(51.20HV)
最软节段:近端(38.46HV)

表 5-1-3   腓骨三节段骨硬度分布

部位	测量位点 / 个	最小值 /HV	最大值 /HV	平均值 ± 标准差 /HV
腓骨近端	120	28.80	50.90	39.67 ± 5.01
腓骨体部	360	31.30	61.20	49.53 ± 4.52
腓骨远端	180	25.10	48.20	37.23 ± 4.43
合计	660	25.10	61.20	44.39 ± 7.31

腓骨
最硬节段:体部(49.53HV)
最软节段:远端(37.23HV)

（四）胫腓骨不同层面硬度分布

胫骨不同层面骨硬度分布显示：硬度值最高层面位于胫骨体部层面3，硬度范围37.8~65.4HV，平均硬度(52.71±5.57)HV；硬度值最低层面位于胫骨远端层面3，硬度范围26.0~38.0HV，平均硬度(32.48±3.11)HV(表5-1-4)。

腓骨不同层面骨硬度分布显示：硬度值最高层面位于腓骨体部层面4，硬度范围39.6~57.9HV，平均硬度(51.07±4.08)HV；硬度值最低层面位于腓骨远端层面3，硬度范围27.2~43.6HV，平均硬度(34.79±4.05)HV(表5-1-5)。

表 5-1-4　胫骨不同层面硬度分布

部位	层面	测量位点 / 个	最小值 /HV	最大值 /HV	平均值 ± 标准差 /HV
近端	第 1 层面	90	24.80	46.80	37.91 ± 4.74
	第 2 层面	90	24.80	46.10	36.68 ± 4.53
	第 3 层面	90	32.00	49.70	40.79 ± 4.05
体部	第 1 层面	60	38.90	62.10	50.41 ± 5.66
	第 2 层面	60	38.20	64.10	51.42 ± 5.92
	第 3 层面	60	37.80	65.40	52.71 ± 5.57
	第 4 层面	60	36.50	64.30	50.92 ± 5.96
	第 5 层面	60	39.70	59.30	51.52 ± 4.21
	第 6 层面	60	41.00	65.10	50.22 ± 4.45
远端	第 1 层面	60	33.00	49.40	42.23 ± 4.01
	第 2 层面	60	33.20	46.90	40.98 ± 3.42
	第 3 层面	30	26.00	38.00	32.48 ± 3.11

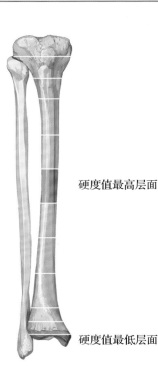

胫骨近端
第 1 层面：37.91HV
第 2 层面：36.68HV
第 3 层面：40.79HV

胫骨体部
第 1 层面：50.41HV
第 2 层面：51.42HV
第 3 层面：52.71HV
第 4 层面：50.92HV
第 5 层面：51.52HV
第 6 层面：50.22HV

胫骨远端
第 1 层面：42.23HV
第 2 层面：40.98HV
第 3 层面：32.48HV

硬度值最高层面

硬度值最低层面

表 5-1-5　腓骨不同层面硬度分布

部位	层面	测量位点 / 个	最小值 /HV	最大值 /HV	平均值 ± 标准差 /HV
近端	第 1 层面	60	28.80	43.80	36.79 ± 3.63
	第 2 层面	60	33.40	50.90	42.55 ± 4.53
体部	第 1 层面	60	37.20	59.60	48.63 ± 4.88
	第 2 层面	60	39.20	58.10	49.66 ± 4.19
	第 3 层面	60	39.80	61.20	49.50 ± 4.67
	第 4 层面	60	39.60	57.90	51.07 ± 4.08
	第 5 层面	60	39.00	57.60	49.96 ± 4.24
	第 6 层面	60	31.30	57.40	48.39 ± 4.63
远端	第 1 层面	60	25.10	46.70	36.98 ± 4.00
	第 2 层面	60	30.10	48.20	39.93 ± 3.69
	第 3 层面	60	27.20	43.60	34.79 ± 4.05

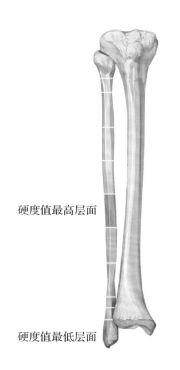

硬度值最高层面

硬度值最低层面

腓骨近端
第 1 层面：36.79HV
第 2 层面：42.55HV

腓骨体部
第 1 层面：48.63HV
第 2 层面：49.66HV
第 3 层面：49.50HV
第 4 层面：51.07HV
第 5 层面：49.96HV
第 6 层面：48.39HV

腓骨远端
第 1 层面：36.98HV
第 2 层面：39.93HV
第 3 层面：34.79HV

第二节　胫骨近端骨硬度

一、解剖特点

　　胫骨近端指位于胫骨结节近侧的部分，由内髁、外髁、髁间区和胫骨粗隆组成。胫骨上端宽厚，左右膨大构成内侧髁和外侧髁，亦称胫骨平台。胫骨内、外侧髁成浅凹，与股骨下端的内、外侧髁相接触。成人胫骨宽大的近端主要为松质骨,支持它的皮质不够充分,胫骨平台为膝关节内骨折好发处。与内侧平台相比,外侧平台在侧面更为突出。两个平台的边缘区都被半月板覆盖。

内外侧髁之间有髁间嵴。髁间嵴是前、后交叉韧带的附着部位。

在胫骨近端前侧有一个三角形突起,称为胫骨粗隆。位于胫骨前嵴关节线下 2.5~3cm,为髌韧带附着处,其间有髌下囊,胫骨结节可视为胫骨前缘的最高点。Gerdy 结节位于胫骨近端前外侧面,为髂胫束附着处。

二、胫骨近端骨硬度分布特点

(一)测量位点数量

共测量胫骨近端骨骼试样标本 9 片,每片骨骼试样分为 3 个测量区域,分别为内髁、髁间和外髁。每个区域测量 10 个松质骨数据,每片标本共计 30 个有效松质骨硬度测量值,合计测量位点 270 个。

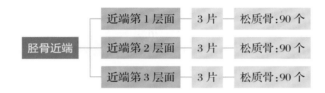

(二)胫骨近端总体骨硬度

胫骨近端主要为松质骨,是力传导的主要区域,其硬度较低。胫骨近端松质骨总体骨硬度范围 24.80~49.70HV,平均硬度为(38.46±4.76)HV(表 5-2-1)。

表 5-2-1 胫骨近端总体骨硬度分布

部位	测量位点 / 个	最小值 /HV	最大值 /HV	平均值 ± 标准差 /HV
胫骨近端	270	24.80	49.70	38.46 ± 4.76

(三)胫骨近端不同区域骨硬度

胫骨近端选取了内髁、髁间区、外髁三个测量区域,三个测量区域的骨硬度结果对比显示:胫骨内髁硬度值最大,硬度范围为 29.90~49.70HV,平均为(40.81±4.17)HV;胫骨髁间区硬度值最小,硬度范围为 24.80~45.80HV,平均为(36.44±4.67)HV(表 5-2-2)。

表 5-2-2 胫骨近端不同区域骨硬度分布

部位	测量位点 / 个	最小值 /HV	最大值 /HV	平均值 ± 标准差 /HV
内髁	90	29.90	49.70	40.81 ± 4.17
髁间区	90	24.80	45.80	36.44 ± 4.67
外髁	90	26.50	46.60	38.12 ± 4.40

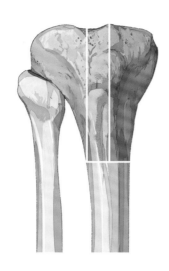

胫骨近端
硬度值最高区域:内髁(40.81HV)
硬度值最低区域:髁间区(36.44HV)

（四）胫骨近端不同层面骨硬度

胫骨近端不同层面骨硬度显示:胫骨近端层面 3 硬度值最大,硬度范围 32.00~49.70HV,平均为(40.79±4.05)HV;胫骨近端层面 2 硬度值最小,硬度范围 24.80~46.10HV,平均为(36.68±4.53)HV(表5-2-3)。

表 5-2-3　胫骨近端不同层面骨硬度分布

部位	测量位点 / 个	最小值 /HV	最大值 /HV	平均值 ± 标准差 /HV
第 1 层面	90	24.80	46.80	37.91 ± 4.74
第 2 层面	90	24.80	46.10	36.68 ± 4.53
第 3 层面	90	32.00	49.70	40.79 ± 4.05

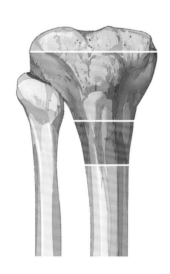

胫骨近端
最硬层面:第 3 层面(40.79HV)
最软层面:第 2 层面(36.68HV)

三、胫骨近端各层面骨硬度分布

(一) 近端第 1 层面

1. 示意图

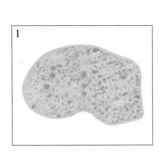

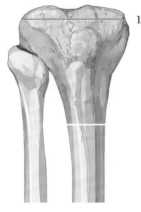

硬度值最高区域:胫骨内髁(40.79HV)
硬度值最低区域:髁间区(36.15HV)

硬度分布

第 1 层面切片示意图

2. 硬度分布　胫骨近端第 1 层面硬度分布显示:第 1 层面松质骨平均硬度为(37.91 ± 4.74)HV。分区测量中,内髁硬度值最高,硬度值范围为 31.30~46.80HV,平均为(40.79 ± 4.01)HV;髁间区硬度值最低,硬度值范围为 24.80~44.60HV,平均为(36.15 ± 4.70)HV;胫骨外髁硬度值居中(表 5-2-4)。

表 5-2-4　胫骨近端第 1 层面硬度分布

部位	最小值 /HV	最大值 /HV	平均值 ± 标准差 /HV
胫骨内髁	31.30	46.80	40.79 ± 4.01
髁间区	24.80	44.60	36.15 ± 4.70
胫骨外髁	27.20	43.20	36.78 ± 4.21

(二) 近端第 2 层面

1. 示意图

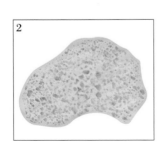

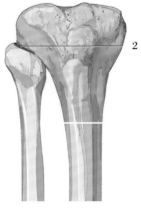

硬度值最高区域:胫骨内髁(39.08HV)
硬度值最低区域:髁间区(34.69HV)

硬度分布

第 2 层面切片示意图

2. 硬度分布　胫骨近端第 2 层面硬度分布显示:第 1 层面松质骨平均硬度为(36.68±4.53)HV。分区测量中,内髁硬度值最高,硬度值范围为 29.90~46.10HV,平均为(39.08±3.95)HV;髁间区硬度值最低,硬度值范围为 24.80~44.60HV,平均为(34.69±5.03)HV;胫骨外髁硬度值居中(表 5-2-5)。

表 5-2-5　胫骨近端第 2 层面硬度分布

部位	最小值 /HV	最大值 /HV	平均值 ± 标准差 /HV
胫骨内髁	29.90	46.10	39.08 ± 3.95
髁间区	24.80	44.60	34.69 ± 5.03
胫骨外髁	26.50	41.20	36.29 ± 3.45

(三) 近端第 3 层面
1. 示意图

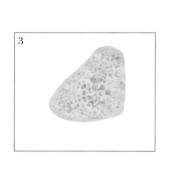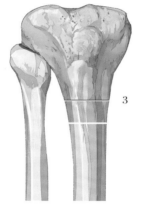

硬度值最高区域:胫骨内髁(42.57HV)
硬度值最低区域:髁间区(38.50HV)

硬度分布

第 3 层面切片示意图

2. 硬度分布　胫骨近端第 3 层面硬度分布显示:第 3 层面松质骨平均硬度为(40.79±4.05)HV。分区测量中,内髁硬度值最高,硬度值范围为 34.60~49.70HV,平均为(42.57±3.92)HV;髁间区硬度值最低,硬度值范围为 32.00~45.80HV,平均为(38.50±3.48)HV;胫骨外髁硬度值居中(表 5-2-6)。

表 5-2-6　胫骨近端第 3 层面硬度分布

部位	最小值 /HV	最大值 /HV	平均值 ± 标准差 /HV
胫骨内髁	34.60	49.70	42.57 ± 3.92
髁间区	32.00	45.80	38.50 ± 3.48
胫骨外髁	34.50	46.60	41.30 ± 3.73

第三节　胫骨体部骨硬度

一、解剖特点

胫骨体横切面为三角形,有内、外和后三个面,被前、外(骨间缘)和内侧缘所分隔。其内侧面宽阔而光滑,几乎全部位于皮下;外侧面近侧 3/4 朝外,远侧 1/4 转向前;后面位于骨间缘和内侧缘之间,其上部最宽。胫骨体的中下 1/3 交界处最细。

二、胫骨体部骨硬度分布特点

(一) 测量位点数量

共测量胫骨体部骨骼试样标本 18 片,每片骨骼试样分为前、内、后、外 4 个测量区域。每个区域测量 5 个密质骨数据,每片标本共计 20 个有效密质骨硬度测量值,合计测量位点 360 个。

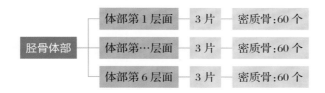

(二) 胫骨体部总体骨硬度

胫骨体部主要为密质骨,是胫骨受力的主要区域,硬度高于胫骨近端及远端。胫骨体部总体密质骨硬度范围 36.50~65.40HV,平均硬度为(51.20 ± 5.37)HV(表 5-3-1)。

表 5-3-1　胫骨体部总体骨硬度分布

部位	测量位点 / 个	最小值 /HV	最大值 /HV	平均值 ± 标准差 /HV
胫骨体部	360	36.50	65.40	51.20 ± 5.37

(三) 胫骨体部不同区域骨硬度

胫骨体部选取了前、后、内、外 4 个测量区域,4 个测量区域的骨硬度结果对比显示:后方硬度值最大,硬度范围为 46.00~65.10HV,平均为(54.00 ± 4.21)HV;前方硬度值最小,硬度范围为 36.50~59.20HV,平均为(45.58 ± 4.39)HV(表 5-3-2)。

表 5-3-2　胫骨体部不同区域骨硬度分布

部位	测量位点 / 个	最小值 /HV	最大值 /HV	平均值 ± 标准 /HV
前方	90	36.50	59.20	45.58 ± 4.39
内侧	90	42.30	64.10	52.33 ± 3.93
后方	90	46.00	65.10	54.00 ± 4.21
外侧	90	42.30	65.40	52.89 ± 4.44

（四）胫骨体部不同层面骨硬度

胫骨体部不同层面骨硬度显示：胫骨体部层面 3 硬度值最大，硬度范围 37.80~65.40HV，平均为 (52.71±5.57)HV；胫骨体部层面 6 硬度值最小，硬度范围 41.00~65.10HV，平均为 (50.22±4.45)HV（表 5-3-3）。

表 5-3-3 胫骨体部不同层面骨硬度分布

部位	测量位点 / 个	最小值 /HV	最大值 /HV	平均值 ± 标准 /HV
第 1 层面	60	38.90	62.10	50.41 ± 5.66
第 2 层面	60	38.20	64.10	51.42 ± 5.92
第 3 层面	60	37.80	65.40	52.71 ± 5.57
第 4 层面	60	36.50	64.30	50.92 ± 5.96
第 5 层面	60	39.70	59.30	51.52 ± 4.21
第 6 层面	60	41.00	65.10	50.22 ± 4.45

胫骨体部
硬度值最高层面：体部第 3 层（52.71HV）
硬度值最底层面：体部第 6 层（50.22HV）

三、胫骨体部各层面骨硬度分布

(一) 胫骨体部第 1~2 层面

1. 示意图

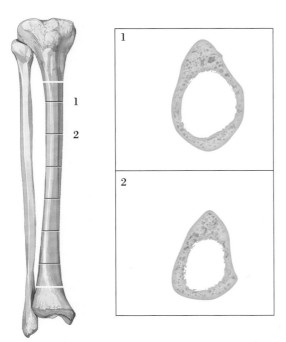

第 1 层面：50.41HV
硬度值最高区域：外侧 (54.54HV)
硬度值最低区域：前方 (43.78HV)

第 2 层面：51.42HV
硬度值最高区域：后方 (54.72HV)
硬度值最低区域：前方 (44.15HV)

硬度分布

第 1~2 层面切片示意图

2. 硬度分布　胫骨体部第 1 层面硬度分布显示：第 1 层面密质骨平均硬度为 (50.41±5.66)HV。分区测量中，外侧硬度值最高，硬度值范围为 45.90~62.10HV，平均为 (54.54±4.21)HV；前方硬度值最低，硬度值范围为 38.90~49.60HV，平均为 (43.78±2.94)HV (表 5-3-4)。

表 5-3-4　胫骨体部第 1 层面硬度分布

部位	最小值 /HV	最大值 /HV	平均值 ± 标准差 /HV
前方	38.90	49.60	43.78 ± 2.94
内侧	42.30	54.80	49.68 ± 3.78
后方	47.30	60.60	53.65 ± 4.15
外侧	45.90	62.10	54.54 ± 4.21

3. 硬度分布　胫骨体部第 2 层面硬度分布显示：第 2 层面密质骨平均硬度为 (51.42±5.92)HV。分区测量中，后方硬度值最高，硬度值范围为 46.80~63.10HV，平均为 (54.72±4.45)HV；前方硬度值最低，硬度值范围为 38.20~50.10HV，平均为 (44.15±3.04)HV (表 5-3-5)。

表 5-3-5　胫骨体部第 2 层面硬度分布

	最小值 /HV	最大值 /HV	平均值 ± 标准差 /HV
前方	38.20	50.10	44.15 ± 3.04
内侧	49.90	64.10	54.14 ± 3.72
后方	46.80	63.10	54.72 ± 4.45
外侧	45.30	63.80	52.69 ± 5.16

（二）胫骨体部第 3~4 层面
1. 示意图

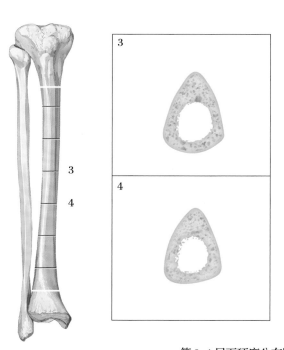

第 3 层面：52.71HV
硬度值最高区域：内侧（54.59HV）
硬度值最低区域：前方（47.53HV）

第 4 层面：50.92HV
硬度值最高区域：后方（53.99HV）
硬度值最低区域：前方（45.20HV）

硬度分布

第 3~4 层面硬度分布图

2. 硬度分布　胫骨体部第 3 层面硬度分布显示：第 3 层面密质骨平均硬度为（52.71 ± 5.57）HV。分区测量中，内侧硬度值最高，硬度值范围为 48.10~62.00HV，平均为（54.59 ± 4.12）HV；前方硬度值最低，硬度值范围为 37.80~59.20HV，平均为（47.53 ± 5.34）HV（表 5-3-6）。

表 5-3-6　胫骨体部第 3 层面硬度分布

部位	最小值 /HV	最大值 /HV	平均值 ± 标准差 /HV
前方	37.80	59.20	47.53 ± 5.34
内侧	48.10	62.00	54.59 ± 4.12
后方	46.00	62.40	54.27 ± 5.07
外侧	46.40	65.40	54.47 ± 4.57

3. 硬度分布　胫骨体部第 4 层面硬度分布显示：第 4 层面密质骨平均硬度为(50.92±5.96)HV。分区测量中，后方硬度值最高，硬度值范围为 48.40~62.70HV，平均为(53.99±4.03)HV；前方硬度值最低，硬度值范围为 36.50~57.30HV，平均为(45.20±6.45)HV(表 5-3-7)。

表 5-3-7　胫骨体部第 4 层面硬度分布

部位	最小值 /HV	最大值 /HV	平均值 ± 标准差 /HV
前方	36.50	57.30	45.20 ± 6.45
内侧	43.60	59.40	52.05 ± 4.05
后方	48.40	62.70	53.99 ± 4.03
外侧	42.30	64.30	52.46 ± 5.13

(三) 胫骨体部第 5~6 层面

1. 示意图

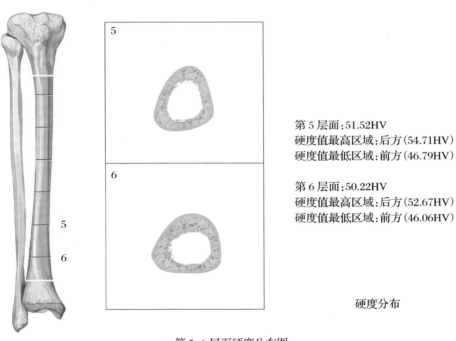

第 5 层面：51.52HV
硬度值最高区域：后方(54.71HV)
硬度值最低区域：前方(46.79HV)

第 6 层面：50.22HV
硬度值最高区域：后方(52.67HV)
硬度值最低区域：前方(46.06HV)

硬度分布

第 5~6 层面硬度分布图

2. 硬度分布　胫骨体部第 5 层面硬度分布显示：第 5 层面密质骨平均硬度为(51.52±4.21)HV。分区测量中，后方硬度值最高，硬度值范围为 50.90~59.30HV，平均为(54.71±2.15)HV；前方硬度值最低，硬度值范围为 39.70~52.90HV，平均为(46.79±3.67)HV(表 5-3-8)。

表 5-3-8　胫骨体部第 5 层面硬度分布

部位	最小值 /HV	最大值 /HV	平均值 ± 标准差 /HV
前方	39.70	52.90	46.79 ± 3.67
内侧	46.60	57.90	51.83 ± 3.3
后方	50.90	59.30	54.71 ± 2.15
外侧	47.40	58.40	52.74 ± 3.01

3. 硬度分布　胫骨体部第 6 层面硬度分布显示：第 6 层面密质骨平均硬度为（50.22 ± 4.45）HV。分区测量中，后方硬度值最高，硬度值范围为 47.10~65.10HV，平均为（52.67 ± 5.11）HV；前方硬度值最低，硬度值范围为 41.00~50.80HV，平均为（46.06 ± 3.02）HV（表 5-3-9）。

表 5-3-9　胫骨体部第 6 层面硬度分布

部位	最小值 /HV	最大值 /HV	平均值 ± 标准差 /HV
前方	41.00	50.80	46.06 ± 3.02
内侧	46.20	55.80	51.68 ± 2.92
后方	47.10	65.10	52.67 ± 5.11
外侧	45.10	56.50	50.45 ± 3.52

第四节　胫骨远端骨硬度

一、解剖特点

胫骨远端稍膨大，可分为前、后、内、外和下面。其内侧向下的突起称为内踝，外侧面呈三角形称为腓切迹，经下胫腓韧带复合体与腓骨相接形成下胫腓联合。胫骨下端的下面与距骨相关节。内踝短而厚，有一半月形关节面与距骨内踝关节面相关节。

二、胫骨远端骨硬度分布特点

（一）测量位点数量

共测量胫骨远端骨骼试样标本 9 片。其中 1~2 层每片骨骼试样分为 4 个测量区域，分别是前、内、后、外；第 3 层分为 2 个测量区域，分别为前、后。每个测量区域测量 5 个松质骨数据，合计测量位点 150 个。

（二）胫骨远端总体骨硬度

胫骨远端主要为松质骨，硬度值较低。胫骨远端总体松质骨硬度范围 26.00~49.40HV，平均硬度为 (39.78 ± 5.16) HV（表 5-4-1）。

表 5-4-1 胫骨远端总体骨硬度分布

部位	测量位点 / 个	最小值 /HV	最大值 /HV	平均值 ± 标准差 /HV
胫骨远端	150	26.00	49.40	39.78 ± 5.16

（三）胫骨远端不同区域骨硬度

胫骨远端选取了前、后、内、外 4 个测量区域，4 个测量区域的骨硬度结果对比显示：内侧硬度值最大，硬度范围为 33.20~48.70HV，平均为 (42.14 ± 3.58) HV；前方硬度值最小，硬度范围为 26.00~46.60HV，平均为 (38.02 ± 5.62) HV（表 5-4-2）。

表 5-4-2 胫骨远端不同区域骨硬度分布

部位	测量位点 / 个	最小值 /HV	最大值 /HV	平均值 ± 标准差 /HV
前方	45	26.00	46.60	38.02 ± 5.62
内侧	30	33.20	48.70	42.14 ± 3.58
后方	45	29.20	48.00	38.48 ± 5.08
外侧	30	33.00	49.40	42.00 ± 4.31

（四）胫骨远端不同层面骨硬度

胫骨远端不同层面骨硬度显示：胫骨远端层面 1 硬度值最大，硬度范围 33.00~49.40HV，平均为 (42.23 ± 4.01) HV；胫骨远端层面 3 硬度值最小，硬度范围 26.0~38.0HV，平均为 (32.48 ± 3.11) HV（表 5-4-3）。

表 5-4-3 胫骨远端不同层面骨硬度分布

部位	测量位点 / 个	最小值 /HV	最大值 /HV	平均值 ± 标准差 /HV
第 1 层面	60	33.00	49.40	42.23 ± 4.01
第 2 层面	60	33.20	46.90	40.98 ± 3.42
第 3 层面	30	26.00	38.00	32.48 ± 3.11

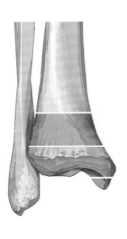

胫骨远端
硬度值最高层面：第 1 层面（42.23HV）
硬度值最低层面：第 3 层面（32.48HV）

三、胫骨远端各层面骨硬度分布

1. 示意图

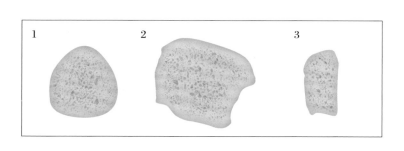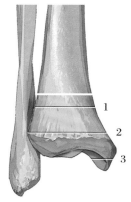

第 1~3 层面切片示意图

第 1 层面硬度分布	第 2 层面硬度分布	第 3 层面硬度分布
第 1 层面：42.23HV	第 2 层面：40.98HV	第 3 层面：32.48HV
硬度值最高区域：内侧（42.47HV）	硬度值最高区域：内侧（41.81HV）	硬度值最高区域：后方（33.33HV）
硬度值最低区域：前方（41.91HV）	硬度值最低区域：后方（39.79HV）	硬度值最低区域：前方（31.63HV）

2. 硬度分布　胫骨远端第 1 层面硬度分布显示：第 1 层面松质骨平均硬度为（42.23±4.01）HV。分区测量中，内侧硬度值最高，硬度值范围为 33.50~48.70HV，平均为（42.47±4.12）HV；前方硬度值最低，硬度值范围为 34.70~46.60HV，平均为（41.91±3.40）HV（表 5-4-4）。

表 5-4-4　胫骨远端第 1 层面硬度分布

部位	最小值 /HV	最大值 /HV	平均值 ± 标准差 /HV
前方	34.70	46.60	41.91 ± 3.40
内侧	33.50	48.70	42.47 ± 4.12
后方	33.60	48.00	42.33 ± 4.01
外侧	33.00	49.40	42.23 ± 4.78

3. 硬度分布　胫骨远端第 2 层面硬度分布显示：第 2 层面松质骨平均硬度为（40.98±3.42）HV。分区测量中，内侧硬度值最高，硬度值范围为 33.20~45.00HV，平均为（41.81±3.07）HV；后方硬度值最低，硬度值范围为 35.10~46.50HV，平均为（39.79±3.41）HV（表 5-4-5）。

表 5-4-5 胫骨远端第 2 层面硬度分布

部位	最小值 /HV	最大值 /HV	平均值 ± 标准差 /HV
前方	33.60	44.40	40.53 ± 3.11
内侧	33.20	45.00	41.81 ± 3.07
后方	35.10	46.50	39.79 ± 3.41
外侧	33.60	46.90	41.77 ± 3.93

4. 硬度分布　胫骨远端第 3 层面硬度分布显示：第 3 层面松质骨平均硬度为（32.48±3.11）HV。分区测量中，后方硬度值最高，硬度值范围为 29.20~38.00HV，平均为（33.33±2.69）HV；前方硬度值最低，硬度值范围为 26.00~37.20HV，平均为（31.63±3.36）HV（表 5-4-6）。

表 5-4-6 胫骨远端第 3 层面硬度分布

部位	最小值 /HV	最大值 /HV	平均值 ± 标准差 /HV
前方	26.00	37.20	31.63 ± 3.36
后方	29.20	38.00	33.33 ± 2.69

第五节　腓骨近端骨硬度

一、解剖特点

腓骨近端包括腓骨头和腓骨颈。腓骨头略膨大，向前、后、外侧突出。腓骨头的上内侧面有圆形的关节面与胫骨外侧髁的下外侧关节面相关节。腓骨对胫骨近端起支撑作用，腓骨头为外侧副韧带和股二头肌止点。靠近腓骨头下方变细的部分称腓骨颈，腓总神经绕过腓骨颈的后外侧。

二、腓骨近端骨硬度分布特点

（一）测量位点数量

共测量腓骨近端骨骼试样标本 6 片。每片骨骼试样分为内、外 2 个测量区域，每个测量区域测量 10 个松质骨数据，合计测量位点 120 个。

（二）腓骨近端总体骨硬度

腓骨近端包括腓骨头和腓骨颈，腓骨头主要为松质骨，腓骨颈为松质骨与腓骨体部密质骨的移行区。腓骨近端总体松质骨硬度范围为 28.80~50.90HV，平均硬度为（39.67±5.01）HV（表 5-5-1）。

表 5-5-1　腓骨近端总体骨硬度分布

部位	测量位点 / 个	最小值 /HV	最大值 /HV	平均值 ± 标准差 /HV
腓骨近端	120	28.80	50.90	39.67 ± 5.01

（三）腓骨近端不同区域骨硬度

腓骨近端选取了内侧、外侧 2 个测量区域。不同测量区域的骨硬度结果对比显示：外侧硬度值最大，硬度范围为 33.40~50.90HV，平均为（40.77 ± 4.69）HV；内侧硬度值最小，硬度范围为 28.80~50.70HV，平均为（38.56 ± 5.11）HV（表 5-5-2）。

表 5-5-2　腓骨近端不同区域骨硬度分布

部位	测量位点 / 个	最小值 /HV	最大值 /HV	平均值 ± 标准差 /HV
内侧	60	28.80	50.70	38.56 ± 5.11
外侧	60	33.40	50.90	40.77 ± 4.69

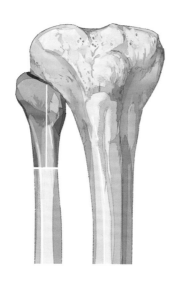

腓骨近端
硬度值最高区域：外侧（40.77HV）
硬度值最低区域：内侧（38.56HV）

（四）腓骨近端不同层面骨硬度

腓骨近端不同层面骨硬度显示：腓骨近端第 2 层面（腓骨颈）硬度最大，硬度范围 33.40~50.90HV，平均为（42.55 ± 4.53）HV；腓骨近端第 1 层面（腓骨头）硬度最小，硬度范围 28.80~43.80HV，平均为（36.79 ± 3.63）HV（表 5-5-3）。

表 5-5-3　腓骨近端不同层面骨硬度分布

部位	测量位点 / 个	最小值 /HV	最大值 /HV	平均值 ± 标准差 /HV
第 1 层面	60	28.80	43.80	36.79 ± 3.63
第 2 层面	60	33.40	50.90	42.55 ± 4.53

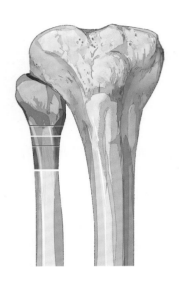

腓骨近端
硬度值较高层面:第 2 层面(42.55HV)
硬度值较低层面:第 1 层面(36.79HV)

三、腓骨近端各层面骨硬度分布

1. 示意图

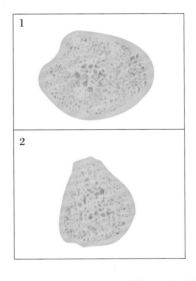

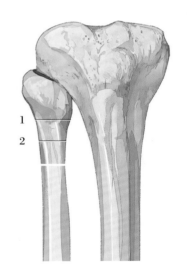

第 1~2 层面切片示意图

第 1 层面硬度分布　　　　　　　第 2 层面硬度分布
第 1 层面:36.79HV　　　　　　　第 2 层面:42.55HV
硬度值最高区域:外侧(38.78HV)　硬度值最高区域:外侧(42.76HV)
硬度值最低区域:内侧(34.79HV)　硬度值最低区域:内侧(42.33HV)

2. 硬度分布　腓骨近端第 1 层面硬度分布显示:第 1 层面松质骨平均硬度为(36.79±3.63)HV。分区测量中,外侧硬度值最高,硬度值范围为 33.40~43.80HV,平均为(38.78±2.84)HV;内侧硬度值最低,硬度值范围为 28.80~40.80HV,平均为(34.79±3.24)HV(表 5-5-4)。

表 5-5-4   腓骨近端第 1 层面硬度分布

部位	最小值 /HV	最大值 /HV	平均值 ± 标准差 /HV
内侧	28.80	40.80	34.79 ± 3.24
外侧	33.40	43.80	38.78 ± 2.84

3. 硬度分布　腓骨近端第 2 层面硬度分布显示:第 2 层面松质骨平均硬度为(42.55 ± 4.53)HV。分区测量中,外侧硬度值最高,硬度值范围为 33.50~50.90HV,平均为(42.76 ± 5.34)HV;内侧硬度值最低,硬度值范围为 33.40~50.70HV,平均为(42.33 ± 3.63)HV(表 5-5-5)。

表 5-5-5   腓骨近端第 2 层面硬度分布

部位	最小值 /HV	最大值 /HV	平均值 ± 标准差 /HV
内侧	33.40	50.70	42.33 ± 3.63
外侧	33.50	50.90	42.76 ± 5.34

第六节　腓骨体部骨硬度

一、解剖特点

腓骨体有三面及三缘,即前缘、后缘、骨间缘;前内侧面、外侧面、后面。每一面都与特定的肌群相联系。外侧面位于前缘和后缘之间,有腓骨长、短肌附着。前内侧面位于前缘和骨间缘之间,通常朝向前内侧,有伸肌附着。后面最为宽阔,位于骨间缘与后缘之间,有屈肌附着。

二、腓骨体部骨硬度分布特点

(一)测量位点数量

共测量腓骨体部骨骼试样标本 18 片。每片骨骼试样分为前、内、后、外 4 个测量区域,每个测量区域测量 5 个密质骨数据,合计测量 72 个区域,测量位点 360 个。

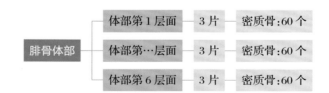

(二)腓骨体部总体骨硬度

腓骨体部主要为密质骨,硬度高于腓骨近端及远端。腓骨体部总体密质骨硬度范围为 31.30~61.20HV,平均硬度为(49.53 ± 4.52)HV(表 5-6-1)。

表 5-6-1　腓骨体部总体骨硬度分布

部位	测量位点 / 个	最小值 /HV	最大值 /HV	平均值 ± 标准差 /HV
腓骨体部	360	31.30	61.20	49.53 ± 4.52

（三）腓骨体部不同区域骨硬度

腓骨体部选取了前、内、后、外 4 个测量区域。不同测量区域的骨硬度测量结果对比显示：内侧硬度值最大，硬度范围为 37.00~61.20HV，平均为（51.19 ± 4.19）HV；前方硬度值最小，硬度范围为 31.30~55.00HV，平均为（46.81 ± 4.51）HV（表 5-6-2）。

表 5-6-2　腓骨体部不同区域骨硬度分布

部位	测量位点 / 个	最小值 /HV	最大值 /HV	平均值 ± 标准差 /HV
前	90	31.30	55.00	46.81 ± 4.51
后	90	38.80	57.70	49.70 ± 4.05
内	90	37.00	61.20	51.19 ± 4.19
外	90	39.80	59.60	50.44 ± 4.10

（四）腓骨体部不同层面骨硬度

腓骨体部不同层面骨硬度显示：腓骨体部层面 4 硬度最大，硬度范围 39.60~57.90HV，平均为（51.07 ± 4.08）HV；腓骨体部层面 6 硬度最小，硬度范围 31.30~57.40HV，平均为（48.39 ± 4.63）HV（表 5-6-3）。

表 5-6-3　腓骨体部不同层面骨硬度分布

部位	测量位点 / 个	最小值 /HV	最大值 /HV	平均值 ± 标准差 /HV
第 1 层面	60	37.20	59.60	48.63 ± 4.88
第 2 层面	60	39.20	58.10	49.66 ± 4.19
第 3 层面	60	39.80	61.20	49.50 ± 4.67
第 4 层面	60	39.60	57.90	51.07 ± 4.08
第 5 层面	60	39.00	57.60	49.96 ± 4.24
第 6 层面	60	31.30	57.40	48.39 ± 4.63

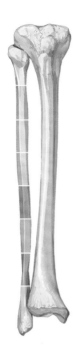

腓骨体部
硬度值最高层面:第 4 层面(51.07HV)
硬度值最低层面:第 6 层面(48.39HV)

三、腓骨体部各层面骨硬度分布

1. 示意图

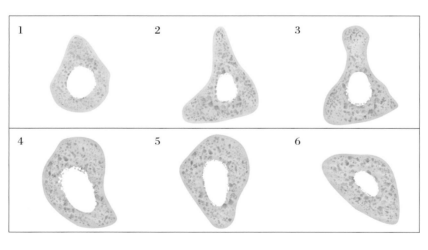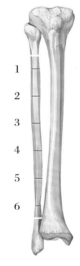

第 1~6 层面切片示意图

第 1 层面硬度分布 第 1 层面:48.63HV 硬度值最高区域:后方(50.64HV) 硬度值最低区域:前方(45.61HV)	第 2 层面硬度分布 第 2 层面:49.66HV 硬度值最高区域:外侧(50.95HV) 硬度值最低区域:前方(46.59HV)	第 3 层面硬度分布 第 3 层面:49.50HV 硬度值最高区域:后方(52.01HV) 硬度值最低区域:前方(46.93HV)
第 4 层面硬度分布 第 4 层面:51.07HV 硬度值最高区域:后方(53.30HV) 硬度值最低区域:前方(47.54HV)	第 5 层面硬度分布 第 5 层面:49.96HV 硬度值最高区域:后方(51.66HV) 硬度值最低区域:前方(47.73HV)	第 6 层面硬度分布 第 6 层面:48.39HV 硬度值最高区域:外侧(50.23HV) 硬度值最低区域:前方(46.45HV)

2. 硬度分布 腓骨体部第 1 层面硬度分布显示:第 1 层面密质骨平均硬度为(48.63 ± 4.88)HV。分区测量中,后方硬度值最高,硬度值范围为 41.00~56.00HV,平均为(50.64 ± 3.93)HV;前方硬度值最低,硬度值范围为 37.20~52.60HV,平均为(45.61 ± 4.37)HV(表 5-6-4)。

表 5-6-4 腓骨体部第 1 层面硬度分布

部位	最小值 /HV	最大值 /HV	平均值 ± 标准差 /HV
前方	37.20	52.60	45.61 ± 4.37
内侧	38.80	55.30	47.98 ± 5.24
后方	41.00	56.00	50.64 ± 3.93
外侧	43.00	59.60	50.29 ± 4.57

3. 硬度分布 腓骨体部第 2 层面硬度分布显示:第 2 层面密质骨平均硬度为(49.66 ± 4.19)HV。分区测量中,外侧硬度值最高,硬度值范围为 43.10~56.10HV,平均为(50.95 ± 4.10)HV;前方硬度值最低,硬度值范围为 39.20~53.30HV,平均为(46.59 ± 4.59)HV(表 5-6-5)。

表 5-6-5 腓骨体部第 2 层面硬度分布

部位	最小值 /HV	最大值 /HV	平均值 ± 标准差 /HV
前方	39.20	53.30	46.59 ± 4.59
内侧	41.10	55.40	50.30 ± 3.51
后方	46.10	58.10	50.78 ± 3.20
外侧	43.10	56.00	50.95 ± 4.10

4. 硬度分布 腓骨体部第 3 层面硬度分布显示:第 3 层面密质骨平均硬度为(49.50 ± 4.67)HV。分区测量中,后方硬度值最高,硬度值范围为 43.90~61.20HV,平均为(52.01 ± 5.12)HV;前方硬度值最低,硬度值范围为 40.50~55.00HV,平均为(46.93 ± 3.97)HV(表 5-6-6)。

表 5-6-6 腓骨体部第 3 层面硬度分布

部位	最小值 /HV	最大值 /HV	平均值 ± 标准差 /HV
前方	40.50	55.00	46.93 ± 3.97
内侧	41.90	55.90	49.74 ± 4.32
后方	43.90	61.20	52.01 ± 5.12
外侧	39.80	56.80	49.30 ± 4.16

5. 硬度分布 腓骨体部第 4 层面硬度分布显示:第 4 层面密质骨平均硬度为(51.07 ± 4.08)HV。分区测量中,后方硬度值最高,硬度值范围为 46.50~57.90HV,平均为(53.30 ± 3.34)HV;前方硬度值最低,硬度值范围为 39.60~53.10HV,平均为(47.54 ± 3.69)HV(表 5-6-7)。

表 5-6-7　腓骨体部第 4 层面硬度分布

部位	最小值 /HV	最大值 /HV	平均值 ± 标准差 /HV
前方	39.60	53.10	47.54 ± 3.69
内侧	47.00	57.70	51.61 ± 2.64
后方	46.50	57.90	53.30 ± 3.34
外侧	42.30	57.90	51.83 ± 4.33

6. 硬度分布　腓骨体部第 5 层面硬度分布显示：第 5 层面密质骨平均硬度为（49.96 ± 4.24）HV。分区测量中，后方硬度值最高，硬度值范围为 42.10~56.50HV，平均为（51.66 ± 3.88）HV；前方硬度值最低，硬度值范围为 39.00~53.70HV，平均为（47.73 ± 4.35）HV（表 5-6-8）。

表 5-6-8　腓骨体部第 5 层面硬度分布

部位	最小值 /HV	最大值 /HV	平均值 ± 标准差 /HV
前方	39.00	53.70	47.73 ± 4.35
内侧	43.60	57.60	50.45 ± 4.11
后方	42.10	56.50	51.66 ± 3.88
外侧	43.50	57.40	50.01 ± 4.05

7. 硬度分布　腓骨体部第 6 层面硬度分布显示：第 6 层面密质骨平均硬度为（48.39 ± 4.63）HV。分区测量中，外侧硬度值最高，硬度值范围为 43.20~57.40HV，平均为（50.23 ± 3.58）HV；前方硬度值最低，硬度值范围为 31.30~54.00HV，平均为（46.45 ± 6.14）HV（表 5-6-9）。

表 5-6-9　腓骨体部第 6 层面硬度分布

部位	最小值 /HV	最大值 /HV	平均值 ± 标准差 /HV
前方	31.30	54.00	46.45 ± 6.14
内侧	43.50	55.10	48.10 ± 3.31
后方	37.00	56.20	48.77 ± 4.58
外侧	43.20	57.40	50.23 ± 3.58

第七节　腓骨远端骨硬度

一、解剖特点

腓骨远端即外踝，外踝突向下后方。其外侧面位于皮下，其后面有一踝沟。内侧面有以尖向下的三角形关节面，与距骨的外踝面相关节。

二、腓骨远端硬度分布

(一)测量位点数量

共测量腓骨远端骨骼试样标本 9 片。每片骨骼试样分为 4 个测量区域,分别是前、内、后、外。每个测量区域测量 5 个松质骨数据,合计测量位点 180 个。

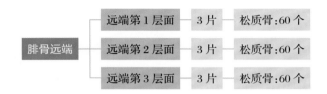

(二)腓骨远端总体骨硬度

腓骨远端主要为松质骨,硬度值较低。腓骨远端总体松质骨硬度范围 25.10~48.20HV,平均硬度为 (37.23 ± 4.43) HV(表 5-7-1)。

表 5-7-1　腓骨远端总体骨硬度分布

部位	测量位点 / 个	最小值 /HV	最大值 /HV	平均值 ± 标准差 /HV
腓骨远端	150	25.10	48.20	37.23 ± 4.43

(三)腓骨远端不同区域骨硬度

腓骨远端选取了前、后、内、外 4 个测量区域,4 个测量区域的骨硬度结果对比显示:外侧硬度值最大,硬度范围为 30.80~43.80HV,平均为 (38.35 ± 3.32) HV;内侧硬度值最小,硬度范围为 27.20~46.00HV,平均为 (35.94 ± 4.15) HV(表 5-7-2)。

表 5-7-2　腓骨远端不同区域骨硬度分布

部位	测量位点 / 个	最小值 /HV	最大值 /HV	平均值 ± 标准差 /HV
前方	45	27.60	48.20	37.87 ± 5.14
内侧	45	27.20	46.00	35.94 ± 4.15
后方	45	25.10	48.10	36.77 ± 4.65
外侧	45	30.80	43.80	38.35 ± 3.32

(四)腓骨远端不同层面骨硬度

腓骨远端不同层面骨硬度显示:腓骨远端层面 2 硬度值最大,硬度范围 30.10~48.20HV,平均为 (39.93 ± 3.69) HV;腓骨远端层面 3 硬度值最小,硬度范围 27.20~43.60HV,平均为 (34.79 ± 4.05) HV(表 5-7-3)。

表 5-7-3　腓骨远端不同层面骨硬度分布

部位	测量位点 / 个	最小值 /HV	最大值 /HV	平均值 ± 标准差 /HV
第 1 层面	60	25.10	46.70	36.98 ± 4.00
第 2 层面	60	30.10	48.20	39.93 ± 3.69
第 3 层面	60	27.20	43.60	34.79 ± 4.05

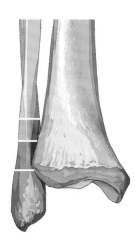

腓骨远端
硬度值最高层面:第 2 层面(39.93HV)
硬度值最低层面:第 3 层面(34.79HV)

三、腓骨远端各层面骨硬度分布

1. 示意图

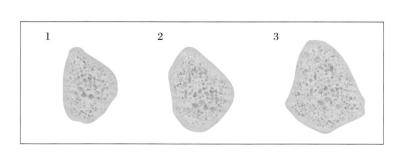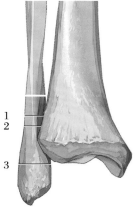

第 1~3 层面切片示意图

第 1 层面硬度分布	第 2 层面硬度分布	第 3 层面硬度分布
第 1 层面:36.98HV	第 2 层面:39.93HV	第 3 层面:34.79HV
硬度值最高区域:前方(38.61HV)	硬度值最高区域:前方(41.73HV)	硬度值最高区域:外侧(38.69HV)
硬度值最低区域:内侧(35.93HV)	硬度值最低区域:内侧(38.39HV)	硬度值最低区域:前方(33.25HV)

2. 硬度分布　腓骨远端第1层面硬度分布显示：第1层面松质骨平均硬度为（36.98±4.00）HV。分区测量中，前方硬度值最高，硬度值范围为35.20~46.70HV，平均为（38.61±3.28）HV；内侧硬度值最低，硬度值范围为30.00~42.60HV，平均为（35.93±4.54）HV（表5-7-4）。

表5-7-4　腓骨远端第1层面硬度分布

部位	最小值/HV	最大值/HV	平均值 ± 标准差/HV
前方	35.20	46.70	38.61±3.28
内侧	30.00	42.60	35.93±4.54
后方	25.10	42.80	36.21±4.52
外侧	32.30	43.80	37.17±3.32

3. 硬度分布　腓骨远端第2层面硬度分布显示：第2层面松质骨平均硬度为（39.93±3.69）HV。分区测量中，前方硬度值最高，硬度值范围为35.30~48.20HV，平均为（41.73±3.96）HV；内侧硬度值最低，硬度值范围为30.10~46.00HV，平均为（38.39±3.53）HV（表5-7-5）。

表5-7-5　腓骨远端第2层面硬度分布

部位	最小值/HV	最大值/HV	平均值 ± 标准差/HV
前方	35.30	48.20	41.73±3.96
内侧	30.10	46.00	38.39±3.53
后方	35.50	48.10	40.38±3.04
外侧	30.80	42.80	39.19±3.65

4. 硬度分布　腓骨远端第3层面硬度分布显示：第3层面松质骨平均硬度为（34.79±4.05）HV。分区测量中，外侧硬度值最高，硬度值范围为35.00~43.60HV，平均为（38.69±2.84）HV；前方硬度值最低，硬度值范围为27.60~39.60HV，平均为（33.25±4.13）HV（表5-7-6）。

表5-7-6　腓骨远端第3层面硬度分布

部位	最小值/HV	最大值/HV	平均值 ± 标准差/HV
前方	27.60	39.60	33.25±4.13
内侧	27.20	38.30	33.50±2.88
后方	27.70	41.40	33.73±3.74
外侧	35.00	43.60	38.69±2.84

第六章

脊柱骨硬度

第一节　概　　述

一、解剖特点

脊椎骨和椎间盘共同构成人体的脊柱,其中脊椎骨由前面的椎体和背侧的椎弓组成,二者围成椎孔,椎孔内有脊髓、脊膜及血管,椎弓伸出一些杆状突起。而相邻椎体的相对面之间,连接着纤维软骨的椎间盘。全部的椎骨和椎间盘形成的脊柱,成为既坚固又可弯曲的人体中轴,并支持头部和躯干的全部重量,直接或间接传达与之相连的肌肉所产生的力,是一个相对柔软又能够活动的结构。随着身体的运动和体重载荷的改变,脊柱的形状可以有相应的改变。

脊柱由 26 块椎骨构成,分为颈椎、胸椎、腰椎、骶椎和尾椎五个部分。因为骶骨和尾骨分别是由 5 块和 4 块椎骨合并而形成的,因此脊柱也可以认为由 33 块组成。脊柱的附件结构包含各个椎骨的椎弓、椎板、棘突及横突等。每侧椎弓均有一前部较窄的椎弓根和一后面较宽的椎弓板,从其连接处发出横突、上关节突和下关节突,后面正中发出棘突。椎管主要是由椎体后缘、椎弓、椎板、横突及棘突围成。整个脊柱高度组成中有 3/4 是椎体,其余 1/4 是椎间盘组织。

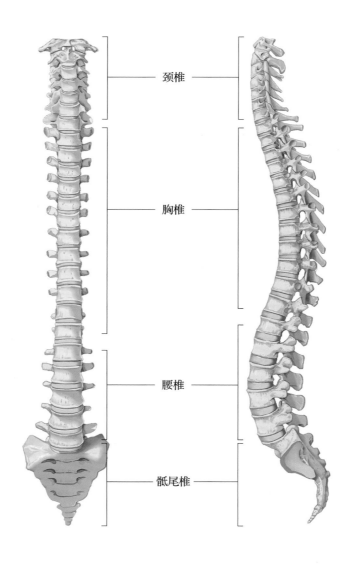

颈椎

胸椎

腰椎

骶尾椎

椎骨的内部遍布分散小梁骨,其外层带有一层厚度不均分布的骨密质外壳。该皮质外壳在椎体区的上、下面较薄,但在附件区域,尤其是椎弓和突起处较厚。脊柱不同节段椎体的大小、性质和比例有所不同。椎体的上、下终板(盘)面形状不同,上面大部分是平的,而下面呈鞍状。大多数椎体的外形在水平面都是向前凸出,只有构成椎孔的后部是凹陷的;其矢状位轮廓则是前凹后平状。前面观显示从第 2 颈椎到第 3 腰椎椎体的宽度和负重功能都有所增加。这种增加在颈部呈线性,而在胸部和腰部则是非线性的,第 4 腰椎和第 5 腰椎的椎体大小略有些不同,解剖学证实对于最低的两个腰椎,其椎体上、下面面积与横突和椎弓根的大小之间呈负相关。

二、脊柱骨硬度测量分区原则

本章节参照《临床创伤骨科流行病学》(第 3 版),将骶椎和尾椎规纳入骨盆环进行描述,因此脊柱骨硬度测量包括颈 1~ 腰 5 共 24 个椎骨的骨硬度。因寰椎、枢椎的形态和独特作用,可以将其合并成为上颈椎,本章节骨硬度测量中将 24 块椎骨分为 4 个主要部分分别进行叙述:上颈椎、下颈椎和胸椎、腰椎。整个脊柱 24 个椎骨将划分为 24 个节段进一步给予精细切割测量。因上颈椎、下颈椎、胸椎及腰椎 4 个主要部分生理解剖特点上差异较大,故将采取不同的切割办法以利于获取合适的骨骼试样标本,用于骨硬度测量,下面将进行详细描述。

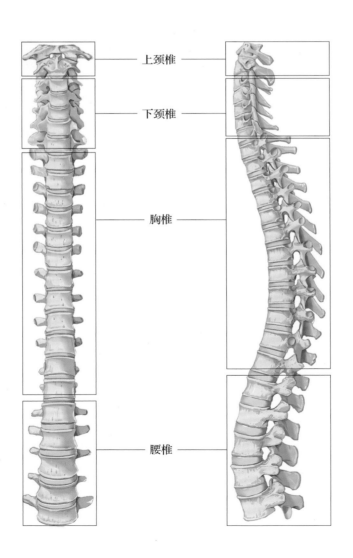

上颈椎

下颈椎

胸椎

腰椎

（一）上颈椎

寰椎左侧和右侧侧块区域使用慢速锯精确切取 2 片厚约 3mm 的骨骼试样切片：①号切片和②号切片，固定于纯平玻片上并给予标记。寰椎选取 12 个测量区域（密质骨：10 个，松质骨：2 个）：①号切片选取左侧近前弓皮质、近后弓皮质、后弓皮质、寰枕关节皮质、寰枢关节皮质和侧块松质 6 个测量区域；②号切片选取右侧近前弓皮质、近后弓皮质、后弓皮质、寰枕关节皮质、寰枢关节皮质和侧块松质 6 个测量区域。

枢椎根据解剖形态划分为齿突椎体区和附件区，使用慢速锯精确切取 2 片厚约 3mm 的骨骼试样切片：齿突椎体区的矢状位切取标本 1 片（①号切片），右侧附件区域沿椎弓根长轴切取标本 1 片（②号切片）。3 块枢椎椎骨标本共计切取 6 片骨骼试样，固定于纯平玻片上并给予标记。枢椎选取 12 个测量区域（密质骨：10 个，松质骨：2 个）：①号切片选取上、前、后、下四个部位的密质骨区域和中部松质骨区，共 5 个测量区域；②号切片选取椎弓根前/中/后皮质，横突皮质，椎板皮质，侧块皮质和侧块松质，共 7 个测量区域。

选取每个测量区域里的感兴趣区进行测量，最终选取 5 个有效的压痕硬度值。每个测量区域的 5 个有效压痕硬度值的平均值代表该区域的显微压痕硬度值。

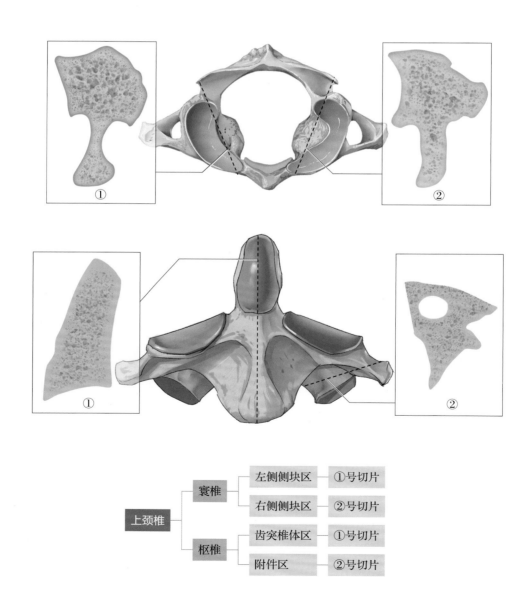

（二）下颈椎

下颈椎每块椎骨根据解剖形态划分为椎体区和附件区两部分，并使用慢速锯精确切取 3 片厚约 3mm 的骨骼试样：左侧附件区沿上、下关节突长轴切取 1 片（①号骨骼试样），右侧附件区沿椎弓根长轴切取 1 片（②号骨骼试样），椎体区中部垂直于上、下终板切取 1 片（③号骨骼试样）。15 块下颈椎椎骨标本共计切取 45 片骨骼试样，固定于纯平玻片上并给予标记。

每块椎骨选取 11 个测量区域（密质骨：9 个，松质骨：2 个）：①号骨骼试样选取 3 个测量区域：上关节突皮质、下关节突皮质和关节突中部松质骨；②号骨骼试样选取 3 个测量区域：椎弓根中部皮质、椎板皮质、横突皮质；③号骨骼试样选取 5 个测量区域：上终板皮质、下终板皮质、左侧外周皮质、右侧外周皮质和椎体中部松质骨。

选取每个测量区域里的感兴趣区进行测量，最终选取 5 个有效的压痕硬度值。每个测量区域的 5 个有效压痕硬度值的平均值代表该区域的显微压痕硬度值。

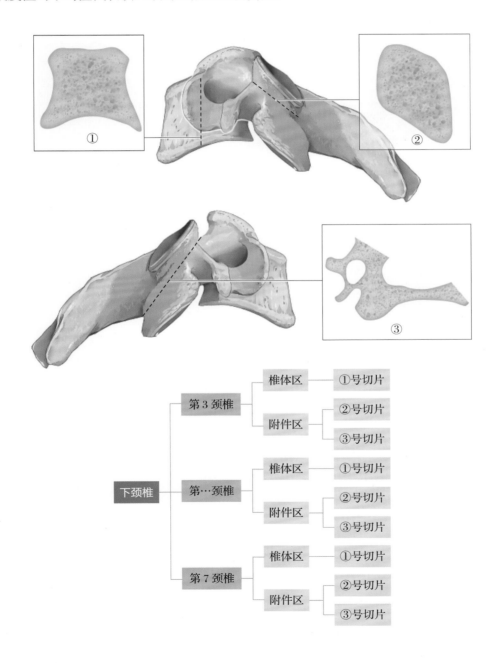

（三）胸椎

每块胸椎椎骨的标本切取办法及测量区域分区域原则同下颈椎。

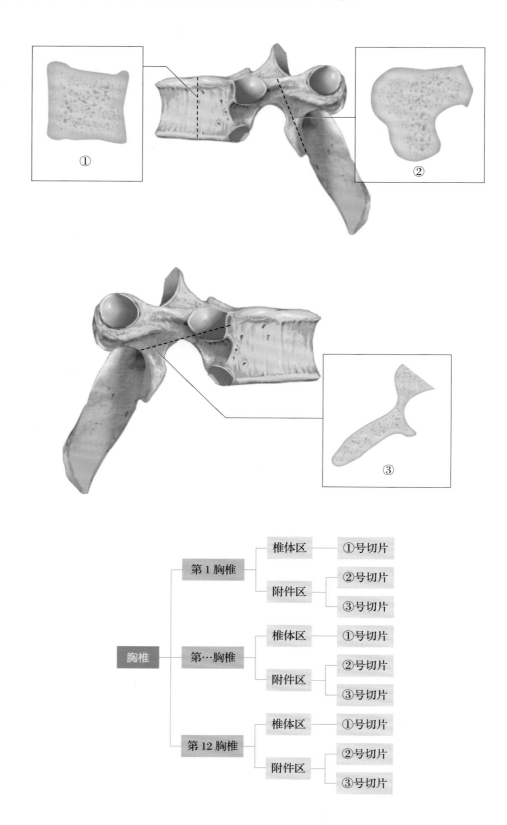

（四）腰椎

每块腰椎椎骨的标本切取办法及测量区域分区域原则同下颈椎。

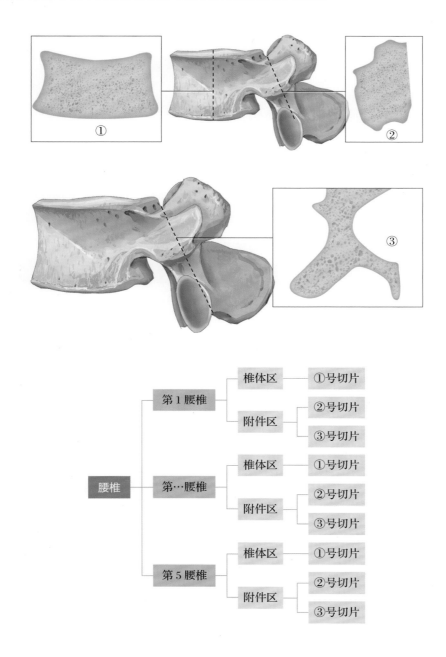

三、脊柱骨硬度分布特点

（一）测量位点数量

共测量脊柱骨骼试样标本 210 片，798 个测量区域（密质骨 654 个，松质骨 144 个），合计测量位点 3 990 个（密质骨 3 270 个，松质骨 720 个）。每个测量区域共计 5 个有效密质骨 / 松质骨硬度测量值。

寰椎标本 6 片，测量位点 180 个（密质骨 150 个，松质骨 30 个）；枢椎标本 6 片，测量位点 180 个（密质骨 150 个，松质骨 30 个）；颈 3~ 腰 5 平均每个椎骨 9 片标本（测量位点 165 个：密质骨 135 个，松质骨 30 个），标本共计 198 片，测量位点 3 630 个（密质骨 2 970 个，松质骨 660 个）。

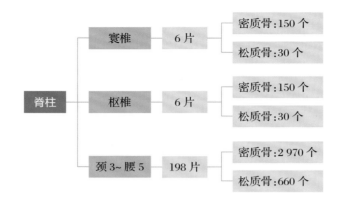

（二）脊柱密质骨骨硬度分布

脊柱密质骨硬度分布如下：腰椎硬度值最高，硬度范围 19.00~48.80HV，平均硬度（33.12±5.41）HV；
下颈椎硬度值最低，硬度范围 12.70~47.80HV，平均硬度（26.04±4.84）HV（表 6-1-1）。

表 6-1-1　脊柱密质骨骨硬度分布

部位	测量位点 / 个	最小值 /HV	最大值 /HV	平均值 ± 标准差 /HV
上颈椎	300	17.70	44.80	31.27±4.71
下颈椎	675	12.70	47.80	26.04±4.84
胸椎	1 620	13.80	46.50	29.35±4.96
腰椎	675	19.00	48.80	33.12±5.41

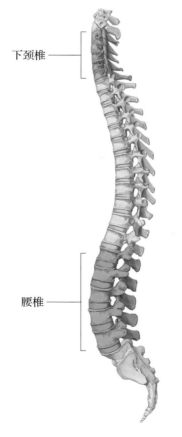

最硬部分：腰椎（33.12HV）
最软部分：下颈椎（26.04HV）

（三）脊柱松质骨骨硬度分布

脊柱松质骨硬度分布如下：腰椎硬度值最高，硬度范围 21.90~41.30HV，平均硬度（31.51±3.88）HV；下颈椎硬度值最低，硬度范围 11.10~36.00HV，平均硬度（22.92±4.78）HV（表 6-1-2）。

表 6-1-2　脊柱松质骨骨硬度分布

部位	测量位点 / 个	最小值 /HV	最大值 /HV	平均值 ± 标准差 /HV
上颈椎	60	20.40	38.20	29.99±4.05
下颈椎	150	11.10	36.00	22.92±4.78
胸椎	360	11.60	47.90	27.87±5.00
腰椎	150	21.90	41.30	31.51±3.88

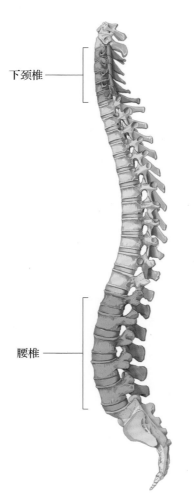

下颈椎

腰椎

最硬部分：腰椎（31.51HV）
最软部分：下颈椎（22.92HV）

（四）脊柱 24 节段密质骨骨硬度分布

24 节段椎骨密质骨硬度分布如下：其中硬度值最高的为第 4 腰椎，平均硬度（33.90±5.96）HV；硬度值最低的为第 3 颈椎，平均硬度为（25.46±5.38）HV（表 6-1-3）。

表 6-1-3　脊柱 24 节段密质骨骨硬度分布

部位	节段	测量位点 / 个	最小值 /HV	最大值 /HV	平均值 ± 标准差 /HV
上颈椎	C_1	150	20.90	44.80	32.28±4.10
	C_2	150	17.70	41.40	30.26±5.06
下颈椎	C_3	135	14.60	47.80	25.46±5.38
	C_4	135	15.20	41.40	26.27±4.28
	C_5	135	12.70	38.60	25.67±4.76
	C_6	135	15.90	40.10	26.09±4.69
	C_7	135	15.30	40.80	26.69±4.99
胸椎	T_1	135	18.40	42.60	29.01±4.93
	T_2	135	17.00	39.20	28.42±4.50
	T_3	135	16.90	37.30	28.26±4.58
	T_4	135	15.50	42.20	29.02±5.02
	T_5	135	18.20	46.50	29.86±4.99
	T_6	135	19.00	42.00	30.41±4.60
	T_7	135	19.40	41.40	30.45±4.65
	T_8	135	20.30	43.20	32.08±4.46
	T_9	135	20.70	42.60	30.87±4.48
	T_{10}	135	19.30	43.80	31.72±5.42
	T_{11}	135	16.40	43.80	29.64±5.10
	T_{12}	135	13.80	46.00	29.80±5.25
腰椎	L_1	135	21.60	45.80	33.78±5.62
	L_2	135	19.00	48.30	33.25±5.38
	L_3	135	20.70	46.20	32.21±4.99
	L_4	135	20.90	48.80	33.90±5.96
	L_5	135	21.90	45.40	32.47±4.92

上颈椎
第 1 颈椎（寰椎）：32.28HV
第 2 颈椎（枢椎）：30.26HV

下颈椎
第 3 颈椎：25.46HV
第 4 颈椎：26.27HV
第 5 颈椎：25.67HV
第 6 颈椎：26.09HV
第 7 颈椎：26.69HV

胸椎
第 1 胸椎：29.01HV
第 2 胸椎：28.42HV
第 3 胸椎：28.26HV
第 4 胸椎：29.02HV
第 5 胸椎：29.86HV
第 6 胸椎：30.41HV
第 7 胸椎：30.45HV
第 8 胸椎：32.08HV
第 9 胸椎：30.87HV
第 10 胸椎：31.72HV
第 11 胸椎：29.64HV
第 12 胸椎：29.80HV

腰椎
第 1 腰椎：33.78HV
第 2 腰椎：33.25HV
第 3 腰椎：32.21HV
第 4 腰椎：33.90HV
第 5 腰椎：32.47HV

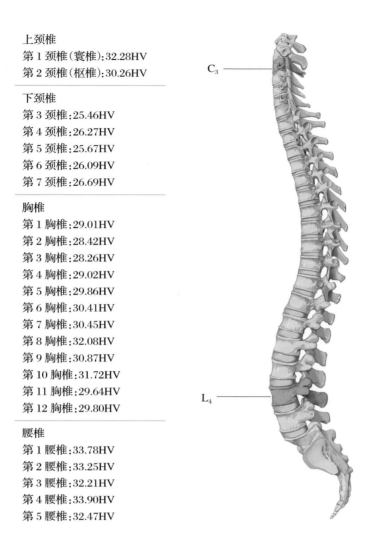

（五）脊柱 24 节段椎骨松质骨骨硬度分布

24 节段椎骨松质骨硬度分布如下：其中硬度值最高的为第 2 腰椎，平均硬度（32.23±3.14）HV；硬度值最低的为第 3 颈椎，平均硬度为（21.99±5.10）HV（表 6-1-4）。

表 6-1-4　脊柱 24 节段松质骨骨硬度分布

部位	节段	测量位点 / 个	最小值 /HV	最大值 /HV	平均值 ± 标准差 /HV
上颈椎	C_1	30	23.90	38.20	30.93±3.47
	C_2	30	20.40	37.40	29.06±4.42
下颈椎	C_3	30	11.10	30.30	21.99±5.10
	C_4	30	14.40	33.70	23.06±4.23
	C_5	30	14.40	30.00	22.87±4.60
	C_6	30	12.40	36.00	22.65±5.61
	C_7	30	12.50	31.30	24.04±4.30

C_3

L_4

续表

部位	节段	测量位点 / 个	最小值 /HV	最大值 /HV	平均值 ± 标准差 /HV
胸椎	T$_1$	30	16.70	35.60	25.32±4.36
	T$_2$	30	13.90	37.80	26.26±5.42
	T$_3$	30	18.90	32.80	26.30±3.56
	T$_4$	30	19.40	39.90	26.80±4.57
	T$_5$	30	16.10	37.40	27.66±4.55
	T$_6$	30	20.80	41.10	29.96±4.12
	T$_7$	30	24.30	38.50	30.82±4.23
	T$_8$	30	15.60	47.90	29.41±6.37
	T$_9$	30	20.00	39.10	28.83±4.78
	T$_{10}$	30	21.20	36.10	29.03±3.56
	T$_{11}$	30	11.60	44.90	27.82±6.40
	T$_{12}$	30	15.90	37.50	27.52±4.82
腰椎	L$_1$	30	21.90	41.30	30.91±5.29
	L$_2$	30	25.30	38.40	32.23±3.14
	L$_3$	30	25.00	38.60	31.63±3.66
	L$_4$	30	24.80	37.30	31.50±3.31
	L$_5$	30	23.60	38.20	30.49±3.63

上颈椎
第 1 颈椎（寰椎）：30.93HV
第 2 颈椎（枢椎）：29.06HV

下颈椎
第 3 颈椎：21.99HV
第 4 颈椎：23.06HV
第 5 颈椎：22.87HV
第 6 颈椎：22.65HV
第 7 颈椎：24.04HV

胸椎
第 1 胸椎：25.32HV
第 2 胸椎：26.26HV
第 3 胸椎：26.30HV
第 4 胸椎：26.80HV
第 5 胸椎：27.66HV
第 6 胸椎：29.96HV
第 7 胸椎：30.82HV
第 8 胸椎：29.41HV
第 9 胸椎：28.83HV
第 10 胸椎：29.03HV
第 11 胸椎：27.82HV
第 12 胸椎：27.52HV

腰椎
第 1 腰椎：30.91HV
第 2 腰椎：32.23HV
第 3 腰椎：31.63HV
第 4 腰椎：31.50HV
第 5 腰椎：30.49HV

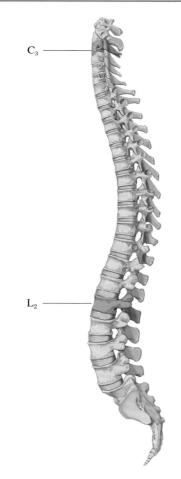

C$_3$

L$_2$

第二节　上颈椎骨硬度

一、解剖特点

上颈椎部分包括第 1 颈椎（寰椎）和第 2 颈椎（枢椎）。寰椎和枢椎是两个解剖结构较为特殊的椎骨。寰椎能够支撑头部重量，且形状特殊，它不与椎体结合，原本应该结合椎体的部位被第 2 颈椎（枢椎）向颅侧凸出的齿突所占据。寰椎由一个较短的前弓和一个较长的后弓连接左右两个侧块组成。周围横韧带能够维持前弓和齿突的相对位置。寰椎横韧带将椎管区域划分为两部分：前 1/3 被齿突占据；后 2/3 容纳脊髓及其背膜，其中脊髓占据椎管后 1/3。前弓微微向前凸，有一个前结节与前纵韧带相连。前弓的后面是一个近似于环形的、凹陷的面，与枢椎的齿突相对应。寰椎的侧块长轴向前会聚，呈椭圆形。每侧侧块的上关节面呈肾形，对应相应的枕髁，有时上关节面可以被分为一个较大的前部和一个较小的后部。侧块下关节面呈圆形，平坦或略凹陷。后弓约占寰椎环形圆周 3/5，其后结节是发育未成熟的棘突，较为粗糙，与项韧带相连接。寰椎的横突比除第 7 颈椎外的其他颈椎都长，可以有力的支撑调节头部平衡的肌肉。男性寰椎最大宽度 74~95mm，女性最大宽度为 65~76mm，该数据可以作为法医评估人体性别的一个有用的标准。

枢椎是寰枢椎与头部绕齿突旋转的轴，齿突由枢椎体上方向颅侧突出。成人齿突为圆锥形，平均长度约为 15mm。齿突的顶部较尖，齿突尖韧带从该点发出。枢椎前面略凹陷，有一个卵圆形关节面与寰椎前弓相关节。枢椎椎弓根粗壮，上面参与构成一部分上关节面，同时向外侧延伸，并伸向下为横突。枢椎的横突较尖，由根板结合处和椎弓根在关节间部分外侧面和外下方伸出。

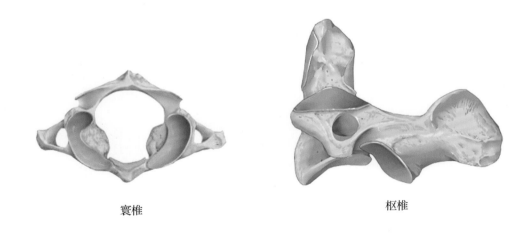

寰椎　　　　　　　　　　枢椎

二、上颈椎骨硬度分布特点

（一）测量位点数量

上颈椎共测量骨骼试样标本 12 片（寰椎 6 片，枢椎 6 片），合计测量区域 72 个（寰椎 36 个，枢椎 36 个），测量位点 360 个（寰椎 180 个，枢椎 180 个）。其中寰椎测量密质骨位点 150 个，松质骨位点 30 个；枢椎测量密质骨位点 150 个，松质骨位点 30 个。

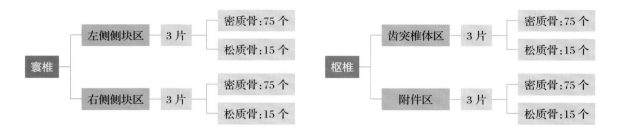

（二）上颈椎骨硬度

上颈椎共测量 420 个位点，密质骨平均硬度（31.27±4.71）HV；松质骨平均硬度（29.99±4.05）HV，密质骨硬度值高于松质骨硬度值（表 6-2-1）。

表 6-2-1　上颈椎骨硬度分布

部位	测量位点 / 个	最小值 /HV	最大值 /HV	平均值 ± 标准差 /HV
密质骨	360	17.70	44.80	31.27±4.71
松质骨	60	20.40	38.20	29.99±4.05

（三）上颈椎各节段密质骨骨硬度

寰椎密质骨硬度范围 20.90~44.80HV，平均硬度（32.28±4.10）HV；枢椎密质骨硬度范围 17.70~41.40HV，平均硬度（30.26±5.06）HV。寰椎密质骨硬度值高于枢椎密质骨硬度值（表 6-2-2）。

表 6-2-2　上颈椎各节段密质骨骨硬度分布

部位	测量位点 / 个	最小值 /HV	最大值 /HV	平均值 ± 标准差 /HV
寰椎	150	20.90	44.80	32.28±4.10
枢椎	150	17.70	41.40	30.26±5.06

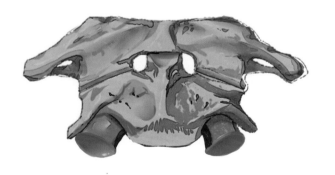

最硬节段：32.28HV
最软节段：30.26HV

（四）上颈椎各节段松质骨骨硬度

寰椎松质骨硬度范围 23.90~38.20HV，平均硬度（30.93±3.47）HV；枢椎松质骨硬度范围 20.40~37.40HV，平均硬度（29.06±4.42）HV。寰椎松质骨硬度值高于枢椎松质骨硬度值（表 6-2-3）。

表 6-2-3　上颈椎各节段松质骨骨硬度分布

部位	测量位点 / 个	最小值 /HV	最大值 /HV	平均值 ± 标准差 /HV
寰椎	30	23.90	38.20	30.93±3.47
枢椎	30	20.40	37.40	29.06±4.42

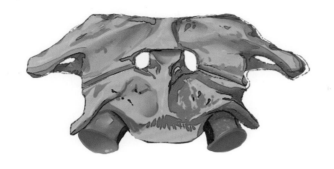

硬度值最高节段:30.93HV
硬度值最低节段:29.06HV

三、上颈椎各节段骨硬度分布

（一）寰椎（C₁）骨硬度

1. 示意图

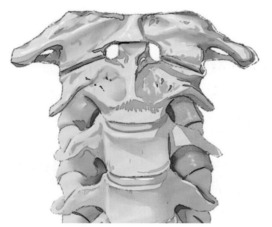

最硬密质骨区域（寰椎关节密质骨）:34.23HV
最软密质骨区域（寰枢关节密质骨）:30.78HV

寰椎大体图　　　　　　　　　　　　　　硬度分布

2. 硬度分布　　寰椎选取 6 个测量区域,硬度各不相同。硬度值最高的测量区域为寰枕关节密质骨,平均硬度为(34.23±3.61) HV;硬度值最低的测量区域为寰枢关节密质骨,平均硬度为(30.78±3.23) HV（表 6-2-4）。

表 6-2-4　寰椎骨硬度分布

部位	最小值 /HV	最大值 /HV	平均值 ± 标准差 /HV
寰枕关节密质骨	27.80	42.20	34.23±3.61
寰枢关节密质骨	24.30	37.20	30.78±3.23
近前弓密质骨	20.90	44.80	32.05±4.92
近后弓密质骨	25.10	37.30	31.05±2.85
后弓密质骨	22.30	44.00	33.27±4.66
侧块松质骨	23.90	38.20	30.93±3.47

（二）枢椎（C₂）骨硬度

1. 示意图

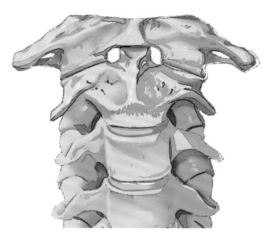

密质骨
最硬区域（椎体区后侧）：33.23HV
最软区域（横突）：27.48HV
松质骨
最硬区域（附件区）：29.33HV
最软区域（椎体区）：28.78HV

枢椎大体图　　　　　　　　　　　　　硬度分布

2. 硬度分布　枢椎选取了12个测量区域（密质骨10个，松质骨2个），硬度各不相同。密质骨中硬度值最高的为齿突椎体区后侧密质骨，平均硬度为（33.23±4.80）HV；硬度值最低的为横突密质骨，平均硬度为（27.48±5.72）HV。松质骨显示附件区硬度值高于椎体区硬度值（表6-2-5）。

表 6-2-5　枢椎骨硬度分布

部位	最小值/HV	最大值/HV	平均值±标准差/HV
椎弓根前密质骨	19.51	38.70	28.71±5.22
椎弓根中密质骨	27.20	40.60	32.92±4.06
椎弓根后密质骨	21.90	41.40	33.07±5.04
横突密质骨	19.70	38.10	27.48±5.72
椎板密质骨	21.70	36.40	28.97±4.22
侧块密质骨	20.50	35.40	30.41±4.12
上侧密质骨	19.80	38.20	30.67±4.89
下侧密质骨	21.30	36.60	29.11±3.91
前侧密质骨	17.70	36.40	28.01±5.39
后侧密质骨	21.90	40.10	33.23±4.80
椎体区松质骨	22.60	35.40	28.78±4.17
附件区松质骨	20.40	37.40	29.33±4.79

第三节 下颈椎骨硬度

一、解剖特点

第 3~ 第 7 颈椎通常被称为下颈椎段。典型的颈椎具备小但相对较宽的椎体，椎弓根向后外侧伸出，较长的椎弓板伸向后内侧，它们共同围成一个三角形的椎孔；此处椎管容纳脊髓的颈膨大。椎弓板上缘略薄，下缘较厚；除第 6 颈椎外的下颈椎棘突短而分叉形成两个大小不同的结节。椎弓根与椎弓板的融合处在上、下关节突之间向外侧凸出。横突在横突孔周围的腹侧和背侧分别形成两个小结节被称为横突前结节和横突后结节。下颈椎的椎体向前凸出，后面平坦或略微凹陷。椎间盘前缘附着于前纵韧带，其后缘附着于后纵韧带。

第 7 颈椎（隆椎），有一较长棘突，末端有一突出结节与项韧带以及下方各肌肉相连。第 7 颈椎的横突粗而突出，位于横突孔的后外侧方，通常由一个小而不明显的前结节和明显的后结节构成。

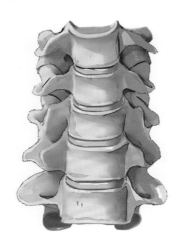
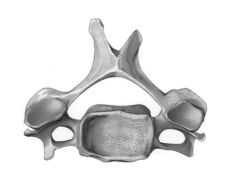

二、下颈椎骨硬度分布特点

（一）测量位点数量

下颈椎共测量 15 块椎骨，骨骼试样标本 45 片（平均每个椎骨 9 片），合计测量区域 165 个（平均每个椎骨 11 个），测量位点 825 个。其中密质骨位点 675 个，松质骨位点 150 个。

（二）下颈椎骨硬度

下颈椎共测量 825 个位点，密质骨平均硬度为 (26.04±4.80)HV，松质骨平均硬度为 (22.92±4.78)HV，密质骨硬度值高于松质骨硬度值（表 6-3-1）。

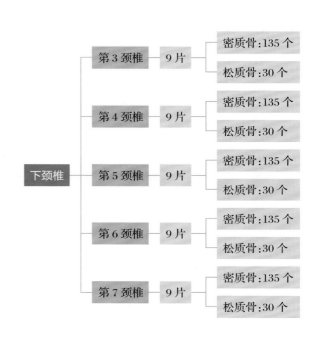

表 6-3-1　下颈椎骨硬度分布

部位	测量位点 / 个	最小值 /HV	最大值 /HV	平均值 ± 标准差 /HV
密质骨	675	12.70	47.80	26.04±4.80
松质骨	150	11.10	36.00	22.92±4.78

（三）下颈椎各节段密质骨骨硬度

下颈椎各节段密质骨硬度分布如下：硬度值最高的节段为第 7 颈椎，平均硬度值为（26.69±4.99）HV；硬度值最低的节段为第 3 颈椎，平均硬度值为（25.46±5.38）HV（表 6-3-2）。

表 6-3-2　下颈椎各节段密质骨骨硬度分布

部位	测量位点 / 个	最小值 /HV	最大值 /HV	平均值 ± 标准差 /HV
C_3	135	14.60	47.80	25.46±5.38
C_4	135	15.20	41.40	26.27±4.28
C_5	135	12.70	38.60	25.67±4.76
C_6	135	15.90	40.10	26.09±4.69
C_7	135	15.30	40.80	26.69±4.99

硬度值最高节段：第 7 颈椎（26.69HV）
硬度值最低节段：第 3 颈椎（25.46HV）

（四）下颈椎各节段松质骨骨硬度

下颈椎各节段松质骨硬度分布如下：硬度值最高的节段为第 7 颈椎，平均硬度值为（24.04±4.30）HV；硬度值最低的节段为第 3 颈椎，平均硬度值为（21.99±5.10）HV（表 6-3-3）。

表 6-3-3　下颈椎各节段松质骨骨硬度分布

部位	测量位点 / 个	最小值 /HV	最大值 /HV	平均值 ± 标准差 /HV
C_3	30	11.10	30.30	21.99±5.10
C_4	30	14.40	33.70	23.06±4.23
C_5	30	14.40	30.00	22.87±4.60
C_6	30	12.40	36.00	22.65±5.61
C_7	30	12.50	31.30	24.04±4.30

硬度值最高节段：第 7 颈椎（24.04HV）
硬度值最低节段：第 3 颈椎（21.99HV）

（五）下颈椎各区骨硬度

下颈椎分为 4 个测量区：椎体区密质骨、椎体区松质骨；附件区密质骨、附件区松质骨。其中附件区的密质骨和松质骨硬度值均高于椎体区同一类型骨组织的骨硬度值。最硬区为附件区密质骨，平均硬度（26.50±4.78）HV；最软区为椎体区松质骨，平均硬度为（21.10±4.97）HV（表 6-3-4）。

表 6-3-4　下颈椎各区骨硬度分布

部位	测量位点 / 个	最小值 /HV	最大值 /HV	平均值 ± 标准差 /HV
椎体区密质骨	300	12.70	40.80	25.46±4.86
附件区密质骨	375	14.60	47.80	26.50±4.78
椎体区松质骨	75	11.10	36.00	21.10±4.97
附件区松质骨	75	14.40	33.30	24.75±3.80

（六）下颈椎椎体区密质骨骨硬度

下颈椎各节段椎体区密质骨骨硬度分布如下：最硬节段为第 7 颈椎，最软节段为第 4 颈椎（表 6-3-5）。

表 6-3-5　下颈椎各节段椎体区密质骨骨硬度分布

部位	测量位点 / 个	最小值 /HV	最大值 /HV	平均值 ± 标准差 /HV
C_3	60	14.60	39.80	24.59±4.81
C_4	60	15.20	33.10	24.52±3.82
C_5	60	12.70	38.60	25.41±5.51
C_6	60	15.90	36.80	26.28±4.65
C_7	60	15.30	40.80	26.47±5.16

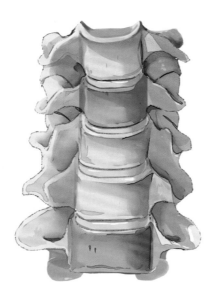

椎体区密质骨
C_3:24.59HV
C_4:24.52HV
C_5:25.41HV
C_6:26.28HV
C_7:26.47HV

（七）下颈椎附件区密质骨骨硬度

下颈椎各节段附件区密质骨骨硬度分布如下：最硬节段为第7颈椎，最软节段为第4颈椎（表6-3-6）。

表6-3-6　下颈椎各节段附件区密质骨骨硬度分布

部位	测量位点/个	最小值/HV	最大值/HV	平均值±标准差/HV
C_3	75	15.90	34.70	25.94±4.75
C_4	75	16.50	40.10	25.88±4.09
C_5	75	15.80	38.50	26.16±5.73
C_6	75	14.60	47.80	26.86±4.89
C_7	75	19.40	41.40	27.67±4.14

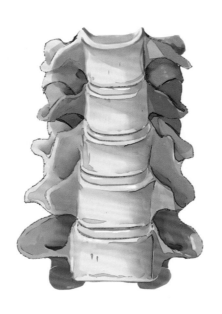

附件区密质骨
C_3:25.94HV
C_4:25.88HV
C_5:26.16HV
C_6:26.86HV
C_7:27.67HV

（八）下颈椎椎体区松质骨骨硬度

下颈椎各节段椎体区松质骨骨硬度分布如下：最硬节段为第 7 颈椎，最软节段为第 3 颈椎。

表 6-3-7　下颈椎各节段椎体区松质骨骨硬度分布

部位	测量位点 / 个	最小值 /HV	最大值 /HV	平均值 ± 标准差 /HV
C_3	15	11.10	27.00	19.38±4.48
C_4	15	14.40	33.70	21.89±4.90
C_5	15	14.80	28.60	21.19±4.38
C_6	15	12.40	36.00	20.59±6.44
C_7	15	12.50	28.80	22.43±4.49

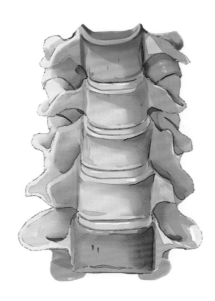

椎体区松质骨
C_3：19.38HV
C_4：21.89HV
C_5：21.19HV
C_6：20.59HV
C_7：22.43HV

（九）下颈椎附件区松质骨骨硬度

下颈椎各节段附件区松质骨骨硬度分布如下：最硬节段为第 7 颈椎，最软节段为第 4 颈椎（表 6-3-8）。

表 6-3-8　下颈椎各节段附件区松质骨骨硬度分布

部位	测量位点 / 个	最小值 /HV	最大值 /HV	平均值 ± 标准差 /HV
C_3	15	15.80	30.30	24.59±4.39
C_4	15	19.10	33.30	24.23±3.19
C_5	15	14.40	30.00	24.55±4.30
C_6	15	18.80	30.30	24.71±3.84
C_7	15	19.50	31.30	25.65±3.54

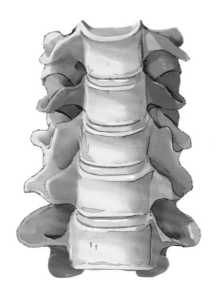

附件区松质骨
C_3:24.59HV
C_4:24.23HV
C_5:24.55HV
C_6:24.71HV
C_7:25.65HV

（十）下颈椎各测量区域密质骨骨硬度分布

下颈椎密质骨选取了 8 个测量区域,其中硬度值最高的为椎弓根皮质,平均硬度为(27.98±3.97)HV;硬度值最低的为上关节突皮质,平均硬度为(24.03±3.57)HV(表 6-3-9)。

表 6-3-9　下颈椎各测量区域密质骨骨硬度分布

部位	最小值 /HV	最大值 /HV	平均值 ± 标准差 /HV
椎弓根皮质	16.70	36.90	27.98±3.97
椎板皮质	16.40	47.80	27.56±5.27
横突皮质	15.80	38.50	26.81±5.00
上关节突皮质	14.60	34.50	24.03±3.57
下关节突皮质	15.90	40.10	26.12±4.93
上终板皮质	15.90	35.10	25.36±4.27
下终板皮质	18.90	39.80	27.98±4.31
外周皮质	12.70	40.80	24.24±4.94

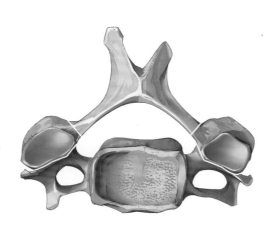

最硬区域:椎弓根皮质(27.98HV)
最软区域:上关节突皮质(24.03HV)

三、下颈椎各节段骨硬度分布

(一) 第 3 颈椎(C₃)骨硬度

1. 示意图

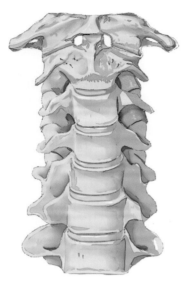

密质骨
最硬区域:下终板皮质(28.77HV)
最软区域:外周皮质(22.72HV)
松质骨
最硬区域:附件区(24.59HV)
最软区域:椎体区(19.38HV)

第 3 椎骨示意图　　　　　　　　　　硬度分布

2. 硬度分布　第 3 颈椎共选取 10 个测量区域(密质骨:8 个;松质骨:2 个)。密质骨中硬度值最高的测量区域为下终板皮质,平均硬度为(28.77±4.41)HV;硬度值最低的测量区域为外周皮质,平均硬度为(22.72±4.47)HV。

松质骨中硬度值最高的测量区域为附件区松质,平均硬度为(24.59±4.39)HV;硬度值最低的测量区域为椎体区松质,平均硬度为(19.38±4.48)HV(表 6-3-10)。

表 6-3-10　下颈椎第 3 颈椎硬度分布

部位	最小值 /HV	最大值 /HV	平均值 ± 标准差 /HV
椎弓根皮质	24.20	33.80	27.31±2.64
椎板皮质	19.30	36.70	26.64±4.67
横突皮质	17.50	34.20	26.41±4.99
上关节突皮质	17.20	34.50	23.59±4.45
下关节突皮质	16.50	40.10	25.73±6.07
上终板皮质	19.30	30.20	24.15±3.21
下终板皮质	21.40	39.80	28.77±4.41
外周皮质	14.60	31.50	22.72±4.47
附件区松质	15.80	30.30	24.59±4.39
椎体区松质	11.10	27.00	19.38±4.48

（二）第 4 颈椎（C₄）骨硬度

1. 示意图

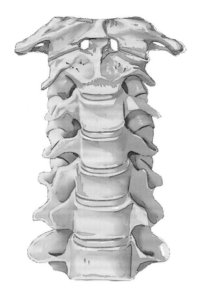

密质骨
最硬区域:椎弓根皮质(27.32HV)
最软区域:上关节突皮质(23.53HV)
松质骨
最硬区域:附件区(24.23HV)
最软区域:椎体区(21.89HV)

第 4 椎骨示意图 　　　　　　　　　　　硬度分布

2. 硬度分布　第 4 颈椎共选取 10 个测量区域（密质骨：8 个；松质骨：2 个）。密质骨中硬度值最高的测量区域为椎弓根皮质，平均硬度为(27.32±3.47)HV；硬度值最低的测量区域为上关节突皮质，平均硬度为(23.53±3.30)HV。

松质骨中硬度值最高的测量区域为附件区松质，平均硬度为(24.23±3.19)HV；硬度值最低的测量区域为椎体区松质，平均硬度为(21.89±4.90)HV（表 6-3-11）。

表 6-3-11　下颈椎第 4 颈椎硬度分布

部位	最小值 /HV	最大值 /HV	平均值 ± 标准差 /HV
椎弓根皮质	21.40	33.90	27.32±3.47
椎板皮质	16.40	31.00	25.81±3.42
横突皮质	19.90	34.40	26.19±4.40
上关节突皮质	17.00	29.10	23.53±3.30
下关节突皮质	15.90	34.70	26.55±5.06
上终板皮质	18.10	31.80	24.17±4.10
下终板皮质	20.60	32.20	26.45±3.31
外周皮质	15.20	33.10	23.74±3.69
附件区松质	19.10	33.30	24.23±3.19
椎体区松质	14.40	33.70	21.89±4.90

（三）第 5 颈椎（C₅）骨硬度

1. 示意图

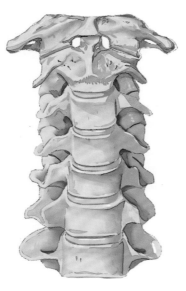

密质骨
最硬区域：椎板皮质（30.50HV）
最软区域：上关节突皮质（22.63HV）
松质骨
最硬区域：附件区（24.55HV）
最软区域：椎体区（21.19HV）

第 5 椎骨示意图　　　　　　　　　硬度分布

2. 硬度分布　第 5 颈椎共选取 10 个测量区域（密质骨：8 个；松质骨：2 个）。密质骨中硬度值最高的测量区域为椎板皮质，平均硬度为（30.50±7.20）HV；硬度值最低的测量区域为上关节突皮质，平均硬度为（22.63±4.45）HV。

松质骨中硬度值最高的测量区域为附件区松质，平均硬度为（24.55±4.30）HV；硬度值最低的测量区域为椎体区松质，平均硬度为（21.19±4.38）HV（表 6-3-12）。

表 6-3-12　下颈椎第 5 颈椎硬度分布

部位	最小值 /HV	最大值 /HV	平均值 ± 标准差 /HV
椎弓根皮质	21.50	36.90	29.05±4.10
椎板皮质	19.50	47.80	30.50±7.20
横突皮质	18.90	34.60	24.77±3.80
上关节突皮质	14.60	28.50	22.63±4.45
下关节突皮质	16.90	35.00	23.83±4.50
上终板皮质	18.70	33.40	26.85±4.65
下终板皮质	21.00	32.80	27.79±3.55
外周皮质	12.70	38.60	23.50±6.11
附件区松质	14.40	30.00	24.55±4.30
椎体区松质	14.80	28.60	21.19±4.38

（四）第 6 颈椎（C$_6$）骨硬度

1. 示意图

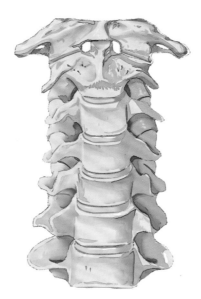

密质骨
最硬区域:下终板皮质（29.41HV）
最软区域:外周皮质（25.11HV）
松质骨
最硬区域:附件区（24.71HV）
最软区域:椎体区（20.59HV）

第 6 椎骨示意图　　　　　　　　　　硬度分布

2. 硬度分布　第 6 颈椎共选取 10 个测量区域（密质骨:8 个;松质骨:2 个）。密质骨中硬度值最高的测量区域为下终板皮质,平均硬度为（29.41±5.34）HV;硬度值最低的测量区域为外周皮质,平均硬度为（25.11±4.18）HV。

松质骨中硬度值最高的测量区域为附件区松质,平均硬度为（24.71±3.84）HV;硬度值最低的测量区域为椎体区松质,平均硬度为（20.59±6.44）HV（表 6-3-13）。

表 6-3-13　下颈椎第 6 颈椎硬度分布

部位	最小值 /HV	最大值 /HV	平均值 ± 标准差 /HV
椎弓根皮质	16.70	36.30	27.42±5.61
椎板皮质	19.10	31.30	25.27±4.13
横突皮质	15.80	38.50	29.11±6.05
上关节突皮质	22.70	29.40	25.51±1.54
下关节突皮质	20.40	38.20	26.99±5.32
上终板皮质	15.90	30.40	25.50±3.50
下终板皮质	18.90	35.70	29.41±5.34
外周皮质	17.30	36.80	25.11±4.18
附件区松质	18.80	30.30	24.71±3.84
椎体区松质	12.40	36.00	20.59±6.44

（五）第 7 颈椎（C₇）骨硬度

1. 示意图

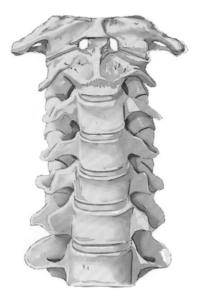

密质骨
最硬区域：椎板皮质（29.59HV）
最软区域：上关节突皮质（24.88HV）
松质骨
最硬区域：附件区（25.65HV）
最软区域：椎体区（22.43HV）

第 7 椎骨示意图　　　　　　　　　　硬度分布

2. 硬度分布　第 7 颈椎共选取 10 个测量区域（密质骨：8 个；松质骨：2 个）。密质骨中硬度值最高的测量区域为椎板皮质，平均硬度为（29.59±4.56）HV；硬度值最低的测量区域为上关节突皮质，平均硬度为（24.88±2.98）HV。

松质骨中硬度值最高的测量区域为附件区松质，平均硬度为（25.65±3.54）HV；硬度值最低的测量区域为椎体区松质，平均硬度为（22.43±4.49）HV（表 6-3-14）。

表 6-3-14　下颈椎第 7 颈椎硬度分布

部位	最小值 /HV	最大值 /HV	平均值 ± 标准差 /HV
椎弓根皮质	24.20	35.40	28.81±3.59
椎板皮质	23.00	41.40	29.59±4.56
横突皮质	19.40	38.00	27.55±5.05
上关节突皮质	21.50	29.80	24.88±2.98
下关节突皮质	23.20	31.40	27.50±2.97
上终板皮质	16.80	35.10	26.11±5.41
下终板皮质	19.00	33.90	27.49±4.58
外周皮质	15.30	40.80	26.14±5.40
附件区松质	19.50	31.30	25.65±3.54
椎体区松质	12.50	28.80	22.43±4.49

第四节　胸椎骨硬度

一、解剖特点

胸椎椎体自上而下逐渐变化,由颈椎椎体逐渐转变为胸椎椎体再过渡到腰椎椎体,这种变化归因于颈部脊柱和胸部脊柱末端大范围屈伸所致。第 1 胸椎的椎体与典型颈椎的椎体相同,其左右径约是前后径两倍;第 2 胸椎的椎体仍呈现颈椎椎体的形状,但是左右径和前后径之间的差异减小了。第 3 胸椎椎体最小,第 4 胸椎的椎体呈典型"心形";第 5~8 胸椎的椎体前后径增加,左右径变化不大;随着节段往下,胸椎椎体逐渐增大,第 12 胸椎的椎体与典型腰椎椎体相似。所有胸椎椎体均有外侧肋凹,除了 11 和 12 胸椎横突外的横突亦都有肋凹。肋凹和肋头(肋头面)与肋结节(肋结节面)分别形成关节。

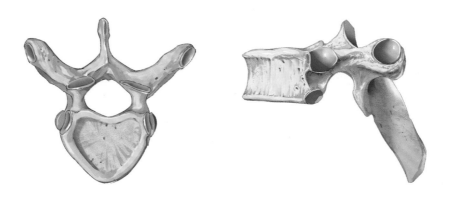

二、胸椎骨硬度分布特点

(一) 测量位点数量

胸椎共测量 36 块椎骨,骨骼试样标本 108 片(平均每个椎骨 9 片),合计测量区域 396 个(平均每个椎骨 11 个),测量位点 1 980 个。其中密质骨位点 1 620 个,松质骨位点 360 个。

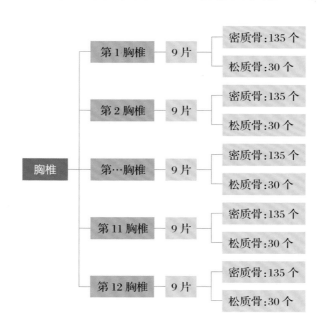

（二）胸椎骨硬度

胸椎共测量 1 980 个位点，其中密质骨平均骨硬度为（29.35±4.96）HV；松质骨平均骨硬度为（27.87±5.00）HV。密质骨骨硬度值高于松质骨骨硬度值（表 6-4-1）。

表 6-4-1　胸椎骨硬度分布

部位	测量位点 / 个	最小值 /HV	最大值 /HV	平均值 ± 标准差 /HV
密质骨	1 620	13.80	46.50	29.35±4.96
松质骨	360	11.60	47.90	27.87±5.00

（三）胸椎各节段密质骨骨硬度

12 节胸椎椎骨密质骨硬度分布如下：硬度值最高的节段为第 8 胸椎，平均硬度为（32.08±4.46）HV；硬度值最低的为第 3 胸椎，平均硬度为（28.26±4.58）HV（表 6-4-2）。

表 6-4-2　胸椎各节段密质骨骨硬度分布

节段	测量位点 / 个	最小值 /HV	最大值 /HV	平均值 ± 标准差 /HV
T_1	135	18.40	42.60	29.01±4.93
T_2	135	17.00	39.20	28.42±4.50
T_3	135	16.90	37.30	28.26±4.58
T_4	135	15.50	42.20	29.02±5.02
T_5	135	18.20	46.50	29.86±4.99
T_6	135	19.00	42.00	30.41±4.60
T_7	135	19.40	41.40	30.45±4.65
T_8	135	20.30	43.20	32.08±4.46
T_9	135	20.70	42.60	30.87±4.48
T_{10}	135	19.30	43.80	31.72±5.42
T_{11}	135	16.40	43.80	29.64±5.10
T_{12}	135	13.80	46.00	29.80±5.25

（四）胸椎各节段松质骨骨硬度

12 节胸椎椎骨松质骨硬度分布如下：硬度值最高的节段为第 7 胸椎，平均硬度为（30.82±4.23）HV；硬度值最低的为第 1 胸椎，平均硬度为（25.32±4.36）HV（表 6-4-3）。

密质骨
硬度值最高节段：第 8 胸椎（32.08HV）
硬度值最低节段：第 3 胸椎（28.26HV）

表 6-4-3　胸椎各节段松质骨骨硬度分布

节段	测量位点 / 个	最小值 /HV	最大值 /HV	平均值 ± 标准差 /HV
T_1	30	16.70	35.60	25.32±4.36
T_2	30	13.90	37.80	26.26±5.42
T_3	30	18.90	32.80	26.30±3.56
T_4	30	19.40	39.90	26.80±4.57
T_5	30	16.10	37.40	27.66±4.55
T_6	30	20.80	41.10	29.96±4.12
T_7	30	24.30	38.50	30.82±4.23
T_8	30	15.60	47.90	29.41±6.37
T_9	30	20.00	39.10	28.83±4.78
T_{10}	30	21.20	36.10	29.03±3.56
T_{11}	30	11.60	44.90	27.82±6.40
T_{12}	30	15.90	37.50	27.52±4.82

松质骨
硬度值最高节段：第 7 胸椎（30.82HV）
硬度值最低节段：第 1 胸椎（25.32HV）

（五）胸椎各区骨硬度

胸椎选取了 4 个测量区：椎体区密质骨、椎体区松质骨、附件区密质骨和附件区松质骨。其中附件区密质骨和松质骨硬度值均高于椎体区密质骨和松质骨硬度值（表 6-4-4）。

表 6-4-4　胸椎各区骨硬度分布

部位	测量位点 / 个	最小值 /HV	最大值 /HV	平均值 ± 标准差 /HV
椎体区密质骨	720	16.40	43.90	28.48±4.70
附件区密质骨	900	13.80	46.50	31.15±4.85
椎体区松质骨	180	15.60	47.90	26.80±4.63
附件区松质骨	180	11.60	44.90	29.15±5.09

（六）胸椎椎体区密质骨骨硬度

12 节段胸椎椎体区密质骨硬度分布如下：硬度值最高的为第 8 胸椎，平均硬度为（30.59±3.85）HV；硬度值最低的为第 1 胸椎，平均硬度为（26.72±4.54）HV（表 6-4-5）。

表 6-4-5　胸椎各节段椎体区密质骨骨硬度分布

节段	测量位点 / 个	最小值 /HV	最大值 /HV	平均值 ± 标准差 /HV
T_1	60	18.40	35.70	26.72±4.54
T_2	60	17.00	39.20	27.00±4.89
T_3	60	16.90	36.90	26.84±4.74
T_4	60	16.90	36.50	27.37±4.15
T_5	60	18.20	37.20	28.23±4.04
T_6	60	19.00	39.90	29.31±4.58
T_7	60	19.40	41.10	29.34±4.63
T_8	60	20.30	41.70	30.59±3.85
T_9	60	20.70	36.50	29.34±3.51
T_{10}	60	19.30	42.20	29.83±4.62
T_{11}	60	16.40	38.30	28.08±5.07
T_{12}	60	16.80	43.90	29.09±5.77

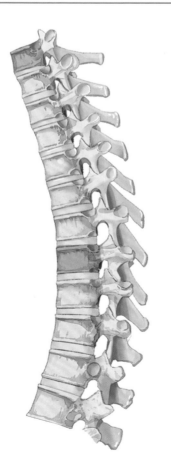

椎体区密质骨
T_1：26.72HV
T_2：27.00HV
T_3：26.84HV
T_4：27.37HV
T_5：28.23HV
T_6：29.31HV
T_7：29.34HV
T_8：30.59HV
T_9：29.34HV
T_{10}：29.83HV
T_{11}：28.08HV
T_{12}：29.09HV

（七）胸椎附件区密质骨骨硬度

12 节段胸椎附件区密质骨硬度分布如下：硬度值最高的为第 8 胸椎，平均硬度为（33.27±4.58）HV；硬度值最低的为第 3 胸椎，平均硬度为（29.40±4.13）HV（表 6-4-6）。

表 6-4-6　胸椎各节段附件区密质骨骨硬度分布

节段	测量位点 / 个	最小值 /HV	最大值 /HV	平均值 ± 标准差 /HV
T_1	75	20.00	42.60	30.85±4.45
T_2	75	20.60	37.80	29.57±3.82
T_3	75	20.00	37.30	29.40±4.13
T_4	75	15.50	42.20	30.33±5.29
T_5	75	21.00	46.50	31.17±5.31
T_6	75	21.70	42.00	31.30±4.45
T_7	75	20.90	41.40	31.34±4.50
T_8	75	25.20	43.20	33.27±4.58
T_9	75	23.90	42.60	32.10±4.81
T_{10}	75	21.40	43.80	33.23±5.57
T_{11}	75	18.80	43.80	30.89±4.80
T_{12}	75	13.80	46.00	30.36±4.77

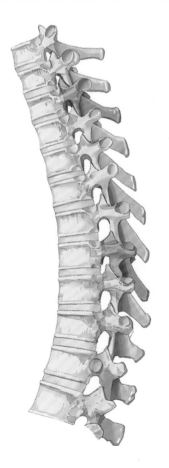

附件区密质骨
T_1：30.85HV
T_2：29.57HV
T_3：29.40HV
T_4：30.33HV
T_5：31.17HV
T_6：31.30HV
T_7：31.34HV
T_8：33.27HV
T_9：32.10HV
T_{10}：33.23HV
T_{11}：30.89HV
T_{12}：30.36HV

（八）胸椎椎体区松质骨骨硬度

12 节段胸椎椎体区松质骨硬度分布如下：硬度值最高的为第 7 胸椎，平均硬度为（29.11±3.90）HV；硬度值最低的为第 1 胸椎，平均硬度为（23.94±4.39）HV（表 6-4-7）。

表 6-4-7　胸椎各节段椎体区松质骨骨硬度分布

节段	测量位点 / 个	最小值 /HV	最大值 /HV	平均值 ± 标准差 /HV
T_1	15	16.70	32.20	23.94±4.39
T_2	15	19.70	28.80	24.26±3.30
T_3	15	20.70	30.10	24.75±2.61
T_4	15	20.20	30.10	25.46±2.72
T_5	15	16.10	37.40	26.89±5.41
T_6	15	20.80	34.80	28.84±3.40
T_7	15	24.30	36.80	29.11±3.90
T_8	15	15.60	47.90	28.63±7.35
T_9	15	23.10	37.40	28.29±4.37
T_{10}	15	23.70	31.70	28.00±2.73
T_{11}	15	19.90	40.90	27.74±5.61
T_{12}	15	15.90	32.30	25.69±4.36

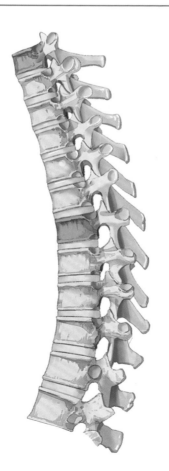

椎体区松质骨
T_1：23.94HV
T_2：24.26HV
T_3：24.75HV
T_4：25.46HV
T_5：26.89HV
T_6：28.84HV
T_7：29.11HV
T_8：28.63HV
T_9：28.29HV
T_{10}：28.00HV
T_{11}：27.74HV
T_{12}：25.69HV

（九）胸椎附件区松质骨骨硬度

12 节段胸椎附件区松质骨硬度分布如下：硬度值最高的为第 7 胸椎，平均硬度为（32.53±3.94）HV；硬度值最低的为第 1 胸椎，平均硬度为（26.70±4.00）HV（表 6-4-8）。

表 6-4-8　胸椎各节段附件区松质骨骨硬度分布

节段	测量位点 / 个	最小值 /HV	最大值 /HV	平均值 ± 标准差 /HV
T_1	15	18.90	35.60	26.70±4.00
T_2	15	13.90	37.80	28.25±6.44
T_3	15	18.90	32.80	27.85±3.78
T_4	15	19.40	39.90	28.14±5.66
T_5	15	23.50	36.50	28.43±3.51
T_6	15	22.90	41.10	31.07±4.57
T_7	15	25.20	38.50	32.53±3.94
T_8	15	17.00	38.70	30.19±5.36
T_9	15	20.00	39.10	29.37±5.26
T_{10}	15	21.20	36.10	30.07±4.06
T_{11}	15	11.60	44.90	27.91±7.31
T_{12}	15	20.90	37.50	29.35±4.69

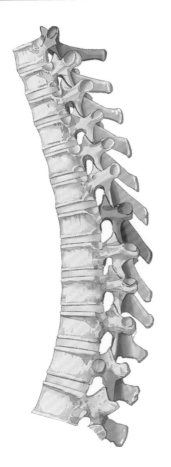

附件区松质骨
T_1:26.70HV
T_2:28.25HV
T_3:27.85HV
T_4:28.14HV
T_5:28.43HV
T_6:31.07HV
T_7:32.53HV
T_8:30.19HV
T_9:29.37HV
T_{10}:30.07HV
T_{11}:27.91HV
T_{12}:29.35HV

（十）胸椎各测量区域密质骨骨硬度分布

胸椎密质骨选取了 8 个测量区域，其中硬度值最高的为椎弓根皮质，平均硬度为（34.19±4.71）HV；硬度值最低的为外周皮质，平均硬度为（27.20±4.36）HV（表 6-4-9）。

表 6-4-9　胸椎各测量区域密质骨骨硬度分布

部位	最小值 /HV	最大值 /HV	平均值 ± 标准差 /HV
椎弓根皮质	21.70	46.50	34.19±4.71
椎板皮质	20.50	43.00	31.79±4.18
横突皮质	18.80	43.40	30.14±4.30
上关节突皮质	20.00	46.00	29.90±4.98
下关节突皮质	13.80	42.00	29.73±4.57
上终板皮质	16.80	37.70	27.97±4.32
下终板皮质	20.60	43.90	31.54±4.35
外周皮质	16.40	39.00	27.20±4.36

最硬区域：椎弓根皮质（34.19HV）
最软区域：外周皮质（27.20HV）

三、胸椎各节段骨硬度分布

1. 示意图

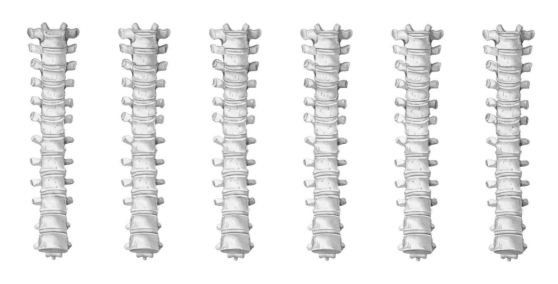

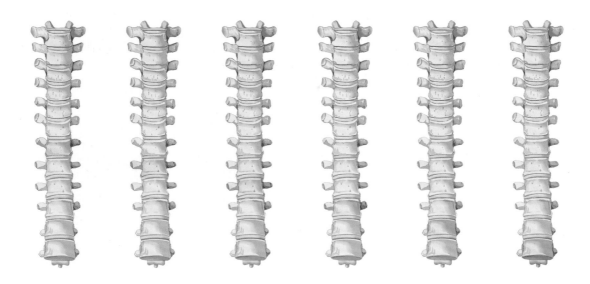

第 1 胸椎（T$_1$）~ 第 12 胸椎（T$_{12}$）示意图

第 1 胸椎硬度分布
密质骨
最硬区域:椎弓根皮质（33.45HV）
最软区域:上终板皮质（25.42HV）
松质骨
最硬区域:附件区（26.70HV）
最软区域:椎体区（23.94HV）

第 2 胸椎硬度分布
密质骨
最硬区域:椎弓根皮质（32.25HV）
最软区域:外周皮质（25.66HV）
松质骨
最硬区域:附件区（28.25HV）
最软区域:椎体区（24.26HV）

第 3 胸椎硬度分布
密质骨
最硬区域:椎弓根皮质（30.99HV）
最软区域:外周皮质（25.59HV）
松质骨
最硬区域:附件区（27.85HV）
最软区域:椎体区（24.75HV）

第 4 胸椎硬度分布
密质骨
最硬区域:椎弓根皮质（33.11HV）
最软区域:外周皮质（26.34HV）
松质骨
最硬区域:附件区（28.14HV）
最软区域:椎体区（25.46HV）

第 5 胸椎硬度分布
密质骨
最硬区域:椎弓根皮质（35.42HV）
最软区域:外周皮质（27.02HV）
松质骨
最硬区域:附件区（28.43HV）
最软区域:椎体区（26.89HV）

第 6 胸椎硬度分布
密质骨
最硬区域:椎弓根皮质（35.02HV）
最软区域:外周皮质（27.48HV）
松质骨
最硬区域:附件区（31.07HV）
最软区域:椎体区（28.84HV）

第 7 胸椎硬度分布
密质骨
最硬区域:椎弓根皮质（35.18HV）
最软区域:外周皮质（28.37HV）
松质骨
最硬区域:附件区（32.53HV）
最软区域:椎体区（29.11HV）

第 8 胸椎硬度分布
密质骨
最硬区域:椎弓根皮质（37.87HV）
最软区域:外周皮质（28.84HV）
松质骨
最硬区域:附件区（30.19HV）
最软区域:椎体区（28.63HV）

第 9 胸椎硬度分布
密质骨
最硬区域:椎弓根皮质（36.53HV）
最软区域:上终板皮质（28.63HV）
松质骨
最硬区域:附件区（29.37HV）
最软区域:椎体区（28.29HV）

第 10 胸椎硬度分布
密质骨
最硬区域:椎弓根皮质（37.01HV）
最软区域:外周皮质（29.03HV）
松质骨
最硬区域:附件区（30.07HV）
最软区域:椎体区（28.00HV）

第 11 胸椎硬度分布
密质骨
最硬区域:上关节突皮质（33.02HV）
最软区域:外周皮质（25.82HV）
松质骨
最硬区域:附件区（27.91HV）
最软区域:椎体区（27.74HV）

第 12 胸椎硬度分布
密质骨
最硬区域:下终板皮质（32.74HV）
最软区域:外周皮质（27.78HV）
松质骨
最硬区域:附件区（29.35HV）
最软区域:椎体区（25.69HV）

2. 硬度分布　第1胸椎共选取10个测量区域(密质骨:8个;松质骨:2个)。密质骨中硬度值最高的测量区域为椎弓根皮质,平均硬度为(33.45±4.17)HV;硬度值最低的测量区域为上终板皮质,平均硬度为(25.42±4.31)HV。

松质骨中硬度值最高的测量区域为附件区松质,平均硬度为(26.70±4.00)HV;硬度值最低的测量区域为椎体区松质,平均硬度为(23.94±4.39)HV(表6-4-10)。

表 6-4-10　第1胸椎硬度分布

部位	最小值/HV	最大值/HV	平均值 ± 标准差/HV
椎弓根皮质	27.90	42.60	33.45±4.17
椎板皮质	22.40	37.20	31.76±4.22
横突皮质	24.50	40.10	29.65±4.28
上关节突皮质	20.00	39.60	29.27±4.59
下关节突皮质	23.00	35.30	30.09±4.16
上终板皮质	18.80	33.60	25.42±4.31
下终板皮质	21.30	35.70	29.91±4.11
外周皮质	18.40	34.90	25.78±4.21
附件区松质	18.90	35.60	26.70±4.00
椎体区松质	16.70	32.20	23.94±4.39

3. 硬度分布　第2胸椎共选取10个测量区域(密质骨:8个;松质骨:2个)。密质骨中硬度值最高的测量区域为椎弓根皮质,平均硬度为(32.25±2.96)HV;硬度值最低的测量区域为外周皮质,平均硬度为(25.66±4.19)HV。

松质骨中硬度值最高的测量区域为附件区松质,平均硬度为(28.25±6.44)HV;硬度值最低的测量区域为椎体区松质,平均硬度为(24.26±3.30)HV(表6-4-11)。

表 6-4-11　第2胸椎硬度分布

部位	最小值/HV	最大值/HV	平均值 ± 标准差/HV
椎弓根皮质	26.00	37.20	32.25±2.96
椎板皮质	23.20	35.40	28.52±3.68
横突皮质	24.30	34.60	29.81±3.17
上关节突皮质	20.60	37.80	28.34±4.11
下关节突皮质	24.20	37.30	28.91±4.11
上终板皮质	17.00	34.80	26.35±4.81
下终板皮质	20.60	39.20	30.31±5.03
外周皮质	19.90	34.50	25.66±4.19
附件区松质	13.90	37.80	28.25±6.44
椎体区松质	19.70	28.80	24.26±3.30

4. 硬度分布　第 3 胸椎共选取 10 个测量区域(密质骨:8 个;松质骨:2 个)。密质骨中硬度值最高的测量区域为椎弓根皮质,平均硬度为(30.99±4.29)HV;硬度值最低的测量区域为外周皮质,平均硬度为(25.59±4.43)HV。

松质骨中硬度值最高的测量区域为附件区松质,平均硬度为(27.85±3.78)HV;硬度值最低的测量区域为椎体区松质,平均硬度为(24.75±2.61)HV(表 6-4-12)。

表 6-4-12　第 3 胸椎硬度分布

部位	最小值 /HV	最大值 /HV	平均值 ± 标准差 /HV
椎弓根皮质	21.70	36.80	30.99±4.29
椎板皮质	20.50	35.40	28.89±3.84
横突皮质	20.00	37.30	28.00±5.43
上关节突皮质	23.90	35.20	28.71±3.23
下关节突皮质	23.80	36.30	30.41±3.19
上终板皮质	19.90	36.50	25.87±4.66
下终板皮质	23.40	36.90	30.30±3.92
外周皮质	16.90	34.20	25.59±4.43
附件区松质	18.90	32.80	27.85±3.78
椎体区松质	20.70	30.10	24.75±2.61

5. 硬度分布　第 4 胸椎共选取 10 个测量区域(密质骨:8 个;松质骨:2 个)。密质骨中硬度值最高的测量区域为椎弓根皮质,平均硬度为(33.11±4.19)HV;硬度值最低的测量区域为外周皮质,平均硬度为(26.34±3.90)HV。

松质骨中硬度值最高的测量区域为附件区松质,平均硬度为(28.14±5.66)HV;硬度值最低的测量区域为椎体区松质,平均硬度为(25.46±2.72)HV(表 6-4-13)。

表 6-4-13　第 4 胸椎硬度分布

部位	最小值 /HV	最大值 /HV	平均值 ± 标准差 /HV
椎弓根皮质	26.90	42.20	33.11±4.19
椎板皮质	27.30	39.60	32.66±3.41
横突皮质	21.90	35.70	29.51±3.84
上关节突皮质	20.50	40.80	28.00±5.39
下关节突皮质	15.50	42.00	28.37±7.07
上终板皮质	20.60	33.30	26.35±3.37
下终板皮质	22.90	36.50	30.45±4.00
外周皮质	16.90	32.10	26.34±3.90
附件区松质	19.40	39.90	28.14±5.66
椎体区松质	20.20	30.10	25.46±2.72

6. 硬度分布   第 5 胸椎共选取 10 个测量区域(密质骨:8 个;松质骨:2 个)。密质骨中硬度值最高的测量区域为椎弓根皮质,平均硬度为(35.42±5.63)HV;硬度值最低的测量区域为外周皮质,平均硬度为(27.02±3.99)HV。

松质骨中硬度值最高的测量区域为附件区松质,平均硬度为(28.43±3.51)HV;硬度值最低的测量区域为椎体区松质,平均硬度为(26.89±5.41)HV(表 6-4-14)。

表 6-4-14   第 5 胸椎硬度分布

部位	最小值 /HV	最大值 /HV	平均值 ± 标准差 /HV
椎弓根皮质	26.90	46.50	35.42±5.63
椎板皮质	27.30	43.00	33.65±5.03
横突皮质	21.90	37.60	28.54±4.49
上关节突皮质	20.50	34.20	28.54±4.20
下关节突皮质	15.50	35.50	29.71±3.39
上终板皮质	20.60	33.00	27.75±3.92
下终板皮质	22.90	37.20	31.13±2.86
外周皮质	16.90	35.50	27.02±3.99
附件区松质	23.50	36.50	28.43±3.51
椎体区松质	16.10	37.40	26.89±5.41

7. 硬度分布   第 6 胸椎共选取 10 个测量区域(密质骨:8 个;松质骨:2 个)。密质骨中硬度值最高的测量区域为椎弓根皮质,平均硬度为(35.02±3.87)HV;硬度值最低的测量区域为外周皮质,平均硬度为(27.48±4.14)HV。

松质骨中硬度值最高的测量区域为附件区松质,平均硬度为(31.07±4.57)HV;硬度值最低的测量区域为椎体区松质,平均硬度为(28.84±3.40)HV(表 6-4-15)。

表 6-4-15   第 6 胸椎硬度分布

部位	最小值 /HV	最大值 /HV	平均值 ± 标准差 /HV
椎弓根皮质	29.50	42.00	35.02±3.87
椎板皮质	25.70	40.00	32.11±4.20
横突皮质	22.00	35.80	28.91±3.81
上关节突皮质	21.70	40.30	30.67±5.07
下关节突皮质	25.00	34.60	29.79±2.75
上终板皮质	23.20	34.40	29.24±3.64
下终板皮质	25.00	39.90	33.02±4.19
外周皮质	19.00	33.80	27.48±4.14
附件区松质	22.90	41.10	31.07±4.57
椎体区松质	20.80	34.80	28.84±3.40

8. 硬度分布　第 7 胸椎共选取 10 个测量区域(密质骨:8 个;松质骨:2 个)。密质骨中硬度值最高的测量区域为椎弓根皮质,平均硬度为(35.18±3.86)HV;硬度值最低的测量区域为外周皮质,平均硬度为(28.37±3.36)HV。

松质骨中硬度值最高的测量区域为附件区松质,平均硬度为(32.53±3.94)HV;硬度值最低的测量区域为椎体区松质,平均硬度为(29.11±3.90)HV(表 6-4-16)。

表 6-4-16　第 7 胸椎硬度分布

部位	最小值 /HV	最大值 /HV	平均值 ± 标准差 /HV
椎弓根皮质	29.20	41.40	35.18±3.86
椎板皮质	27.70	40.10	32.96±3.36
横突皮质	24.80	38.70	31.01±4.02
上关节突皮质	22.20	34.80	28.88±3.77
下关节突皮质	20.90	39.00	28.69±4.21
上终板皮质	19.40	37.40	28.38±5.01
下终板皮质	24.10	41.10	32.23±5.47
外周皮质	22.60	35.10	28.37±3.36
附件区松质	25.20	38.50	32.53±3.94
椎体区松质	24.30	36.80	29.11±3.90

9. 硬度分布　第 8 胸椎共选取 10 个测量区域(密质骨:8 个;松质骨:2 个)。密质骨中硬度值最高的测量区域为椎弓根皮质,平均硬度为(37.87±3.68)HV;硬度值最低的测量区域为外周皮质,平均硬度为(28.84±3.04)HV。

松质骨中硬度值最高的测量区域为附件区松质,平均硬度为(30.19±5.36)HV;硬度值最低的测量区域为椎体区松质,平均硬度为(28.63±7.35)HV(表 6-4-17)。

表 6-4-17　第 8 胸椎硬度分布

部位	最小值 /HV	最大值 /HV	平均值 ± 标准差 /HV
椎弓根皮质	31.30	43.10	37.87±3.68
椎板皮质	28.30	39.20	32.67±3.30
横突皮质	25.70	36.60	31.46±3.54
上关节突皮质	25.20	43.20	32.18±5.61
下关节突皮质	25.20	37.30	32.18±3.65
上终板皮质	27.30	37.70	31.95±3.53
下终板皮质	28.00	41.70	32.72±4.18
外周皮质	20.30	33.90	28.84±3.04
附件区松质	17.00	38.70	30.19±5.36
椎体区松质	15.60	47.90	28.63±7.35

10. 硬度分布   第 9 胸椎共选取 10 个测量区域(密质骨:8 个;松质骨:2 个)。密质骨中硬度值最高的测量区域为椎弓根皮质,平均硬度为(36.53±4.64)HV;硬度值最低的测量区域为上终板皮质,平均硬度为(28.63±3.27)HV。

松质骨中硬度值最高的测量区域为附件区松质,平均硬度为(29.37±5.26)HV;硬度值最低的测量区域为椎体区松质,平均硬度为(28.29±4.37)HV(表 6-4-18)。

表 6-4-18   第 9 胸椎硬度分布

部位	最小值 /HV	最大值 /HV	平均值 ± 标准差 /HV
椎弓根皮质	25.30	42.60	36.53±4.64
椎板皮质	26.50	39.50	33.00±3.60
横突皮质	27.60	39.60	31.97±3.69
上关节突皮质	24.70	36.30	29.21±3.19
下关节突皮质	23.90	39.60	29.78±5.22
上终板皮质	22.00	34.00	28.63±3.27
下终板皮质	24.50	36.50	31.35±3.04
外周皮质	20.70	35.10	28.70±3.55
附件区松质	20.00	39.10	29.37±5.26
椎体区松质	23.10	37.40	28.29±4.37

11. 硬度分布   第 10 胸椎共选取 10 个测量区域(密质骨:8 个;松质骨:2 个)。密质骨中硬度值最高的测量区域为椎弓根皮质,平均硬度为(37.01±4.81)HV;硬度值最低的测量区域为外周皮质,平均硬度为(29.03±5.06)HV。

松质骨中硬度值最高的测量区域为附件区松质,平均硬度为(30.07±4.06)HV;硬度值最低的测量区域为椎体区松质,平均硬度为(28.00±2.73)HV(表 6-4-19)。

表 6-4-19   第 10 胸椎硬度分布

部位	最小值 /HV	最大值 /HV	平均值 ± 标准差 /HV
椎弓根皮质	26.50	43.80	37.01±4.81
椎板皮质	25.60	41.60	34.26±5.22
横突皮质	24.50	43.40	32.60±5.42
上关节突皮质	24.10	43.10	30.87±5.58
下关节突皮质	21.40	40.30	31.41±5.18
上终板皮质	24.80	34.10	29.53±2.40
下终板皮质	22.60	42.20	31.75±5.05
外周皮质	19.30	38.80	29.03±5.06
附件区松质	21.20	36.10	30.07±4.06
椎体区松质	23.70	31.70	28.00±2.73

12. 硬度分布　　第 11 胸椎共选取 10 个测量区域(密质骨:8 个;松质骨:2 个)。密质骨中硬度值最高的测量区域为上关节突皮质,平均硬度为(33.02±6.32)HV;硬度值最低的测量区域为外周皮质,平均硬度为(25.82±4.81)HV。

松质骨中硬度值最高的测量区域为附件区松质,平均硬度为(27.91±7.31)HV;硬度值最低的测量区域为椎体区松质,平均硬度为(27.74±5.61)HV(表 6-4-20)。

表 6-4-20　第 11 胸椎硬度分布

部位	最小值 /HV	最大值 /HV	平均值 ± 标准差 /HV
椎弓根皮质	24.50	41.20	31.93±4.90
椎板皮质	24.20	34.20	30.47±2.67
横突皮质	18.80	40.40	29.41±4.98
上关节突皮质	22.10	43.80	33.02±6.32
下关节突皮质	22.20	36.70	29.61±3.95
上终板皮质	19.30	34.60	28.12±4.46
下终板皮质	28.70	38.30	32.54±2.90
外周皮质	16.40	34.20	25.82±4.81
附件区松质	11.60	44.90	27.91±7.31
椎体区松质	19.90	40.90	27.74±5.61

13. 硬度分布　　第 12 胸椎共选取 10 个测量区域(密质骨:8 个;松质骨:2 个)。密质骨中硬度值最高的测量区域为下终板皮质,平均硬度为(32.74±6.10)HV;硬度值最低的测量区域为外周皮质,平均硬度为(27.78±5.45)HV。

松质骨中硬度值最高的测量区域为附件区松质,平均硬度为(29.35±4.69)HV;硬度值最低的测量区域为椎体区松质,平均硬度为(25.69±4.36)HV(表 6-4-21)。

表 6-4-21　第 12 胸椎硬度分布

部位	最小值 /HV	最大值 /HV	平均值 ± 标准差 /HV
椎弓根皮质	22.10	38.50	31.48±3.90
椎板皮质	22.10	35.30	30.59±3.72
横突皮质	24.90	37.30	30.83±2.96
上关节突皮质	22.10	46.00	31.13±6.18
下关节突皮质	13.80	36.40	27.79±5.91
上终板皮质	16.80	35.10	28.05±4.71
下终板皮质	24.30	43.90	32.74±6.10
外周皮质	17.50	39.00	27.78±5.45
附件区松质	20.90	37.50	29.35±4.69
椎体区松质	15.90	32.30	25.69±4.36

第五节　腰椎骨硬度

一、解剖特点

腰椎的特点是总体均较大且缺乏肋凹和横突孔。腰椎椎体左右较宽,椎孔呈三角形,比颈椎小但比胸椎大。椎弓根很短,棘突几乎位于水平位呈正方形,并沿着棘突下缘和后缘增厚。腰椎的上关节突有一个朝向后内侧的关节面,呈垂直凹陷状,其后缘有一个粗糙的乳突;下关节突有一个朝向前外侧的关节面,呈垂直凸出状。除了第5腰椎的横突较为坚固外,其他腰椎的横突都是薄而长的。每个横突的根部后下方均有一个小副突。乳突和副突之间有一个细韧带相连接,即副乳韧带,有时会骨化,其下方有脊神经背侧主干内侧支走行。每个腰椎椎体上缘附近有一对坚固的椎弓根向后向外侧伸出,椎弓板宽而短,重叠面积较胸椎小。

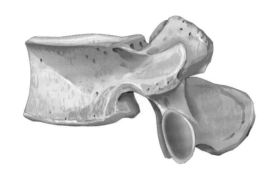

二、腰椎骨硬度分布特点

(一)测量位点数量

腰椎共测量15块椎骨,骨骼试样标本45片(平均每个椎骨9片),合计测量区域165个(平均每个椎骨11个),测量位点825个。其中密质骨位点675个,松质骨位点150个。

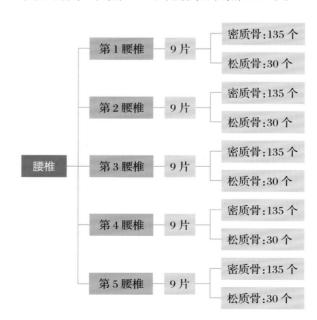

（二）腰椎骨硬度

腰椎密质骨硬度范围 19.00~48.80HV，平均硬度（33.12±5.41）HV；松质骨硬度范围 21.90~41.30HV，平均硬度（31.51±3.88）HV（表 6-5-1）。

表 6-5-1　腰椎骨硬度分布

部位	测量位点 / 个	最小值 /HV	最大值 /HV	平均值 ± 标准差 /HV
密质骨	675	19.00	48.80	33.12±5.41
松质骨	150	21.90	41.30	31.51±3.88

（三）腰椎各节段密质骨骨硬度

腰椎各节段密质骨硬度值各不相同，其中硬度值最高节段为第 4 腰椎，平均硬度为（33.90±5.96）HV；硬度值最低节段为第 3 腰椎，平均硬度为（32.21±4.99）HV（表 6-5-2）。

表 6-5-2　腰椎各节段密质骨骨硬度分布

节段	测量位点 / 个	最小值 /HV	最大值 /HV	平均值 ± 标准差 /HV
L_1	135	21.60	45.80	33.78±5.62
L_2	135	19.00	48.30	33.25±5.38
L_3	135	20.70	46.20	32.21±4.99
L_4	135	20.90	48.80	33.90±5.96
L_5	135	21.90	45.40	32.47±4.92

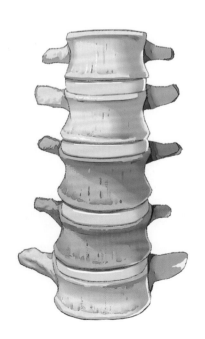

密质骨
硬度值最高节段：第 4 腰椎（33.90HV）
硬度值最低节段：第 3 腰椎（32.21HV）

（四）腰椎各节段松质骨骨硬度

腰椎各节段松质骨硬度值各不相同,其中硬度值最高节段为第 2 腰椎,平均硬度为(32.23±3.14)HV;硬度值最低节段为第 5 腰椎,平均硬度为(30.49±3.63)HV(表 6-5-3)。

表 6-5-3　腰椎各节段松质骨骨硬度分布

节段	测量位点 / 个	最小值 /HV	最大值 /HV	平均值 ± 标准差 /HV
L$_1$	30	21.90	41.30	30.91±5.29
L$_2$	30	25.30	38.40	32.23±3.14
L$_3$	30	25.00	38.60	31.63±3.66
L$_4$	30	24.80	37.30	31.50±3.31
L$_5$	30	23.60	38.20	30.49±3.63

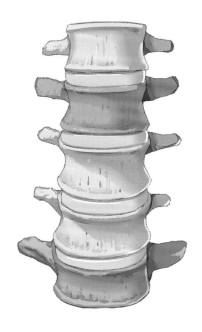

松质骨
硬度值最高节段:第 2 腰椎(32.23HV)
硬度值最低节段:第 5 腰椎(30.49HV)

（五）腰椎各区骨硬度

腰椎选取了 4 个测量区:椎体区密质骨、椎体区松质骨、附件区密质骨和附件区松质骨。其中附件区密质骨和松质骨硬度值均高于椎体区密质骨和松质骨硬度值(表 6-5-4)。

表 6-5-4　腰椎各区骨硬度分布

部位	测量位点 / 个	最小值 /HV	最大值 /HV	平均值 ± 标准差 /HV
椎体区密质骨	300	19.00	45.80	31.82±5.00
附件区密质骨	375	20.70	48.80	34.16±5.52
椎体区松质骨	75	21.90	37.10	30.31±3.39
附件区松质骨	75	22.10	41.30	32.39±4.07

（六）腰椎椎体区密质骨骨硬度

腰椎椎体区密质骨硬度分布显示：硬度值最高节段为第 4 腰椎，平均硬度为（33.39±5.77）HV；硬度值最低节段为第 3 腰椎，平均硬度为（30.51±4.70）HV（表 6-5-5）。

表 6-5-5　腰椎各节段椎体区密质骨骨硬度分布

节段	测量位点 / 个	最小值 /HV	最大值 /HV	平均值 ± 标准差 /HV
L$_1$	60	21.80	44.70	31.57±4.87
L$_2$	60	19.00	40.70	31.22±4.58
L$_3$	60	22.30	44.00	30.51±4.70
L$_4$	60	20.90	45.80	33.39±5.77
L$_5$	60	21.90	45.40	32.44±4.61

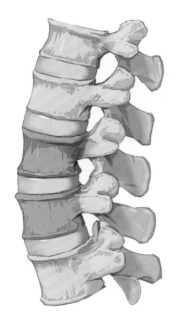

椎体区密质骨
L$_1$：31.57HV
L$_2$：31.22HV
L$_3$：30.51HV
L$_4$：33.39HV
L$_5$：32.44HV

（七）腰椎附件区密质骨骨硬度

腰椎附件区密质骨硬度分布显示：硬度值最高节段为第 1 腰椎，平均硬度为（35.55±5.57）HV；硬度值最低节段为第 5 腰椎，平均硬度为（32.50±5.18）HV（表 6-5-6）。

表 6-5-6　腰椎各节段附件区密质骨骨硬度分布

节段	测量位点 / 个	最小值 /HV	最大值 /HV	平均值 ± 标准差 /HV
L$_1$	75	21.60	45.80	35.55±5.57
L$_2$	75	22.30	48.30	34.87±5.44
L$_3$	75	20.70	46.20	33.58±4.83
L$_4$	75	22.90	48.80	34.29±6.12
L$_5$	75	22.90	43.70	32.50±5.18

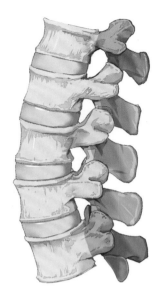

附件区密质骨
L_1：35.55HV
L_2：34.87HV
L_3：33.58HV
L_4：34.29HV
L_5：32.50HV

（八）腰椎椎体区松质骨骨硬度

腰椎椎体区松质骨硬度分布显示：硬度值最高节段为第4腰椎，平均硬度为（31.15±2.78）HV；硬度值最低节段为第1腰椎，平均硬度为（29.60±4.82）HV（表6-5-7）。

表 6-5-7 腰椎各节段椎体区松质骨骨硬度分布

节段	测量位点/个	最小值/HV	最大值/HV	平均值 ± 标准差/HV
L_1	15	21.90	37.10	29.60±4.82
L_2	15	25.30	34.40	30.73±2.70
L_3	15	27.00	36.50	30.40±2.98
L_4	15	24.80	35.90	31.15±2.78
L_5	15	24.20	34.10	29.67±3.43

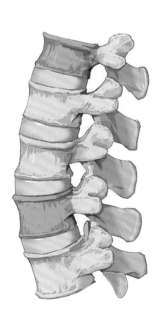

椎体区松质骨
L_1：29.60HV
L_2：30.73HV
L_3：30.40HV
L_4：31.15HV
L_5：29.67HV

（九）腰椎附件区松质骨骨硬度

腰椎附件区松质骨硬度分布显示：硬度值最高节段为第 2 腰椎，平均硬度为（33.73±2.89）HV；硬度值最低节段为第 5 腰椎，平均硬度为（31.31±3.75）HV（表 6-5-8）。

表 6-5-8　腰椎各节段附件区松质骨骨硬度分布

节段	测量位点 / 个	最小值 /HV	最大值 /HV	平均值 ± 标准差 /HV
L₁	15	22.10	41.30	32.23±5.56
L₂	15	28.40	38.40	33.73±2.89
L₃	15	25.00	38.60	32.85±3.95
L₄	15	28.40	39.50	31.85±3.83
L₅	15	23.60	39.90	31.31±3.75

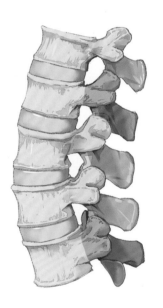

附件区松质骨
L_1：32.23HV
L_2：33.73HV
L_3：32.85HV
L_4：31.85HV
L_5：31.31HV

三、腰椎各节段骨硬度分布

（一）第 1 腰椎（L_1）骨硬度

1. 示意图

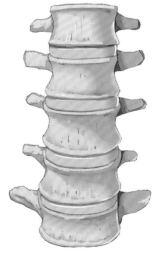

密质骨
最硬区域：椎弓根皮质（37.17HV）
最软区域：外周皮质（29.78HV）
松质骨
最硬区域：附件区（32.23HV）
最软区域：椎体区（29.60HV）

第 1 腰椎示意图　　　　　硬度分布

2. 硬度分布　第 1 腰椎共选取 10 个测量区域(密质骨:8 个;松质骨:2 个)。密质骨中硬度值最高的测量区域为椎弓根皮质,平均硬度为(37.17±4.31)HV;硬度值最低的测量区域为外周皮质,平均硬度为(29.78±4.73)HV。

松质骨中硬度值最高的测量区域为附件区松质,平均硬度为(32.23±5.56)HV;硬度值最低的测量区域为椎体区松质,平均硬度为(29.60±4.82)HV(表 6-5-9)。

表 6-5-9　第 1 腰椎硬度分布

部位	最小值 /HV	最大值 /HV	平均值 ± 标准差 /HV
椎弓根皮质	30.40	44.30	37.17±4.31
椎板皮质	27.60	45.40	35.77±4.97
横突皮质	21.60	45.80	33.73±7.05
上关节突皮质	27.50	44.90	36.24±4.97
下关节突皮质	26.40	45.30	34.85±6.24
上终板皮质	26.00	36.00	31.03±3.67
下终板皮质	27.20	41.90	35.69±3.87
外周皮质	21.80	44.70	29.78±4.73
附件区松质	22.10	41.30	32.23±5.56
椎体区松质	21.90	37.10	29.60±4.82

(二) 第 2 腰椎(L₂)骨硬度

1. 示意图

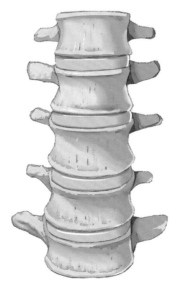

密质骨
最硬区域:椎弓根皮质(38.51HV)
最软区域:外周皮质(29.13HV)
松质骨
最硬区域:附件区(33.73HV)
最软区域:椎体区(30.73HV)

第 2 腰椎示意图　　　　　　　　　硬度分布

2. 硬度分布　第 2 腰椎共选取 10 个测量区域(密质骨:8 个;松质骨:2 个)。密质骨中硬度值最高的测量区域为椎弓根皮质,平均硬度为(38.51±4.39)HV;硬度值最低的测量区域为外周皮质,平均硬度为(29.13±4.58)HV。

松质骨中硬度值最高的测量区域为附件区松质,平均硬度为 33.73±2.89HV;硬度值最低的测量区域为椎体区松质,平均硬度为(30.73±2.70)HV(表 6-5-10)。

表 6-5-10　第 2 腰椎硬度分布

部位	最小值 /HV	最大值 /HV	平均值 ± 标准差 /HV
椎弓根皮质	33.50	46.10	38.51±4.39
椎板皮质	22.30	48.30	35.75±6.53
横突皮质	23.10	42.40	32.78±5.13
上关节突皮质	25.00	40.20	34.53±4.24
下关节突皮质	24.10	43.60	32.79±5.07
上终板皮质	26.30	40.70	31.82±3.46
下终板皮质	27.90	39.10	34.79±3.13
外周皮质	19.00	38.50	29.13±4.58
附件区松质	28.40	38.40	33.73±2.89
椎体区松质	25.30	34.40	30.73±2.70

(三) 第 3 腰椎(L₃)骨硬度

1. 示意图

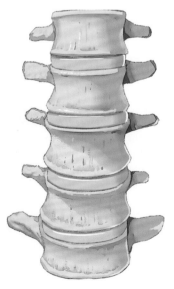

密质骨
最硬区域:椎弓根皮质(38.06HV)
最软区域:外周皮质(29.43HV)
松质骨
最硬区域:附件区(32.85HV)
最软区域:椎体区(30.40HV)

第 3 腰椎示意图　　　　　　　　　硬度分布

2. 硬度分布　第 3 腰椎共选取 10 个测量区域(密质骨:8 个;松质骨:2 个)。密质骨中硬度值最高的测量区域为椎弓根皮质,平均硬度为(38.06±4.08)HV;硬度值最低的测量区域为外周皮质,平均硬度为(29.43±3.88)HV。

松质骨中硬度值最高的测量区域为附件区松质,平均硬度为(32.85±3.95)HV;硬度值最低的测量区域为椎体区松质,平均硬度为(30.40±2.98)HV(表 6-5-11)。

表 6-5-11　第 3 腰椎硬度分布

部位	最小值 /HV	最大值 /HV	平均值 ± 标准差 /HV
椎弓根皮质	31.20	46.20	38.06±4.08
椎板皮质	29.30	42.40	34.60±4.26
横突皮质	26.20	44.80	32.95±4.50
上关节突皮质	25.60	40.20	31.47±4.07
下关节突皮质	20.70	36.10	30.83±3.94
上终板皮质	24.30	43.90	29.93±5.26
下终板皮质	27.20	44.00	33.23±4.83
外周皮质	22.30	36.80	29.43±3.88
附件区松质	25.00	38.60	32.85±3.95
椎体区松质	27.00	36.50	30.40±2.98

(四) 第 4 腰椎(L₄)骨硬度
1. 示意图

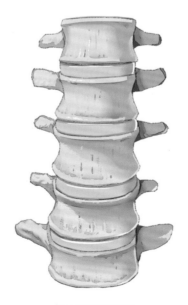

密质骨
最硬区域:椎弓根皮质(39.19HV)
最软区域:外周皮质(31.13HV)
松质骨
最硬区域:附件区(31.85HV)
最软区域:椎体区(31.15HV)

第 4 腰椎示意图　　　　　硬度分布

2. 硬度分布　第 4 腰椎共选取 10 个测量区域(密质骨:8 个;松质骨:2 个)。密质骨中硬度值最高的测量区域为椎弓根皮质,平均硬度为(39.19±5.46)HV;硬度值最低的测量区域为外周皮质,平均硬度为(31.13±4.50)HV。

松质骨中硬度值最高的测量区域为附件区松质,平均硬度为(31.85±3.83)HV;硬度值最低的测量区域为椎体区松质,平均硬度为(31.15±2.78)HV(表 6-5-12)。

表 6-5-12　第 4 腰椎硬度分布

部位	最小值 /HV	最大值 /HV	平均值 ± 标准差 /HV
椎弓根皮质	28.30	48.70	39.19±5.46
椎板皮质	26.30	48.80	34.98±7.09
横突皮质	25.40	40.00	33.18±4.33
上关节突皮质	23.00	44.00	32.16±6.53
下关节突皮质	22.90	38.90	31.97±4.28
上终板皮质	25.50	42.20	32.35±5.27
下终板皮质	31.40	45.80	38.96±5.04
外周皮质	20.90	37.90	31.13±4.50
附件区松质	26.40	37.30	31.85±3.83
椎体区松质	24.80	35.90	31.15±2.78

(五) 第 5 腰椎(L₅)骨硬度

1. 示意图

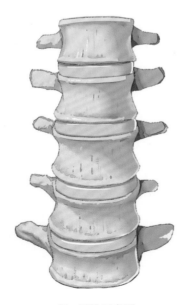

密质骨
最硬区域:下终板皮质(35.69HV)
最软区域:上关节突皮质(29.86HV)
松质骨
最硬区域:附件区(31.31HV)
最软区域:椎体区(29.67HV)

第 5 腰椎示意图　　　　　　　　　硬度分布

2. 硬度分布   第 5 腰椎共选取 10 个测量区域(密质骨:8 个;松质骨:2 个)。密质骨中硬度值最高的测量区域为下终板皮质,平均硬度为(35.69±3.26)HV;硬度值最低的测量区域为上关节突皮质,平均硬度为(29.86±3.61)HV。

松质骨中硬度值最高的测量区域为附件区松质,平均硬度为(31.31±3.75)HV;硬度值最低的测量区域为椎体区松质,平均硬度为(29.67±3.43)HV(表 6-5-13)。

表 6-5-13   第 5 腰椎硬度分布

部位	最小值 /HV	最大值 /HV	平均值 ± 标准差 /HV
椎弓根皮质	25.70	41.80	35.57±5.08
椎板皮质	26.70	43.30	34.09±4.76
横突皮质	25.60	39.40	31.07±4.70
上关节突皮质	23.60	36.10	29.86±3.61
下关节突皮质	22.90	43.70	31.93±5.95
上终板皮质	25.70	39.30	32.89±3.42
下终板皮质	29.90	42.10	35.69±3.26
外周皮质	21.90	45.40	30.58±4.84
附件区松质	23.60	38.20	31.31±3.75
椎体区松质	24.20	34.10	29.67±3.43

第七章

7

骨盆环和髋臼骨硬度

第一节　概　述

一、解剖特点

骨盆是由两侧的髋骨和后方的骶尾骨组成。髋骨属于不规则骨,由上部的髂骨、前下部的耻骨和后下部的坐骨融合而成。髋骨上部扁阔,中部窄厚,下部有闭孔,后外侧面上部平坦,有臀肌附着。髂骨由髂骨翼和髂骨体构成;坐骨由坐骨支和坐骨体构成;耻骨由耻骨上支、耻骨下支和耻骨体三部分构成,耻骨支最细,最易发生骨折。髋骨构成骨盆的外侧壁和前壁,中部的圆形深窝即为髋臼。骶骨由 5 块骶椎融合而成,骶骨略呈三角形,中央为骶管,纵贯全长,前、后面各有 4 对骶孔,与骶管交通,有骶神经通过;尾骨由 4 块尾椎融合而成,尾骨底向上与骶骨相接,尖向下游离。

根据骨折特点,可将骨盆分为骨盆环和髋臼两部分。骨盆环以髋臼为界,可分为前后两环。髋臼分为前柱(即髂耻柱)、后柱(即髂坐柱)和臼顶。

人体直立时,骨盆向前倾,两侧的髂前上棘和耻骨结节位于一个冠状面上。在站立相,躯干重力经骶骨、双侧骶髂关节及髋臼向下支传导;在坐位相,躯干重力经骶骨、双侧骶髂关节及坐骨支传导;双下肢负重由双侧髋臼、骶髂关节向骶骨脊柱传导。

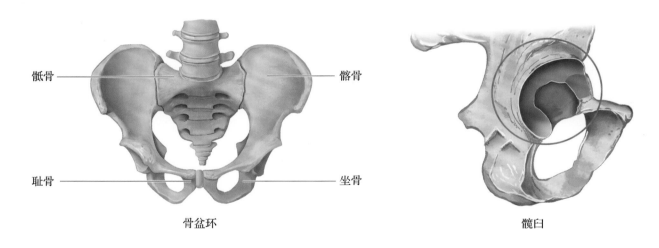

骶骨　　　　　　　　　　　　　　　髂骨

耻骨　　　　　　　　　　　　　　　坐骨

骨盆环　　　　　　　　　　　　髋臼

二、骨盆环和髋臼骨硬度分区原则

本章节分为骨盆环和髋臼,其中骨盆环主要分为髂骨、骶骨、坐骨、耻骨四部分,依据解剖结构取点为髂前上下棘、髂骨粗隆、髂后上下棘、髂骨翼、坐骨支上、坐骨结节、骶骨、耻骨上下支、耻骨联合共 9 个重要解剖部位;髋臼分割办法依据临床上常用的髋臼骨折的常用分型所涉及的关键区域确定,分为髋臼前柱、后柱、髋臼顶、髋臼窝 4 个重要解剖部位。每部分使用慢速锯进一步分割为数片厚约 3mm 骨硬度的切片并固定于纯平玻片上。

本章节共获得髂前上棘 9 片、髂前下棘 9 片、左髂骨翼 15 片、髂骨粗隆 9 片、髂后上下棘 12 片、左髋臼前壁 12 片、左髋臼后壁 12 片、左髋臼顶区 15 片、左髋臼窝 15 片、左坐骨支上 12 片、左坐骨结节 15 片、骶骨 I 区 9 片、Ⅱ区 9 片、Ⅲ区 9 片、左耻骨联合 15 片、耻骨下支 9 片、耻骨上支 9 片。

根据每片骨骼试样的特点,选取每个测量区域里的感兴趣区进行测量,最终选取 5 个有效的压痕硬度值。每个测量区域的 5 个有效压痕硬度值的平均值代表该区域的显微压痕硬度值。

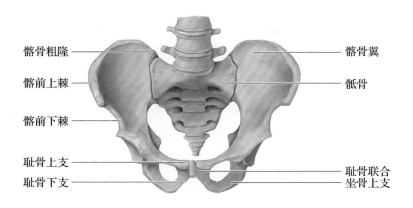

髂骨粗隆 ————————————— 髂骨翼
髂前上棘 ————————————— 骶骨
髂前下棘
耻骨上支 ————————————— 耻骨联合
耻骨下支 ————————————— 坐骨上支

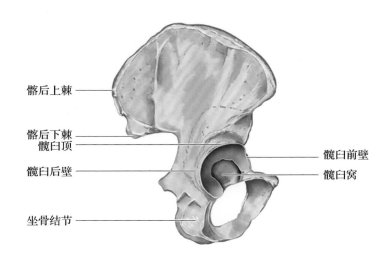

髂后上棘
髂后下棘
髋臼顶 ————————————— 髋臼前壁
髋臼后壁 ————————————— 髋臼窝
坐骨结节

三、骨盆环及髋臼硬度分布特点

（一）测量位点数量

本章节共测量骨盆环和髋臼骨骼试样标本 195 片，603 个测量区域，合计测量位点 3 015 个。

髂骨标本 54 片，测量位点 810 个；耻骨标本 33 片，测量位点 540 个；坐骨标本 27 片，测量位点 450 个；骶骨标本 27 片，测量位点 405 个；髋臼部分标本 54 片，测量位点 810 个。

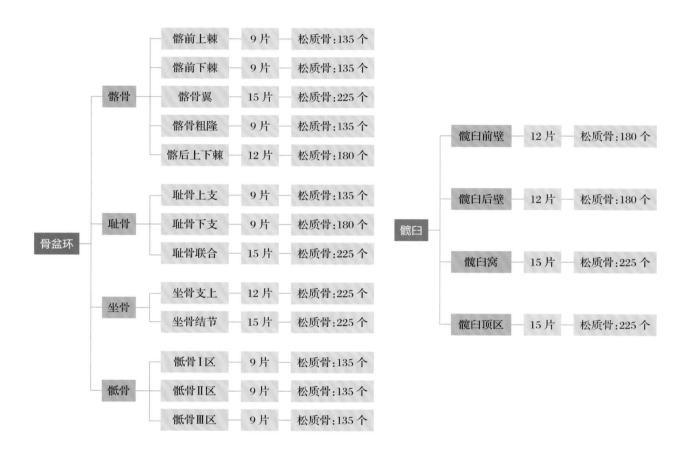

（二）骨盆环和髋臼骨总体硬度

骨盆环和髋臼总体骨硬度范围 11.70~47.30HV，平均硬度为（28.6±2.92）HV（表 7-1-1）。

表 7-1-1　骨盆总体骨硬度分布

部位	测量位点 / 个	最小值 /HV	最大值 /HV	平均值 ± 标准差 /HV
骨盆总体	3 015	11.70	47.30	28.60±2.92

（三）骨盆环各部分和髋臼硬度分布

骨盆环各部分和髋臼骨硬度分布显示：最硬部分为耻骨，硬度范围 15.80~47.30HV，平均硬度为（32.74±2.62）HV；最软部分为骶骨，硬度范围 21.30~37.90HV，平均硬度为（24.44±2.66）HV（表 7-1-2）。

表 7-1-2　骨盆环各部分和髋臼硬度分布

部位	测量位点 / 个	最小值 /HV	最大值 /HV	平均值 ± 标准差 /HV
髂骨	810	11.70	46.70	29.85±4.20
耻骨	540	15.80	47.30	32.74±2.62
坐骨	450	12.30	38.40	26.51±0.10
骶骨	405	21.30	37.90	24.44±2.66
髋臼	710	11.80	44.70	29.46±1.54

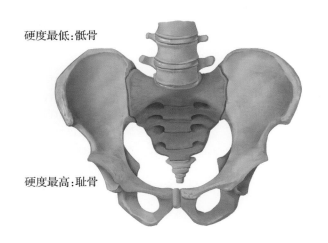

硬度最低:骶骨

最硬部分:耻骨（32.74HV）
最软部分:骶骨（24.44HV）

硬度最高:耻骨

（四）骨盆环和髋臼重点解剖部位硬度分布

骨盆环各部和髋臼重点解剖部位骨硬度分布显示:最硬区域为耻骨下支,硬度范围 27.30~47.00HV,平均硬度为（36.04±4.79）HV;最软区域为骶骨Ⅱ区,硬度范围 15.00~29.60HV,平均硬度为（21.57±2.93）HV（表 7-1-3）。

表 7-1-3　骨盆环各部分和髋臼硬度分布

部位	位置	N	最小值 /HV	最大值 /HV	平均值 ± 标准差 /HV
髂骨	髂前上棘	135	23.10	46.30	34.93±4.24
	髂前下棘	135	17.10	38.20	27.40±3.86
	髂骨粗隆	135	22.70	41.70	31.61±4.50
	髂后上下棘	180	11.70	34.40	22.97±4.55
	髂骨翼	225	15.60	46.70	32.35±5.75
耻骨	耻骨上支	135	15.80	43.50	30.45±7.19
	耻骨下支	180	27.30	47.00	36.04±4.79
	耻骨联合	225	18.00	47.30	31.74±5.37
坐骨	坐骨支上	225	12.30	37.90	26.41±4.87
	坐骨结节	225	13.90	38.40	26.60±4.95

续表

部位	位置	N	最小值/HV	最大值/HV	平均值±标准差/HV
骶骨	骶骨Ⅰ区	135	16.70	37.90	24.00±4.00
	骶骨Ⅱ区	135	15.00	29.60	21.57±2.93
	骶骨Ⅲ区	135	21.30	35.00	27.80±3.35
髋臼	髋臼前壁	180	19.80	40.70	31.15±4.94
	髋臼后壁	180	16.40	39.50	29.93±4.64
	髋臼顶区	225	14.50	44.70	29.80±6.24
	髋臼窝	225	11.80	41.20	26.94±6.12

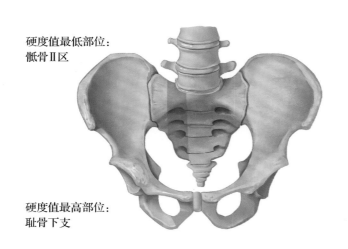

硬度值最低部位：
骶骨Ⅱ区

硬度值最高部位：
耻骨下支

髂骨
髂前上棘：34.93HV
髂前下棘：27.40HV
髂骨粗隆：31.61HV
髂后上下棘：22.97HV
髂骨翼：32.35HV

耻骨
耻骨上支：30.45HV
耻骨下支：36.04HV
耻骨联合：31.74HV

坐骨
坐骨支上：26.41HV
坐骨结节：26.60HV

骶骨
骶骨Ⅰ区：24.40HV
骶骨Ⅱ区：21.57HV
骶骨Ⅲ区：27.80HV

髋臼
髋臼前壁：31.15HV
髋臼后壁：29.93HV
髋臼顶区：29.80HV
髋臼窝：26.94HV

第二节　髂骨骨硬度

一、解剖特点

髂骨是髋骨的组成部分之一，构成髋骨的后上部，分髂骨体和髂骨翼两部分。前部宽大的为髂骨翼，后部窄小为髂骨体。它们的下方的突起分别称髂前下棘和髂后下棘。髂前上棘后方5~7cm处，髂嵴的前、中1/3交界处向外侧突出称髂结节，髂前上棘和髂结节都是重要的骨性标志。髂骨翼内面平滑稍凹，称髂窝，窝的下界为突出的弓状线，其后上方为耳状面与骶骨构成骶髂关节。髂嵴的后突起为髂后上嵴。

它们的下方的突起分别称髂前下棘和髂后下棘。髂后下棘下方有深陷的坐骨大切迹。耳状面后上方有髂粗隆与骶骨借韧带相连接。髂骨翼的外面称为臀面,有臀肌附着。

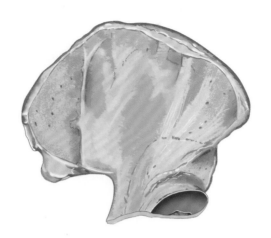

二、髂骨硬度分布特点

(一)测量位点数量

共测量髂骨骨骼试样标本 54 片,其中每片标本共计 15 个测量位点,合计测量位点 810 个。(髂前上棘:135 个,髂前下棘:135 个,髂骨翼:225 个,髂骨粗隆:135 个,髂后上下棘:180 个)

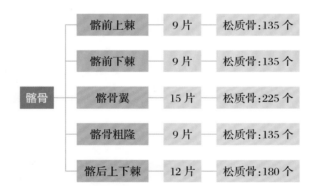

(二)髂骨总体骨硬度

髂骨总体骨硬度范围 11.70~46.70HV,平均硬度为(29.85±4.20)HV(表 7-2-1)。

表 7-2-1 髂骨总体骨硬度分布

部位	测量位点 / 个	最小值 /HV	最大值 /HV	平均值 ± 标准差 /HV
髂骨	810	11.70	46.70	29.85±4.20

(三)髂骨各测量区域硬度

髂骨选取了 5 个测量部位,其硬度分布如下。该部分最硬区域为髂前上棘,平均硬度为(34.93±4.24)HV;该部分最软区域为髂后上下棘,平均硬度为(22.97±4.55)HV(表 7-2-2)。

表 7-2-2　髂骨各测量区域硬度分布

部位	测量位点 / 个	最小值 /HV	最大值 /HV	平均值 ± 标准差 /HV
髂前上棘	135	23.10	46.30	34.93±4.24
髂前下棘	135	17.10	38.20	27.40±3.86
髂骨翼	225	15.60	46.70	32.35±5.75
髂骨粗隆	135	22.70	41.70	31.61±4.50
髂后上下棘	180	11.70	34.40	22.97±4.55

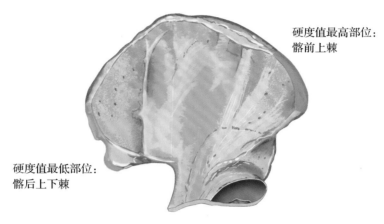

硬度值最高部位：髂前上棘

硬度值最低部位：髂后上下棘

硬度最高部位：髂前上棘（34.93HV）
硬度最低部位：髂后上下棘（22.97HV）

（四）髂骨各层面硬度分布

髂骨 5 个测量区域选取了不同的测量层面，其硬度分布如下，其硬度各不相同。其中硬度值最高的为髂前上棘第 2 层面，平均硬度为（35.12±3.35）HV；硬度值最低的为髂后上下棘第 4 层面，平均硬度为（22.68±4.59）HV（表 7-2-3）。

表 7-2-3　髂骨各层面硬度分布

部位		测量位点 / 个	最小值 /HV	最大值 /HV	平均值 ± 标准差 /HV
髂前上棘	第 1 层面	45	23.10	46.30	34.91±4.76
	第 2 层面	45	29.10	42.40	35.12±3.35
	第 3 层面	45	25.80	44.20	34.77±4.56
髂前下棘	第 1 层面	45	20.20	33.40	27.27±3.35
	第 2 层面	45	17.10	34.60	27.25±3.73
	第 3 层面	45	20.10	38.20	27.67±4.49
髂骨粗隆	第 1 层面	45	22.70	39.70	30.66±4.62
	第 2 层面	45	23.50	41.70	31.82±4.46
	第 3 层面	45	23.80	40.30	32.34±4.34

续表

部位		测量位点/个	最小值/HV	最大值/HV	平均值±标准差/HV
髂骨翼	第1层面	45	18.40	38.00	28.68±4.87
	第2层面	45	24.20	43.60	33.50±4.38
	第3层面	45	15.60	42.30	30.75±6.67
	第4层面	45	23.30	46.70	34.68±5.77
	第5层面	45	18.20	45.90	34.16±4.61
髂后上下棘	第1层面	45	11.70	34.40	23.13±4.92
	第2层面	45	13.70	31.20	23.37±4.36
	第3层面	45	12.70	33.20	22.70±4.45
	第4层面	45	14.40	32.20	22.68±4.59

三、髂骨骨硬度分布

(一)髂前上棘

1. 示意图

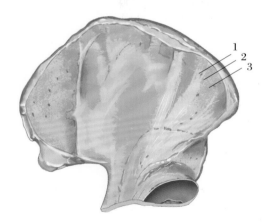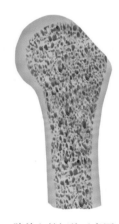

第1层面:34.91HV
第2层面:35.12HV
第3层面:34.77HV

髂前上棘分割层面　　　　　　　髂前上棘切片示意图　　　　　硬度分布

2. 硬度分布　髂前上棘硬度分布显示:髂前上棘硬度范围 23.10~46.30HV,平均硬度(34.93±4.24)HV;其中第2层面骨硬度值最高,为(35.12±3.35)HV,第3层面骨硬度值最低,为(34.77±4.56)HV(表 7-2-4)。

表 7-2-4　髂前上棘各层面硬度分布

部位	最小值/HV	最大值/HV	平均值±标准差/HV
第1层面	23.10	46.30	34.91±4.76
第2层面	29.10	42.40	35.12±3.35
第3层面	25.80	44.20	34.77±4.56
总体	23.10	46.30	34.93±4.24

（二）髂前下棘

1. 示意图

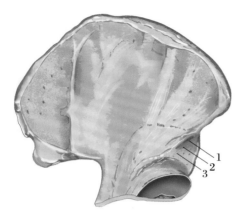

第 1 层面:27.27HV
第 2 层面:27.25HV
第 3 层面:27.67HV

髂前下棘分割层面　　　　　　　髂前下棘切片示意图　　　　　硬度分布

2. 硬度分布　髂前下棘硬度分布显示:髂前下棘硬度范围 17.10~38.20HV,平均硬度(27.40±3.86)HV;其中第 3 层面骨硬度值最高,为(27.67±4.49)HV,第 2 层面骨硬度值最低,为(27.25±3.73)HV(表 7-2-5)。

表 7-2-5　髂前下棘各层面硬度分布

部位	最小值 /HV	最大值 /HV	平均值 ± 标准差 /HV
第 1 层面	20.20	33.40	27.27±3.35
第 2 层面	17.10	34.60	27.25±3.73
第 3 层面	20.10	38.20	27.67±4.49
总体	17.10	38.20	27.40±3.86

（三）髂骨粗隆

1. 示意图

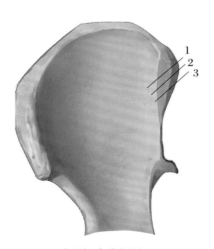
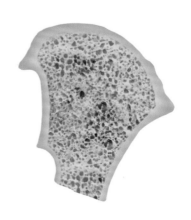

第 1 层面:30.66HV
第 2 层面:31.82HV
第 3 层面:32.34HV

髂骨粗隆分割层面　　　　　　　髂骨粗隆切片示意图　　　　　硬度分布

2. 硬度分布　髂骨粗隆硬度分布显示：髂骨粗隆硬度范围 22.70~41.70HV，平均硬度（31.61±4.50）HV；其中第 3 层面骨硬度值最高，为（32.34±4.34）HV，第 1 层面骨硬度值最低，为（30.66±4.62）HV（表 7-2-6）。

表 7-2-6　髂骨粗隆各层面硬度分布

部位	最小值 /HV	最大值 /HV	平均值 ± 标准差 /HV
第 1 层面	22.70	39.70	30.66±4.62
第 2 层面	23.50	41.70	31.82±4.46
第 3 层面	23.80	40.30	32.34±4.34
总体	22.70	41.70	31.61±4.50

（四）髂后上下棘

1. 示意图

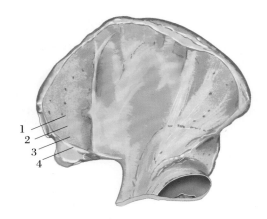 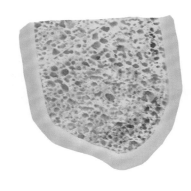

第 1 层面：23.13HV
第 2 层面：23.37HV
第 3 层面：22.70HV
第 4 层面：22.68HV

髂后上下棘分割层面　　　　　髂后上下棘切片示意图　　　　　硬度分布

2. 硬度分布　髂后上下棘硬度分布显示：髂后上下棘硬度范围 11.70~34.40HV，平均硬度（22.97±4.55）HV；其中第 2 层面骨硬度值最高，为（23.37±4.36）HV，第 4 层面骨硬度值最低，为（22.68±4.59）HV（表 7-2-7）。

表 7-2-7　髂后上下棘各层面硬度分布

部位	最小值 /HV	最大值 /HV	平均值 ± 标准差 /HV
第 1 层面	11.70	34.40	23.13±4.92
第 2 层面	13.70	31.20	23.37±4.36
第 3 层面	12.70	33.20	22.70±4.45
第 4 层面	14.40	32.20	22.68±4.59
总体	11.70	34.40	22.97±4.55

（五）髂骨翼

1. 示意图

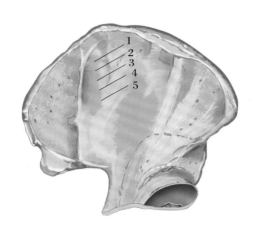

第1层面:28.68HV
第2层面:33.50HV
第3层面:30.75HV
第4层面:34.68HV
第5层面:34.16HV

髂骨翼分割层面　　　　　　髂骨翼切片示意图　　　硬度分布

2. 硬度分布　髂骨翼硬度分布显示:髂骨翼硬度范围 15.60~46.70HV,平均硬度(32.35±5.75)HV;其中第 4 层面骨硬度值最高,为(34.68±5.77)HV,第 1 层面骨硬度值最低,为(28.68±4.87)HV(表 7-2-8)。

表 7-2-8　髂骨翼各层面硬度分布

部位	最小值 /HV	最大值 /HV	平均值 ± 标准差 /HV
第 1 层面	18.40	38.00	28.68±4.87
第 2 层面	24.20	43.60	33.50±4.38
第 3 层面	15.60	42.30	30.75±6.67
第 4 层面	23.30	46.70	34.68±5.77
第 5 层面	18.20	45.90	34.16±4.61
总体	15.60	46.70	32.35±5.75

第三节　耻骨骨硬度

一、解剖特点

耻骨位于髋骨的前下部,分为体及上、下两支。耻骨体构成髋臼前下部,较肥厚,自体向前内侧伸出耻骨上支,此支向下弯曲移行于耻骨下支。耻骨上支的上缘薄锐,称耻骨梳,其向后与髂骨的弓状线相续,向前终于圆形隆起,为耻骨结节,耻骨是在小腹下部,大腿内侧。耻骨构成髋骨前下部,分体和上、下二支。体组成髋臼前下 1/5。与髂骨体的结合处上缘骨面粗糙隆起,称髂耻隆起,由此向前内伸出耻骨上支,其末端急转向下,成为耻骨下支。

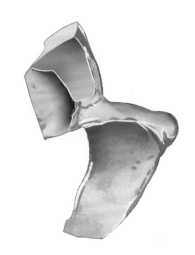

二、耻骨硬度分布特点

(一) 测量位点数量

共测量耻骨试样标本 33 片, 耻骨上支每片标本 15 个测试位点, 耻骨下支每片标本 20 个测试点, 耻骨联合每片标本 15 个测试位点。合计测量位点 540 个。(耻骨上支: 135 个, 耻骨下支: 180 个, 耻骨联合: 225 个)。

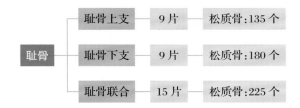

(二) 耻骨骨硬度

耻骨总体范围 15.80~47.30HV, 平均硬度为 (32.74±2.62) HV (表 7-3-1)。

表 7-3-1　耻骨总体骨硬度分布

部位	测量位点/个	最小值/HV	最大值/HV	平均值 ± 标准差/HV
耻骨	540	15.80	47.30	32.74±2.62

(三) 耻骨各测量区域硬度

耻骨选取了 3 个测量区域: 耻骨上支、耻骨下支和耻骨联合。该部分最硬区域为耻骨下支, 平均硬度为 (36.04±4.79) HV; 该部分最软区域为耻骨上支, 平均硬度为 (30.45±7.19) HV (表 7-3-2)。

表 7-3-2　耻骨各测量区域硬度分布

部位	测量位点/个	最小值/HV	最大值/HV	平均值 ± 标准差/HV
耻骨上支	135	15.80	43.50	30.45±7.19
耻骨下支	180	27.30	47.00	36.04±4.79
耻骨联合	225	18.00	47.30	31.74±5.37

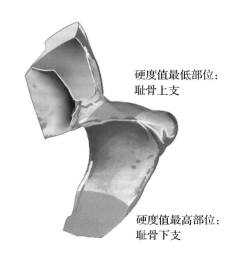

硬度值最低部位:
耻骨上支

耻骨
硬度最高部位:耻骨下支(36.04HV)
硬度最低部位:耻骨上支(30.45HV)

硬度值最高部位:
耻骨下支

(四) 耻骨各层面骨硬度

耻骨 3 个测量区域共计测量 12 个层面,其硬度各不相同,分布如下。其中硬度值最高的为耻骨下支第 4 层面,平均硬度为(36.62±5.13)HV;硬度值最低的为耻骨上支第 1 层面,平均硬度为(29.58±5.93)HV(表 7-3-3)。

表 7-3-3   耻骨各层面骨硬度分布

部位		测量位点 / 个	最小值 /HV	最大值 /HV	平均值 ± 标准差 /HV
耻骨上支	第 1 层面	45	18.50	40.00	29.58±5.93
	第 2 层面	45	21.70	43.00	30.31±9.01
	第 3 层面	45	15.80	43.50	31.46±6.04
耻骨下支	第 1 层面	45	27.70	45.40	36.62±4.42
	第 2 层面	45	27.40	45.50	34.54±5.00
	第 3 层面	45	28.00	45.60	36.38±4.68
	第 4 层面	45	27.30	47.00	36.62±5.13
耻骨联合	第 1 层面	45	18.00	43.20	31.06±7.22
	第 2 层面	45	23.10	42.20	31.89±4.60
	第 3 层面	45	22.50	41.00	32.41±4.31
	第 4 层面	45	23.20	41.00	29.82±4.31
	第 5 层面	45	23.00	47.30	33.53±5.32

三、耻骨各部位骨硬度分布

(一)耻骨上支

1. 示意图

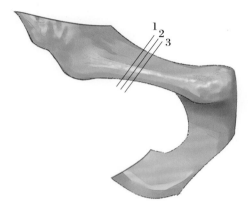

第 1 层面：29.58HV
第 2 层面：30.31HV
第 3 层面：31.46HV

耻骨上支分割层面　　　　　　　耻骨上支切片示意图　　　　　　硬度分布

2. 硬度分布　　耻骨上支硬度分布显示：耻骨上支硬度范围 15.80~43.50HV，平均硬度(30.45±7.19)HV；其中第 3 层面骨硬度值最高，为(31.46±6.04)HV，第 1 层面骨硬度值最低，为(29.58±5.93)HV(表 7-3-4)。

表 7-3-4　耻骨上支各层面硬度分布

部位	最小值 /HV	最大值 /HV	平均值 ± 标准差 /HV
第 1 层面	18.50	40.00	29.58±5.93
第 2 层面	21.70	43.00	30.31±9.01
第 3 层面	15.80	43.50	31.46±6.04
总体	15.80	43.50	30.45±7.19

(二)耻骨下支

1. 示意图

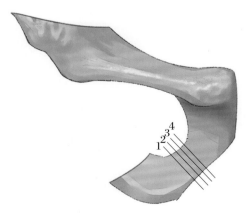

第 1 层面：36.62HV
第 2 层面：34.54HV
第 3 层面：36.38HV
第 4 层面：36.62HV

耻骨下支分割层面　　　　　　　耻骨下支切片示意图　　　　　　硬度分布

2. 硬度分布 耻骨下支硬度分布显示:耻骨下支硬度范围 27.30~47.00HV,平均硬度(36.04±4.79)HV;其中第 4 层面骨硬度值最高,为(36.63±5.13)HV,第 2 层面骨硬度值最低,为(34.54±5.00)HV(表 7-3-5)。

表 7-3-5 耻骨下支各层面硬度分布

部位	最小值 /HV	最大值 /HV	平均值 ± 标准差 /HV
第 1 层面	27.70	45.40	36.62±4.42
第 2 层面	27.40	45.50	34.54±5.00
第 3 层面	28.00	45.60	36.38±4.68
第 4 层面	27.30	47.00	36.63±5.13
总体	27.30	47.00	36.04±4.79

(三) 耻骨联合

1. 示意图

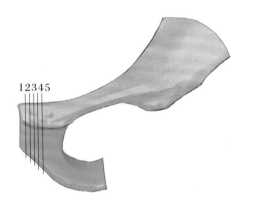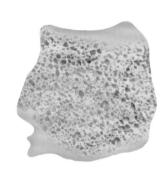

第 1 层面:31.06HV
第 2 层面:31.89HV
第 3 层面:32.41HV
第 4 层面:29.82HV
第 5 层面:33.53HV

耻骨联合切割层面　　　　　　耻骨联合切片示意图　　　　　　硬度分布

2. 硬度分布(单位:HV)

表 7-3-6 耻骨联合各层面硬度分布

部位	最小值 /HV	最大值 /HV	平均值 ± 标准差 /HV
第 1 层面	18.00	43.20	31.06±7.22
第 2 层面	23.10	42.20	31.89±4.60
第 3 层面	22.50	41.00	32.41±4.31
第 4 层面	23.20	41.00	29.82±4.31
第 5 层面	23.00	47.30	33.53±5.32
总体	18.00	47.30	31.74±5.37

　　耻骨联合硬度分布显示：耻骨联合硬度范围 18.00~47.30HV，平均硬度（31.74±5.37）HV；其中第 5 层面骨硬度值最高，为（33.53±5.32）HV，第 4 层面骨硬度值最低，为（29.82±4.31）HV。

第四节　坐骨骨硬度

一、解剖特点

　　坐骨分坐骨体和坐骨支两部分。坐骨体构成髋臼的后下部，体向后下延伸为坐骨支，其后下为粗大的坐骨结节。体的后缘有一尖锐骨性突起称坐骨棘，坐骨棘与髂后下棘之间为坐骨大切迹，坐骨棘下方为坐骨小切迹。坐骨体下后部向前上内延伸为较细的坐骨支，其末端与耻骨下支结合可在体表扪到。

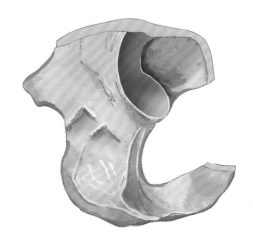

二、坐骨硬度分布特点

（一）测量位点数量

　　共测量坐骨骨骼试样标本 27 片，9 片坐骨支上标本测试位点为 20 个，3 片坐骨支上标本测试位点 15 个，坐骨结节标本每片测试位点均为 15 个。合计测量位点 450 个（坐骨支上：225 个，坐骨结节：225 个）。

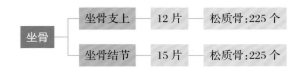

（二）坐骨总体骨硬度

　　坐骨总体骨硬度范围 12.30~38.40HV，平均硬度为（26.51±0.10）HV（表 7-4-1）。

表 7-4-1　坐骨总体骨硬度分布

部位	测量位点 / 个	最小值 /HV	最大值 /HV	平均值 ± 标准差 /HV
坐骨	450	12.3	38.4	26.51±0.10

（三）坐骨各测量部位硬度

坐骨选取2个重点测量部位：坐骨支上和坐骨结节。该部分最硬区域为坐骨结节，平均硬度为（26.63±4.95）HV；该部分最软区域为坐骨支上，平均硬度为（26.22±4.87）HV（表7-4-2）。

表 7-4-2　坐骨各测量部位硬度分布

部位	测量位点 / 个	最小值 /HV	最大值 /HV	平均值 ± 标准差 /HV
坐骨支上	225	12.30	37.90	26.22±4.87
坐骨结节	225	13.90	38.40	26.63±4.95

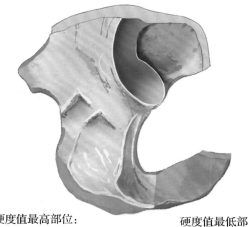

坐骨
硬度值最高部位：坐骨结节（26.63HV）
硬度值最低部位：坐骨支上（26.22HV）

硬度值最高部位：
坐骨结节

硬度值最低部位：
坐骨支上

（四）坐骨各层面硬度

坐骨选取了9个层面进行测量，其硬度分布如下。其中硬度值最高的为坐骨结节第1层面，平均硬度为（27.75±4.51）HV；硬度值最低的为坐骨结节第4层面，平均硬度为（23.98±4.68）HV（表7-4-3）。

表 7-4-3　坐骨各层面硬度分布

部位		测量位点 / 个	最小值 /HV	最大值 /HV	平均值 ± 标准差 /HV
坐骨支上	第 1 层面	45	18.30	33.10	24.52±4.26
	第 2 层面	60	17.60	36.90	25.62±4.49
	第 3 层面	60	12.30	37.90	27.50±5.63
	第 4 层面	60	17.20	37.60	27.53±4.63
坐骨结节	第 1 层面	45	17.90	37.60	27.75±4.51
	第 2 层面	45	19.00	38.40	27.74±4.96
	第 3 层面	45	19.30	34.30	26.39±3.86
	第 4 层面	45	15.50	31.80	23.98±4.68
	第 5 层面	45	13.90	37.50	27.12±5.74

三、坐骨各部位骨硬度分布

(一) 坐骨支上

1. 示意图

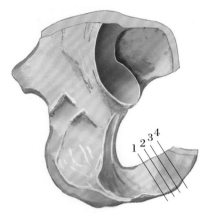

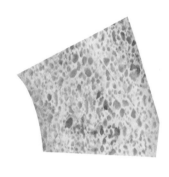

第 1 层面 : 24.52HV
第 2 层面 : 25.62HV
第 3 层面 : 27.50HV
第 4 层面 : 27.53HV

坐骨支上分割层面　　　　　　坐骨支上切片示意图　　　　　　硬度分布

2. 硬度分布　坐骨支上硬度分布显示:坐骨支上硬度范围 12.30~37.90HV,平均硬度(26.22±4.87)HV;其中第 4 层面骨硬度值最高,为(27.53±4.63)HV,第 1 层面骨硬度值最低,为(24.52±4.26)HV。

表 7-4-4　坐骨支上各层面硬度分布

部位	最小值 /HV	最大值 /HV	平均值 ± 标准差 /HV
第 1 层面	18.30	33.10	24.52±4.26
第 2 层面	17.60	36.90	25.62±4.49
第 3 层面	12.30	37.90	27.50±5.63
第 4 层面	17.20	37.60	27.53±4.63
总体	12.30	37.90	26.22±4.87

(二) 坐骨结节

1. 示意图

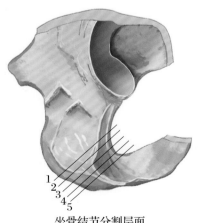

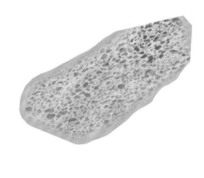

第 1 层面 : 27.75HV
第 2 层面 : 27.74HV
第 3 层面 : 26.39HV
第 4 层面 : 23.98HV
第 5 层面 : 27.12HV

坐骨结节分割层面　　　　　　坐骨结节切片示意图　　　　　　硬度分布

2. 硬度分布   坐骨结节硬度分布显示:坐骨结节硬度范围13.90~38.40HV,平均硬度(26.63±4.95)HV;其中第1层面骨硬度值最高,为(27.75±4.51)HV,第4层面骨硬度值最低,为(23.98±4.68)HV(表7-4-5)。

表7-4-5   坐骨结节各层面硬度分布

部位	最小值/HV	最大值/HV	平均值 ± 标准差/HV
第1层面	17.90	37.60	27.75±4.51
第2层面	19.00	38.40	27.74±4.96
第3层面	19.30	34.30	26.39±3.86
第4层面	15.50	31.80	23.98±4.68
第5层面	13.90	37.50	27.12±5.74
总体	13.90	38.40	26.63±4.95

第五节   骶骨骨硬度

一、解剖特点

骶骨由5块骶椎融合而成,分骶骨底、侧部、骶骨尖、盆面和背侧面,呈倒三角形,构成盆腔的后上壁,其下端为骶骨尖,与尾骨相关节,上端宽阔的底与第5腰椎联合形成腰骶角。骶骨的两侧上部粗糙,为上3个骶椎横突相愈合所致,该部呈耳郭状,又称耳状面,与髂骨相应的关节面形成骶髂关节。

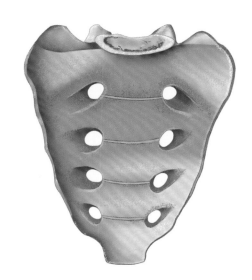

二、骶骨硬度分布特点

(一)测量位点数量

共测量骶骨骨骼试样标本27片,每片骶骨标本为15个侧位点。合计测量位点405个。(骶骨Ⅰ区:135个,骶骨Ⅱ区:135个,骶骨Ⅲ区:135个)

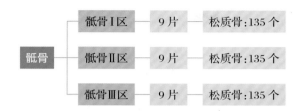

（二）骶骨总体骨硬度

骶骨总体骨硬度范围 15.00~37.90HV，平均硬度为（24.44±3.35）HV（表 7-5-1）。

表 7-5-1　骶骨总体骨硬度分布

部位	测量位点 / 个	最小值 /HV	最大值 /HV	平均值 ± 标准差 /HV
骶骨	405	15.00	37.90	24.44±3.35

（三）骶骨各区骨硬度

骶骨分为 3 区：Ⅰ区、Ⅱ区和Ⅲ区。该部分最硬区域为骶骨Ⅲ区，平均硬度为（27.80±3.34）HV；该部分最软区域为骶骨Ⅱ区，平均硬度为（21.57±2.93）HV（表 7-5-2）。

表 7-5-2　骶骨各区骨硬度分布

部位	测量位点 / 个	最小值 /HV	最大值 /HV	平均值 ± 标准差 /HV
骶骨Ⅰ区	135	16.70	37.90	24.00±4.00
骶骨Ⅱ区	135	15.00	29.60	21.57±2.93
骶骨Ⅲ区	135	21.30	35.00	27.80±3.34

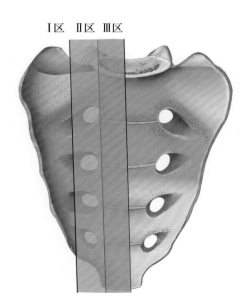

骶骨
硬度值最高区域：骶骨Ⅲ区（27.80HV）
硬度值最低区域：骶骨Ⅱ区（21.57HV）

（四）骶骨各层面硬度分布

骶骨划分为3区，选取了9个层面，其硬度分布如下，其中硬度值最高的为骶骨Ⅲ区第3层面，平均硬度为（28.17±3.48）HV；硬度值最低的为骶骨Ⅱ区第3层面，平均硬度为（20.74±2.69）HV（表7-5-3）。

表 7-5-3　骶骨各层面硬度分布

部位		测量位点 / 个	最小值 /HV	最大值 /HV	平均值 ± 标准差 /HV
骶骨Ⅰ区	第1层面	45	17.10	37.90	23.24±4.90
	第2层面	45	16.70	37.10	24.93±5.07
	第3层面	45	16.70	37.50	23.84±4.85
骶骨Ⅱ区	第1层面	45	15.00	28.30	21.90±2.95
	第2层面	45	16.20	29.60	22.05±3.03
	第3层面	45	15.60	26.00	20.74±2.69
骶骨Ⅲ区	第1层面	45	21.30	35.00	27.08±3.14
	第2层面	45	21.50	35.00	28.15±3.40
	第3层面	45	21.60	34.00	28.17±3.48

三、骶骨骨硬度分布

（一）骶骨Ⅰ区

1. 示意图

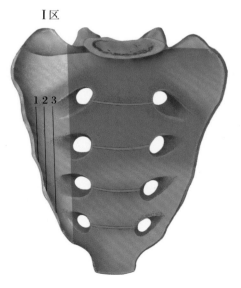

Ⅰ区

第1层面:23.24HV
第2层面:24.93HV
第3层面:23.84HV

骶骨Ⅰ区分割层面　　　　　骶骨Ⅰ区切片示意图　　　　　硬度分布

2. 硬度分布　骶骨I区总骨硬度值范围为 16.70~37.90HV，骨硬度平均值为（24.00±4.00）HV。其中第 2 层面骨硬度值最高，为（24.93±5.07）HV，第 1 层面骨硬度值最低，为（23.24±4.90）HV（表 7-5-4）。

表 7-5-4　骶骨I区各层面硬度分布

部位	最小值/HV	最大值/HV	平均值±标准差/HV
第 1 层面	17.10	37.90	23.24±4.90
第 2 层面	16.70	37.10	24.93±5.07
第 3 层面	16.70	37.50	23.84±4.85
总体	16.70	37.90	24.00±4.00

（二）骶骨II区

1. 示意图

Ⅱ区

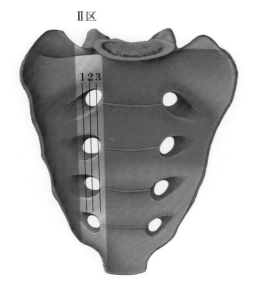

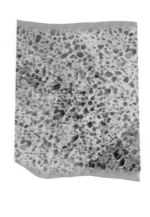

第 1 层面：21.90HV
第 2 层面：22.05HV
第 3 层面：20.74HV

骶骨II区分割层面　　　　　　骶骨II区切片示意图　　　　　　硬度分布

2. 硬度分布　骶骨II区总骨硬度值范围为 15.00~29.60HV，骨硬度平均值为（21.57±2.93）HV。其中第 2 层面骨硬度值最高，为（22.05±3.03）HV，第 3 层面骨硬度值最低，为（20.74±2.69）HV（表 7-5-5）。

表 7-5-5　骶骨II区各层面硬度分布

部位	最小值/HV	最大值/HV	平均值±标准差/HV
第 1 层面	15.00	28.30	21.90±2.95
第 2 层面	16.20	29.60	22.05±3.03
第 3 层面	15.60	26.00	20.74±2.69
总体	15.00	29.60	21.57±2.93

（三）骶骨Ⅲ区

1. 示意图

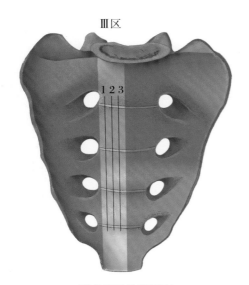

Ⅲ区

骶骨Ⅲ区分割层面

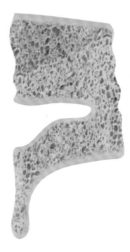

第1层面:27.08HV
第2层面:28.15HV
第3层面:28.17HV

骶骨Ⅲ区切片示意图   硬度分布

2. 硬度分布   骶骨Ⅲ区总骨硬度值范围为21.30~35.00HV,骨硬度平均值为(27.80±3.34)HV。其中第3层面骨硬度值最高,为(28.17±3.48)HV,第1层面骨硬度值最低,为(27.08±3.14)HV(表7-5-6)。

表 7-5-6   骶骨Ⅲ区各层面硬度分布

部位	最小值 /HV	最大值 /HV	平均值 ± 标准差 /HV
第 1 层面	21.30	35.00	27.08±3.14
第 2 层面	21.50	35.00	28.15±3.40
第 3 层面	21.60	34.00	28.17±3.48
总体	21.30	35.00	27.80±3.34

第六节   髋臼骨硬度

一、解剖特点

髋臼位于髋骨外侧面中央,呈半球形深凹,直径约30~50mm,表面覆盖厚约2mm的透明关节软骨,呈半月形分布。中央是髋臼窝,无软骨覆盖,由覆盖滑膜的脂肪组织填充,可以随关节内压力的增减挤出或者吸入关节液,以维持关节内压力的平衡。髋臼边缘的环形关节盂唇可以加深、加宽髋臼,使髋臼容纳股骨头的大部并处于稳定的位置,加强了髋关节的稳定性。

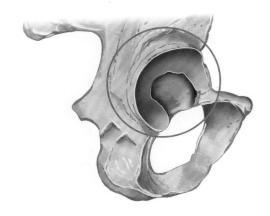

二、髋臼骨硬度分布特点

(一) 测量位点数量

共测量髋臼骨骼试样标本 54 片,每片标本为 15 个侧位点。合计测量位点 810 个(髋臼前壁:180 个,髋臼后壁:180 个,髋臼顶区:225 个,髋臼窝:225 个)。

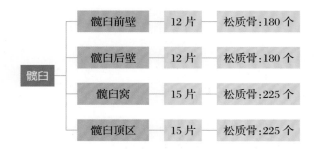

(二) 髋臼总体骨硬度

髋臼总体骨硬度范围 11.80~44.70HV,平均硬度为(29.46±1.54)HV(表 7-6-1)。

表 7-6-1 髋臼总体骨硬度分布

部位	测量位点 / 个	最小值 /HV	最大值 /HV	平均值 ± 标准差 /HV
髋臼	810	11.80	44.70	29.46±1.54

(三) 髋臼各部位骨硬度

髋臼选取了 4 个测量部位:髋臼前壁、髋臼后壁、髋臼窝和髋臼顶区。该部分最硬区域为髋臼前壁,平均硬度为(31.15±4.94)HV;该部分最软区域为髋臼窝,平均硬度为(26.94±6.12)HV(表 7-6-2)。

表 7-6-2 髋臼各部位骨硬度分布

部位	测量位点 / 个	最小值 /HV	最大值 /HV	平均值 ± 标准差 /HV
髋臼前壁	180	19.80	40.70	31.15±4.94
髋臼后壁	180	16.40	39.50	29.93±4.64
髋臼窝	225	11.80	41.20	26.94±6.12
髋臼顶区	225	14.50	44.70	29.80±6.24

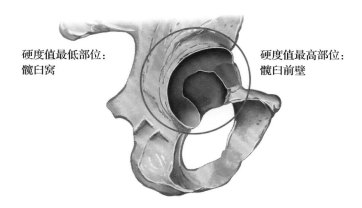

硬度值最低部位:
髋臼窝

硬度值最高部位:
髋臼前壁

髋臼
硬度值最高部位:髋臼前壁(31.15HV)
硬度值最低部位:髋臼窝(26.94HV)

（四）髋臼各层面硬度

髋臼分为 4 区 18 层，其硬度值各不相同，分布如下。其中硬度值最高的为髋臼后壁第 4 层面，平均硬度为（34.12±4.63）HV；硬度值最低的为髋臼窝第 4 层面，平均硬度为（22.49±4.57）HV（表 7-6-3）。

表 7-6-3　髋臼各层面硬度分布

部位		测量位点 / 个	最小值 /HV	最大值 /HV	平均值 ± 标准差 /HV
髋臼前壁	第 1 层面	45	20.70	38.70	28.32±6.03
	第 2 层面	45	21.10	40.10	31.65±5.56
	第 3 层面	45	21.10	40.00	32.84±4.80
	第 4 层面	45	19.80	40.70	31.79±5.54
髋臼后壁	第 1 层面	45	17.70	33.90	25.72±4.18
	第 2 层面	45	16.40	37.20	27.72±5.93
	第 3 层面	45	16.80	39.50	32.15±6.05
	第 4 层面	45	22.50	39.40	34.12±4.63
髋臼窝	第 1 层面	45	12.40	35.60	26.73±5.66
	第 2 层面	45	17.60	36.60	26.77±4.22
	第 3 层面	45	11.80	39.30	28.34±7.04
	第 4 层面	45	14.20	32.90	22.49±4.57
	第 5 层面	45	19.20	41.20	30.40±5.99
髋臼顶区	第 1 层面	45	19.30	44.40	29.86±5.88
	第 2 层面	45	14.50	40.20	28.73±7.14
	第 3 层面	45	15.50	39.60	26.94±4.98
	第 4 层面	45	21.90	41.70	31.63±4.99
	第 5 层面	45	18.50	44.70	31.84±6.77

三、髋臼骨硬度分布

(一) 髋臼前壁

1. 示意图

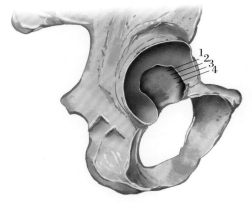

第 1 层面:28.32HV
第 2 层面:31.65HV
第 3 层面:32.84HV
第 4 层面:31.79HV

髋臼前壁分割层面　　　　　　　　髋臼前壁切片示意图　　　　　　硬度分布

2. 硬度分布　髋臼前壁总骨硬度值范围为 19.80~40.70HV,骨硬度平均值为(31.15±4.94) HV。其中第 3 层面骨硬度值最高,为(32.84±4.80)HV,第 1 层面骨硬度值最低,为(28.32±6.03)HV(表 7-6-4)。

表 7-6-4　髋臼前壁各层面硬度分布

部位	最小值 /HV	最大值 /HV	均值 ± 标准差 /HV
第 1 层面	20.70	38.70	28.32±6.03
第 2 层面	21.10	40.10	31.65±5.56
第 3 层面	21.10	40.00	32.84±4.80
第 4 层面	19.80	40.70	31.79±5.54
总体	19.80	40.70	31.15±4.94

(二) 髋臼后壁 1~4 层面

1. 示意图

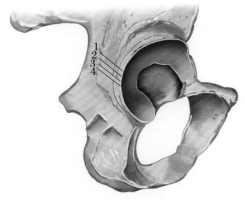
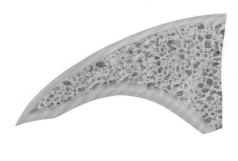

第 1 层面:25.72HV
第 2 层面:27.72HV
第 3 层面:32.15HV
第 4 层面:34.12HV

髋臼后壁分割层面　　　　　　　　髋臼后壁切片示意图　　　　　　硬度分布

2. 硬度分布　髋臼后壁总骨硬度值范围为 16.40~39.50HV,骨硬度平均值为(29.93±4.64) HV。其中第 4 层面骨硬度值最高,为(34.12±4.63) HV,第 1 层面骨硬度值最低,为(25.72±4.18) HV(表 7-6-5)。

表 7-6-5　髋臼后壁各层面硬度分布

部位	最小值 /HV	最大值 /HV	均值 ± 标准差 /HV
第 1 层面	17.70	33.90	25.72±4.18
第 2 层面	16.40	37.20	27.72±5.93
第 3 层面	16.80	39.50	32.15±6.05
第 4 层面	22.50	39.40	34.12±4.63
总体	16.40	39.50	29.93±4.64

（三）髋臼顶区

1. 示意图

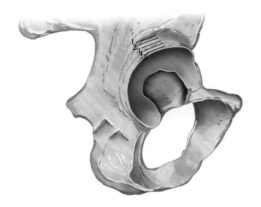 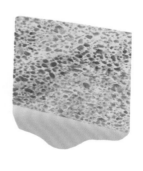

第 1 层面:29.86HV
第 2 层面:28.73HV
第 3 层面:26.94HV
第 4 层面:31.63HV
第 5 层面:31.84HV

髋臼顶区分割层面　　　　髋臼顶区切片示意图　　　　平均硬度

2. 硬度分布　髋臼顶区骨硬度值范围为 14.50~44.70HV,骨硬度平均值为(29.80±6.24) HV。其中第 5 层面骨硬度值最高,为(31.84±6.77) HV,第 3 层面骨硬度值最低,为(26.94±4.98) HV(表 7-6-6)。

表 7-6-6　髋臼顶区各层面硬度分布

部位	最小值 /HV	最大值 /HV	均值 ± 标准差 /HV
第 1 层面	19.30	44.40	29.86±5.88
第 2 层面	14.50	40.20	28.73±7.14
第 3 层面	15.50	39.60	26.94±4.98
第 4 层面	21.90	41.70	31.63±4.99
第 5 层面	18.50	44.70	31.84±6.77
总体	14.50	44.70	29.80±6.24

（四）髋臼窝

1. 示意图

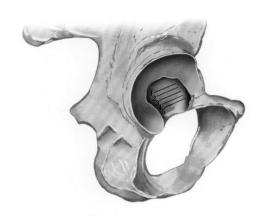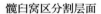

第 1 层面 :26.73HV
第 2 层面 :26.77HV
第 3 层面 :28.34HV
第 4 层面 :22.49HV
第 5 层面 :30.40HV

髋臼窝区分割层面　　　　　　髋臼窝区切片示意图　　　　　硬度分布

2. 硬度分布　髋臼窝总硬度范围为 11.80~41.20HV，平均硬度为（26.94±6.12）HV。其中第 5 层面骨硬度值最高，为（30.40±5.99）HV，第 4 层面骨硬度值最低，为（22.49±4.57）HV（表 7-6-7）。

表 7-6-7　髋臼窝各层面硬度分布

部位	最小值 /HV	最大值 /HV	均值 ± 标准差 /HV
第 1 层面	12.40	35.60	26.73±5.66
第 2 层面	17.60	36.60	26.77±4.22
第 3 层面	11.80	39.30	28.34±7.04
第 4 层面	14.20	32.90	22.49±4.57
第 5 层面	19.20	41.20	30.40±5.99
总体	11.80	41.20	26.94±6.12

第八章

手部骨硬度

8

第一节   概   述

一、解剖特点

手部骨骼由八个腕骨、五个掌骨、十四个指骨与数个籽骨构成。腕骨共八块,排列成近侧和远侧两列。近排由外向内依次为舟骨、月骨、三角骨和豌豆骨,除豌豆骨外均参与桡腕关节的组成;远侧排列的腕骨由外向内分别为大多角骨、小多角骨、头状骨及钩骨,全部参与腕掌关节的组成。掌骨共五块,为短管状。每个掌骨可分为掌骨底、掌骨体和掌骨头三部分。指骨共十四个,为小管状骨,除拇指有二节指骨外,其他均有三个,称为近节指骨、中节指骨和远节指骨。拇指只有近节指骨和远节指骨。

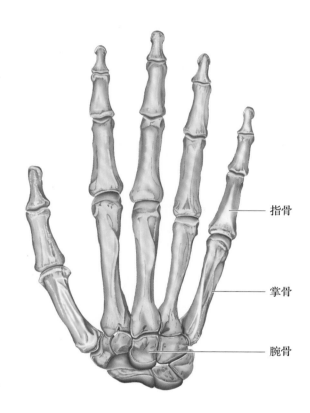

指骨

掌骨

腕骨

二、手部骨硬度测量分区原则

本章节将分为三部分分别进行叙述:腕骨、掌骨和指骨。整个手部骨骼硬度测量 25 块标本,三角骨和豆骨由于体积过小,制备标本困难,故未测量,具体包括六个腕骨(舟骨、月骨、头状骨、钩骨、大多角骨和小多角骨),五个掌骨,五个近节指骨,四个中节指骨和五个远节指骨。针对不同解剖特点的骨骼,我们采取不同的切割办法以利于获取合适的骨骼试样标本,用于骨硬度测量,下面将进行详细描述。

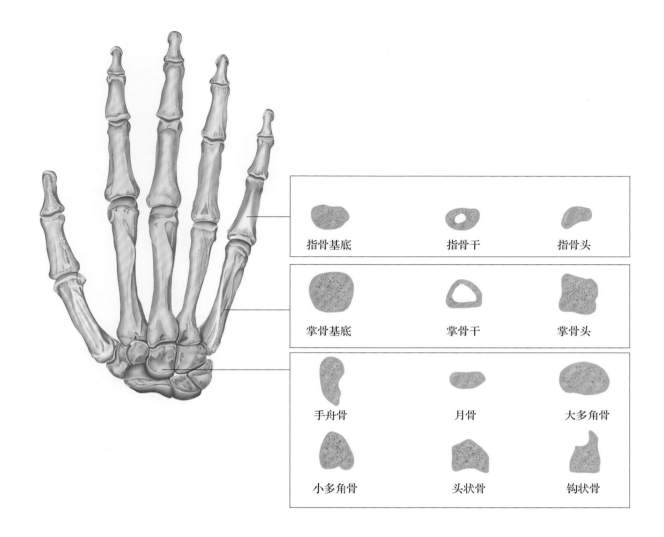

指骨基底　　　　指骨干　　　　指骨头

掌骨基底　　　　掌骨干　　　　掌骨头

手舟骨　　　　月骨　　　　大多角骨

小多角骨　　　　头状骨　　　　钩状骨

（一）腕骨

本章节将腕骨按部位划分,并根据生理解剖位置使用慢速锯分别在舟骨、月骨、头状骨、钩骨、大多角骨和小多角骨合适部位沿冠状面或矢状面精确切取 1 片厚约 3mm 的骨骼试样切片,固定于纯平玻片上并给予标记。18 块腕骨标本共计切取 18 片骨骼试样。

每片骨骼试样选取不同区域进行测量:舟骨切片选取 4 个测量区域(舟骨结节、腰内侧、腰外侧、舟骨体部);月骨切片选取 4 个测量区域(腕骨关节面、掌侧面、背侧面、远端);选取每个测量区域里的感兴趣区进行测量,最终选取 5 个有效的压痕硬度值。每个测量区域的 5 个有效压痕硬度值的平均值代表该区域的显微压痕硬度值。

头状骨、钩骨、大多角骨和小多角骨以外周密质骨壳为测量区域,选取多个感兴趣区进行测量:其中钩骨选取 3 个感兴趣区,每个感兴趣区最终选取 5 个有效的压痕硬度值,15 个有效压痕硬度值的平均值代表钩骨的显微压痕硬度值;大、小多角骨和头状骨选取 2 个感兴趣区,每个感兴趣区最终亦选取 5 个有效的压痕硬度值,10 个有效压痕硬度值的平均值代表相应骨骼标本的显微压痕硬度值。

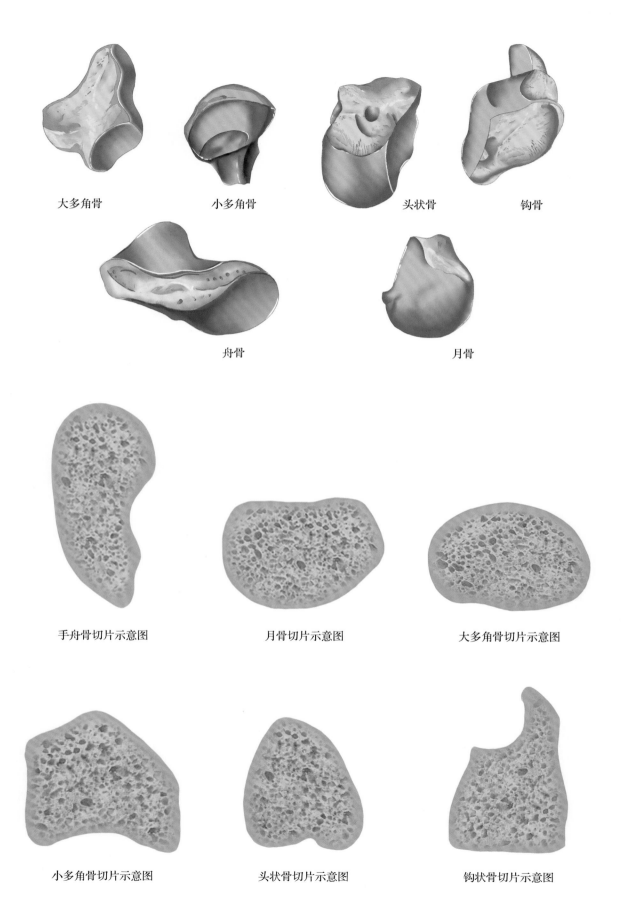

大多角骨   小多角骨   头状骨   钩骨

舟骨   月骨

手舟骨切片示意图   月骨切片示意图   大多角骨切片示意图

小多角骨切片示意图   头状骨切片示意图   钩状骨切片示意图

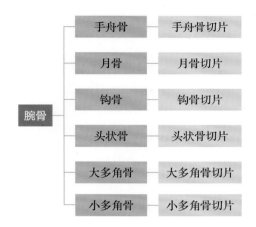

（二）掌骨

　　本章节将第 1~5 掌骨按部分划分，分别在掌骨基底、骨干和掌骨头合适部位使用慢速锯精确切取各 1 片厚约 3mm 的骨骼试样。15 块掌骨标本共计切取 45 片骨骼试样，固定于纯平玻片上并给予标记。

　　每片骨骼试样选取 4 个测量区域，如图所示：掌侧、背侧、内侧和外侧密质骨。选取每个测量区域里的感兴趣区进行测量，最终选取 5 个有效的压痕硬度值。每个测量区域的 5 个有效压痕硬度值的平均值代表该区域的显微压痕硬度值。

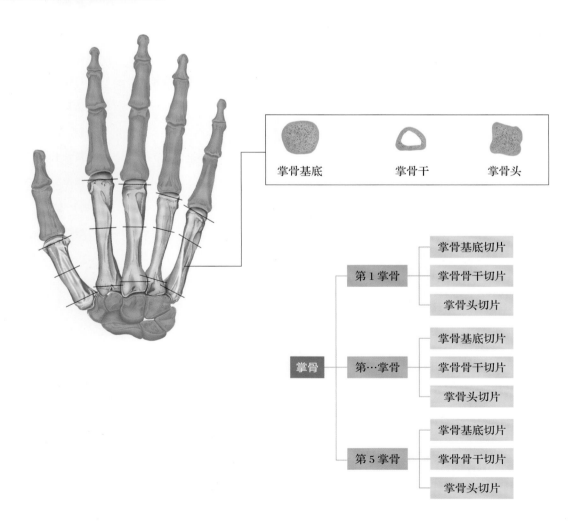

掌骨基底　　　　掌骨干　　　　掌骨头

（三）指骨

本章节将指骨按部分划分,近节指骨和中节指骨分别在指骨基底、骨干和指骨头合适部位使用慢速锯垂直于指骨长轴精确切取各 1 片厚约 3mm 的骨骼试样;远节指骨仅选择骨干部位精确切取 1 片厚约 3mm 的骨骼试样。42 块指骨标本(15 块近节指骨、12 块中节指骨、15 块远节指骨)共计切取 96 片骨骼试样,固定于纯平玻片上并给予标记。

每片骨骼试样选取 4 个测量区域,如图所示:掌侧、背侧、内侧和外侧密质骨。选取每个测量区域里的感兴趣区进行测量,最终选取 5 个有效的压痕硬度值。每个测量区域的 5 个有效压痕硬度值的平均值代表该区域的显微压痕硬度值。

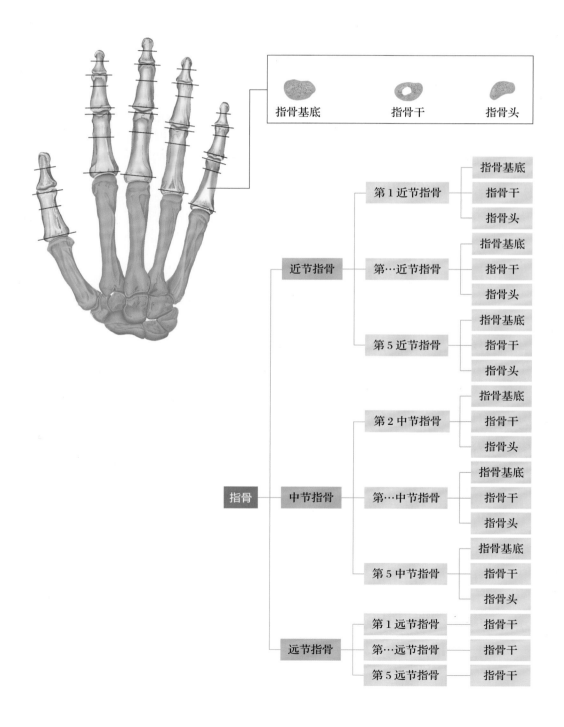

三、手部骨硬度分布特点

(一) 测量位点数量

共测量手部骨骼试样标本 159 片,600 个测量区域(密质骨 600 个),合计测量位点 3 075 个(密质骨 3 075 个)。

腕骨标本 18 片,测量位点 255 个(密质骨 255 个);掌骨标本 45 片,测量位点 900 个(密质骨 900 个);指骨标本 96 片,测量位点 1 920 个(密质骨 1 920 个)。

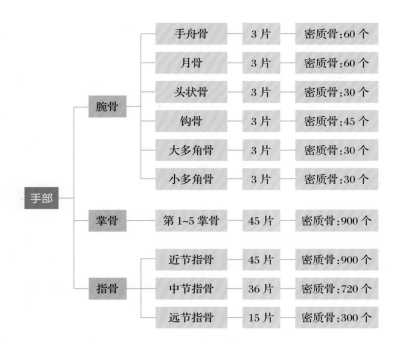

(二) 手部骨硬度分布

手部骨硬度分布显示:掌骨骨硬度最大,平均硬度为(38.23±7.15)HV;腕骨次之;指骨骨硬度最小,平均硬度为(34.11±7.95)HV(表 8-1-1)。

表 8-1-1 手部密质骨骨硬度分布

部位	测量位点 / 个	最小值 /HV	最大值 /HV	平均值 ± 标准差 /HV
腕骨	255	18.90	50.20	36.23±6.14
掌骨	900	17.80	58.50	38.23±7.15
指骨	1 920	10.90	64.60	34.11±7.95

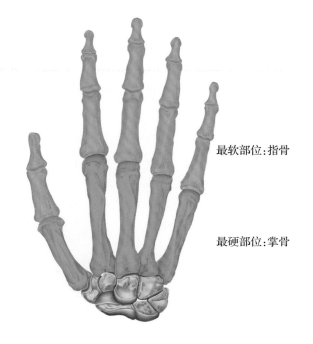

最软部位:指骨

最硬部位:掌骨

手部骨硬度
腕骨:36.23HV
掌骨:38.23HV
指骨:34.11HV

第二节　腕骨骨硬度

一、解剖特点

腕骨共八块,排列成近侧和远侧两列。近侧列由外向内依次为舟骨、月骨、三角骨和豌豆骨;远侧列由外向内分别为大多角骨、小多角骨、头状骨及钩骨。近侧列的舟骨、月骨和三角骨由韧带连接在一起,使其近侧形成一个向上凸的椭圆形关节面,与桡骨下端的腕关节面和关节盘构成桡腕关节;远侧列腕骨的远端与掌骨底形成腕掌关节。

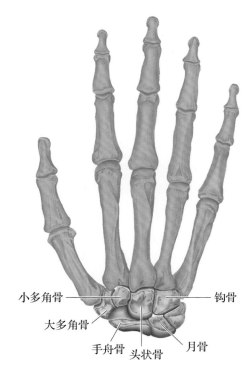

小多角骨

钩骨

大多角骨

手舟骨　头状骨　月骨

腕骨属于短骨,每块腕骨(豌豆骨除外)大致呈立方体。腕骨的前面和后面比较粗糙,有韧带附着。每个腕骨的相邻关节面均覆有软骨,参与关节的构成。这些短骨构成的关节运动复杂,幅度较小。

舟骨为近侧列腕骨中最大的一块,呈舟形。掌侧面的上部粗糙而凹陷,下部有一粗糙的突起,称为舟骨结节。舟骨的中部较细称腰部,为骨折的好发部位。因此,本书对舟骨结节、腰部内外侧和舟骨体部进行测量。

二、腕骨骨硬度分布特点

(一) 测量位点数量

舟骨、月骨、头状骨、钩骨、大多角骨和小多角骨共测量腕骨骨骼试样标本 18 片,其中手舟骨和月骨每片标本共计 20 个有效密质骨硬度测量值;钩骨每片标本共计 15 个有效密质骨硬度测量值;头状骨、大多角骨和小多角骨每片标本共计 10 个有效密质骨硬度测量值。腕骨合计测量位点 255 个(均为密质骨)。

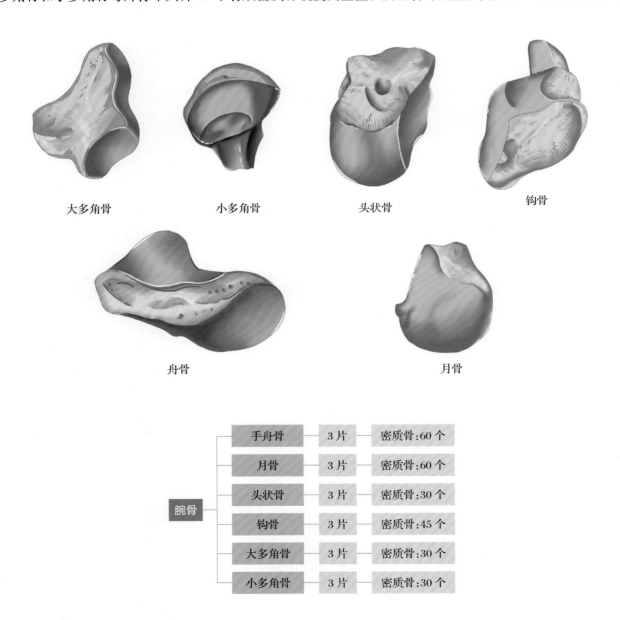

大多角骨　　　　　小多角骨　　　　　头状骨　　　　　钩骨

舟骨　　　　　　　　月骨

腕骨	手舟骨	3 片	密质骨:60 个
	月骨	3 片	密质骨:60 个
	头状骨	3 片	密质骨:30 个
	钩骨	3 片	密质骨:45 个
	大多角骨	3 片	密质骨:30 个
	小多角骨	3 片	密质骨:30 个

（二）腕骨总体骨硬度

腕骨合计测量位点 255 个，总体密质骨硬度范围 18.90~50.20HV，平均硬度为（36.23±6.14）HV（表 8-2-1）。

表 8-2-1   腕骨总体骨硬度分布

部位	测量位点 / 个	最小值 /HV	最大值 /HV	平均值 ± 标准差 /HV
腕骨	255	18.90	50.20	36.23±6.14

三、腕骨骨骼骨硬度分布

（一）手舟骨

1. 示意图

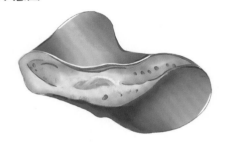 

舟骨大体图   舟骨切片示意图   硬度分布

舟骨结节：37.07HV
舟骨腰外：37.51HV
舟骨腰内：40.00HV
舟骨体部：36.31HV

2. 硬度分布   手舟骨骨硬度分布显示：手舟骨骨硬度为 24.30~48.90HV，平均为（37.72±5.85）HV。其中腰部内侧硬度最大，为（40.00±5.64）HV，舟骨体部硬度最小，为（36.31±5.47）HV（表 8-2-2）。

表 8-2-2   舟骨骨硬度分布

部位	最小值 /HV	最大值 /HV	平均值 ± 标准差 /HV
舟骨结节	24.30	45.10	37.07±5.77
舟骨腰外	27.40	47.80	37.51±6.39
舟骨腰内	33.60	48.90	40.00±5.64
舟骨体部	26.60	45.40	36.31±5.47
总体	24.30	48.90	37.72±5.85

（二）月骨

1. 示意图

月骨大体图   月骨切片示意图   硬度分布

月骨腕关节面：33.57HV
月骨掌侧：34.58HV
月骨背侧：35.47HV
月骨远端：30.97HV

2. 硬度分布　　月骨总体硬度为 20.00~46.20HV，平均为（33.65±5.42）HV。四个部位硬度值相比，背侧 > 掌侧 > 腕关节面 > 远端（表 8-2-3）。

表 8-2-3　月骨骨硬度分布

部位	最小值 /HV	最大值 /HV	平均值 ± 标准差 /HV
月骨腕关节面	24.50	39.30	33.57±3.61
月骨掌侧	26.40	46.20	34.58±6.04
月骨背侧	26.50	43.10	35.47±5.24
月骨远端	20.00	39.00	30.97±5.88
总体	20.00	46.20	33.65±5.42

（三）大多角骨

1. 示意图

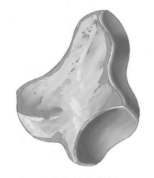

大多角骨硬度：35.89HV

大多角骨大体图　　　　　大多角骨切片示意图　　　　　硬度分布

2. 硬度分布　　大多角骨硬度分布显示：其硬度范围为 26.30~46.70HV，平均硬度为（35.89±4.75）HV（表 8-2-4）。

表 8-2-4　大多角骨骨硬度分布

部位	最小值 /HV	最大值 /HV	平均值 ± 标准差 /HV
大多角骨	26.30	46.70	35.89±4.75

（四）小多角骨

1. 示意图

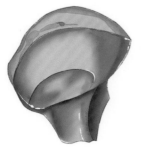
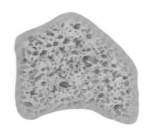

小多角骨硬度：31.82HV

小多角骨大体图　　　　　小多角骨切片示意图　　　　　硬度分布

2. 硬度分布　小多角骨硬度分布显示：其硬度范围为 18.90~42.70HV，平均硬度为（31.82±5.54）HV（表 8-2-5）。

表 8-2-5　小多角骨骨硬度分布

部位	最小值 /HV	最大值 /HV	平均值 ± 标准差 /HV
小多角骨	18.90	42.70	31.82±5.54

（五）头状骨

1. 示意图

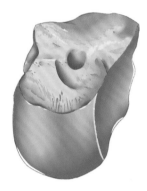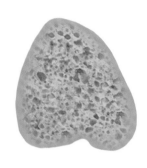

头状骨硬度：31.82HV

头状骨大体图　　　　　　头状骨切片示意图　　　　　硬度分布

2. 硬度分布　头状骨硬度分布显示：其硬度范围为 26.60~49.40HV，平均硬度为（38.98±6.17）HV（表 8-2-6）。

表 8-2-6　头状骨骨硬度分布

部位	最小值 /HV	最大值 /HV	平均值 ± 标准差 /HV
头状骨	26.60	49.40	38.98±6.17

（六）钩状骨

1. 示意图

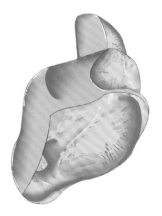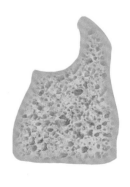

钩状骨硬度：39.04HV

钩状骨大体图　　　　　　钩状骨切片示意图　　　　　硬度分布

2. 硬度分布　头状骨硬度分布显示:其硬度范围为 29.40~50.20HV,平均硬度为(39.04±5.79) HV (表 8-2-7)。

表 8-2-7　钩状骨骨硬度分布

部位	最小值 /HV	最大值 /HV	平均值 ± 标准差 /HV
钩状骨	29.40	50.20	39.04±5.79

第三节　掌骨骨硬度

一、解剖特点

掌骨由第 1~5 掌骨共同构成,按照从桡侧到尺侧的顺序排列。每根掌骨可以划分为远端的掌骨头、掌骨干和膨大的近端掌骨基底部三部分。远端的掌骨头与相邻的近节指骨相关节,关节面呈凸面,较少横向,掌面更膨大,尤其是边缘,膨出部由掌骨头形成。掌骨基底部则与远侧列腕骨相关节,且两侧与相邻的掌骨间也形成关节(除第 1 与第 2 掌骨间外)。掌骨骨干呈棱柱形,微向背侧弯凸,其内、外侧面略凹陷,由骨间肌附着。头的两侧各有两个小结节,掌侧结节之间的浅窝,有掌指侧副韧带附着,背侧结节之间平坦呈三角形,有指伸肌腱通过,该三角形区域与近端圆形边相延续。这些平面可在膨大部近侧触及。

内侧的 4 块掌骨并非平行状,它们从近侧到远侧呈现轻微的放射排列的分叉态。形态学上而言,第 1 掌骨的背面转向外侧,桡侧缘转向掌侧,掌面转向内侧,尺侧缘转向背侧。拇指能够完成趋向手掌与第 2~5 指相对的灵活动作,是基于第 1 掌骨的位置相对靠前,并内旋 90°,这是手部保持灵活性的基本因素。当手握住物品,拇指和其他手指能够配合完成从相反方向包绕它的动作,进而大大增强了手部的握力、技巧、灵动性。

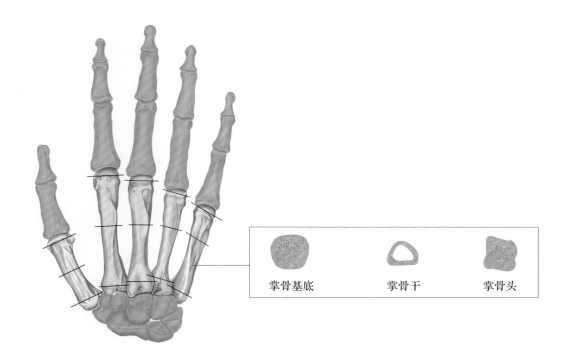

掌骨基底　　　　掌骨干　　　　掌骨头

二、掌骨骨硬度分布特点

（一）测量位点数量

掌骨共测量骨骼试样标本 45 片（第 1~5 掌骨各 9 片），合计测量区域 180 个（均为密质骨），测量位点 900 个。平均每根掌骨测量区域 36 个（掌骨头 12 个，掌骨干 12 个，掌骨基底 12 个）；每根掌骨测量位点 180 个（掌骨头 60 个，掌骨干 60 个，掌骨基底 60 个），均为密质骨骨硬度测量数据。

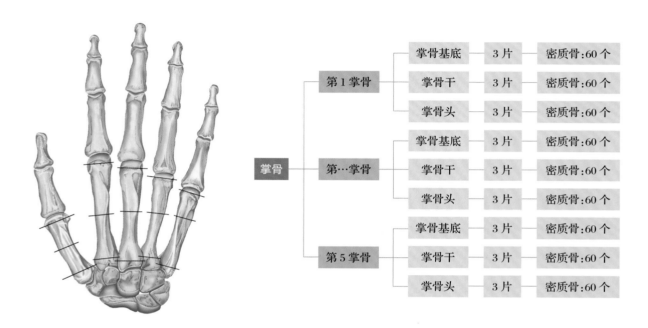

（二）掌骨骨硬度

掌骨总体骨硬度分布显示：其硬度范围为 17.80~58.50HV，平均硬度为（38.23±7.15）HV（表 8-3-1）。

表 8-3-1   掌骨骨硬度分布

部位	测量位点 / 个	最小值 /HV	最大值 /HV	平均值 ± 标准差 /HV
掌骨	900	17.80	58.50	38.23±7.15

（三）第 1~5 掌骨骨硬度分布

第 1~5 掌骨骨硬度分布显示：硬度值最高的为第 3 掌骨，平均硬度为（41.04±6.75）HV；硬度值最低的为第 4 掌骨，硬度值为（35.97±6.28）HV（表 8-3-2）。

表 8-3-2   第 1~5 掌骨骨硬度分布

部位	测量位点 / 个	最小值 /HV	最大值 /HV	平均值 ± 标准差 /HV
第 1 掌骨	180	17.80	54.90	37.83±6.52
第 2 掌骨	180	18.70	58.50	39.62±7.64
第 3 掌骨	180	23.60	57.20	41.04±6.75
第 4 掌骨	180	23.30	57.20	35.97±6.28
第 5 掌骨	180	22.20	57.40	36.69±7.30

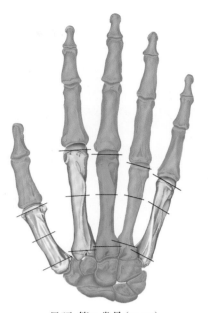

掌骨硬度
第 1 掌骨：37.83HV
第 2 掌骨：39.62HV
第 3 掌骨：41.04HV
第 4 掌骨：35.97HV
第 5 掌骨：36.69HV

最硬：第 3 掌骨（41.04）
最软：第 4 掌骨（35.97）

（四）掌骨各层面总体硬度分布

掌骨划分为三部分：掌骨基底、掌骨干和掌骨头，三层面的硬度分布如下表所示，硬度值最高的层面为掌骨干，硬度范围为 23.40~58.50HV，平均硬度为（43.45±6.35）HV；硬度值最低的层面为掌骨头，硬度范围为 17.80~51.00HV，平均硬度为（35.43±5.85）HV（表 8-3-3）。

表 8-3-3　掌骨各层面总体骨硬度分布

部位	测量位点 / 个	最小值 /HV	最大值 /HV	平均值 ± 标准差 /HV
掌骨基底	300	18.70	54.20	35.82±6.17
掌骨干	300	23.40	58.50	43.45±6.35
掌骨头	300	17.80	51.00	35.43±5.85
总计	900	17.80	58.50	38.23±7.15

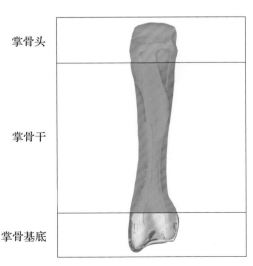

掌骨头　　　　　　　　　　　　　硬度值最低层面

掌骨干　　　　　　　　　　　　　硬度值最高层面

　　　　　　　　　　　　　　　掌骨各层面总体硬度
　　　　　　　　　　　　　　　掌骨头：35.43HV
　　　　　　　　　　　　　　　掌骨干：43.45HV
掌骨基底　　　　　　　　　　　　掌骨基底：35.82HV

（五）掌骨各测量方位总体硬度分布

掌骨被划分为四个测量方位：掌侧、背侧、内侧和外侧，其总体硬度分布如下：硬度值最高的为背侧，硬度值最低的为掌侧（表 8-3-4）。

表 8-3-4　掌骨各测量方位总体骨硬度分布

部位	测量位点 / 个	最小值 /HV	最大值 /HV	平均值 ± 标准差 /HV
掌侧	225	17.80	54.90	37.58±7.35
背侧	225	19.30	54.90	38.93±7.08
内侧	225	20.60	57.20	38.26±7.00
外侧	225	18.70	58.50	38.15±7.14
总计	900	17.80	58.50	38.23±7.15

三、第 1~5 掌骨骨硬度分布

（一）第 1 掌骨骨硬度

1. 示意图

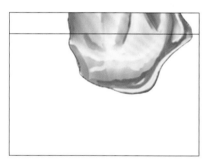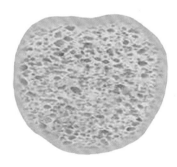

掌骨基底：38.73HV
掌侧：37.93HV
背侧：39.44HV
内侧：37.27HV
外侧：40.30HV

第 1 掌骨基底　　　　第 1 掌骨基底切片示意图　　　　硬度分布

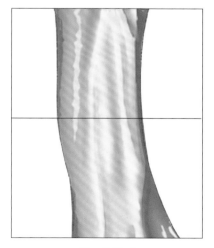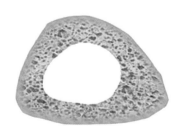

骨干：41.29HV
掌侧：43.11HV
背侧：41.65HV
内侧：37.77HV
外侧：42.62HV

第 1 掌骨干　　　　第 1 掌骨干切片示意图　　　　硬度分布

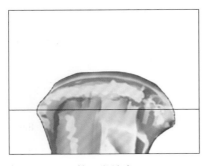 

掌骨头:33.47HV
掌侧:31.67HV
背侧:30.97HV
内侧:37.60HV
外侧:33.65HV

第1掌骨头　　　　　第1掌骨头切片示意图　　　　硬度分布

2. 第1掌骨不同层面硬度分布　第1掌骨按部位划分,分别在掌骨基底,掌骨骨干和掌骨头切取标本,并按掌侧、背侧、内侧、外侧不同部位进行测量。测量得出第1掌骨总体硬度为37.83HV,其中掌骨干骨硬度最大,为41.29HV,掌骨基底骨硬度次之,为38.73HV,掌骨头骨硬度最小,为33.47HV(表8-3-5)。

表 8-3-5　第 1 掌骨不同层面硬度分布

部位	最小值 /HV	最大值 /HV	平均值 ± 标准差 /HV
掌骨基底	20.60	53.50	38.73±5.43
掌骨干	28.99	54.90	41.29±5.85
掌骨头	17.80	45.00	33.47±5.74
总体	17.80	54.90	37.83±6.52

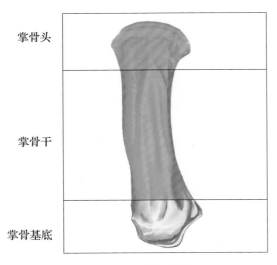

第 1 掌骨不同层面硬度分布
掌骨头:33.47HV
掌骨干:41.29HV
掌骨基底:38.73HV

第 1 掌骨

3. 第 1 掌骨基底硬度分布（表 8-3-6）

表 8-3-6　第 1 掌骨基底不同部位硬度分布

部位	测量位点 / 个	最小值 /HV	最大值 /HV	平均值 ± 标准差 /HV
掌侧	15	32.50	47.70	37.93±4.52
背侧	15	30.60	46.10	39.44±4.17
内侧	15	20.60	49.40	37.27±6.80
外侧	15	32.10	53.50	40.30±5.86
总计	60	20.60	53.50	38.73±5.43

4. 第 1 掌骨干硬度分布（表 8-3-7）

表 8-3-7　第 1 掌骨干不同部位硬度分布

部位	测量位点 / 个	最小值 /HV	最大值 /HV	平均值 ± 标准差 /HV
掌侧	15	32.77	54.90	43.11±6.64
背侧	15	34.90	54.40	41.65±5.33
内侧	15	28.99	49.60	37.77±5.71
外侧	15	34.80	48.80	42.62±4.50
总计	60	28.99	54.90	41.29±5.85

5. 第 1 掌骨头硬度分布（表 8-3-8）

表 8-3-8　第 1 掌骨头不同部位硬度分布

部位	测量位点 / 个	最小值 /HV	最大值 /HV	平均值 ± 标准差 /HV
掌侧	15	17.80	42.47	31.67±6.35
背侧	15	19.30	41.20	30.97±5.66
内侧	15	26.72	45.00	37.60±4.29
外侧	15	20.40	39.50	33.65±4.46
总计	60	17.80	45.00	33.47±5.74

（二）第 2 掌骨骨硬度

1. 示意图

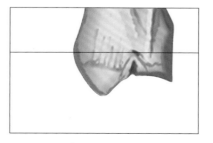 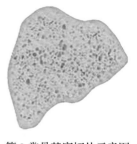

掌骨基底:37.23HV
掌侧:37.74HV
背侧:37.73HV
内侧:38.80HV
外侧:34.66HV

第 2 掌骨基底　　　　第 2 掌骨基底切片示意图　　　　硬度分布

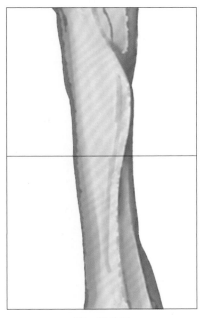

第 2 掌骨干

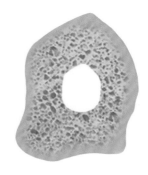

第 2 掌骨干切片示意图

骨干：46.21HV
掌侧：46.13HV
背侧：48.29HV
内侧：45.89HV
外侧：44.51HV

硬度分布

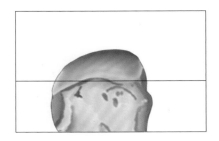

第 2 掌骨头

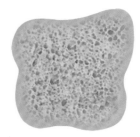

第 2 掌骨头切片示意图

掌骨头：35.42HV
掌侧：32.99HV
背侧：33.19HV
内侧：38.27HV
外侧：37.21HV

硬度分布

2. 第 2 掌骨不同层面硬度分布（表 8-3-9）

表 8-3-9 第 2 掌骨不同层面硬度分布

部位	最小值 /HV	最大值 /HV	平均值 ± 标准差 /HV
掌骨基底	18.70	54.20	37.23±6.49
掌骨干	34.20	58.50	46.21±5.88
掌骨头	19.90	47.50	35.42±5.70
总体	18.70	58.50	39.62±7.64

第 2 掌骨分别在掌骨基底，掌骨骨干和掌骨头切取标本，并按掌侧、背侧、内侧、外侧不同部位进行测量，测量得出第 2 掌骨总体骨硬度为 39.62HV，其中掌骨干骨硬度最大，为 46.21HV；掌骨基底硬度次之，为 37.23HV；掌骨头骨硬度最小，为 35.42HV。

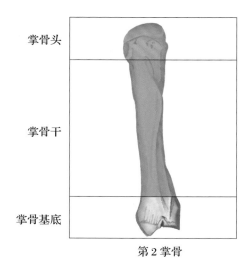

第 2 掌骨不同层面硬度分布
掌骨头:35.42HV
掌骨干:46.21HV
掌骨基底:37.23HV

第 2 掌骨

3. 第 2 掌骨基底硬度分布(表 8-3-10)

表 8-3-10　第 2 掌骨基底硬度分布

部位	测量位点 / 个	最小值 /HV	最大值 /HV	平均值 ± 标准差 /HV
掌侧	15	25.70	49.40	37.74±6.41
背侧	15	26.10	54.20	37.73±6.62
内侧	15	29.10	47.10	38.80±4.71
外侧	15	18.70	45.60	34.66±7.76
总计	60	18.70	54.20	37.23±6.49

4. 第 2 掌骨骨干硬度分布(表 8-3-11)

表 8-3-11　第 2 掌骨骨干硬度分布

部位	测量位点 / 个	最小值 /HV	最大值 /HV	平均值 ± 标准差 /HV
掌侧	15	39.80	54.30	46.13±4.99
背侧	15	42.70	53.90	48.29±3.87
内侧	15	34.20	52.90	45.89±7.13
外侧	15	35.80	58.50	44.51±6.86
总计	60	34.20	58.50	46.21±5.88

5. 第 2 掌骨头骨硬度分布(表 8-3-12)

表 8-3-12　第 2 掌骨头硬度分布

部位	测量位点 / 个	最小值 /HV	最大值 /HV	平均值 ± 标准差 /HV
掌侧	15	25.00	44.50	32.99±4.81
背侧	15	19.90	40.10	33.19±5.92
内侧	15	30.70	47.50	38.27±5.30
外侧	15	26.80	44.10	37.21±5.18
总计	60	19.90	47.50	35.42±5.70

（三）第 3 掌骨硬度

1. 示意图

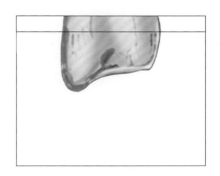

掌骨基底：36.75HV
掌侧：37.51HV
背侧：38.69HV
内侧：33.90HV
外侧：36.91HV

第 3 掌骨基底　　　　　　　第 3 掌骨基底切片示意图　　　　　硬度分布

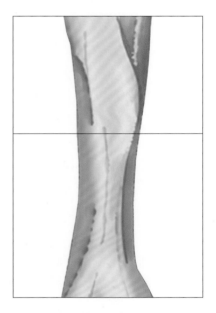

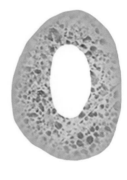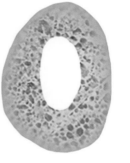

骨干：46.65HV
掌侧：45.67HV
背侧：47.79HV
内侧：46.50HV
外侧：46.64HV

第 3 掌骨干　　　　　　　　第 3 掌骨干切片示意图　　　　　　硬度分布

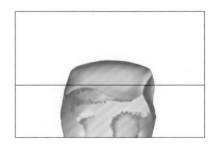

掌骨头：39.72HV
掌侧：38.96HV
背侧：43.17HV
内侧：39.33HV
外侧：37.41HV

第 3 掌骨头　　　　　　　　第 3 掌骨头切片示意图　　　　　　硬度分布

2. 第 3 掌骨不同层面硬度分布（表 8-3-13）

表 8-3-13　第 3 掌骨不同层面硬度分布

部位	最小值 /HV	最大值 /HV	平均值 ± 标准差 /HV
掌骨基底	23.60	48.40	36.75±5.34
掌骨干	34.90	57.20	46.65±5.53
掌骨头	29.70	51.00	39.72±5.17
总体	23.60	57.20	41.04±6.75

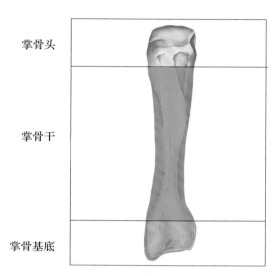

第 3 掌骨不同层面硬度分布
掌骨头 :39.72HV
掌骨干 :46.65HV
掌骨基底 :36.75HV

第 3 掌骨

　　第 3 掌骨按部位划分，分别在掌骨基底，掌骨骨干和掌骨头切取标本，并按掌侧、背侧、内侧、外侧不同部位进行测量。测量得出第 3 掌骨总体骨硬度为 41.04HV，其中掌骨干骨硬度最大，为 46.65HV；掌骨头硬度次之，为 39.72HV；掌骨基底骨硬度最小，为 36.75HV。

3. 第 3 掌骨基底硬度分布（表 8-3-14）

表 8-3-14　第 3 掌骨基底硬度分布

部位	测量位点 / 个	最小值 /HV	最大值 /HV	平均值 ± 标准差 /HV
掌侧	15	32.00	42.00	37.51±2.81
背侧	15	28.30	48.40	38.69±6.30
内侧	15	27.60	40.80	33.90±3.75
外侧	15	23.60	46.90	36.91±6.73
总计	60	23.60	48.40	36.75±5.34

4. 第 3 掌骨骨干硬度分布（表 8-3-15）

表 8-3-15　第 3 掌骨骨干硬度分布

部位	测量位点 / 个	最小值 /HV	最大值 /HV	平均值 ± 标准差 /HV
掌侧	15	37.20	51.70	45.67±5.03
背侧	15	41.30	54.90	47.79±3.88
内侧	15	34.90	57.20	46.50±7.43
外侧	15	36.80	56.20	46.64±5.58
总计	60	34.90	57.20	46.65±5.53

5. 第 3 掌骨头硬度分布（表 8-3-16）

表 8-3-16　第 3 掌骨头硬度分布

部位	测量位点 / 个	最小值 /HV	最大值 /HV	平均值 ± 标准差 /HV
掌侧	15	29.70	44.20	38.96±4.96
背侧	15	34.90	49.90	43.17±4.50
内侧	15	33.30	51.00	39.33±5.40
外侧	15	31.70	45.00	37.41±4.40
总计	60	29.70	51.00	39.72±5.17

（四）第 4 掌骨硬度

1. 示意图

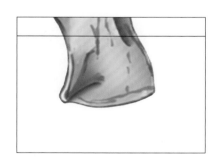

掌骨基底：34.04HV
掌侧：31.39HV
背侧：35.82HV
内侧：35.85HV
外侧：33.10HV

第 4 掌骨基底　　　　第 4 掌骨基底切片示意图　　　　硬度分布

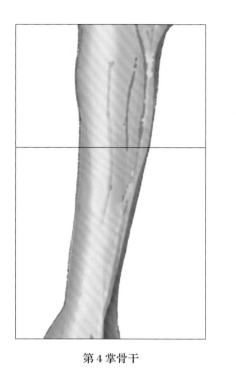

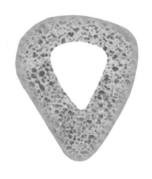

骨干：39.16HV
掌侧：45.67HV
背侧：47.79HV
内侧：46.50HV
外侧：46.64HV

第 4 掌骨干　　　　　　　　　第 4 掌骨干切片示意图　　　　　　硬度分布

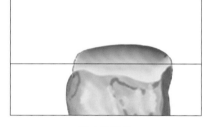

掌骨头：34.71HV
掌侧：33.13HV
背侧：38.23HV
内侧：32.87HV
外侧：34.62HV

第 4 掌骨头　　　　　　　　　第 4 掌骨头切片示意图　　　　　　硬度分布

2. 第 4 掌骨不同层面硬度分布（表 8-3-17）

表 8-3-17　第 4 掌骨不同层面硬度分布

部位	最小值 /HV	最大值 /HV	平均值 ± 标准差 /HV
掌骨基底	23.30	47.20	34.04±6.25
掌骨干	34.90	57.20	46.65±5.53
掌骨头	24.00	50.60	34.71±5.26
总体	23.30	57.20	35.97±6.28

　　第 4 掌骨按部位划分，分别在掌骨基底，掌骨骨干和掌骨头切取标本，并按掌侧、背侧、内侧、外侧不同部位进行测量。测量得出第 4 掌骨总体骨硬度为 35.97HV，其中掌骨干骨硬度最大，为 46.65HV；掌骨头硬度次之，为 34.71HV；掌骨基底骨硬度最小，为 34.04HV。

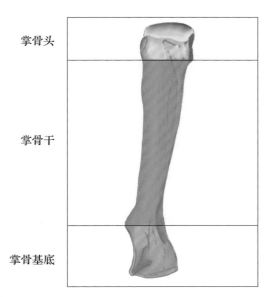

第 4 掌骨不同层面硬度分布
掌骨头：34.71HV
掌骨干：46.65HV
掌骨基底：34.04HV

第 4 掌骨

3. 第 4 掌骨基底硬度分布（表 8-3-18）

表 8-3-18　第 4 掌骨基底硬度分布

部位	测量位点 / 个	最小值 /HV	最大值 /HV	平均值 ± 标准差 /HV
掌侧	15	23.30	42.40	31.39±6.50
背侧	15	25.50	43.00	35.82±4.79
内侧	15	26.50	44.90	35.85±6.42
外侧	15	24.10	47.20	33.10±6.54
总计	60	23.30	47.20	34.04±6.25

4. 第 4 掌骨骨干硬度分布（表 8-3-19）

表 8-3-19　第 4 掌骨骨干硬度分布

部位	测量位点 / 个	最小值 /HV	最大值 /HV	平均值 ± 标准差 /HV
掌侧	15	37.20	51.70	45.67±5.03
背侧	15	41.30	54.90	47.79±3.88
内侧	15	34.90	57.20	46.50±7.43
外侧	15	36.80	56.20	46.64±5.58
总计	60	34.90	57.20	46.65±5.53

5. 第4掌骨头硬度分布（表8-3-20）

表 8-3-20　第 4 掌骨头硬度分布

部位	测量位点 / 个	最小值 /HV	最大值 /HV	平均值 ± 标准差 /HV
掌侧	15	24.00	43.70	33.13±6.31
背侧	15	31.70	50.60	38.23±5.15
内侧	15	27.20	38.20	32.87±3.24
外侧	15	28.40	43.70	34.62±4.47
总计	60	24.00	50.60	34.71±5.26

（五）第 5 掌骨硬度

1. 示意图

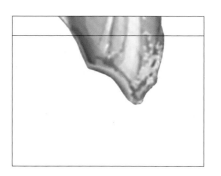  

掌骨基底：32.33HV
掌侧：32.90HV
背侧：31.91HV
内侧：31.52HV
外侧：32.98HV

第 5 掌骨基底　　　　　第 5 掌骨基底切片示意图　　　　硬度分布

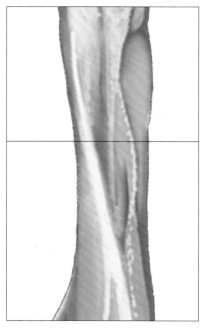 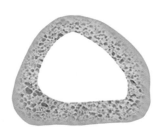

骨干：43.93HV
掌侧：43.30HV
背侧：43.03HV
内侧：43.16HV
外侧：46.23HV

第 5 掌骨干　　　　　第 5 掌骨干切片示意图　　　　硬度分布

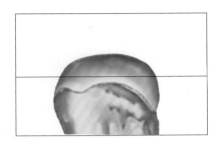

掌骨头:33.83HV
掌侧:33.07HV
背侧:36.45HV
内侧:33.75HV
外侧:32.02HV

第 5 掌骨头　　　　　　　第 5 掌骨头切片示意图　　　　　　硬度分布

2. 第 5 掌骨不同层面硬度分布（表 8-3-21）

表 8-3-21　第 5 掌骨不同层面硬度分布

部位	最小值 /HV	最大值 /HV	平均值 ± 标准差 /HV
掌骨基底	22.20	45.60	32.33±5.14
掌骨干	30.60	57.40	43.93±5.10
掌骨头	24.30	47.60	33.83±5.30
总体	22.20	57.40	36.69±7.30

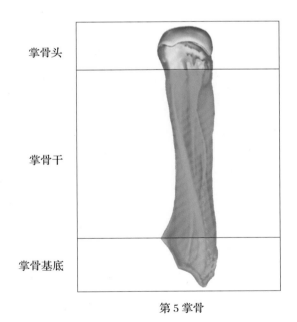

第 5 掌骨不同层面硬度分布
掌骨头:33.83HV
掌骨干:43.93HV
掌骨基底:32.33HV

掌骨头

掌骨干

掌骨基底

第 5 掌骨

　　第 5 掌骨按部位划分,分别在掌骨基底,掌骨骨干和掌骨头切取标本,并按掌侧、背侧、内侧、外侧不同部位进行测量。测量得出第 5 掌骨总体骨硬度为 36.69HV,其中掌骨干骨硬度最大,为 43.93HV;掌骨头硬度次之,为 33.83HV;掌骨基底硬度最小,为 32.33HV。

3. 第 5 掌骨基底硬度分布（表 8-3-22）

表 8-3-22　第 5 掌骨基底硬度分布

部位	测量位点 / 个	最小值 /HV	最大值 /HV	平均值 ± 标准差 /HV
掌侧	15	22.20	45.60	32.90±6.70
背侧	15	25.60	41.40	31.91±5.02
内侧	15	25.50	43.30	31.52±5.39
外侧	15	27.50	40.60	32.98±3.23
总计	60	22.20	45.60	32.33±5.14

4. 第 5 掌骨骨干硬度分布（表 8-3-23）

表 8-3-23　第 5 掌骨骨干硬度分布

部位	测量位点 / 个	最小值 /HV	最大值 /HV	平均值 ± 标准差
掌侧	15	30.60	50.70	43.30±4.90
背侧	15	37.60	52.20	43.03±3.97
内侧	15	34.20	50.40	43.16±5.75
外侧	15	37.70	57.40	46.23±5.38
总计	60	30.60	57.40	43.93±5.10

5. 第 5 掌骨头硬度分布（表 8-3-24）

表 8-3-24　第 5 掌骨头硬度分布

部位	测量位点 / 个	最小值 /HV	最大值 /HV	平均值 ± 标准差 /HV
掌侧	15	24.70	43.60	33.07±6.48
背侧	15	30.40	47.60	36.45±4.77
内侧	15	24.30	41.40	33.75±5.34
外侧	15	25.90	39.80	32.02±3.68
总计	60	24.30	47.60	33.83±5.30

第四节　指骨骨硬度

一、解剖特点

共 14 个指骨，为小管状骨，除拇指之外的每根手指均有 3 个，分别称为近节指骨、中节指骨和远节指骨。拇指只有近节指骨和远节指骨。每节指骨分为近端的底、干和滑车（远节为指骨粗隆）。底与滑车之间为干，干的掌侧面略凹陷，背侧面凸隆，横断面呈半月形，骨干向远端逐渐变细。近节指骨近端底部凹陷与掌骨头相关节，远端头部轻微凹陷像滑车，并向掌面凸出。中节指骨近端底部有两个小凹面被一平滑嵴分隔以使其与近节指骨头相适应。远节指骨底与中节指骨滑车一样的头相适应;其远端掌骨头无关节,掌面有一新月状、粗糙的结节供指垫附着。

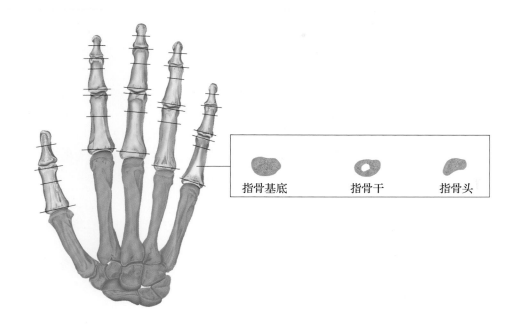

指骨基底　　　指骨干　　　指骨头

二、指骨骨硬度分布特点

(一) 测量位点数量

共测量 42 根指骨(近节指骨 15 根,中节指骨 12 根,远节指骨 15 根),切取骨骼试样标本 96 片:近节指骨 45 片(每根指骨含指骨头、骨干、指骨基底三部分切片),中节指骨 36 片(每根指骨含指骨头、骨干、指骨基底三部分切片),远节指骨 15 片(因样本偏小,每根指骨仅选取骨干一部分切片)。合计测量区域 384 个:近节指骨 180 个,中节指骨 144 个,远节指骨 60 个。共计测量位点 1 920 个:近节指骨 900 个,中节指骨 720 个,远节指骨 300 个。

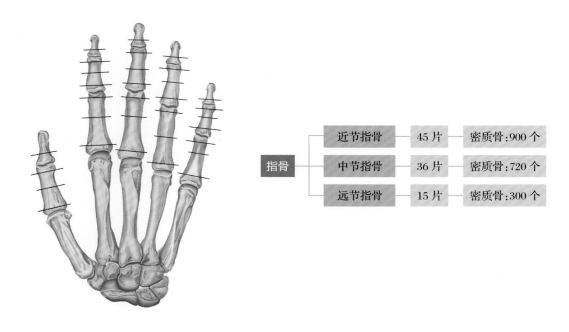

（二）指骨骨硬度

指骨骨硬度分布显示：其硬度范围为 10.90~64.60HV，平均硬度为（34.11±7.95）HV（表 8-4-1）。

表 8-4-1　指骨骨硬度分布

部位	测量位点 / 个	最小值 /HV	最大值 /HV	平均值 ± 标准差 /HV
指骨	1 920	10.90	64.60	34.11±7.95

（三）第 1~5 指骨骨硬度分布

第 1~5 指骨骨硬度分布如下：硬度从大到小依次是第 3 指骨、第 1 指骨、第 2 指骨、第 4 指骨、第 5 指骨。第 3 指骨骨硬度最高，其范围为 18.30~61.50HV，平均硬度为（36.74±7.10）HV；第 5 指骨硬度值最低，平均硬度为（31.19±8.22）HV（表 8-4-2）。

表 8-4-2　第 1~5 指骨骨硬度分布

部位	测量位点 / 个	最小值 /HV	最大值 /HV	平均值 ± 标准差 /HV
第 1 指骨	240	15.40	50.80	36.46±5.96
第 2 指骨	420	17.90	52.00	35.28±6.52
第 3 指骨	420	18.30	61.50	36.74±7.10
第 4 指骨	420	11.00	64.60	31.90±9.15
第 5 指骨	420	10.90	62.30	31.19±8.22
总计	1 920	10.90	64.60	34.11±7.95

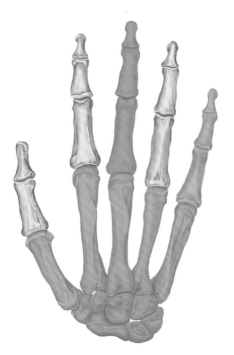

指骨骨硬度
第 1 指骨：36.46HV
第 2 指骨：35.28HV
第 3 指骨：36.74HV
第 4 指骨：31.90HV
第 5 指骨：31.19HV

最硬：第 3 指骨（36.74）
最软：第 5 指骨（31.19）

（四）指骨各层面总体硬度分布

指骨被划分为 3 层进行测量：指骨基底、指骨骨干和指骨头，其硬度分布如下表。硬度最高的层面为指骨干，硬度范围为 15.40~64.60HV，平均硬度为（38.52±6.67）HV；硬度值最低的层面为指骨头，硬度范围为 10.90~61.50HV，平均硬度为（30.64±6.81）HV（表 8-4-3）。

表 8-4-3　指骨各层面总体硬度分布

部位	测量位点 / 个	最小值 /HV	最大值 /HV	平均值 ± 标准差 /HV
指骨基底	540	10.90	61.50	30.73±7.46
指骨干	840	15.40	64.60	38.52±6.67
指骨头	540	11.00	56.50	30.64±6.81
总体	1 920	10.90	64.60	34.11±7.95

（五）指骨各测量方位总体硬度分布

指骨选取了掌侧、背侧、内侧、外侧共 4 个测量方位进行硬度测量，其硬度分布如下：外侧硬度值最高，背侧硬度值最低（表 8-4-4）。

表 8-4-4　指骨各测量方位总体硬度分布

部位	测量位点 / 个	最小值 /HV	最大值 /HV	平均值 ± 标准差 /HV
掌侧	480	14.70	64.60	33.93±8.02
背侧	480	10.90	50.80	33.69±8.16
内侧	480	11.00	61.50	34.31±8.24
外侧	480	16.60	62.30	34.52±7.35
总体	1 920	10.90	64.60	34.11±7.95

（六）近、中、远节指骨硬度分布

指骨包含近、中、远节指骨，其硬度分布如下：硬度值最高的为远节指骨，硬度范围为 15.40~54.30HV，平均硬度为（36.23±6.12）HV；硬度值最低的为中节指骨，硬度范围为 10.90~52.00HV，平均硬度为（32.93±8.09）HV（表 8-4-5）。

表 8-4-5　近、中、远节指骨硬度分布

部位	测量位点 / 个	最小值 /HV	最大值 /HV	平均值 ± 标准差 /HV
近节指骨	900	11.00	64.60	34.35±8.21
中节指骨	720	10.90	52.00	32.93±8.09
远节指骨	300	15.40	54.30	36.23±6.12
总体	1 920	10.90	64.60	34.11±7.95

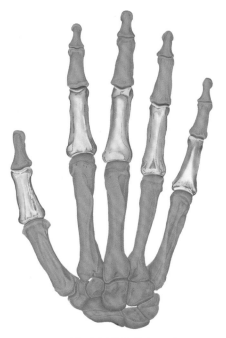

近、中、远节指骨
近节指骨：34.25HV
中节指骨：32.93HV
远节指骨：36.23HV

最硬：远节指骨（36.23）
最软：中节指骨（32.93）

（七）第 1~5 指骨各节段硬度分布

第 1~5 指骨各节段硬度分布如下：硬度值最高的节段位于第 2 远节指骨，其硬度范围为 32.90~46.10HV，平均硬度为（39.91±3.37）HV；硬度值最低的节段位于第 5 中节指骨，硬度范围为 10.90~43.70HV，平均硬度为（29.22±6.61）HV（表 8-4-6）。

表 8-4-6　第 1~5 指骨各节段硬度分布

部位		测量位点 / 个	最小值 /HV	最大值 /HV	平均值 ± 标准差 /HV
第 1 指骨	近节指骨	180	22.60	50.80	37.62±5.31
	远节指骨	60	15.40	46.50	32.98±6.46
第 2 指骨	近节指骨	180	17.90	49.20	32.31±5.66
	中节指骨	180	20.60	52.00	36.70±6.75
	远节指骨	60	32.90	46.10	39.91±3.37
第 3 指骨	近节指骨	180	25.20	61.50	38.16±7.61
	中节指骨	180	18.30	50.90	35.91±6.92
	远节指骨	60	24.70	49.00	34.97±5.08
第 4 指骨	近节指骨	180	11.00	64.60	31.78±9.53
	中节指骨	180	11.00	47.20	29.91±8.93
	远节指骨	60	28.00	49.80	38.26±4.86
第 5 指骨	近节指骨	180	14.40	62.30	31.89±9.33
	中节指骨	180	10.90	43.70	29.22±6.61
	远节指骨	60	19.60	54.30	35.01±7.45

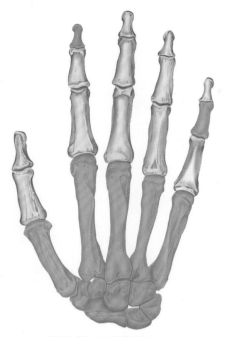

第 1 指骨
近节指骨:37.62HV
远节指骨:32.98HV

第 2 指骨
近节指骨:32.31HV
中节指骨:36.70HV
远节指骨:39.91HV

第 3 指骨
近节指骨:38.16HV
中节指骨:35.91HV
远节指骨:34.97HV

第 4 指骨
近节指骨:31.78HV
中节指骨:29.91HV
远节指骨:38.26HV

第 5 指骨
近节指骨:31.89HV
中节指骨:29.22HV
远节指骨:35.01HV

最硬:第 2 远节指骨(39.91)
最软:第 5 中节指骨(29.22)

三、指骨骨硬度分布

(一) 第 1 指骨

1. 示意图

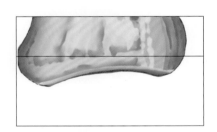

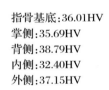

指骨基底:36.01HV
掌侧:35.69HV
背侧:38.79HV
内侧:32.40HV
外侧:37.15HV

第 1 近节指骨基底　　　近节指骨基底切片示意图　　　硬度分布

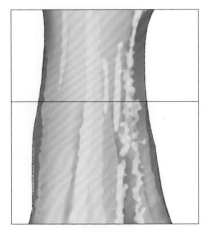

指骨干:41.05HV
掌侧:38.08HV
背侧:43.03HV
内侧:40.78HV
外侧:42.32HV

第 1 近节指骨骨干　　　近节指骨骨干切片示意图　　　硬度分布

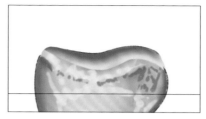

第 1 近节指骨头

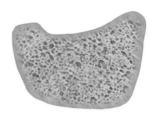

近节指骨头切片示意图

指骨头:35.79HV
掌侧:34.29HV
背侧:39.44HV
内侧:37.38HV
外侧:32.05HV

硬度分布

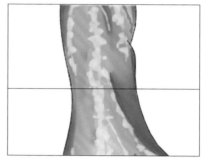

第 1 远节指骨干

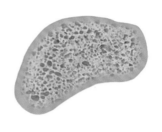

远节指骨切片示意图

远节指骨:32.98HV
掌侧:27.53HV
背侧:37.50HV
内侧:36.83HV
外侧:30.06HV

硬度分布

2. 硬度分布　第 1 指骨划分为 4 个测量方位:掌侧、背侧、内侧和外侧。4 个测量方位总体硬度分布如上,硬度从高到底依次为背侧、内侧、外侧和掌侧。背侧的硬度值最高,平均硬度为(39.69±5.24)HV,掌侧的硬度值最低,平均硬度为(33.90±5.76)HV(表 8-4-7)。

表 8-4-7　第 1 指骨硬度分布

部位	最小值 /HV	最大值 /HV	平均值 ± 标准差 /HV
掌侧	15.40	44.30	33.90±5.76
背侧	26.90	50.80	39.69±5.24
内侧	22.60	48.20	36.85±5.13
外侧	24.00	47.50	35.39±6.19
总计	15.40	50.80	36.46±5.96

3. 第 1 指骨各层面硬度分布　第 1 指骨包含近节指骨和远节指骨两部分,近节指骨取材于指骨基底、骨干和指骨头,远节指骨在骨干处取材,每个标本分别测量掌侧、背侧、内侧和外侧的硬度。共取材 12 个标本,测量位点 240 个。第 1 指骨总体骨硬度(36.46±5.96)HV。其中近节骨硬度值高于远节指骨(表 8-4-8)。

表 8-4-8　第 1 指骨各层面硬度分布

部位		测量位点 / 个	最小值 /HV	最大值 /HV	平均值 ± 标准差 /HV	总体 /HV
近节指骨	指骨基底	60	22.60	45.20	36.01±4.71	37.62±5.31
	骨干	60	32.40	50.80	41.05±4.03	
	指骨头	60	24.00	48.90	35.79±5.40	
远节指骨	骨干	60	15.40	46.50	32.98±6.46	32.98±6.46
总计		240	15.40	50.80	36.46±5.96	36.46±5.96

（二）第 2 指骨

1. 示意图

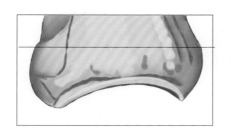

指骨基底:31.54HV
掌侧:31.59HV
背侧:32.00HV
内侧:31.56HV
外侧:31.03HV

第 2 近节指骨基底　近节指骨基底切片示意图　硬度分布

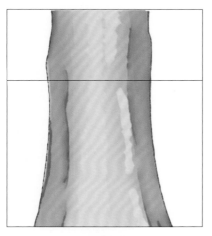

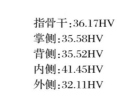

指骨干:36.17HV
掌侧:35.58HV
背侧:35.52HV
内侧:41.45HV
外侧:32.11HV

第 2 近节指骨骨干　近节指骨骨干切片示意图　硬度分布

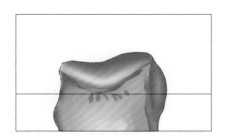

指骨头:29.23HV
掌侧:29.32HV
背侧:29.31HV
内侧:31.56HV
外侧:26.73HV

第 2 近节指骨头　近节指骨头切片示意图　硬度分布

中节指骨基底:33.33HV
掌侧:30.78HV
背侧:35.22HV
内侧:36.07HV
外侧:31.26HV

第 2 中节指骨基底　中节指骨基底切片示意图　硬度分布

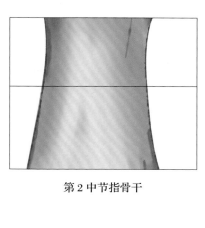
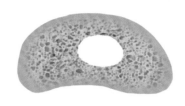
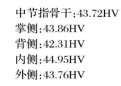

中节指骨干：43.72HV
掌侧：43.86HV
背侧：42.31HV
内侧：44.95HV
外侧：43.76HV

第 2 中节指骨干　　　　　中节指骨干切片示意图　　　　　硬度分布

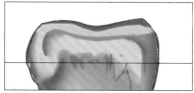
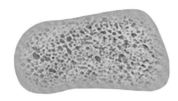

中节指骨头：33.04HV
掌侧：33.99HV
背侧：33.60HV
内侧：33.27HV
外侧：31.30HV

第 2 中节指骨头　　　　　中节指骨头切片示意图　　　　　硬度分布

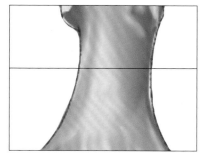

远节指骨干：39.91HV
掌侧：39.70HV
背侧：38.33HV
内侧：41.86HV
外侧：39.74HV

第 2 远节指骨干　　　　　远节指骨干切片示意图　　　　　硬度分布

2. 硬度分布　第 2 指骨划分为 4 个测量方位：掌侧、背侧、内侧和外侧。4 个测量方位总体硬度分布如上，硬度从高到底依次为内侧、背侧、掌侧和外侧。内侧的硬度值最高，平均硬度为（37.24±6.30）HV，外侧的硬度值最低，平均硬度为（33.70±6.57）HV（表 8-4-9）。

表 8-4-9　第 2 指骨硬度分布

部位	最小值 /HV	最大值 /HV	平均值 ± 标准差 /HV
掌侧	19.30	52.00	34.97±6.38
背侧	17.90	47.90	35.18±6.42
内侧	23.30	51.10	37.24±6.30
外侧	20.60	48.40	33.70±6.57
总计	17.90	52.00	35.28±6.52

3. 第2指骨各层面硬度分布　第2指骨包含近节、中节和远节三部分,近节指骨和中节指骨取材于指骨基底、骨干和指骨头,远节指骨在骨干处取材,每个标本分别测量掌侧、背侧、内侧和外侧的硬度。共取材21个标本,测量位点420个。第2指骨总体骨硬度(35.28±6.52)HV。其中远节指骨硬度值最高,平均为(39.91±3.37)HV;近节指骨硬度值最低,平均为(32.31±5.66)HV(表8-4-10)。

表 8-4-10　第2指骨各层面硬度分布

部位		测量位点/个	最小值/HV	最大值/HV	平均值±标准差/HV	总体/HV
近节	指骨基底	60	23.30	41.60	31.54±4.1	32.31±5.66
	骨干	60	26.10	49.20	36.17±4.93	
	指骨头	60	17.90	42.40	29.23±5.55	
中节	指骨基底	60	20.60	45.20	33.33±6.08	36.70±6.75
	骨干	60	34.10	52.00	43.72±3.74	
	指骨头	60	24.60	39.90	33.04±3.49	
远节	骨干	60	32.90	46.10	39.91±3.37	39.91±3.37
总计		420	17.90	52.00	35.28±6.52	35.28±6.52

4. 第2指骨各层面总体硬度分布　第2指骨划分为基底、骨干、指骨头三个层面进行测量,硬度值最高的层面为骨干,平均硬度为(39.93±5.09)HV;硬度值最低的层面为指骨头,平均硬度为(31.13±5.00)HV(表8-4-11)。

表 8-4-11　第2指骨各层面总体硬度分布

部位	测量位点/个	最小值/HV	最大值/HV	平均值±标准差/HV
指骨基底	120	20.60	45.20	32.44±5.24
骨干	180	26.10	52.00	39.93±5.09
指骨头	120	17.90	42.40	31.13±5.00
总计	420	17.90	52.00	35.28±6.52

(三) 第3指骨

1. 示意图

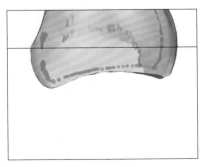

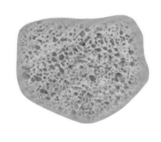

近节指骨基底:36.29HV
掌侧:33.65HV
背侧:32.53HV
内侧:42.46HV
外侧:36.53HV

第3近节指骨基底　　　　　　近节指骨基底切片示意图　　　　　　硬度分布

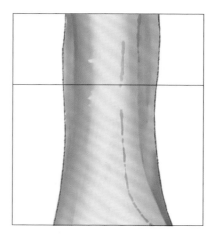

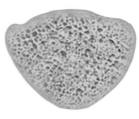

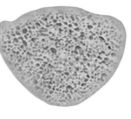

近节指骨干:42.13HV
掌侧:44.08HV
背侧:41.25HV
内侧:37.98HV
外侧:45.22HV

第 3 近节指骨骨干   近节指骨骨干切片示意图   硬度分布

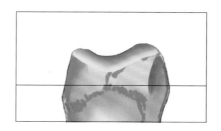

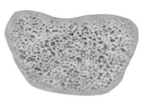

近节指骨头:36.05HV
掌侧:33.51HV
背侧:32.24HV
内侧:41.92HV
外侧:36.55HV

第 3 近节指骨头   近节指骨头切片示意图   硬度分布

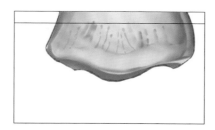

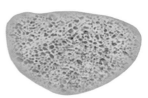

中节指骨基底:31.97HV
掌侧:36.37HV
背侧:23.22HV
内侧:33.03HV
外侧:35.26HV

第 3 中节指骨基底   中节指骨基底切片示意图   硬度分布

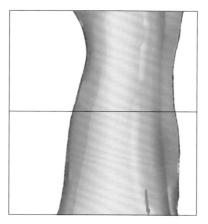

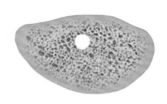

中节指骨干:42.20HV
掌侧:41.89HV
背侧:43.52HV
内侧:40.06HV
外侧:43.33HV

第 3 中节指骨干   中节指骨干切片示意图   硬度分布

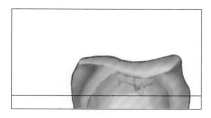

第3中节指骨头

中节指骨头切片示意图

中节指骨头:33.56HV
掌侧:35.02HV
背侧:30.60HV
内侧:34.09HV
外侧:34.53HV

硬度分布

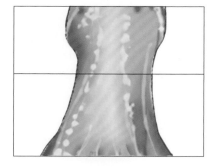

第3远节指骨干

远节指骨干切片示意图

远节指骨干:34.97HV
掌侧:32.48HV
背侧:32.41HV
内侧:39.34HV
外侧:35.56HV

硬度分布

2. 硬度分布　第3指骨划分为4个测量方位:掌侧、背侧、内侧和外侧。4个测量方位总体硬度分布如上,硬度从高到底依次为内侧、外侧、掌侧和背侧。内侧的硬度值最高,平均硬度为(38.41±7.36)HV,背侧的硬度值最低,平均硬度为(33.68±7.75)HV(表8-4-12)。

表 8-4-12　第3指骨硬度分布

部位	测量位点 / 个	最小值 /HV	最大值 /HV	平均值 ± 标准差 /HV
掌侧	105	24.70	54.50	36.71±6.05
背侧	105	18.30	50.30	33.68±7.75
内侧	105	26.10	61.50	38.41±7.36
外侧	105	25.20	53.10	38.15±6.19
总计	420	18.30	61.50	36.74±7.10

3. 第3指骨各层面硬度分布　第3指骨包含近节、中节和远节三部分,近节指骨和中节指骨取材于指骨基底、骨干和指骨头,远节指骨在骨干处取材,每个标本分别测量掌侧、背侧、内侧和外侧的硬度。共取材21个标本,测量位点420个。第三指骨总体骨硬度(36.74±7.10)HV。硬度值最高的层面位于第3中节指骨骨干,平均硬度(42.20±4.11)HV;硬度值最低的层面位于第3中节指骨基底,平均硬度(31.97±6.34)HV(表8-4-13)。

表 8-4-13　第3指骨各层面硬度分布

部位		测量位点 / 个	最小值 /HV	最大值 /HV	平均值 ± 标准差 /HV	总体 /HV
近节	指骨基底	60	25.20	61.50	36.29±8.01	38.16±7.61
	骨干	60	28.50	54.50	42.13±5.93	
	指骨头	60	25.50	56.50	36.05±7.23	

续表

部位		测量位点/个	最小值/HV	最大值/HV	平均值±标准差/HV	总体/HV
中节	指骨基底	60	18.30	45.00	31.97±6.34	35.91±6.92
	骨干	60	32.70	50.90	42.20±4.11	
	指骨头	60	22.80	42.70	33.56±5.17	
远节	骨干	60	24.70	49.00	34.97±5.08	34.97±5.08
总计		420	18.30	61.50	36.74±7.10	36.74±7.10

4. 第3指骨各层面总体硬度分布　第3指骨划分为基底、骨干、指骨头三个层面进行测量,硬度值最高的层面为骨干,平均硬度为(39.77±6.10)HV;硬度值最低的层面为指骨基底,平均硬度为(34.13±7.51)HV(表8-4-14)。

表8-4-14　第3指骨各层面总体硬度分布

部位	测量位点/个	最小值/HV	最大值/HV	平均值±标准差/HV
指骨基底	120	18.30	61.50	34.13±7.51
骨干	180	24.70	54.50	39.77±6.10
指骨头	120	22.80	56.50	34.81±6.38
总计	420	18.30	61.50	36.74±7.10

（四）第4指骨

1. 示意图

 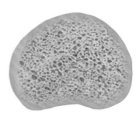 

近节指骨基底:28.23HV
掌侧:25.58HV
背侧:30.64HV
内侧:23.11HV
外侧:33.60HV

第4近节指骨基底　　　　近节指骨基底切片示意图　　　　硬度分布

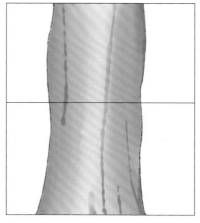 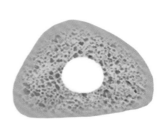

近节指骨干:40.68HV
掌侧:48.50HV
背侧:40.55HV
内侧:41.21HV
外侧:32.46HV

第4近节指骨骨干　　　　近节指骨骨干切片示意图　　　　硬度分布

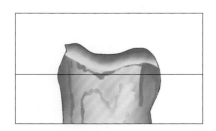

第 4 近节指骨头

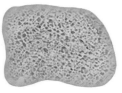

近节指骨头切片示意图

硬度分布

近节指骨头:26.41HV
掌侧:23.99HV
背侧:26.42HV
内侧:28.73HV
外侧:26.52HV

第 4 中节指骨基底

中节指骨基底切片示意图

硬度分布

中节指骨基底:26.38HV
掌侧:21.48HV
背侧:23.19HV
内侧:27.16HV
外侧:33.70HV

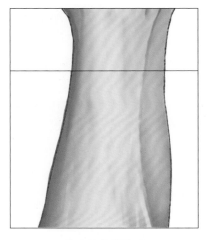

第 4 中节指骨干

中节指骨干切片示意图

硬度分布

中节指骨干:38.09HV
掌侧:36.21HV
背侧:41.17HV
内侧:39.20HV
外侧:35.79HV

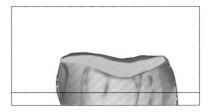

第 4 中节指骨头

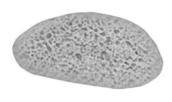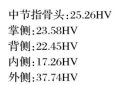

中节指骨头切片示意图

硬度分布

中节指骨头:25.26HV
掌侧:23.58HV
背侧:22.45HV
内侧:17.26HV
外侧:37.74HV

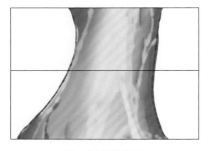

第 4 远节指骨干

远节指骨干切片示意图

硬度分布

远节指骨干:38.26HV
掌侧:40.03HV
背侧:37.66HV
内侧:37.42HV
外侧:37.95HV

2. 硬度分布　第 4 指骨划分为 4 个测量方位：掌侧、背侧、内侧和外侧。4 个测量方位总体硬度分布如上，硬度从高到底依次为外侧、背侧、掌侧和内侧。外侧的硬度值最高，平均硬度为（33.96±6.02）HV，内侧的硬度值最低，平均硬度为（30.58±9.78）HV（表 8-4-15）。

表 8-4-15　第 4 指骨硬度分布

部位	测量位点 / 个	最小值 /HV	最大值 /HV	平均值 ± 标准差 /HV
掌侧	105	15.90	64.60	31.34±10.63
背侧	105	11.00	48.20	31.72±9.28
内侧	105	11.00	47.40	30.58±9.78
外侧	105	18.80	47.50	33.96±6.02
总计	420	11.00	64.60	31.90±9.15

3. 第 4 指骨各层面硬度分布　第 4 指骨包含近节、中节和远节三部分，近节指骨和中节指骨取材于指骨基底、骨干和指骨头，远节指骨在骨干处取材，每个标本分别测量掌侧、背侧、内侧和外侧的硬度。共取材 21 个标本，测量位点 420 个。第 4 指骨总体骨硬度（31.90±9.15）HV。硬度值最高的层面位于第 4 近节指骨骨干，平均硬度（40.68±8.49）HV；硬度值最低的层面位于第 4 中节指骨头，平均硬度（25.26±8.42）HV（表 8-4-16）。

表 8-4-16　第 4 指骨各层面硬度分布

部位		测量位点 / 个	最小值 /HV	最大值 /HV	平均值 ± 标准差 /HV	总体 /HV
近节	指骨基底	60	13.70	47.50	28.23±6.89	31.78±9.53
	骨干	60	19.70	64.60	40.68±8.49	
	指骨头	60	11.00	39.50	26.41±5.78	
中节	指骨基底	60	14.10	45.50	26.38±7.25	29.91±8.93
	骨干	60	30.50	47.00	38.09±3.94	
	指骨头	60	11.00	47.20	25.26±8.42	
远节	骨干	60	28.00	49.80	38.26±4.86	38.26±4.86
总计		420	11.00	64.60	31.9±9.15	31.90±9.15

4. 第 4 指骨各层面总体硬度分布　第 4 指骨划分为基底、骨干、指骨头三个层面进行测量，硬度值最高的层面为骨干，平均硬度为（39.01±6.17）HV；硬度值最低的层面为指骨头，平均硬度为（25.84±7.22）HV（表 8-4-17）。

表 8-4-17　第 4 指骨各层面总体硬度分布

部位	测量位点 / 个	最小值 /HV	最大值 /HV	平均值 ± 标准差 /HV
指骨基底	120	13.70	47.50	27.31±7.11
骨干	180	19.70	64.60	39.01±6.17
指骨头	120	11.00	47.20	25.84±7.22
总计	420	11.00	64.60	31.9±9.15

(五) 第 5 指骨

1. 示意图

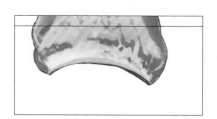

近节指骨基底:26.94HV
掌侧:26.83HV
背侧:25.22HV
内侧:28.81HV
外侧:26.90HV

第 5 近节指骨基底　　近节指骨基底切片示意图　　硬度分布

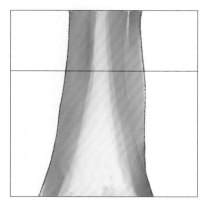
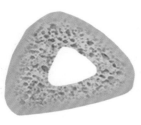
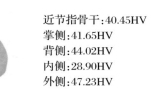

近节指骨干:40.45HV
掌侧:41.65HV
背侧:44.02HV
内侧:28.90HV
外侧:47.23HV

第 5 近节指骨骨干　　近节指骨骨干切片示意图　　硬度分布

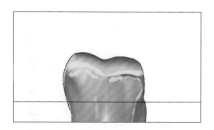

近节指骨头:28.29HV
掌侧:29.24HV
背侧:28.98HV
内侧:25.19HV
外侧:29.73HV

第 5 近节指骨头　　近节指骨头切片示意图　　硬度分布

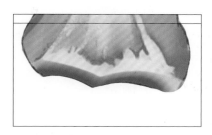
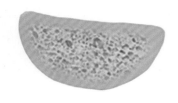

中节指骨基底:25.89HV
掌侧:25.96HV
背侧:22.71HV
内侧:28.42HV
外侧:26.47HV

第 5 中节指骨基底　　中节指骨基底切片示意图　　硬度分布

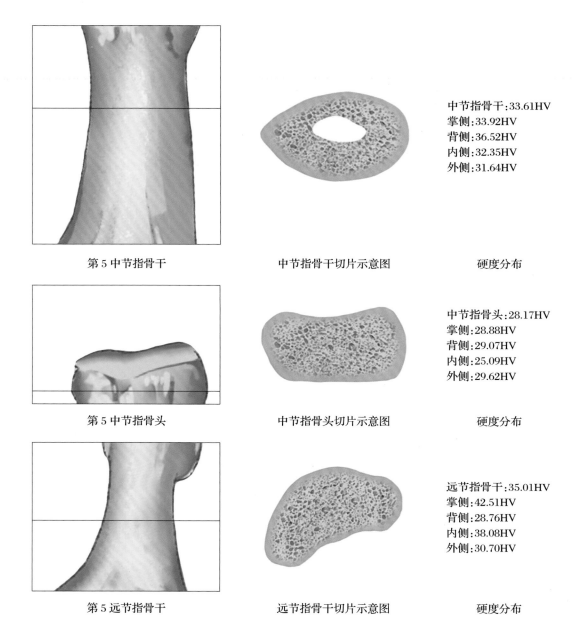

第 5 中节指骨干　　　　　中节指骨干切片示意图　　　　　硬度分布

中节指骨干:33.61HV
掌侧:33.92HV
背侧:36.52HV
内侧:32.35HV
外侧:31.64HV

第 5 中节指骨头　　　　　中节指骨头切片示意图　　　　　硬度分布

中节指骨头:28.17HV
掌侧:28.88HV
背侧:29.07HV
内侧:25.09HV
外侧:29.62HV

第 5 远节指骨干　　　　　远节指骨干切片示意图　　　　　硬度分布

远节指骨干:35.01HV
掌侧:42.51HV
背侧:28.76HV
内侧:38.08HV
外侧:30.70HV

2. 硬度分布　第 5 指骨划分为 4 个测量方位:掌侧、背侧、内侧和外侧。4 个测量方位总体硬度分布如上,硬度从高到底依次为掌侧、外侧、背侧和内侧。掌侧的硬度值最高,平均硬度为(32.71±8.34)HV,内侧的硬度值最低,平均硬度为(29.55±6.49)HV(表 8-4-18)。

表 8-4-18　第 5 指骨硬度分布

部位	测量位点 / 个	最小值 /HV	最大值 /HV	平均值 ± 标准差 /HV
掌侧	105	14.70	54.30	32.71±8.34
背侧	105	10.90	48.50	30.75±8.28
内侧	105	16.60	42.10	29.55±6.49
外侧	105	16.60	62.30	31.76±9.31
总计	420	10.90	62.30	31.19±8.22

3. 第 5 指骨各层面硬度分布 第 5 指骨包含近节、中节和远节三部分,近节指骨和中节指骨取材于指骨基底、骨干和指骨头,远节指骨在骨干处取材,每个标本分别测量掌侧、背侧、内侧和外侧的硬度。共取材 21 个标本,测量位点 420 个。第 5 指骨总体骨硬度(31.19±8.22)HV。硬度值最高的层面位于第 5 近节指骨骨干,平均硬度(40.45±9.82)HV;硬度值最低的层面位于第 5 中节指骨基底,平均硬度(25.89±7.63)HV(表 8-4-19)。

表 8-4-19 第 5 指骨各层面硬度分布

部位		测量位点 / 个	最小值 /HV	最大值 /HV	平均值 ± 标准差 /HV	总体 /HV
近节	指骨基底	60	14.40	41.70	26.94±6.04	31.89±9.33
	骨干	60	16.60	62.30	40.45±9.82	
	指骨头	60	17.50	38.20	28.29±4.32	
中节	指骨基底	60	10.90	41.80	25.89±7.63	29.22±6.61
	骨干	60	19.50	43.70	33.61±5.07	
	指骨头	60	18.40	37.20	28.17±4.06	
远节	骨干	60	19.60	54.30	35.01±7.45	35.01±7.45
总计		420	10.90	62.30	31.19±8.22	31.19±8.22

4. 第 5 指骨各层面总体硬度分布 第 5 指骨划分为基底、骨干、指骨头三个层面进行测量,硬度值最高的层面为骨干,平均硬度为(36.36±8.21)HV;硬度值最低的层面为指骨基底,平均硬度为(26.41±6.87)HV(表 8-4-20)。

表 8-4-20 第 5 指骨各层面总体硬度分布

部位	测量位点 / 个	最小值 /HV	最大值 /HV	平均值 ± 标准差 /HV
指骨基底	120	10.90	41.80	26.41±6.87
骨干	180	16.60	62.30	36.36±8.21
指骨头	120	17.50	38.20	28.23±4.18
总计	420	10.90	62.30	31.19±8.22

第九章

足部骨硬度

第一节　概　述

一、解剖特点

足包括 26 块不同形状的骨、32 块肌肉和肌腱,由 109 条韧带和 45 个关节连接而成。足分为前足、中足及后足。前足由趾骨、跖骨组成;中足由 7 块跗骨中的 5 块组成,包括 3 块楔骨(自内向外为内侧楔骨、中间楔骨、外侧楔骨)、1 块舟骨、1 块骰骨;后足由跟骨及距骨组成。其中楔骨和骰骨大致位于一个平面,形成一横弓突向背侧。足内侧有舟骨介于楔骨和距骨之间,外侧为跟骰关节。

前足的跖骨共 5 块,跖骨长轴向前、内、下倾斜,远侧头位于跟骨内侧,高于跟骨;其后端膨大,呈楔形称为底,中部为体,前端为头,有凸隆的关节面,与近节趾骨底相关节。趾骨共有 14 块,除姆趾为二节外,其他各趾均为三节,每节趾骨分底、体及滑车三部分。

跗骨与距骨形成了纵横交错的足弓,重力并非由胫骨通过跗骨直接传达地面,地面的挤压力亦并非直接通过跗骨传递至胫骨,而是纵向传递给足弓远端的跗骨和距骨。距骨通过踝关节连接腿和足。

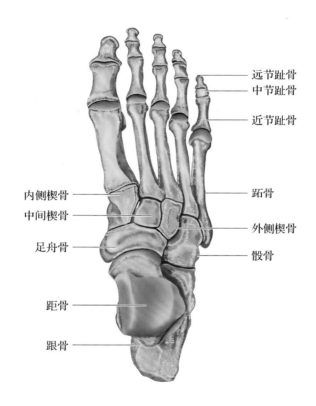

远节趾骨
中节趾骨
近节趾骨

内侧楔骨
中间楔骨
足舟骨
距骨
跟骨

距骨
外侧楔骨
骰骨

二、足骨骨硬度测量分区原则

本章节将分为六部分分别进行叙述:距骨、跟骨、足舟骨、骰骨、楔骨、跖骨。整个足部骨骼硬度测量包括 12 块标本,由于趾骨太过短小,取材不方便,故本章节未留取趾骨骨骼试样进行硬度测量,具体包括 5 个跖骨、3 个楔骨、骰骨、足舟骨、距骨和跟骨。针对不同解剖特点的骨骼,我们采取不同的切割办法以利于获取合适的骨骼试样标本,用于骨硬度测量,下面将进行详细描述。

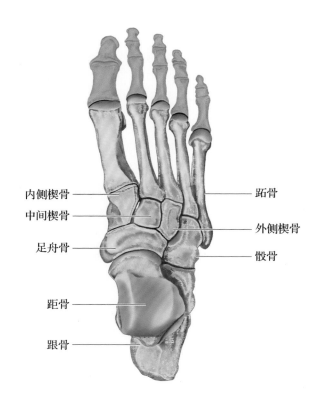

内侧楔骨　　　　　　　距骨
中间楔骨
足舟骨　　　　　　　　外侧楔骨
距骨　　　　　　　　　骰骨
跟骨

（一）跟骨

　　本章节参照跟骨的解剖特点，将跟骨划分为跟骨体和跟骨结节两部分。跟骨体和跟骨结节再进一步根据生理解剖位置纵向平分为内、外两区域。使用慢速锯在每个区域合适位置垂直其长轴精确切取 1 片厚约 3mm 的骨骼试样切片：跟骨体内侧骨骼试样、跟骨体外侧骨骼试样、跟骨结节内侧骨骼试样、跟骨结节外侧骨骼试样。每块跟骨标本切取 4 片骨骼试样切片，3 块跟骨标本共计切取 12 片骨骼试样，固定于纯平玻片上并给予标记。

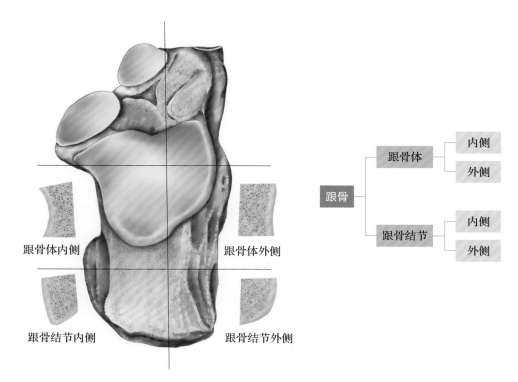

跟骨体内侧　　　　　　　　跟骨体外侧

跟骨结节内侧　　　　　　　跟骨结节外侧

跟骨　　跟骨体　　内侧
　　　　　　　　　外侧
　　　　跟骨结节　内侧
　　　　　　　　　外侧

　　每片骨骼试样均选取外部密质骨和内部松质骨 2 个测量区域。选取测量区域里的任意感兴趣区进行测量,最终选择 5 个有效的压痕硬度值。每个测量区域的 5 个有效压痕硬度值的平均值代表该区域的显微压痕硬度值。

（二）距骨

　　本章节参照距骨的解剖特点,按照 AO 原则于距骨颈基底部将距骨划分为距骨头颈部和距骨体两节段。距骨头根据生理解剖结构纵向进一步平分为内、外两部分;距骨体横向平分为前、后两部分,再纵向平分为前内、前外、后内和后外四个区域。使用慢速锯在上述 6 个区域的适宜部位沿其长轴精确切取 1 片厚约 3mm 的骨骼试样切片:距骨头内骨骼试样、距骨头外骨骼试样、距骨体前内骨骼试样、距骨体前外骨骼试样、距骨体后内骨骼试样和距骨体后外骨骼试样。每块距骨样本切取 6 块骨骼试样切片,3 块距骨共计切取 18 片骨骼试样,固定于纯平玻片上并给予标记。

　　每片骨骼试样均选取外部密质骨和内部松质骨 2 个测量区域。选取测量区域里的任意感兴趣区进行测量,最终选取 5 个有效的压痕硬度值。每个测量区域的 5 个有效压痕硬度值的平均值代表该区域的显微压痕硬度值。

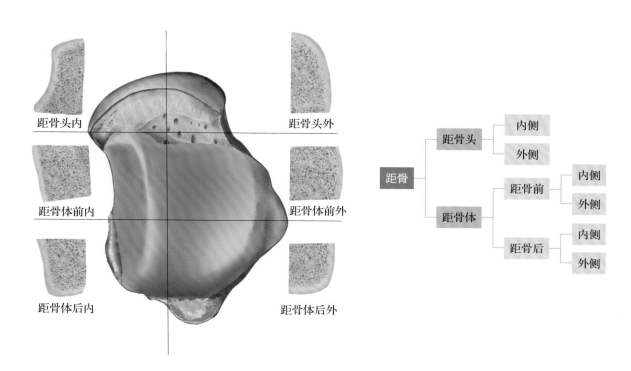

（三）足舟骨

　　每块足舟骨标本使用慢速锯于合适部位沿水平面精确切取 2 片厚约 3mm 的骨骼试样。3 块足舟骨共计切取 6 片骨骼试样,固定于纯平玻片上并给予标记。

　　因密质骨壳较薄,较难选择感兴趣区,故每片骨骼试样选取松质骨的 4 个测量区域:前侧、后侧、内侧、外侧。选取每个测量区域里的感兴趣区进行测量,最终选取 5 个有效的压痕硬度值。每个测量区域的 5 个有效压痕硬度值的平均值代表该区域的显微压痕硬度值。

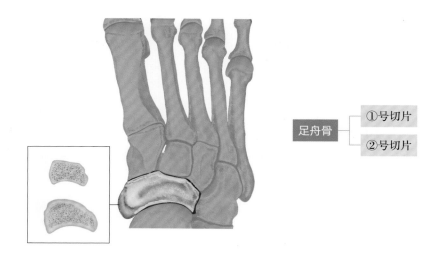

（四）骰骨

　　每块骰骨中部区域沿水平面使用慢速锯精确切取 1 片厚约 3mm 的骨骼试样，3 块骰骨共计切取 3 片骨骼试样，固定于纯平玻片上并给予标记。

　　因密质骨壳较薄，较难选择感兴趣区，故每片骨骼试样选取松质骨的 4 个测量区域：前侧、后侧、内侧、外侧。选取每个测量区域里的感兴趣区进行测量，最终选取 10 个有效的压痕硬度值。每个测量区域的 10 个有效压痕硬度值的平均值代表该区域的显微压痕硬度值。

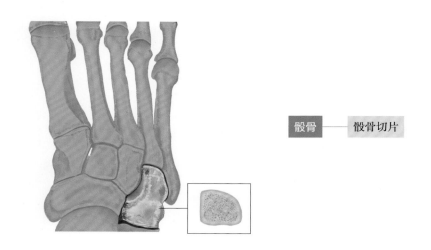

（五）楔骨

　　楔骨由内侧楔骨、中间楔骨、外侧楔骨 3 块组成，其形态各不相同，于适宜部位使用慢速锯沿水平面各自切取数片适宜的厚约 3mm 的骨骼试样以利于硬度测量。9 块楔骨标本共计切取 15 片骨骼试样，固定于纯平玻片上并给予标记。

　　因密质骨壳较薄，较难选择感兴趣区，故每片骨骼试样选取松质骨的 4 个测量区域：前侧、后侧、内侧、外侧。选取每个测量区域里的感兴趣区进行测量，最终选取 5 个有效的压痕硬度值。每个测量区域的 5 个有效压痕硬度值的平均值代表该区域的显微压痕硬度值。

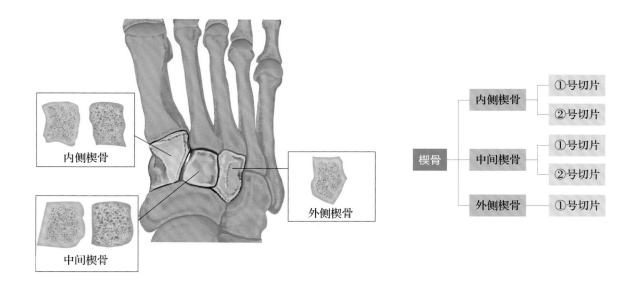

（六）跖骨

按照 AO 原则将第 1~5 跖骨划分为跖骨基底、跖骨骨干、跖骨头 3 个节段，并使用慢速锯于每部分的合适位置垂直其长轴精确切取 1 片厚约 3mm 的骨骼试样，分别编号：第 1~5 跖骨基底骨骼试样，第 1~5 跖骨骨干骨骼试样，第 1~5 跖骨头骨骼试样。15 块跖骨标本共计切取 45 片骨骼试样，固定于纯平玻片上并给予标记。

每片骨骼试样选取 4 个测量区域：跖侧、背侧、内侧、外侧，其中跖骨头和跖骨基底标本测量松质骨的硬度值，跖骨干标本测量密质骨的硬度值。选取每个测量区域里的感兴趣区进行测量，最终选取 5 个有效的压痕硬度值。每个测量区域的 5 个有效压痕硬度值的平均值代表该区域的显微压痕硬度值。

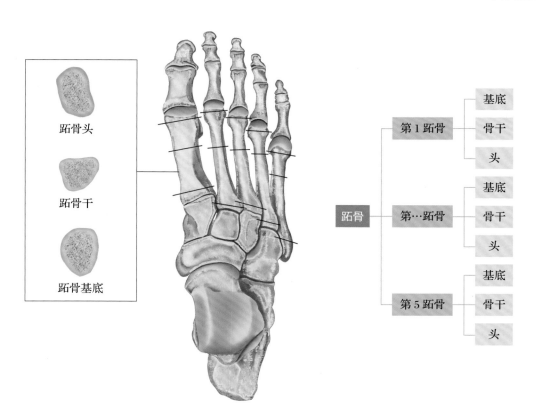

三、足部骨硬度的分布特点

(一) 测量位点数量

共测量足部骨骼标本切取骨骼切片 93 片,324 个测量区域(密质骨 90 个,松质骨 234 个),合计测量位点 1 620 个(密质骨 450 个,松质骨 1 170 个)。

跟骨标本 12 片,测量位点 120 个(密质骨 60 个,松质骨 60 个);距骨标本 18 片,测量位点 180 个(密质骨 90 个,松质骨 90 个);足舟骨标本 6 片,测量位点 120 个,全部为松质骨;骰骨标本 3 片,测量位点 120 个,全部为松质骨;楔骨标本 9 个,测量位点 180 个,全部为松质骨;跖骨标本 45 片,测量位点 900 个(密质骨 300 个,松质骨 600 个)。

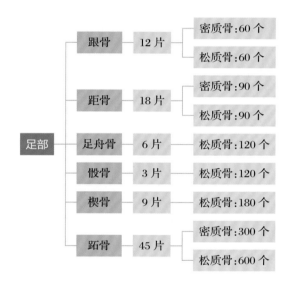

(二) 足部骨硬度分布

足部骨硬度数据显示:足骨总体硬度范围 11.70~62.70HV,足部骨硬度最小值为 11.70HV,出现在跖骨基底部,最大值为 62.70HV,出现在跖骨骨干部。足舟骨硬度最大,为 39.40HV,依次是跟骨和距骨,骰骨硬度最小(表 9-1-1)。

表 9-1-1　足部骨硬度分布

部位	测量位点 / 个	最小值 /HV	最大值 /HV	平均值 ± 标准差 /HV
距骨	180	22.10	51.00	36.70±5.77
跟骨	120	20.70	55.20	37.49±8.00
足舟骨	120	15.30	56.40	39.40±8.16
骰骨	120	13.10	59.00	32.08±8.90
楔骨	180	13.20	54.20	36.30±7.06
跖骨	900	11.70	62.70	36.35±7.43

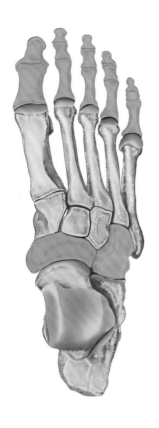

最硬部位:足舟骨(39.40HV)
最软部位:骰骨(32.08HV)

第二节　距骨骨硬度

一、解剖特点

距骨按解剖位置可分为头部、颈部和体部,距骨表面 60%~70% 为关节面,有 7 个关节面分别与周围骨形成关节。

距骨头呈半圆形,与足舟骨后面相关节。距骨颈较细,其上、内、外侧面粗涩,为关节囊的附着部。距骨体呈不规则立方体,前宽后窄,可提供踝关节背伸时的稳定性,其上、内、外三个关节面组成距骨滑车,其下方除后跟距关节面外,尚有一从前外向后内的深沟称为距骨沟,后者与跟骨沟合成跗骨窦。距骨体

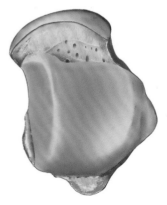

上面观

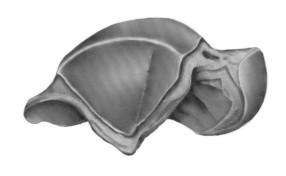

侧面观

部有外侧突和后突,距骨体的后端向后突出,称为距骨后突,后突又被拇长屈肌腱沟分为内外两部分,称后突内侧结节和后突外侧结节,二者分别是距跟内侧韧带和距腓后韧带的止点,距骨内侧关节面呈半月形,其面积仅为呈三角形的距骨体外侧面的 1/2,后者尖端向外突出,称为距骨外侧突,距跟外侧韧带起于距骨外侧突,向后下方,止于跟骨外侧面。

距下关节前部为前跟距关节和中跟距关节,两关节常合二为一。距骨体下面为后跟距关节,位于距骨沟的后外方,构成距下关节面的最主要部分。

二、距骨骨硬度分布特点

(一)测量位点数量

共测量距骨骨骼试样标本 18 片,36 个测量区域(密质骨 18 个,松质骨 18 个),合计测量位点 180 个(密质骨 90 个,松质骨 90 个)。其中距骨头标本 6 片,测量位点 60 个(密质骨 30 个,松质骨 30 个);距骨体标本 12 片,测量位点 120 个(密质骨 60 个,松质骨 60 个)。

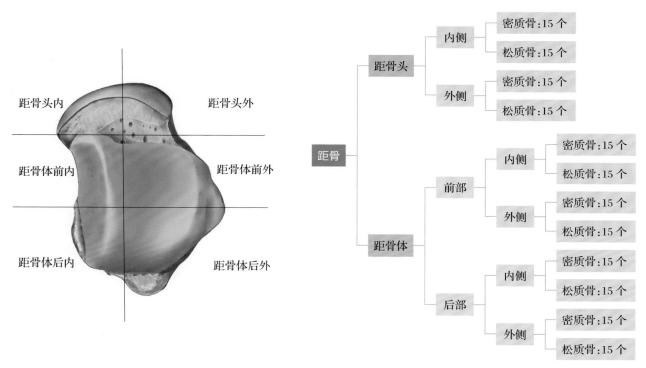

(二)距骨总体骨硬度

距骨总体骨硬度范围 22.10~51.00HV,平均硬度为(36.70±5.77)HV(表 9-2-1)。

表 9-2-1 距骨总体骨硬度分布

部位	测量位点 / 个	最小值 /HV	最大值 /HV	平均值 ± 标准差 /HV
距骨	180	22.10	51.00	36.70±5.77

(三)距骨头、体部硬度分布

距骨分为头部和体部两个测量部位,其中头部硬度范围 25.80~51.00HV,平均硬度为(37.68±5.22)HV;体部硬度范围 22.10~49.70HV,平均硬度为(36.20±5.99)HV。在该部分头部硬度值高于体部硬度值(表 9-2-2)。

表 9-2-2　距骨头和体部骨硬度分布

部位	测量位点 / 个	最小值 /HV	最大值 /HV	平均值 ± 标准差 /HV
距骨头	60	25.80	51.00	37.68±5.22
距骨体	120	22.10	49.70	36.20±5.99
合计	180	22.10	51.00	36.70±5.77

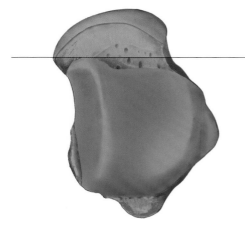

距骨头体部
最硬部位：距骨头部（37.68HV）
最软部位：距骨体部（36.20HV）

（四）距骨内、外侧硬度分布

距骨内外侧硬度分布显示：距骨内侧硬度范围 24.10~51.00HV，平均硬度（38.05±5.20）HV；距骨外侧硬度范围 22.10~48.70HV，平均硬度（35.34±6.02）HV；距骨内侧硬度值高于距骨外侧硬度（表 9-2-3）。

表 9-2-3　距骨内侧和外侧骨硬度分布

距骨	测量位点 / 个	最小值 /HV	最大值 /HV	平均值 ± 标准差 /HV
内侧	90	24.10	51.00	38.05±5.20
外侧	90	22.10	48.70	35.34±6.02
合计	180	22.10	53.70	36.70±5.77

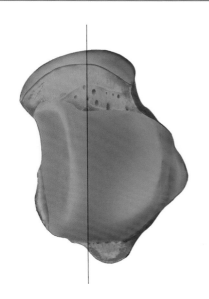

距骨内、外侧
最硬部位：距骨内侧（38.05HV）
最软部位：距骨外侧（35.34HV）

（五）距骨密质骨和松质骨硬度分布

距骨密质骨和松质骨硬度分布显示：密质骨硬度范围 22.10~50.20HV，平均硬度（36.36±5.89）HV；松质骨硬度范围 23.20~51.00HV，平均硬度（37.03±5.69）HV，密质骨和松质骨硬度值相近，松质骨硬度值大（表 9-2-4）。

表 9-2-4　距骨密质骨和松质骨骨硬度分布

距骨	测量位点 / 个	最小值 /HV	最大值 /HV	平均值 ± 标准差 /HV
密质骨	90	22.10	50.20	36.36±5.89
松质骨	90	23.20	51.00	37.03±5.69
合计	180	22.10	51.00	36.70±5.77

（六）距骨不同测量区域硬度分布

距骨分为 6 个不同的测量区域，硬度最高的为头部内侧，平均硬度为（38.60±5.17）HV，其次为体部前内侧、体部后内侧、头部外侧、体部前外侧，最小的为体部后外侧，平均硬度为（34.60±6.58）HV（表 9-2-5）。

表 9-2-5　距骨不同测量区域硬度分布

距骨	测量位点 / 个	最小值 /HV	最大值 /HV	平均值 ± 标准差 /HV
头部内侧	30	27.80	51.00	38.60±5.17
头部外侧	30	25.80	46.40	36.76±5.19
体部前内侧	30	27.10	45.40	38.09±4.17
体部前外侧	30	22.10	48.70	34.66±6.16
体部后内侧	30	24.10	49.70	37.46±6.18
体部后外侧	30	23.20	47.40	34.60±6.58

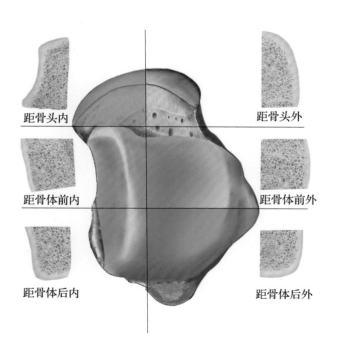

距骨头内　距骨头外
距骨体前内　距骨体前外
距骨体后内　距骨体后外

距骨
头部内侧：38.60HV
头部外侧：36.76HV
体部前内侧：38.09HV
体部前外侧：34.66HV
体部后内侧：37.46HV
体部后外侧：34.60HV

第三节　跟骨骨硬度

一、解剖特点

跟骨是最大的跗骨,近似长方形,位于距骨的下方。跟骨可分为上、下、前、后和内、外六个面。它有三个距骨关节面和一个骰骨关节面。

上面:跟骨上面后 1/3 骨面粗糙,介于踝关节背侧和跟腱之间,中 1/3 为卵圆形的后关节面,与距骨体下面的后跟距关节面相关节,后关节面向前倾斜,与身体垂直轴形成约 45° 角,中 1/3 内侧的扁平突起为载距突,支持距骨颈,同时为跟舟足底韧带附着处,载距突上覆以凹陷的中关节面,前 1/3 有一小的前关节面接距骨头,前、中关节面经常合成一体。

下面:跟骨下面粗糙,为足底长韧带和足底方肌的附着处。前端的圆形隆起称跟骨小结节,为跟骰足底韧带附着处。后端突出,称跟骨结节。

内侧面:跟骨内侧面凹陷,在载距突的下方,有自后上斜向前下的拇长屈肌腱沟。

外侧面:跟骨外侧面宽广而平滑,前部有一结节,称腓骨肌滑车,滑车后下方的斜沟为腓骨长肌腱沟。

前面:最小,呈方形,有鞍形的骰骨关节面,与骰骨相关节。

后面:凸隆,呈卵圆形,分为三部。前部借跟腱囊和脂肪组织与跟腱相隔;中部宽广粗糙,是跟腱的止点;下部斜向下前方,移行于跟骨结节,跟骨结节在下面有内外侧突,内为较大的跟骨结节内侧突,外为较小的跟骨结节外侧突,是跖筋膜和足底小肌肉起点。

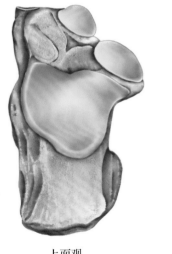

上面观

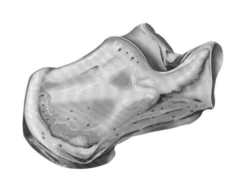
侧面观

二、跟骨骨硬度分布特点

(一) 测量位点数量

共测量跟骨骨骼试样标本 12 片,24 个测量区域(密质骨 12 个,松质骨 12 个),合计测量位点 120 个(密质骨 60 个,松质骨 60 个)。其中跟骨体标本 6 片,测量位点 60 个(密质骨 30 个,松质骨 30 个);跟骨结节标本 6 片,测量位点 60 个(密质骨 30 个,松质骨 30 个)。

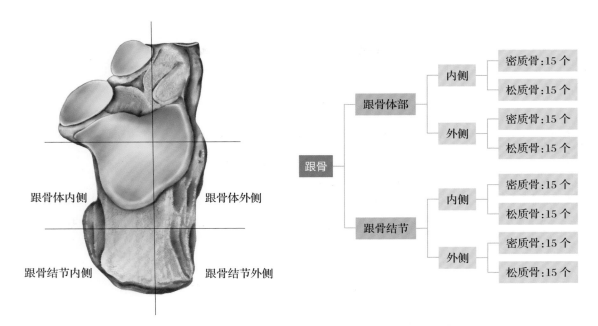

（二）跟骨骨硬度

跟骨硬度范围 19.40~63.20HV，平均硬度（39.13±9.03）HV（表 9-3-1）。

表 9-3-1　跟骨骨硬度

部位	测量位点 / 个	最小值 /HV	最大值 /HV	平均值 ± 标准差 /HV
跟骨	120	19.40	63.20	39.13±9.03

（三）跟骨体部、结节骨硬度分布

跟骨不同测量部位的硬度显示：跟骨结节硬度值较高，范围 19.40~63.20HV，平均硬度（39.50±9.18）HV；跟骨体硬度值较低，范围 22.00~60.40HV，平均硬度（38.76±8.94）HV（表 9-3-2）。

表 9-3-2　跟骨体部、结节骨硬度

部位	测量位点 / 个	最小值 /HV	最大值 /HV	平均值 ± 标准差 /HV
跟骨体	60	22.00	60.40	38.76±8.94
跟骨结节	60	19.40	63.20	39.50±9.18
总计	120	19.40	63.20	39.13±9.03

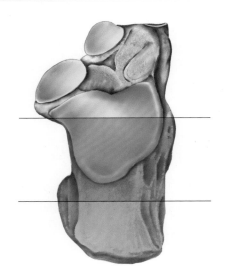

跟骨
最硬部位：跟骨结节（39.50HV）
最软部位：跟骨体（38.76HV）

（四）跟骨内、外侧硬度分布

跟骨内、外侧硬度分布如下：内侧硬度值偏低，平均硬度为（38.82±8.68）HV；外侧硬度值较高，平均硬度为（39.45±9.44）HV（表 9-3-3）。

表 9-3-3　跟骨内、外侧骨硬度

部位	测量位点/个	最小值/HV	最大值/HV	平均值±标准差/HV
跟骨内侧	60	22.80	60.40	38.82±8.68
跟骨外侧	60	19.40	63.20	39.45±9.44
总体	120	19.40	63.20	39.13±9.03

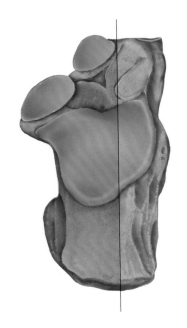

跟骨
最硬部位：跟骨外侧（39.45HV）
最软部位：跟骨内侧（38.82HV）

（五）跟骨密质骨、松质骨硬度分布

跟骨为承重骨，直接接收来自距骨的压力，其中跟骨骨小梁在承重中起主要作用，本研究将跟骨按密质骨、松质骨划分，两者骨硬度分别为（39.13±9.21）HV 和（39.14±8.93）HV，二者硬度相近（表 9-3-4）。

表 9-3-4　跟骨密质骨、松质骨硬度分布

部位	测量位点/个	最小值/HV	最大值/HV	平均值±标准差/HV
跟骨密质骨	60	19.40	60.40	39.13±9.21
跟骨松质骨	60	22.80	63.20	39.14±8.93
总计	120	19.40	63.20	39.13±9.03

（六）跟骨各测量部位骨硬度分布

跟骨分为 4 个测量部位：跟骨体部内侧和外侧，跟骨结节内侧和外侧。该部分跟骨体部内侧硬度值最高，平均硬度为（41.14±9.14）HV；跟骨结节外侧硬度值最低，平均硬度为（37.15±9.09）HV（表 9-3-5）。

表 9-3-5　跟骨各测量部位骨硬度分布

部位	测量位点 / 个	最小值 /HV	最大值 /HV	平均值 ± 标准差 /HV
跟骨体内侧	30	19.40	55.20	41.14±9.14
跟骨体外侧	30	23.30	60.40	40.50±8.78
跟骨结节内侧	30	22.00	53.70	37.74±8.92
跟骨结节外侧	30	25.70	63.20	37.15±9.09
总体	120	19.40	63.20	39.13±9.03

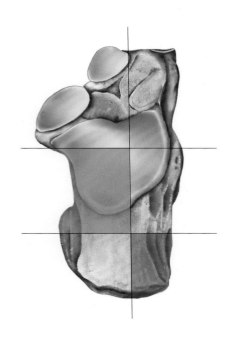

跟骨
最硬部位：跟骨体内侧（41.14HV）
最软部位：跟骨结节外侧（37.15HV）

（七）跟骨密质骨、松质骨硬度分布

跟骨不同部位密质骨和松质骨硬度分布如下，其中跟骨体密质骨硬度值最高，平均硬度为（38.30±7.31）HV；跟骨体松质骨硬度值最低，平均硬度为（35.68±8.06）HV。同一部位的密质骨硬度值高于该部位松质骨硬度值（表 9-3-6）。

表 9-3-6　跟骨密质骨和松质骨硬度分布

部位	测量位点 / 个	最小值 /HV	最大值 /HV	平均值 ± 标准差 /HV
跟骨体密质骨	30	27.20	51.40	38.30±7.31
跟骨体松质骨	30	20.70	55.20	35.68±8.06
跟骨结节密质骨	30	25.70	53.70	38.25±8.11
跟骨结节松质骨	30	23.30	55.20	37.71±8.60
总体	120	20.70	55.20	37.49±8.00

三、跟骨各部位骨硬度分布

1. 示意图

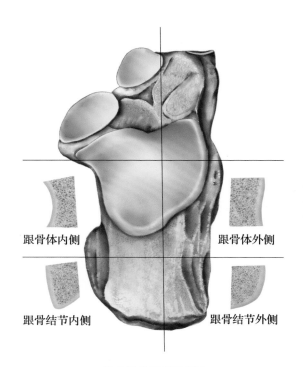

跟骨体内侧硬度：41.14HV
跟骨体外侧硬度：40.50HV
跟骨结节内侧硬度：37.74HV
跟骨结节外侧硬度：37.15HV

跟骨体内侧

跟骨体外侧

跟骨结节内侧

跟骨结节外侧

跟骨切片切割示意图   硬度分布

2. 跟骨体内部硬度分布（表 9-3-7）

表 9-3-7   跟骨体内部硬度分布

跟骨体内侧	最小值 /HV	最大值 /HV	平均值 ± 标准差 /HV
密质骨	24.20	51.80	40.45±7.86
松质骨	19.40	55.20	41.83±10.50
总计	19.40	55.20	41.14±9.14

3. 跟骨体外部硬度分布（表 9-3-8）

表 9-3-8   跟骨体外部硬度分布

跟骨体外侧	最小值 /HV	最大值 /HV	平均值 ± 标准差 /HV
密质骨	27.20	60.40	42.43±9.38
松质骨	23.30	52.10	38.57±7.97
总计	23.30	60.40	40.50±8.78

4. 跟骨结节内侧硬度分布(表 9-3-9)

表 9-3-9 跟骨结节内侧硬度分布

跟骨结节内侧	最小值 /HV	最大值 /HV	平均值 ± 标准差 /HV
密质骨	22.80	53.70	39.46±8.41
松质骨	22.00	51.40	36.01±9.36
总计	22.00	53.70	37.74±8.92

5. 跟骨结节外侧硬度分布(表 9-3-10)

表 9-3-10 跟骨结节外侧硬度分布

跟骨结节外侧	最小值 /HV	最大值 /HV	平均值 ± 标准差 /HV
密质骨	25.70	50.00	36.33±6.78
松质骨	26.20	63.20	37.97±11.12
总计	25.70	63.20	37.15±9.09

第四节 足舟骨骨硬度

一、解剖特点

足舟骨扁平呈舟形,内侧宽,外侧较窄。足舟骨近与距骨头,远与楔骨形成关节。足舟骨远侧面为横向的隆凸,包含 3 个关节面(其中以内侧关节面为最大),分别于内、中、外 3 块楔骨形成关节;近侧面为卵圆形凹陷,与距骨头相关节;背侧面较为粗糙隆凸;内侧面有粗糙的舟骨粗隆,可在足底侧距内踝远端 2.5cm 处扪及。足底侧与内侧舟骨粗隆之间有一浅沟分离;外侧面不规则,常与骰骨相关节。

与内侧楔骨相关节的足舟骨关节面呈三角形、尖圆朝向足背侧,底常弯曲。与中间楔骨和外侧楔骨相关节的足舟骨关节面的尖朝向足底侧,这其中中间关节面多呈三角形,外侧关节面常呈半圆形或新月形。

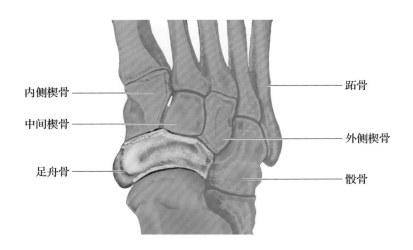

内侧楔骨
中间楔骨
足舟骨
距骨
外侧楔骨
骰骨

二、足舟骨骨硬度分布特点

（一）测量位点数量

共测量足舟骨骨骼试样标本 6 片，合计测量区域 24 个（均为松质骨），测量位点 120 个。平均每块足舟骨测量区域 8 个（前侧 2 个，后侧 2 个，内侧 2 个，外侧 2 个）；每个测量区域测量位点 5 个，均为松质骨骨硬度测量数据。

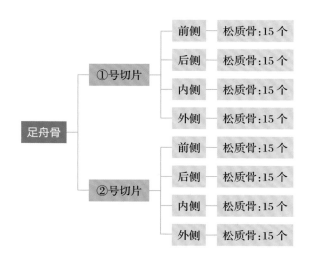

（二）足舟骨骨硬度

足舟骨共测量 120 个位点，硬度范围为 15.30~56.40HV，平均硬度为（39.41±8.16）HV（表 9-4-1）。

表 9-4-1　足舟骨骨硬度分布

部位	测量位点 / 个	最小值 /HV	最大值 /HV	平均值 ± 标准差 /HV
足舟骨	120	15.30	56.40	39.41±8.16

（三）足舟骨不同测量方位骨硬度分布

足舟骨测量了前侧、后侧、内侧和外侧 4 个方位，其硬度值显示内侧 > 外侧 > 前侧 > 后侧。内侧的硬度值最高，平均硬度为（40.78±8.64）HV；后侧的硬度值最低，平均硬度为（38.04±7.27）HV（表 9-4-2）。

表 9-4-2　足舟骨不同测量方位骨硬度分布

足舟骨	测量位点 / 个	最小值 /HV	最大值 /HV	平均值 ± 标准差 /HV
前侧	30	17.30	52.10	38.95±7.40
后侧	30	22.90	54.20	38.04±7.27
内侧	30	19.30	56.40	40.78±8.64
外侧	30	15.30	54.80	39.85±9.30
总计	120	15.30	56.40	39.40±8.16

第五节 足骰骨骨硬度

一、解剖特点

足骰骨是足部远排跗骨中最外侧的骨头,呈不规则的立方形,位于足的外侧缘,位于跟骨和第4、5跖骨之间。骰骨的背外侧较粗糙,有韧带附着。足底侧有一斜向前内方的浅沟,即腓骨长肌腱沟,沟内有腓骨长肌腱通过,该沟近侧有一锐脊向远侧延伸至于骰骨粗隆。外侧面粗糙;内侧面有卵圆形关节面与外侧楔骨相关节,其后方有时也与足舟骨相关节;远侧面有一垂直微嵴将该面划分为内、外两部分,内侧呈四边形关节面与第4跖骨骨底相关节,外侧呈三角形与第5跖骨相关节;近侧面凹凸不平呈三角形,与跟骨远侧相关节,其足底内侧角向近下延伸,止于跟骨。

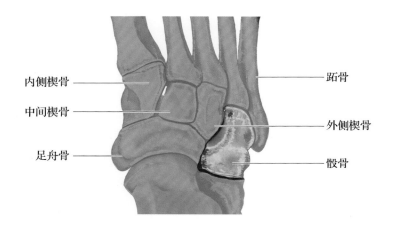

二、足骰骨骨硬度分布特点

(一)测量位点数量

共测量骰骨骨骼试样标本3片,合计测量区域12个(均为松质骨),测量位点120个。平均每块骰骨测量区域4个(前侧1个,后侧1个,内侧1个,外侧1个)。每个测量区域测量位点10个,均为松质骨骨硬度测量数据。

(二)足骰骨骨硬度

足骰骨共测量120个位点,其硬度范围为13.10~59.00HV,平均硬度为(32.08±8.90)HV(表9-5-1)。

表 9-5-1　足骰骨骨硬度分布

部位	测量位点/个	最小值/HV	最大值/HV	平均值 ± 标准差/HV
足骰骨	120	13.10	59.00	32.08±8.90

（三）足骰骨不同测量方位骨硬度分布

足骰骨测量了前侧、后侧、内侧和外侧 4 个方位，其硬度值显示内侧＞外侧＞前侧＞后侧。内侧的硬度值最高，平均硬度为（33.75±10.33）HV；后侧的硬度值最低，平均硬度为（29.93±9.27）HV（表 9-5-2）。

表 9-5-2　足骰骨不同测量方位骨硬度分布

足骰骨	测量位点 / 个	最小值 /HV	最大值 /HV	平均值 ± 标准差 /HV
前侧	30	15.10	42.70	31.00±7.49
后侧	30	13.10	52.60	29.93±9.27
内侧	30	13.30	59.00	33.75±10.33
外侧	30	17.70	45.90	33.64±8.07
总计	120	13.10	59.00	32.08±8.90

第六节　楔骨骨硬度

一、解剖特点

足楔骨有三块，位于足舟骨前方，呈不规则的立方形，依次为内侧楔骨、中间楔骨、外侧楔骨。近侧与足舟骨相关节，远侧与第 1~3 跖骨底相关节。其中内侧楔骨最长，中间楔骨最短小，外侧楔骨背面粗糙，呈长方形。内侧楔骨是足横弓的重要组成部分。内、外侧楔骨向远端延伸均与第 2 跖骨底相关节，超越中间楔骨。

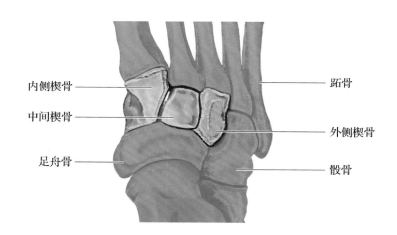

二、楔骨骨硬度分布特点

（一）测量位点数量

共测量楔骨骨骼试样标本 9 片（内侧楔骨 3 片，中间楔骨 3 片，外侧楔骨 3 片），合计测量区域 36个（内侧楔骨 12 个，中间楔骨 12 个，外侧楔骨 12 个），测量位点 180 个，均为松质骨。平均每片样本测量区域 4 个（前侧 1 个，后侧 1 个，内侧 1 个，外侧 1 个），每个测量区域测量位点 5 个，均为松质骨骨硬度测量数据。

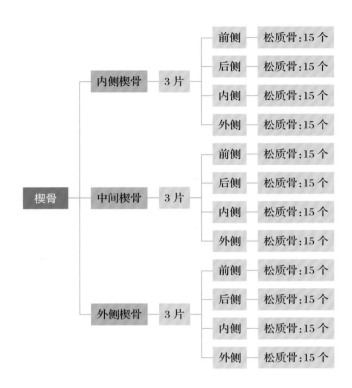

（二）楔骨骨硬度

楔骨总体骨硬度分布显示：硬度范围 13.20~49.90HV，其平均硬度为（35.21±6.74）HV（表 9-6-1）。

表 9-6-1 楔骨骨硬度分布

部位	测量位点/个	最小值/HV	最大值/HV	平均值±标准差/HV
楔骨	180	13.20	54.20	36.30±7.06

（三）内、中、外楔骨骨硬度分布

内、中、外楔骨骨硬度分布显示：中间楔骨硬度值最大，为（38.87±6.10）HV，大于内侧楔骨和外侧楔骨（表 9-6-2）。

表 9-6-2 内、中、外楔骨骨硬度分布

部位	测量位点/个	最小值/HV	最大值/HV	平均值±标准差/HV
内侧楔骨	60	20.00	48.70	33.03±6.25
中间楔骨	60	14.40	49.90	38.87±6.10
外侧楔骨	60	13.20	46.90	33.74±6.39
总体	180	13.20	54.20	36.30±7.06

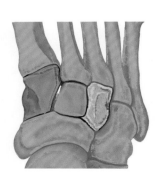

最硬：中间楔骨（38.87HV）
最软：内侧楔骨（33.03HV）

三、楔骨骨硬度分布

1. 示意图

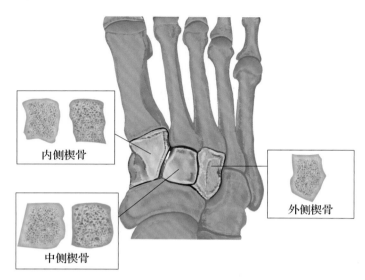

内侧楔骨:33.03HV
中间楔骨:38.87HV
外侧楔骨:33.74HV

楔骨切片切割示意图   硬度分布

2. 内侧楔骨硬度分布(表 9-6-3)

内侧楔骨 4 个测量方位的硬度显示:前侧 > 内侧 > 后侧 > 外侧,前侧硬度值最大,平均硬度 (34.12±5.53) HV,外侧硬度值最小,平均硬度(32.40±5.75) HV。内侧楔骨整体硬度为(33.03±6.25) HV。

表 9-6-3　内侧楔骨硬度分布

部位	最小值 /HV	最大值 /HV	平均值 ± 标准差 /HV
前侧	25.70	42.50	34.12±5.53
后侧	20.00	48.20	32.72±7.08
内侧	20.40	48.70	32.87±7.00
外侧	20.70	46.20	32.40±5.75
总体	20.00	48.70	33.03±6.25

3. 中间楔骨硬度分布(表 9-6-4)

中间楔骨 4 个测量方位的硬度显示:内侧 > 前侧 > 外侧 > 后侧,内侧硬度值最大,平均硬度 (40.47±6.17) HV,后侧硬度值最小,平均硬度(38.20±7.86) HV。中间楔骨整体硬度为(38.87±6.10) HV。

表 9-6-4　中间楔骨硬度分布

部位	最小值 /HV	最大值 /HV	平均值 ± 标准差 /HV
前侧	26.30	48.10	38.44±5.80
后侧	14.40	38.10	38.20±7.86
内侧	30.50	49.90	40.47±6.17
外侧	30.50	43.70	38.35±4.41
总体	14.40	49.90	38.87±6.10

4. 外侧楔骨硬度分布（表9-6-5）

外侧楔骨4个测量方位的硬度显示：后侧＞内侧＞外侧＞前侧，后侧硬度值最大，平均硬度（35.65±5.84）HV，前侧硬度值最小，平均硬度（30.93±8.94）HV。外侧楔骨整体硬度为（33.74±6.39）HV。

表 9-6-5　外侧楔骨硬度分布

部位	最小值 /HV	最大值 /HV	平均值 ± 标准差 /HV
前侧	13.20	46.90	30.93±8.94
后侧	27.70	46.90	35.65±5.84
内侧	19.60	41.20	34.95±5.50
外侧	22.70	38.50	33.43±3.74
总体	13.20	46.90	33.74±6.39

第七节　跖骨骨硬度

一、解剖特点

跖骨为短管状骨，有5块，位于足的远侧，连接跗骨和趾骨。每根指骨均可分为近侧底、中间骨干和远侧头三部分。各跖骨的后端略膨大，呈楔形，称为底。底的后面与跗骨相关节，两侧与相邻的跖骨相接，背面、跖面均粗糙，为韧带的附着处。跗跖关节（除外第1跗跖）形成一条线，并向内向外倾斜，跖骨底较跖骨干倾斜。跖骨的前端为头，有隆起的关节面，与近节趾骨相关节。头的周围呈结节状，为跖趾关节囊和韧带附着处。头与底之间为体，体上面的中部略宽，内、外侧面较宽广，三面均有肌肉附着。除第1、第5跖骨外，第2、第3、第4跖骨的骨干细长，纵向背凸，足底侧则凹陷。横断面呈菱形，远端变细。

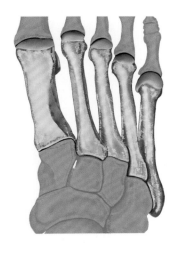

二、跖骨骨硬度分布特点

(一) 测量位点数量

跖骨共测量骨骼试样标本 45 片(第 1~5 跖骨各 9 片),合计测量区域 180 个(密质骨 60 个,松质骨 120 个),测量位点 900 个(密质骨 300 个,松质骨 600 个)。每个切片选取跖侧、背侧、内侧、外侧四个区域。平均每根跖骨测量区域 36 个(跖骨头 12 个,跖骨干 12 个,跖骨基底 12 个);每根跖骨测量位点 180 个(跖骨头 60 个,跖骨干 60 个,跖骨基底 60 个)。其中跖骨头和指骨基底均为松质骨骨硬度测量数据,指骨干为密质骨骨硬度测量数据。

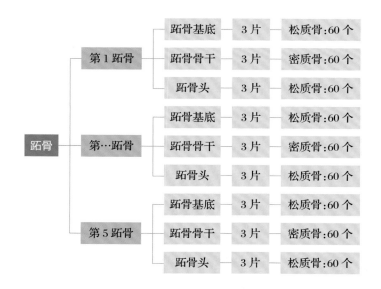

(二) 跖骨骨硬度

跖骨骨硬度分布显示:跖骨骨硬度分布范围为 11.70~62.70HV,平均硬度为(36.35±7.43)HV(表 9-7-1)。

表 9-7-1　跖骨骨硬度分布

部位	测量位点 / 个	最小值 /HV	最大值 /HV	平均值 ± 标准差 /HV
跖骨	900	11.70	62.70	36.35±7.43

(三) 第 1~5 跖骨骨硬度分布

跖骨硬度显示:第 3 跖骨硬度最大,平均硬度为(38.95±9.01)HV;其次为第 2、第 5、第 4 跖骨;第 1 跖骨硬度最小,平均硬度为(35.99±7.03)HV(表 9-7-2)。

表 9-7-2　第 1~5 跖骨骨硬度分布

标本	测量位点 / 个	最小值 /HV	最大值 /HV	平均值 ± 标准差 /HV
第 1 跖骨	180	11.70	54.30	34.63±6.49
第 2 跖骨	180	18.00	54.10	36.73±6.95
第 3 跖骨	180	19.70	62.70	38.95±9.01
第 4 跖骨	180	17.50	55.10	35.46±6.74
第 5 跖骨	180	20.70	59.00	35.99±7.03

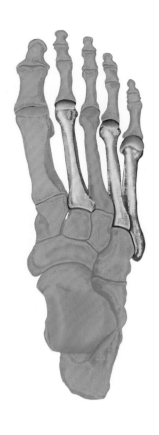

跖骨
最硬部位:第 3 跖骨(38.95HV)
最软部位:第 1 跖骨(34.63HV)

（四）跖骨不同层面硬度分布

跖骨划分为跖骨基底、跖骨干、跖骨头三个层面,硬度值显示跖骨干 > 跖骨头 > 跖骨基底(表 9-7-3)。

表 9-7-3　跖骨不同层面骨硬度分布

跖骨	测量位点 / 个	最小值 /HV	最大值 /HV	平均值 ± 标准差 /HV
基底	300	11.70	50.10	33.25±6.64
骨干	300	24.40	62.70	40.95±6.65
头	300	19.70	55.50	34.86±6.68

（五）跖骨不同测量方位硬度分布

跖骨根据生理解剖位置的不同,选取了 4 个测量方位:跖侧、背侧、内侧、外侧。其硬度值显示:内侧 > 背侧 > 外侧 > 跖侧。内侧硬度值最高,平均为(36.69±7.79)HV;跖侧硬度值最低,平均为(36.11±7.05)HV (表 9-7-4)。

表 9-7-4　跖骨不同测量方位骨硬度分布

跖骨	测量位点 / 个	最小值 /HV	最大值 /HV	平均值 ± 标准差 /HV
跖侧	225	21.60	55.20	36.11±7.05
背侧	225	18.00	59.80	36.32±7.49
内侧	225	11.70	62.70	36.69±7.79
外侧	225	20.50	55.50	36.28±7.42

三、第 1~5 跖骨骨硬度分布

（一）第 1 跖骨

1. 示意图

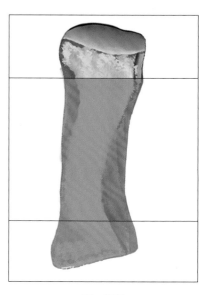

第 1 跖骨骨硬度:34.63HV
跖骨基底:31.25HV
跖骨干:38.15HV
跖骨头:34.49HV

第 1 跖骨　　　　　　　　　　　　　　硬度分布

2. 第 1 跖骨不同层面硬度分布　第 1 跖骨不同层面硬度显示跖骨干 > 跖骨头 > 跖骨基底。跖骨干硬度值最高,平均硬度为(38.15±5.27)HV;跖骨基底硬度值最低,平均硬度为(31.25±5.70)HV(表 9-7-5)。

表 9-7-5　第 1 跖骨不同层面硬度分布

部位	最小值 /HV	最大值 /HV	平均值 ± 标准差 /HV
跖骨基底	11.70	42.40	31.25±5.70
跖骨干	27.20	54.30	38.15±5.27
跖骨头	22.70	53.00	34.49±6.57

3. 第 1 跖骨不同方位硬度分布　第 1 跖骨选取了 4 个测量方位,硬度显示掌侧 > 背侧 > 外侧 > 内侧。掌侧硬度值最高,平均硬度为(35.25±7.23)HV;内侧硬度值最低,平均硬度为(33.90±6.81)HV(表 9-7-6)。

表 9-7-6　第 1 跖骨不同方位硬度分布

部位	最小值 /HV	最大值 /HV	平均值 ± 标准差 /HV
掌侧	24.80	54.30	35.25±7.23
背侧	25.50	53.00	34.93±6.07
内侧	11.70	44.00	33.90±6.81
外侧	20.50	46.40	34.43±5.89

（二）第 2 跖骨

1. 示意图

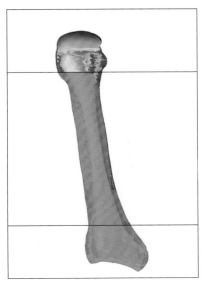

第 2 跖骨骨硬度：36.73HV
跖骨基底：32.99HV
跖骨干：40.60HV
跖骨头：36.61HV

　　　　第 2 跖骨　　　　　　　　　　　　　硬度分布

2. 第 2 跖骨不同层面硬度分布　　第 2 跖骨不同层面硬度显示跖骨干＞跖骨头＞跖骨基底。跖骨干硬度值最高，平均硬度为（40.60±6.05）HV；跖骨基底硬度值最低，平均硬度为（32.99±6.54）HV（表 9-7-7）。

表 9-7-7　第 2 跖骨不同层面硬度分布

部位	最小值 /HV	最大值 /HV	平均值 ± 标准差 /HV
跖骨基底	18.00	47.20	32.99±6.54
跖骨干	26.80	54.10	40.60±6.05
跖骨头	24.00	48.90	36.61±6.13

3. 第 2 跖骨不同方位硬度分布　　第 2 跖骨选取了 4 个测量方位，硬度显示外侧＞内侧＞掌侧＞背侧。外侧硬度值最高，平均硬度为（37.56±7.37）HV；背侧硬度值最低，平均硬度为（36.27±6.86）HV（表 9-7-8）。

表 9-7-8　第 2 跖骨不同方位硬度分布

部位	最小值 /HV	最大值 /HV	平均值 ± 标准差 /HV
掌侧	24.80	54.30	36.51±7.38
背侧	25.50	53.00	36.27±6.86
内侧	11.70	44.00	36.59±6.29
外侧	20.50	46.40	37.56±7.37

（三）第 3 跖骨

1. 示意图

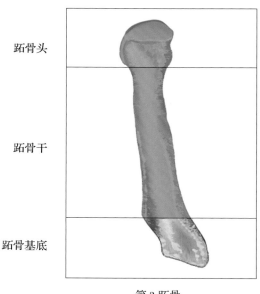

跖骨头

跖骨干

跖骨基底

第 3 跖骨

第 3 跖骨骨硬度：38.95HV
跖骨基底：36.32HV
跖骨干：45.69HV
跖骨头：34.85HV

硬度分布

2. 第 3 跖骨不同层面硬度分布　第 3 跖骨不同层面硬度显示跖骨干 > 跖骨基底 > 跖骨头。跖骨干硬度值最高，平均硬度为（45.69±7.53）HV；跖骨头硬度值最低，平均硬度为（34.85±8.04）HV（表 9-7-9）。

表 9-7-9　第 3 跖骨不同层面硬度分布

部位	最小值 /HV	最大值 /HV	平均值 ± 标准差 /HV
跖骨基底	20.80	50.10	36.32±7.40
跖骨干	24.90	62.70	45.69±7.53
跖骨头	19.70	54.20	34.85±8.04

3. 第 3 跖骨不同方位硬度分布　第 3 跖骨选取了 4 个测量方位，硬度显示内侧 > 外侧 > 背侧 > 掌侧。内侧硬度值最高，平均硬度为（41.90±9.31）HV；掌侧硬度值最低，平均硬度为（37.63±8.81）HV（表 9-7-10）。

表 9-7-10　第 3 跖骨不同方位硬度分布

第 3 跖骨	最小值 /HV	最大值 /HV	平均值 ± 标准差 /HV
掌侧	24.80	54.30	37.63±8.81
背侧	25.50	53.00	37.82±8.47
内侧	11.70	44.00	41.90±9.31
外侧	20.50	46.40	38.46±9.07

（四）第 4 跖骨

1. 示意图

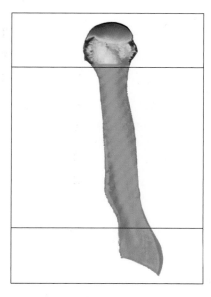

第 4 跖骨骨硬度:35.46HV
跖骨基底:33.05HV
跖骨干:39.24HV
跖骨头:34.09HV

第 4 跖骨　　　　　　　　　　硬度分布

2. 第 4 跖骨不同层面硬度分布　第 4 跖骨不同层面硬度显示跖骨干 > 跖骨头 > 跖骨基底。跖骨干硬度值最高,平均硬度为(39.24±5.68)HV;跖骨基底硬度值最低,平均硬度为(33.05±6.69)HV（表 9-7-11）。

表 9-7-11　第 4 跖骨不同层面硬度分布

第 4 跖骨	最小值 /HV	最大值 /HV	平均值 ± 标准差 /HV
跖骨基底	17.50	45.10	33.05±6.69
跖骨干	24.40	55.10	39.24±5.68
跖骨头	20.30	48.30	34.09±6.20

3. 第 4 跖骨不同方位硬度分布　第 4 跖骨选取了 4 个测量方位,硬度显示背侧 > 掌侧 > 外侧 > 内侧。背侧硬度值最高,平均硬度为(36.11±6.46)HV;内侧硬度值最低,平均硬度为(34.74±7.25)HV（表 9-7-12）。

表 9-7-12　第 4 跖骨不同方位硬度分布

第 4 跖骨	最小值 /HV	最大值 /HV	平均值 ± 标准差 /HV
掌侧	24.80	54.30	36.04±7.24
背侧	25.50	53.00	36.11±6.46
内侧	11.70	44.00	34.74±7.25
外侧	20.50	46.40	34.94±6.05

(五) 第 5 跖骨

1. 示意图

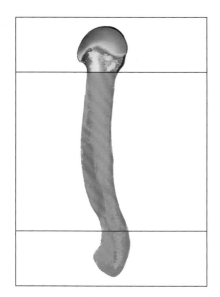

第 5 跖骨骨硬度:35.99HV
跖骨基底:32.64HV
跖骨干:41.08HV
跖骨头:34.26HV

第 5 跖骨   硬度分布

2. 第 5 跖骨不同层面硬度分布　第 5 跖骨不同层面硬度显示跖骨干 > 跖骨头 > 跖骨基底。跖骨干硬度值最高,平均硬度为(41.08±6.07) HV;跖骨基底硬度值最低,平均硬度为(32.64±5.89) HV (表 9-7-13)。

表 9-7-13　第 5 跖骨不同层面硬度分布

第 5 跖骨	最小值 /HV	最大值 /HV	平均值 ± 标准差 /HV
跖骨基底	21.60	49.30	32.64±5.89
跖骨干	28.00	59.00	41.08±6.07
跖骨头	20.70	55.50	34.26±6.15

3. 第 5 跖骨不同方位硬度分布　第 5 跖骨选取了 4 个测量方位,硬度显示内侧 > 掌侧 > 外侧 > 背侧。内侧硬度值最高,平均硬度为(36.34±6.64) HV;背侧硬度值最低,平均硬度为(35.42±7.10) HV (表 9-7-14)。

表 9-7-14　第 5 跖骨不同方位硬度分布

第 5 跖骨	最小值 /HV	最大值 /HV	平均值 ± 标准差 /HV
掌侧	24.80	54.30	36.19±6.76
背侧	25.50	53.00	35.42±7.10
内侧	11.70	44.00	36.34±6.64
外侧	20.50	46.40	36.03±7.79

髌骨骨硬度

一、解剖特点

髌骨是人体全身骨骼中最大的籽骨,包埋在股四头肌肌腱内,位于膝关节的前部。髌骨上宽下尖,前面粗糙,后面有光滑的关节面与股骨髌面相关节。髌骨可在体表摸到。髌骨是伸膝装置的重要组成部分,有传导并增强股四头肌肌力、维护膝关节稳定及保护股骨髁的作用。

髌骨呈扁平三角形,具有上缘、内缘和外缘三个边缘以及一个尖。其上缘宽阔肥厚,称髌底;内外两缘较薄,有股四头肌腱和髌内、外侧支持带附着;侧缘向下移行为髌尖,有髌韧带附着,该尖接近膝关节线;髌骨前面凸隆而粗糙,此面被股四头肌腱膜所覆盖;后面光滑称关节面,完全为软骨所覆盖。关节面借一纵嵴分为内、外两部分,内外两部又各分为上、中、下三个小关节面,内侧部三个小关节面更内侧还有一纵性的小关节面。这七个关节面分别在膝关节伸屈过程中的各个角度与股骨髁相接触。髌骨是髌股关节重要组成部分,髌股关节疾病有非常高的发病率,也是很多患者膝关节疼痛就诊的主要原因。

髌骨内部是几乎均匀分布的松质骨,被一薄层的致密骨片所覆盖。髌骨前表面下层的骨小梁与表面相平行;别处的骨小梁自关节面发出到达骨实质。

前面观　　　　　　　　　　　　　　　后面观

二、髌骨骨硬度测量分区原则

髌骨属于籽骨,也是扁骨,本章节髌骨骨硬度测量将髌骨于合适部位使用慢速锯切取 2 片适宜的厚约 3mm 的骨骼试样切片,分别标记为:上部髌骨骨骼试样、下部髌骨骨骼试验。3 块髌骨标本共计切取 6 片髌骨骨骼试样,固定于纯平玻片上并给予标记。

选取前方密质骨和后方软骨下骨板里面的感兴趣区进行测量,每片髌骨骨骼试样分选取 6 个不同的区域进行测量:内侧密质骨、外侧密质骨、内侧松质骨、外侧松质骨和内侧软骨下骨板(密质骨)、外侧软骨下骨板(密质骨)。

选取每个测量区域里的感兴趣进行测量,密质骨最终选取 5 个有效的压痕硬度值,松质骨最终每个测量区域的 10 个有效压痕硬度值的平均值代表该区域的显微压痕硬度值。

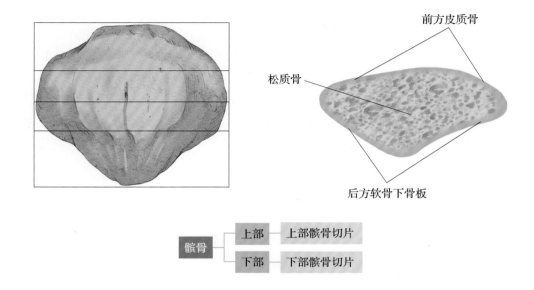

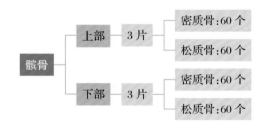

三、髌骨骨硬度分布特点

（一）测量位点数量

共测量髌骨骨骼试样标本 6 片，36 个测量区域（密质骨 24 个，松质骨 12 个），合计测量位点 240 个（密质骨 120 个，松质骨 120 个）。平均每个密质骨测量区域 5 个有效密质骨骨硬度测量值；每个松质骨测量区域 10 个有效松质骨骨硬度测量值。

上部髌骨标本 3 片，测量区域 18 个（密质骨 12 个，松质骨 6 个），合计测量位点 120 个（密质骨 60 个，松质骨 60 个）；下部髌骨标本 3 片，测量区域 18 个（密质骨 12 个，松质骨 6 个），合计测量位点 120 个（密质骨 60 个，松质骨 60 个）。

（二）髌骨骨硬度

240 个髌骨骨硬度测量位点数据显示：髌骨骨硬度范围为 21.10~62.90HV，平均硬度为（38.55±6.28）HV（表 10-0-1）。

表 10-0-1　髌骨骨硬度

部位	测量位点 / 个	最小值 /HV	最大值 /HV	平均值 ± 标准差 /HV
髌骨	240	21.10	62.90	38.55±6.28

（三）髌骨密质骨、松质骨骨硬度

髌骨密质骨、松质骨骨硬度分布显示：密质骨硬度范围为 24.90~62.90HV，平均硬度为（41.73±6.01）HV；松质骨硬度范围为 21.10~47.00HV，平均硬度为（35.36±4.77）HV。密质骨硬度值高于松质骨硬度值（表 10-0-2）。

表 10-0-2　髌骨密质骨、松质骨骨硬度

部位	测量位点 / 个	最小值 /HV	最大值 /HV	平均值 ± 标准差 /HV
密质骨	120	24.90	62.90	41.73±6.01
松质骨	120	21.10	47.00	35.36±4.77
总计	240	21.10	62.90	38.55±6.25

（四）髌骨上、下层面骨硬度分布

髌骨上、下层面硬度分布显示：上部硬度范围为 21.10~58.40HV，平均硬度为（38.28±6.16）HV；下部硬度范围为 23.50~62.90HV，平均硬度为（38.81±6.42）HV（表 10-0-3）。

表 10-0-3　髌骨上、下层面骨硬度分布

部位	测量位点 / 个	最小值 /HV	最大值 /HV	平均值 ± 标准差 /HV
上部	120	21.10	58.40	38.28±6.16
下部	120	23.50	62.90	38.81±6.42
总计	240	21.10	62.90	38.55±6.25

（五）髌骨内、外侧整体骨硬度分布

髌骨内、外侧整体硬度分布显示：内侧硬度范围为 21.10~54.40HV，平均硬度为（37.11±6.05）HV；外侧硬度范围为 23.50~62.90HV，平均硬度为（39.98±6.21）HV。外侧硬度值高于内侧硬度值（表 10-0-4）。

表 10-0-4　髌骨内、外侧整体骨硬度分布

部位	测量位点 / 个	最小值 /HV	最大值 /HV	平均值 ± 标准差 /HV
内侧	120	21.10	54.40	37.11±6.05
外侧	120	23.50	62.90	39.98±6.21
总计	240	21.10	62.90	38.55±6.25

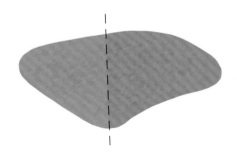

髌骨
最硬部位：外侧整体（39.98HV）
最软部位：内侧整体（37.11HV）

（六）髌骨密质骨内、外侧骨硬度分布

髌骨密质骨内、外侧骨硬度分布显示同整体内外侧硬度分布规律：外侧硬度值高于内侧硬度值。其中密质骨外侧硬度范围为 34.60~62.90HV，平均硬度为（43.71±5.42）HV；内侧硬度范围为 24.90~54.40HV，平均硬度为（39.75±5.96）HV（表 10-0-5）。

表 10-0-5　髌骨密质骨内、外侧骨硬度分布

部位	测量位点 / 个	最小值 /HV	最大值 /HV	平均值 ± 标准差 /HV
内侧	60	24.90	54.40	39.75±5.96
外侧	60	34.60	62.90	43.71±5.42
总计	120	24.90	62.90	41.73±6.01

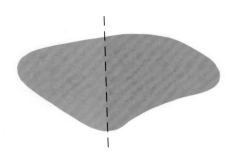

髌骨
最硬部位：外侧密质骨（43.71HV）
最软部位：内侧密质骨（39.75HV）

（七）髌骨松质骨内、外侧骨硬度分布

　　髌骨松质骨内、外侧骨硬度分布显示同整体内外侧硬度分布规律：外侧硬度值高于内侧硬度值。其中松质骨外侧硬度范围为 23.50~47.00HV，平均硬度为（36.26±4.50）HV；内侧硬度范围为 21.10~43.80HV，平均硬度为（34.47±4.91）HV（表 10-0-6）。

表 10-0-6　髌骨松质骨内、外侧骨硬度分布

部位	测量位点 / 个	最小值 /HV	最大值 /HV	平均值 ± 标准差 /HV
内侧	60	21.10	43.80	34.47±4.91
外侧	60	23.50	47.00	36.26±4.50
总计	120	21.10	47.00	35.36±4.77

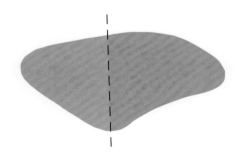

髌骨
最硬部位：外侧松质骨（36.26HV）
最软部位：内侧松质骨（34.47HV）

（八）髌骨密质骨不同测量区域骨硬度分布

　　髌骨密质骨不同测量区域骨硬度分布显示：不同测量区域的密质骨硬度值不同。以内、外侧为界，最硬区域为外侧后方软骨下骨板，平均硬度为（44.40±4.29）HV；最软区域为内侧前方密质骨，平均硬度为（39.52±6.00）HV（表 10-0-7）。

表 10-0-7　髌骨密质骨不同测量区域骨硬度分布

部位		测量位点 / 个	最小值 /HV	最大值 /HV	平均值 ± 标准差 /HV
内侧	前方密质骨	30	24.90	54.40	39.52±6.00
	后方软骨下骨板	30	29.00	51.20	39.99±6.01
外侧	前方密质骨	30	34.60	62.90	43.01±6.36
	后方软骨下骨板	30	35.40	54.40	44.40±4.29
总计		120	24.90	62.90	41.73±6.01

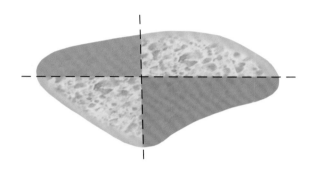

髌骨
最硬部位:外侧后方软骨下骨板(44.40HV)
最软部位:内侧前方密质骨(39.52HV)

（九）髌骨前方密质骨和软骨下骨板骨硬度分布

髌骨前方密质骨和软骨下骨板骨硬度分布显示:前方密质骨骨硬度范围为 24.90~62.90HV,平均硬度为(41.27±6.38) HV;后方软骨下骨板硬度范围为 29.00~54.40HV,平均硬度为(42.19±5.63) HV。后方软骨下骨板的密质骨硬度值高于前方密质骨的硬度值(表 10-0-8)。

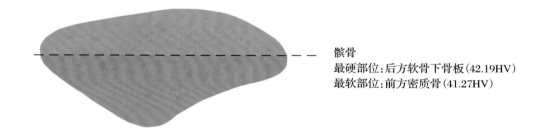

髌骨
最硬部位:后方软骨下骨板(42.19HV)
最软部位:前方密质骨(41.27HV)

表 10-0-8　髌骨密质骨和软骨下骨板骨硬度分布

部位	测量位点 / 个	最小值 /HV	最大值 /HV	平均值 ± 标准差 /HV
前方密质骨	60	24.90	62.90	41.27±6.38
后方软骨下骨板	60	29.00	54.40	42.19±5.63
总计	120	24.90	62.90	41.73±6.01

（十）髌骨密质骨不同测量部位骨硬度分布

髌骨密质骨不同测量部位的骨硬度分布显示:硬度值最高的部位为上部后方软骨下骨板外侧,平均硬度为(45.72±3.40) HV;硬度值最低的部位为上部前方密质骨内侧,平均硬度为(38.24±4.68) HV(表 10-0-9)。

表 10-0-9　髌骨密质骨不同测量部位骨硬度分布

部位			测量位点 / 个	最小值 /HV	最大值 /HV	平均值 ± 标准差 /HV
上部	前方密质骨	内侧	15	29.80	44.30	38.24±4.68
		外侧	15	35.50	58.40	41.86±6.17
	后方软骨下骨板	内侧	15	29.00	51.20	40.17±5.83
		外侧	15	42.00	54.40	45.72±3.40
下部	前方密质骨	内侧	15	24.90	54.40	40.79±7.02
		外侧	15	34.60	62.90	44.17±6.54
	后方软骨下骨板	内侧	15	30.20	50.40	39.81±6.38
		外侧	15	35.40	51.50	43.07±4.78

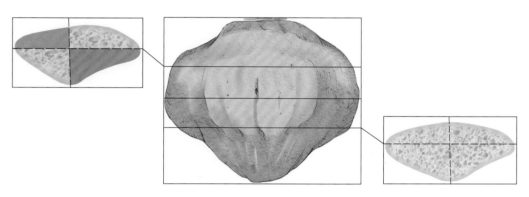

最硬部位：上部后方软骨下骨板外侧(45.72HV)
最软部位：上部前方密质骨内侧(38.24HV)

（十一）髌骨松质骨不同测量部位骨硬度分布

髌骨松质骨不同测量部位骨硬度分布显示：硬度值最高部位位于下部外侧，平均硬度为（36.60±4.36）HV；硬度值最低部位位于上部内侧，平均硬度为（34.19±4.76）HV（表 10-0-10）。

表 10-0-10　髌骨松质骨不同测量部位骨硬度分布

部位		测量位点 / 个	最小值 /HV	最大值 /HV	平均值 ± 标准差 /HV
上部	内侧	30	21.10	43.80	34.19±4.76
	外侧	30	23.50	47.00	35.92±4.68
下部	内侧	30	23.50	42.00	34.74±5.12
	外侧	30	27.90	43.80	36.60±4.36

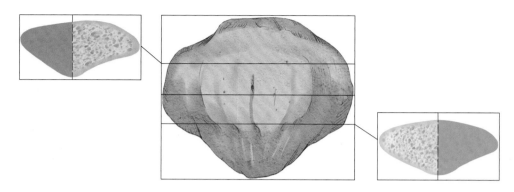

最硬部位：下部外侧（36.60HV）
最软部位：上部内侧（34.19HV）

四、髌骨骨硬度分布

（一）上部髌骨层面

1. 示意图

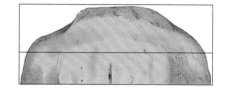

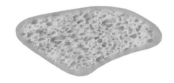

密质骨
最硬区域：外侧软骨下骨板（45.72HV）
最软区域：内侧密质骨（38.24HV）
松质骨
最硬区域：外侧（35.92HV）
最软区域：内侧（34.19HV）

上部层面切割示意图　　　　　　　切片示意图　　　　　　　　　硬度分布

2. 硬度分布　　上部髌骨层面硬度分布显示：不同测量部位的硬度值各不相同。密质骨测量区域显示硬度值最高部位位于后方外侧软骨下骨板，其平均硬度为（45.72±3.40）HV；硬度值最低部位位于前方内侧密质骨，其平均硬度为（38.24±4.68）HV（表 10-0-11）。

外侧部位的密质骨、软骨下骨板和松质骨的骨硬度值均大于内侧相应部分的骨硬度值，其数据如下。

表 10-0-11　上部髌骨层面硬度分布

部位		最小值 /HV	最大值 /HV	平均值 ± 标准差 /HV
前方	内侧密质骨	29.80	44.30	38.24±4.68
	外侧密质骨	35.50	58.40	41.86±6.17
后方	内侧软骨下骨板	29.00	51.20	40.17±5.83
	外侧软骨下骨板	42.00	54.40	45.72±3.40
内侧松质骨		21.10	43.80	34.19±4.76
外侧松质骨		23.50	47.00	35.92±4.68

（二）下部髌骨层面

1. 示意图

密质骨
最硬区域：外侧密质骨（44.17HV）
最软区域：内侧软骨下骨板（39.81HV）
松质骨
最硬区域：外侧（36.60HV）
最软区域：内侧（34.74HV）

下部层面切割示意图　　　　　　切片示意图　　　　　　硬度分布

2. 硬度分布　下部髌骨层面硬度分布显示：不同测量部位的硬度值各不相同。密质骨测量区域显示硬度值最高部位位于前方外侧密质骨，其平均硬度为（44.17±6.54）HV；硬度值最低部位位于后方内侧软骨下骨板，其平均硬度为（39.81±6.38）HV（表10-0-12）。

外侧部位的密质骨、软骨下骨板和松质骨的骨硬度值均大于内侧相应部分的骨硬度值，其数据如下。

表 10-0-12　下部髌骨层面硬度分布

部位		最小值 /HV	最大值 /HV	平均值 ± 标准差 /HV
前方	内侧密质骨	24.90	54.40	40.79±7.02
	外侧密质骨	34.60	62.90	44.17±6.54
后方	内侧软骨下骨板	30.20	50.40	39.81±6.38
	外侧软骨下骨板	35.40	51.50	43.07±4.78
内侧松质骨		23.50	42.00	34.74±5.12
外侧松质骨		27.90	43.80	36.60±4.36

第十一章

11

锁骨骨硬度

第一节　概　　述

一、解剖特点

锁骨是颈部和胸部的分界,属于上肢带的一部分。锁骨位于胸廓顶部前方皮下,是三角肌和胸锁乳突肌的起点,也是斜方肌的止点,是上肢带与躯干唯一的骨性连接结构。锁骨几乎水平地从胸骨柄越过颈部到达肩峰,支撑肩部,凭借肌肉和韧带的附着,使上肢能离开躯干而摆动,起到加强上肢带稳定的作用。

锁骨中间部分为锁骨体部,扁的外侧端为肩峰端,与肩峰的内侧面相关节;膨大的内侧端为胸骨端,与胸骨的锁关节面及第1肋软骨相关节。锁骨外形从正面观察近似直线形,上面观察呈 S 形。锁骨内1/3 横截面呈四边形 / 菱形,以抵御轴向拉力和压力;中 1/3 呈管状;外 1/3 呈扁平状以适应肌肉的牵拉和附着。女性锁骨较细而短,弯曲小较平滑,其肩峰端较胸骨端略低。男性在臂下垂时,肩峰端与胸骨端在同一水平,或肩峰端略高。

锁骨的密质骨外壳在体部较厚,由体部向两端逐渐变薄。锁骨并非长管状骨,没有典型的骨髓腔,内部填充松质骨。

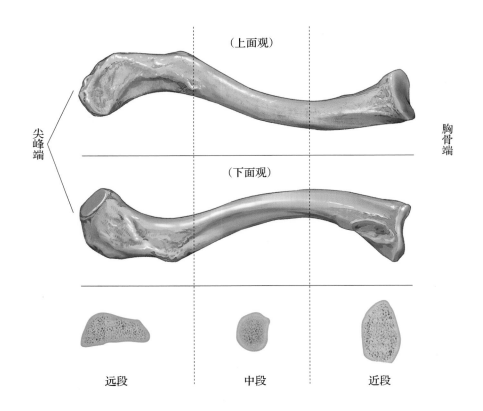

二、锁骨骨硬度测量分区原则

锁骨形态不规则,虽然是长骨,但它不是典型的长骨,没有骨髓腔,而 Heim 方块法则仅适用于规则长骨,故为满足锁骨各解剖结构的进一步精细切割,本章节参照锁骨骨折 Allman 分型,依据锁骨的解剖特点,选取锁骨外侧 1/3 为锁骨远段,锁骨内侧 1/3 为锁骨近段,近段及远段中间部分为锁骨中段。之后使用慢速锯垂直于锁骨三节段的水平长轴等距精确切取 15 片厚约 3mm 的骨骼试样(近段:3 片,中段:7 片,远段:5 片),固定于纯平玻片上并给予标记。

根据生理解剖位置,每片骨骼试样进一步划分为上、下、前、后四个方位。选取每个方位里密质骨外壳的感兴趣区进行测量,最终选取 5 个有效的压痕硬度值;每片骨骼试样的中心区域为松质骨测量区域。每个方位 / 区域的 5 个有效压痕硬度值的平均值代表该方位 / 区域的显微压痕硬度值。

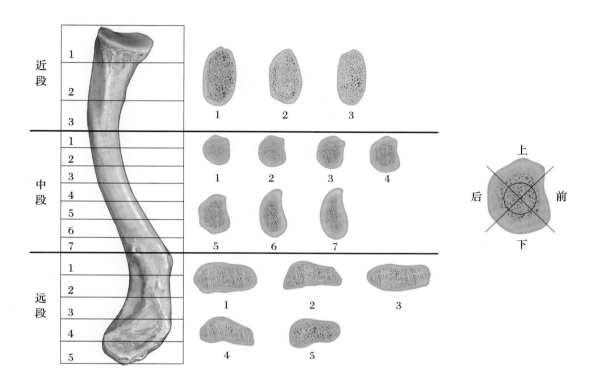

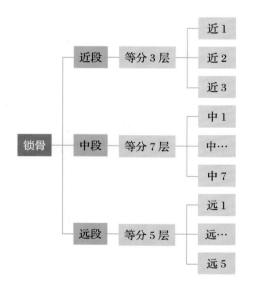

三、锁骨骨硬度的分布特点

（一）测量位点数量

共测量锁骨骨骼试样标本 45 片,225 个测量区域(密质骨 180 个,松质骨 45 个),合计测量位点 1 125 个(密质骨 900 个,松质骨 225 个)。每片标本共计 20 个有效密质骨硬度测量值和 5 个有效松质骨硬度测量值。锁骨近段标本 9 片,测量位点 225 个(密质骨 180 个,松质骨 45 个);中段标本 21 片,测量位点 525 个(密质骨 420 个,松质骨 105 个);远段标本 15 片,测量位点 375 个(密质骨 300 个,松质骨 75 个)。

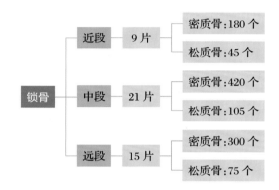

（二）锁骨总体骨硬度

锁骨总体密质骨硬度范围 14.30~70.60HV,平均硬度为(35.94±8.13)HV;总体松质骨硬度范围 17.20~46.60HV,平均硬度为(30.74±6.17)HV。密质骨骨硬度值高于松质骨骨硬度(表 11-1-1)。

表 11-1-1　锁骨总体骨硬度分布

部位	测量位点 / 个	最小值 /HV	最大值 /HV	平均值 ± 标准差 /HV
密质骨	900	14.30	70.60	35.94±8.13
松质骨	225	17.20	46.60	30.74±6.17
总计	1 125	14.30	70.60	34.90±8.05

（三）锁骨各节段密质骨硬度分布

锁骨各节段密质骨骨硬度分布显示:最硬节段为锁骨中段,硬度范围 17.90~70.60HV,平均硬度为(41.32±6.84)HV;最软节段为锁骨远段,硬度范围 14.30~45.00HV,平均硬度为(29.70±5.35)HV(表 11-1-2)。

表 11-1-2　锁骨各节段密质骨骨硬度分布

部位	测量位点 / 个	最小值 /HV	最大值 /HV	平均值 ± 标准差 /HV
近段	180	17.30	46.70	33.78±6.08
中段	420	17.90	70.60	41.32±6.84

续表

部位	测量位点 / 个	最小值 /HV	最大值 /HV	平均值 ± 标准差 /HV
远段	300	14.30	45.00	29.70±5.35
合计	900	14.30	70.60	35.94±8.13

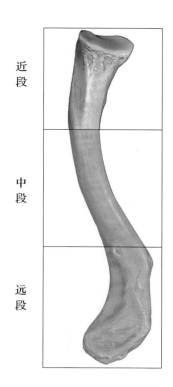

锁骨密质骨
最硬节段：中段（41.32HV）
最软节段：远段（29.70HV）

（四）锁骨各节段松质骨硬度分布

锁骨各节段松质骨骨硬度分布显示：最硬节段为锁骨中段，硬度范围 20.20~46.60HV，平均硬度为（34.53±5.51）HV；最软节段为锁骨远段，硬度范围 17.20~41.90HV，平均硬度为（26.34±5.10）HV（表 11-1-3）。

表 11-1-3　锁骨各节段松质骨骨硬度分布

部位	测量位点 / 个	最小值 /HV	最大值 /HV	平均值 ± 标准差 /HV
近段	45	20.60	34.10	29.24±2.97
中段	105	20.20	46.60	34.53±5.51
远段	75	17.20	41.90	26.34±5.10
合计	225	17.20	46.60	30.74±6.17

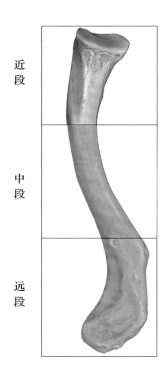

近段

中段

远段

锁骨松质骨
最硬节段：中段（34.53HV）
最软节段：远段（26.34HV）

（五）密质骨不同层面硬度分布

锁骨密质骨不同层面硬度分布显示：硬度值最高层面位于锁骨中段第 5 层，硬度范围 23.20~67.20HV，平均硬度（44.81±8.56）HV；硬度值最低层面位于锁骨远段第 4 层，硬度范围 19.30~37.40HV，平均硬度（28.01±3.47）HV（表 11-1-4）。

表 11-1-4　锁骨密质骨不同层面硬度分布

节段	层面	测量位点 / 个	最小值 /HV	最大值 /HV	平均值 ± 标准差 /HV
近段	1	60	21.10	43.90	32.41±5.60
	2	60	20.70	46.50	33.40±5.54
	3	60	17.30	46.70	35.53±6.70
中段	1	60	21.50	49.40	37.70±5.69
	2	60	25.90	49.50	38.42±4.77
	3	60	25.10	53.30	41.96±5.80
	4	60	26.40	70.60	41.11±7.47
	5	60	23.20	67.20	44.81±8.56
	6	60	23.50	59.50	44.17±6.60
	7	60	17.90	49.10	41.06±5.28
远段	1	60	21.40	44.00	32.27±5.85
	2	60	14.30	45.00	30.29±5.54
	3	60	19.40	39.40	29.60±4.59
	4	60	19.30	37.40	28.01±3.47
	5	60	16.70	41.90	28.34±5.69

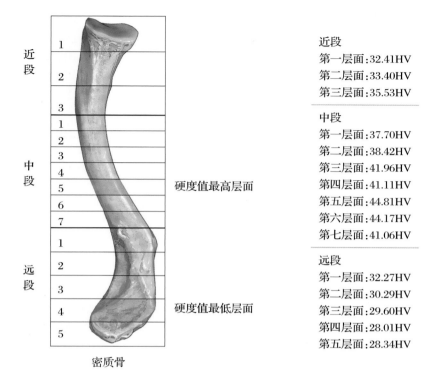

近段
第一层面:32.41HV
第二层面:33.40HV
第三层面:35.53HV

中段
第一层面:37.70HV
第二层面:38.42HV
第三层面:41.96HV
第四层面:41.11HV
第五层面:44.81HV
第六层面:44.17HV
第七层面:41.06HV

远段
第一层面:32.27HV
第二层面:30.29HV
第三层面:29.60HV
第四层面:28.01HV
第五层面:28.34HV

（六）松质骨不同层面硬度分布

锁骨松质骨不同层面硬度分布显示:硬度值最高层面位于锁骨中段第5层,硬度范围30.30~45.90HV,平均硬度(36.84±5.05)HV;硬度值最低层面位于锁骨远段第5层,硬度范围17.70~34.10HV,平均硬度(22.95±4.44)HV(表11-1-5)。

表 11-1-5　锁骨松质骨不同层面硬度分布

节段	层面	测量位点 / 个	最小值 /HV	最大值 /HV	平均值 ± 标准差 /HV
近段	1	15	20.60	34.10	28.41±3.98
	2	15	24.00	33.70	29.34±2.71
	3	15	27.10	32.80	29.97±1.82
中段	1	15	26.70	42.70	31.77±4.58
	2	15	27.60	41.30	33.49±4.86
	3	15	26.70	42.50	33.94±4.86
	4	15	20.20	45.30	34.33±6.37
	5	15	30.30	45.90	36.84±5.05
	6	15	22.60	46.60	36.38±7.34
	7	15	28.70	45.50	34.95±5.09
远段	1	15	20.70	41.90	29.66±5.70
	2	15	20.90	36.80	27.87±4.56
	3	15	19.30	31.90	25.76±3.79
	4	15	17.20	32.20	25.46±4.74
	5	15	17.70	34.10	22.95±4.44

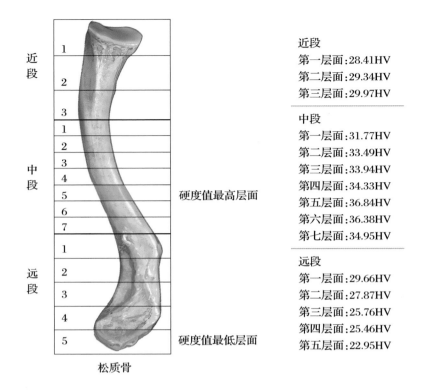

近段
第一层面:28.41HV
第二层面:29.34HV
第三层面:29.97HV

中段
第一层面:31.77HV
第二层面:33.49HV
第三层面:33.94HV
第四层面:34.33HV
第五层面:36.84HV
第六层面:36.38HV
第七层面:34.95HV

远段
第一层面:29.66HV
第二层面:27.87HV
第三层面:25.76HV
第四层面:25.46HV
第五层面:22.95HV

第二节　锁骨近段骨硬度

一、解剖特点

锁骨近段最重要的解剖部位为锁骨内侧端,即胸骨端,该部位向内并稍向下向前与胸骨柄的锁切迹相关。通常胸骨面不规则有孔,横截面呈四边形/菱形(有时候呈三边形),靠近中段的横截面接近管状。锁骨内侧端最上部粗糙并附着锁骨间韧带、胸锁关节囊和关节盘。其他区间的表面较为光滑,向下延伸一段短距离后与第一肋软骨相关节。锁骨的胸骨端上方超过胸骨柄,在体表较易扪及,通常可见于(临床上的突起标记)颈静脉窝的外侧壁。

二、锁骨近段骨硬度分布特点

(一)测量位点数量

共测量锁骨骨骼试样标本9片,每片标本共计20个有效密质骨硬度测量值和5个有效松质骨硬度测量值,合计测量位点225个(密质骨180个,松质骨45个)。

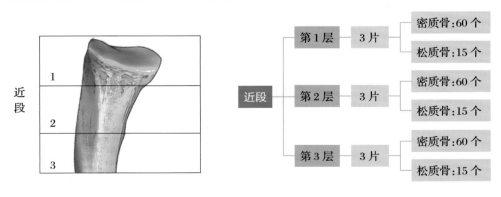

（二）锁骨近段骨硬度

锁骨近段总体密质骨硬度范围 17.30~46.70HV，平均硬度为（33.78±6.08）HV；总体松质骨硬度范围 20.60~34.10HV，平均硬度为（29.24±2.97）HV。密质骨骨硬度值高于松质骨骨硬度（表 11-2-1）。

表 11-2-1　锁骨近段总体骨硬度分布

部位	测量位点 / 个	最小值 /HV	最大值 /HV	平均值 ± 标准差 /HV
密质骨	180	17.30	46.70	33.78±6.08
松质骨	45	20.60	34.10	29.24±2.97

三、锁骨近段各层面骨硬度分布

（一）近段第 1 层面

1. 示意图

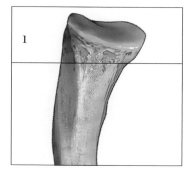

密质骨：32.41HV
松质骨：28.41HV

第 1 层面　　　　　　第 1 层面切片示意图　　　　第 1 层面硬度

2. 硬度分布　锁骨近段第 1 层面硬度分布显示：密质骨硬度范围 21.10~43.90HV，平均硬度（32.41±5.60）HV；松质骨硬度范围 20.60~34.10HV，平均硬度（28.41±3.98）HV；密质骨硬度值高于松质骨硬度值。分区测量中，前侧皮质硬度最高，为（34.11±5.76）HV，然后依次为后侧、下侧、上侧皮质，硬度值分别为（33.24±4.11）HV、（31.88±5.82）HV 和（30.41±6.30）HV（表 11-2-2）。

表 11-2-2　锁骨近段第 1 层面硬度分布

部位	最小值 /HV	最大值 /HV	平均值 ± 标准差 /HV
上侧皮质	21.10	38.90	30.41±6.30
下侧皮质	22.80	43.30	31.88±5.82
前侧皮质	24.10	43.90	34.11±5.76
后侧皮质	25.40	43.10	33.24±4.11
松质骨	20.60	34.10	28.41±3.98

（二）近段第 2 层面

1. 示意图

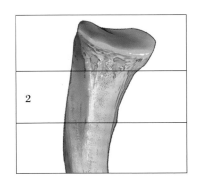
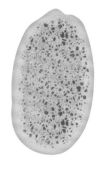

密质骨：33.40HV
松质骨：29.34HV

第 2 层面　　　　　　第 2 层面切片示意图　　　　第 2 层面硬度

2. **硬度分布**　锁骨近段第 2 层面硬度分布显示：密质骨硬度范围 20.70~46.50HV，平均硬度（33.40±5.54）HV；松质骨硬度范围 24.00~33.70HV，平均硬度（29.34±2.71）HV；密质骨硬度值高于松质骨硬度值。分区测量中，上侧皮质硬度最高，为（35.49±6.47）HV，然后依次为下侧、后侧、前侧皮质，硬度值分别为（33.75±4.49）HV、（32.79±4.69）HV 和（31.57±6.06）HV（表 11-2-3）。

表 11-2-3　锁骨近段第 2 层面硬度分布

部位	最小值 /HV	最大值 /HV	平均值 ± 标准差 /HV
上侧皮质	28.80	46.50	35.49±6.47
下侧皮质	20.70	39.00	33.75±4.49
前侧皮质	21.00	41.50	31.57±6.06
后侧皮质	25.10	43.00	32.79±4.69
松质骨	24.00	33.70	29.34±2.71

（三）近段第 3 层面

1. 示意图

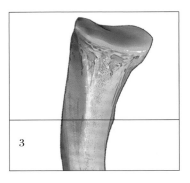

密质骨：35.53HV
松质骨：29.97HV

第 3 层面　　　　　　第 3 层面切片示意图　　　　第 3 层面硬度

2. 硬度分布　锁骨近段第 3 层面硬度分布显示:密质骨硬度范围 17.30~46.70HV,平均硬度 (35.53±6.70) HV;松质骨硬度范围 27.10~32.80HV,平均硬度(29.97±1.82)HV;密质骨硬度值高于松质骨硬度值。分区测量中,上侧皮质硬度最高,为(38.93±4.19) HV,然后依次为前侧、下侧、后侧皮质,硬度值分别为(37.95±4.80)HV、(33.24±4.11)HV 和(32.52±4.14)HV(表 11-2-4)。

表 11-2-4　锁骨近段第 3 层面硬度分布

部位	最小值 /HV	最大值 /HV	平均值 ± 标准差 /HV
上侧皮质	31.10	44.50	38.93±4.19
下侧皮质	25.40	43.10	33.24±4.11
前侧皮质	31.40	45.80	37.95±4.80
后侧皮质	25.20	38.30	32.52±4.14
松质骨	27.10	32.80	29.97±1.82

第三节　锁骨中段骨硬度

一、解剖特点

锁骨中段即锁骨骨干,为锁骨中 1/3,锁骨下肌起自胸骨柄和第 1 肋,止于锁骨中 1/3 下面。锁骨骨干横截面与锁骨近端相似,呈管状。女性锁骨较短、薄,弯度较小,更加平滑,同男性相比,女性的肩峰端比胸骨端更低。而男性臂下垂时肩峰端与胸骨端处于同一水平或略高,因此中段部分是最可靠的鉴别男女性别的指征之一:这种测量与重量和长度相结合会取得较好效果。

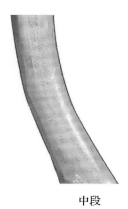
中段

二、锁骨中段骨硬度分布特点

(一) 测量位点数量

共测量锁骨骨骼试样标本 21 片,每片标本共计 20 个有效密质骨硬度测量值和 5 个有效松质骨硬度测量值,合计测量位点 425 个(密质骨 420 个,松质骨 105 个)。

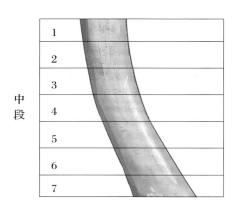

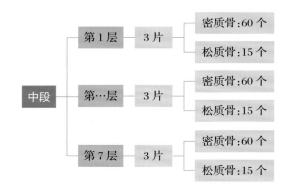

（二）锁骨中段总体骨硬度

锁骨中段总体密质骨硬度范围 17.90~70.60HV，平均硬度为（41.32±6.84）HV；总体松质骨硬度范围 20.20~46.60HV，平均硬度为（34.53±5.51）HV。密质骨骨硬度值高于松质骨骨硬度（表 11-3-1）。

表 11-3-1　锁骨中段总体骨硬度分布

部位	测量位点 / 个	最小值 /HV	最大值 /HV	平均值 ± 标准差 /HV
密质骨	420	17.90	70.60	41.32±6.84
松质骨	105	20.20	46.60	34.53±5.51

三、锁骨中段各层面骨硬度分布

（一）中段第 1 层面

1. 示意图

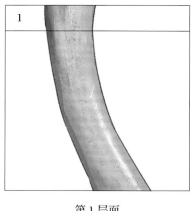

密质骨：37.70HV
松质骨：31.77HV

第 1 层面　　　　　　　第 1 层面切片示意图　　　　　第 1 层面硬度

2. 硬度分布　锁骨中段第 1 层面硬度分布显示：密质骨硬度范围 21.50~49.40HV，平均硬度（37.70±5.69）HV；松质骨硬度范围 26.70~42.70HV，平均硬度（31.77±4.58）HV；密质骨硬度值高于松质骨硬度值。分区测量中，下侧皮质硬度最高，为（42.36±4.45）HV，然后依次为前侧、后侧、上侧皮质，硬度值分别为（39.97±3.63）HV、（34.55±5.02）HV 和（33.93±4.85）HV（表 11-3-2）。

表 11-3-2 锁骨中段第 1 层面硬度分布

部位	最小值 /HV	最大值 /HV	平均值 ± 标准差
上侧皮质	21.50	42.30	33.93±4.85
下侧皮质	34.70	49.40	42.36±4.45
前侧皮质	33.50	47.60	39.97±3.63
后侧皮质	27.60	44.10	34.55±5.02
松质骨	26.70	42.70	31.77±4.58

（二）中段第 2 层面

1. 示意图

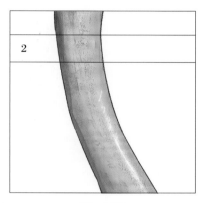

密质骨：38.42HV
松质骨：33.49HV

第 2 层面　　　　　　　　第 2 层面切片示意图　　　　　第 2 层面硬度

2. 硬度分布　锁骨中段第 2 层面硬度分布显示：密质骨硬度范围 25.90~49.50HV，平均硬度（38.42±4.77）HV；松质骨硬度范围 27.60~41.30HV，平均硬度（33.49±4.86）HV；密质骨硬度值高于松质骨硬度值。分区测量中，前侧皮质硬度最高，为（40.23±3.72）HV，然后依次为上侧、后侧、下侧皮质，硬度值分别为（39.50±3.55）HV、（38.55±5.17）HV 和（35.40±5.31）HV（表 11-3-3）。

表 11-3-3 锁骨中段第 2 层面硬度分布

部位	最小值 /HV	最大值 /HV	平均值 ± 标准差
上侧皮质	31.10	44.90	39.50±3.55
下侧皮质	25.90	45.30	35.40±5.31
前侧皮质	35.40	49.50	40.23±3.72
后侧皮质	28.60	45.10	38.55±5.17
松质骨	27.60	41.30	33.49±4.86

(三) 中段第3层面

1. 示意图

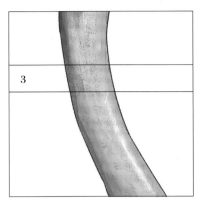

密质骨:41.96HV
松质骨:33.94HV

第3层面　　　　　　　第3层面切片示意图　　　　　第3层面硬度

2. 硬度分布　锁骨中段第3层面硬度分布显示:密质骨硬度范围 25.10~53.30HV,平均硬度 (41.96±5.80) HV;松质骨硬度范围 26.70~42.50HV,平均硬度(33.94±4.86) HV;密质骨硬度值高于松质骨硬度值。分区测量中,后侧皮质硬度最高,为(43.69±4.78) HV,然后依次为下侧、前侧、上侧皮质,硬度值分别为(43.37±6.02) HV、(42.11±4.43) HV 和(38.65±6.78) HV(表 11-3-4)。

表 11-3-4　锁骨中段第3层面硬度分布

部位	最小值 /HV	最大值 /HV	平均值 ± 标准差
上侧皮质	25.10	46.60	38.65±6.78
下侧皮质	35.90	53.30	43.37±6.02
前侧皮质	36.00	51.60	42.11±4.43
后侧皮质	34.00	52.70	43.69±4.78
松质骨	26.70	42.50	33.94±4.86

(四) 中段第4层面

1. 示意图

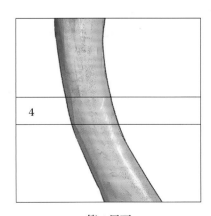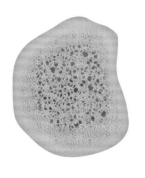

密质骨:41.11HV
松质骨:34.33HV

第4层面　　　　　　　第4层面切片示意图　　　　　第4层面硬度

2. 硬度分布　锁骨中段第 4 层面硬度分布显示:密质骨硬度范围 26.40~70.60HV,平均硬度(41.11±7.47)HV;松质骨硬度范围 20.20~45.30HV,平均硬度(34.33±6.37)HV;密质骨硬度值高于松质骨硬度值。分区测量中,前侧皮质硬度最高,为(42.11±9.84)HV,然后依次为后侧、上侧、下侧皮质,硬度值分别为(41.29±8.40)HV、(41.11±5.59)HV 和(39.91±5.84)HV(表 11-3-5)。

表 11-3-5　锁骨中段第 4 层面硬度分布

部位	最小值 /HV	最大值 /HV	平均值 ± 标准差
上侧皮质	29.30	52.80	41.11±5.59
下侧皮质	31.00	50.10	39.91±5.84
前侧皮质	29.30	70.60	42.11±9.84
后侧皮质	26.40	58.50	41.29±8.40
松质骨	20.20	45.30	34.33±6.37

(五) 中段第 5 层面

1. 示意图

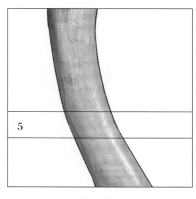
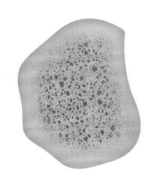

密质骨:44.81HV
松质骨:36.84HV

第 5 层面　　　　　　　第 5 层面切片示意图　　　　第 5 层面硬度

2. 硬度分布　锁骨中段第 5 层面硬度分布显示:密质骨硬度范围 23.20~67.20HV,平均硬度(44.81±8.56)HV;松质骨硬度范围 30.30~45.90HV,平均硬度(36.84±5.05)HV;密质骨硬度值高于松质骨硬度值。分区测量中,上侧皮质硬度最高,为(47.71±9.16)HV,然后依次为下侧、前侧、后侧皮质,硬度值分别为(46.13±6.85)HV、(43.21±4.65)HV 和(42.20±11.63)HV(表 11-3-6)。

表 11-3-6　锁骨中段第 5 层面硬度分布

部位	最小值 /HV	最大值 /HV	平均值 ± 标准差
上侧皮质	35.80	67.20	47.71±9.16
下侧皮质	38.50	58.20	46.13±6.85
前侧皮质	34.60	48.50	43.21±4.65
后侧皮质	23.20	62.10	42.20±11.63
松质骨	30.30	45.90	36.84±5.05

（六）中段第 6 层面

1. 示意图

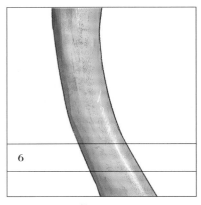

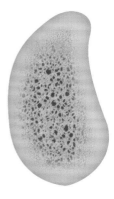

密质骨:44.17HV
松质骨:36.38HV

第 6 层面　　　　　　　　　第 6 层面切片示意图　　　　　　第 6 层面硬度

2. 硬度分布　锁骨中段第 6 层面硬度分布显示:密质骨硬度范围 23.50~59.50HV,平均硬度
(44.17±6.60) HV;松质骨硬度范围 22.60~46.60HV,平均硬度 36.38±7.34HV;密质骨硬度值高于松质骨硬
度值。分区测量中,前侧皮质硬度最高,为(46.85±3.38) HV,然后依次为下侧、上侧、后侧皮质,硬度值分
别为(45.75±5.13) HV、(43.06±8.40) HV 和(41.03±7.29) HV(表 11-3-7)。

表 11-3-7　锁骨中段第 6 层面硬度分布

部位	最小值 /HV	最大值 /HV	平均值 ± 标准差
上侧皮质	25.30	59.50	43.06±8.40
下侧皮质	38.40	54.50	45.75±5.13
前侧皮质	41.50	52.60	46.85±3.38
后侧皮质	23.50	49.60	41.03±7.29
松质骨	22.60	46.60	36.38±7.34

（七）中段第 7 层面

1. 示意图

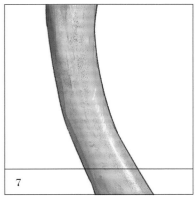

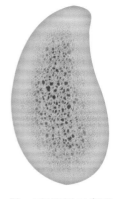

密质骨:41.06HV
松质骨:34.95HV

第 7 层面　　　　　　　　　第 7 层面切片示意图　　　　　　第 7 层面硬度

2. 硬度分布　锁骨中段第 7 层面硬度分布显示：密质骨硬度范围 17.90~49.10HV，平均硬度 (41.06±5.28) HV；松质骨硬度范围 28.70~45.50HV，平均硬度 (34.95±5.09) HV；密质骨硬度值高于松质骨硬度值。分区测量中，前侧皮质硬度最高，为 (43.00±2.50) HV，然后依次为后侧、上侧、下侧皮质，硬度值分别为 (42.11±3.29) HV、(40.90±4.48) HV 和 (38.23±8.16) HV（表 11-3-8）。

表 11-3-8　锁骨中段第 7 层面硬度分布

部位	最小值 /HV	最大值 /HV	平均值 ± 标准差
上侧皮质	30.80	47.70	40.90±4.48
下侧皮质	17.90	48.50	38.23±8.16
前侧皮质	39.60	47.70	43.00±2.50
后侧皮质	37.70	49.10	42.11±3.29
松质骨	28.70	45.50	34.95±5.09

第四节　锁骨远段骨硬度

一、解剖特点

锁骨远段即锁骨外侧端，为锁骨外 1/3，横截面呈扁平状。外观呈上下两面，前后两缘，其中前缘略凹陷，薄而糙，有一小三角肌结节标记。后缘因肌肉附着点也粗糙且后凸。上面近边缘处粗糙但中部平滑，可通过皮肤触及。邻近后缘中外 1/4 交界处及以外有一附着喙锁韧带的锥状结节。斜方线从锥状结节外侧延伸至前外侧的肩峰端。喙锁韧带锥形部分附着肩峰端。一个狭窄粗糙条带状的斜方线从结节侧边走向前外侧。与肩峰内侧面的一个小卵圆形关节面相关节，关节面朝向锁骨体的外下方。锁骨下肌位处锁骨下面沟中，胸锁筋膜起自沟边缘，沿沟后缘行至锥状结节，筋膜与锥韧带融合。喙锁韧带起自斜方线和锥状结节，将上肢重量传给锁骨并通过锁骨内 2/3 从锥状结节转送至中轴骨。

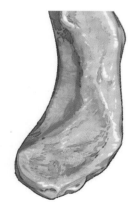

远段

二、锁骨远段骨硬度分布特点

(一)测量位点数量

共测量锁骨骨骼试样标本 15 片,每片标本共计 20 个有效密质骨硬度测量值和 5 个有效松质骨硬度测量值,合计测量位点 375 个(密质骨 300 个,松质骨 75 个)。

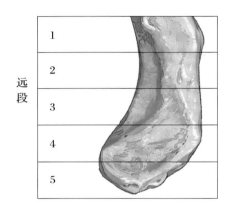

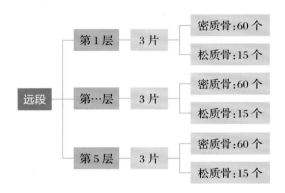

(二)锁骨远段总体骨硬度

锁骨远段总体密质骨硬度范围 14.30~45.00HV,平均硬度为(29.70±5.35)HV;总体松质骨硬度范围 17.20~41.90HV,平均硬度为(26.34±5.10)HV。密质骨骨硬度值高于松质骨骨硬度(表 11-4-1)。

表 11-4-1　锁骨远段总体骨硬度分布

部位	测量位点 / 个	最小值 /HV	最大值 /HV	平均值 ± 标准差 /HV
密质骨	300	14.30	45.00	29.70±5.35
松质骨	75	17.20	41.90	26.34±5.10

三、锁骨远段各层面骨硬度分布

(一)远段第 1 层面

1. 示意图

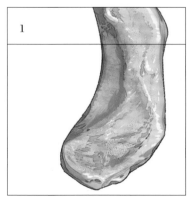

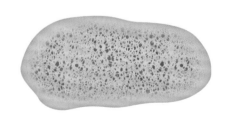

密质骨:32.27HV
松质骨:29.66HV

第 1 层面　　　　　　　　第 1 层面切片示意图　　　　　　第 1 层面硬度

2. 硬度分布 锁骨远段第1层面硬度分布显示：密质骨硬度范围21.40~44.00HV，平均硬度 (32.27±5.85) HV；松质骨硬度范围20.70~41.90HV，平均硬度 (29.66±5.70) HV；密质骨硬度值高于松质骨 硬度值。分区测量中，上侧皮质硬度最高，为 (33.84±5.18) HV，然后依次为前侧、后侧、下侧皮质，硬度值 分别为 (33.52±6.71) HV、(32.35±4.98) HV 和 (29.39±5.87) HV (表11-4-2)。

表 11-4-2 锁骨远段第 1 层面硬度分布

部位	最小值 /HV	最大值 /HV	平均值 ± 标准差 /HV
上侧皮质	26.40	40.90	33.84±5.18
下侧皮质	21.40	42.30	29.39±5.87
前侧皮质	23.20	44.00	33.52±6.71
后侧皮质	21.90	38.90	32.35±4.98
松质骨	20.70	41.90	29.66±5.70

（二）远段第 2 层面

1. 示意图

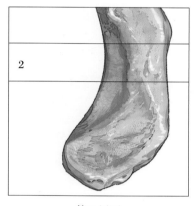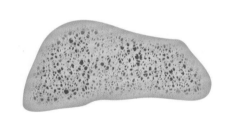

密质骨：30.29HV
松质骨：27.87HV

第 2 层面　　　　　第 2 层面切片示意图　　　　第 2 层面硬度

2. 硬度分布 锁骨远段第2层面硬度分布显示：密质骨硬度范围14.30~45.00HV，平均硬度 (30.29±5.54) HV；松质骨硬度范围20.90~36.80HV，平均硬度 (27.87±4.56) HV；密质骨硬度值高于松质骨 硬度值。分区测量中，前侧皮质硬度最高，为 (33.03±5.60) HV，然后依次为下侧、上侧、后侧皮质，硬度值 分别为 (31.48±5.01) HV、(29.33±5.27) HV 和 (27.33±5.01) HV (表11-4-3)。

表 11-4-3 锁骨远段第 2 层面硬度分布

部位	最小值 /HV	最大值 /HV	平均值 ± 标准差 /HV
上侧皮质	14.30	35.10	29.33±5.27
下侧皮质	23.10	42.00	31.48±5.01
前侧皮质	24.00	45.00	33.03±5.60
后侧皮质	16.30	36.00	27.33±5.01
松质骨	20.90	36.80	27.87±4.56

（三）远段第 3 层面

1. 示意图

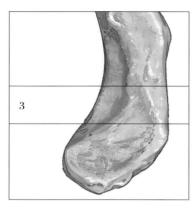

密质骨：29.60HV
松质骨：25.76HV

第 3 层面　　　　　　　　　第 3 层面切片示意图　　　　　　　第 3 层面硬度

2. 硬度分布　锁骨远段第 3 层面硬度分布显示：密质骨硬度范围 19.40~39.40HV，平均硬度 (29.60±4.59) HV；松质骨硬度范围 19.30~31.90HV，平均硬度 (25.76±3.79) HV；密质骨硬度值高于松质骨硬度值。分区测量中，后侧皮质硬度最高，为 (30.64±4.49) HV，然后依次为下侧、前侧、上侧皮质，硬度值分别为 (30.51±4.58) HV、(29.43±5.67) HV 和 (27.81±4.68) HV（表 11-4-4）。

表 11-4-4　锁骨远段第 3 层面硬度分布

部位	最小值 /HV	最大值 /HV	平均值 ± 标准差 /HV
上侧皮质	22.00	37.30	27.81±4.68
下侧皮质	24.10	39.40	30.51±4.58
前侧皮质	19.40	36.70	29.43±5.67
后侧皮质	21.80	37.00	30.64±4.49
松质骨	19.30	31.90	25.76±3.79

（四）远段第 4 层面

1. 示意图

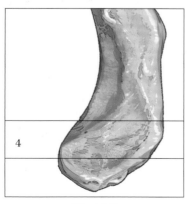

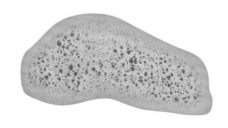

密质骨：28.01HV
松质骨：25.46HV

第 4 层面　　　　　　　　　第 4 层面切片示意图　　　　　　　第 4 层面硬度

2. 硬度分布　锁骨远段第 4 层面硬度分布显示:密质骨硬度范围 19.30~37.40HV,平均硬度 (28.01±3.47) HV;松质骨硬度范围 17.20~32.20HV,平均硬度(25.46±4.74) HV;密质骨硬度值高于松质骨硬度值。分区测量中,后侧皮质硬度最高,为(28.98±4.55) HV,然后依次为前侧、下侧、上侧皮质,硬度值分别为(28.97±1.75) HV、(27.76±3.43) HV 和(26.31±3.15) HV(表 11-4-5)。

表 11-4-5　锁骨远段第 4 层面硬度分布

部位	最小值 /HV	最大值 /HV	平均值 ± 标准差 /HV
上侧皮质	22.40	34.90	26.31±3.15
下侧皮质	20.90	33.70	27.76±3.43
前侧皮质	25.60	31.30	28.97±1.75
后侧皮质	19.30	37.40	28.98±4.55
松质骨	17.20	32.20	25.46±4.74

(五) 远段第 5 层面

1. 示意图

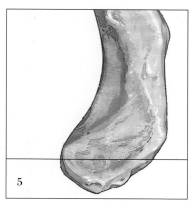

密质骨:28.34HV
松质骨:22.95HV

第 5 层面　　　　　　第 5 层面切片示意图　　　　　第 5 层面硬度

2. 硬度分布　锁骨远段第 5 层面硬度分布显示:密质骨硬度范围 16.70~41.90HV,平均硬度 (28.34±5.69) HV;松质骨硬度范围 17.70~34.10HV,平均硬度(22.95±4.44) HV;密质骨硬度值高于松质骨硬度值。分区测量中,后侧皮质硬度最高,为(29.55±3.17) HV,然后依次为上侧、前侧、下侧皮质,硬度值分别为(29.24±6.18) HV、(27.93±7.13) HV 和(26.63±5.65) HV(表 11-4-6)。

表 11-4-6　锁骨远段第 5 层面硬度分布

部位	最小值 /HV	最大值 /HV	平均值 ± 标准差 /HV
上侧皮质	18.60	41.90	29.24±6.18
下侧皮质	16.70	35.70	26.63±5.65
前侧皮质	17.80	41.40	27.93±7.13
后侧皮质	23.20	34.70	29.55±3.17
松质骨	17.70	34.10	22.95±4.44

肩胛骨骨硬度

第一节　概　　述

一、解剖特点

　　肩胛骨是一块大、形似三角形的扁骨，位于人体胸壁后外侧，覆盖了第2~7肋骨。肩胛骨有两面、三缘、三角和三突起。两面分别为肋面和背面；三缘为上缘、外缘和内侧缘；三角为上角、下角和外侧角。肩胛骨的背面有一个架状的突起嵴，该结构常用作与肋面区分，被称作肩胛冈。下角位于第七肋，或者第七肋间隙，可以在体表触及。当手臂上举过头时，能够看到其包绕胸壁；臂上举肩胛骨绕胸廓环转时也可以见到。上角被肌肉掩盖，位于上、内缘连接处；外侧角短、宽，构成了骨的头部，其游离面有关节盂与肱骨头相关节，关节突轻微内陷，形成肱骨头的浅窝。

　　肋面——臂正常下垂体位四，肋面向前内，轻微内陷；背面——被肩胛冈划分为上下两块区域，其中上面小为冈上窝，下面大为冈下窝。上缘——最短，薄且锐利；外缘——为一界限锐利、清晰但粗糙的嵴，其上端增宽形成一粗糙略呈三角形的区域，被称作盂下结节；内侧缘——内侧缘从下角至上角，其下2/3可通过皮肤触及，但上1/3由于位置较深不能触及。肩胛冈——其在肩胛骨背面上部形成了一架状突起，呈三角形。外侧缘游离，厚而圆，用作肩胛冈和颈背面之间冈盂切迹的定位。前缘沿着肩胛骨内侧缘中上1/3连接处外上方加入肩胛骨背面；背侧缘为冈嵴。肩胛冈上部与冈的上表面一起构成冈上窝，下表面与背面下部一起形成肩胛下窝，与冈下窝通过冈盂切迹相连通。肩峰——向前凸起，几成直角，从肩胛冈的外侧端延伸而来。冈嵴下缘与肩峰外侧缘在肩峰角处连续，形成了皮下骨性标志。肩峰的内侧缘短，有一关节面朝向上内与锁骨外侧端关节。喙突——起自肩胛骨头上缘，弯曲向前凸起。臂下垂时，喙突几乎指向正前方，位于锁骨下方中外1/4交界处。

　　肩胛骨大部分为一层致密的密质骨，其中冈上窝中部、冈下窝大部分薄而透明；在主要突起和增厚的部分，含有小梁骨质。

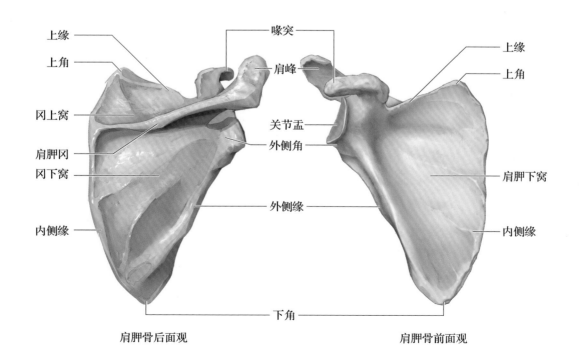

肩胛骨后面观　　　　　　　　　　　肩胛骨前面观

二、肩胛骨骨硬度测量分区原则

肩胛骨属于不规则扁骨,本章节以关节盂为界将肩胛骨分为三个主要解剖节段进行分区测量:肩胛骨突起部(含肩胛冈、肩峰、喙突)、关节盂和肩胛骨体部。其中肩胛骨体部选取:肩胛骨体部外侧、体部内侧和肩胛下角3个部位进行硬度测量。

根据每个节段解剖特点的不同,其切割方法不同,针对不同部位采取适宜的切割方法以利于获取合适的骨骼试样标本,用于骨硬度测量,下面将进行详细描述。

(一)肩胛骨体部

肩胛骨体部选取肩胛骨体部外侧、体部内侧和肩胛下角3个重要解剖部位进行硬度测量,在上述部位选取适宜区域,使用慢速锯精确切取4片适宜的厚约3mm的骨骼试样切片:①号肩胛骨体部外侧切片、②号肩胛骨体部外侧切片、肩胛下角切片、肩胛骨体部内侧切片。3块肩胛骨标本共计切取12片肩胛骨体部骨骼试样,固定于纯平玻片上并给予标记。

不同的切片根据生理解剖部位选取不同的测量区域进行测量:①号肩胛骨体部外侧切片和②号肩胛骨体部外侧切片选取前、后、内、外侧4个密质骨测量区域;肩胛下角切片选取前、后、外侧3个密质骨测量区域;肩胛骨体部内侧切片选取前、后、内侧3个密质骨测量区域。

选取每个测量区域里的感兴趣区进行测量,最终选取5个有效的密质骨压痕硬度值。每个测量区域的5个有效压痕硬度值的平均值代表该区域的显微压痕硬度值。

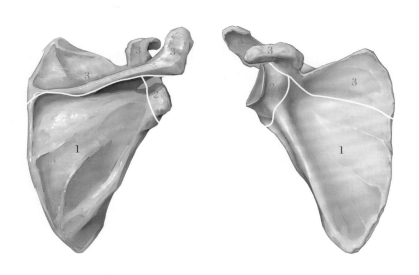

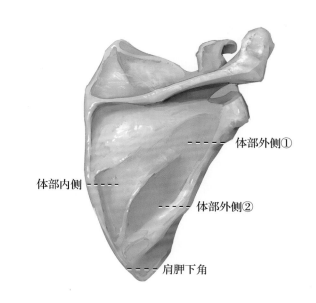

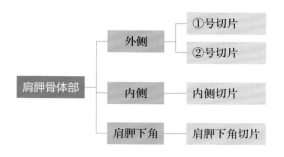

（二）关节盂

关节盂于中间一分为二：上部、下部。使用慢速锯分别于上部、下部的合适部位精确切取 1 片适宜的厚约 3mm 的骨骼试样切片：上部关节盂切片和下部关节盂切片。3 块肩胛骨标本共计切取 6 片关节盂骨骼试样，固定于纯平玻片上并给予标记。每片关节盂骨骼试样根据生理解剖部位选取 3 个不同的区域进行测量：前、后、外侧密质骨区域。

选取每个测量区域里的感兴趣区进行测量，最终选取 5 个有效的密质骨压痕硬度值。每个测量区域的 5 个有效压痕硬度值的平均值代表该区域的显微压痕硬度值。

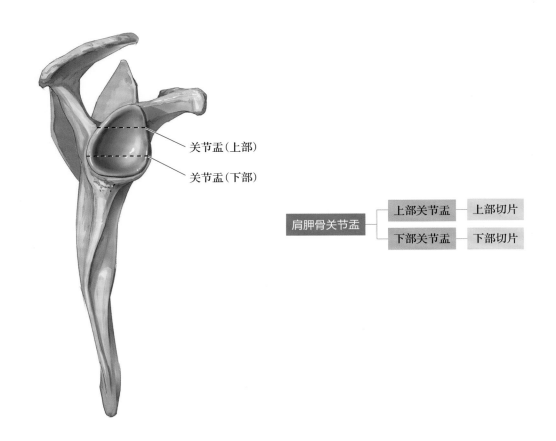

（三）肩胛骨突起部

肩胛骨上面观清晰可见肩胛冈，选取适宜部位使用慢速锯精确切取 1 片适宜的厚约 3mm 的骨骼试样切片：肩胛冈切片。3 块肩胛骨标本共计切取 3 片肩胛冈骨骼试样，固定于纯平玻片上并给予标记。每片肩胛冈骨骼试样选取 3 个不同的区域进行测量：上、下、后密质骨区域。

喙突和肩峰分别在头部适宜部位，使用慢速锯精确切取 1 片适宜的厚约 3mm 的骨骼试样切片：喙突切片、肩峰切片。3 块肩胛骨标本共计切取 3 片喙突骨骼试样和 3 片肩峰骨骼试样，固定于纯平玻片上并给予标记。每片喙突骨骼试样和肩峰骨骼试样根据生理解剖部位选取 4 个不同的区域进行测量：上、下、内、外侧密质骨区域。

选取每个测量区域里的感兴趣区进行测量，最终选取 5 个有效的密质骨压痕硬度值。每个测量区域的 5 个有效压痕硬度值的平均值代表该区域的显微压痕硬度值。

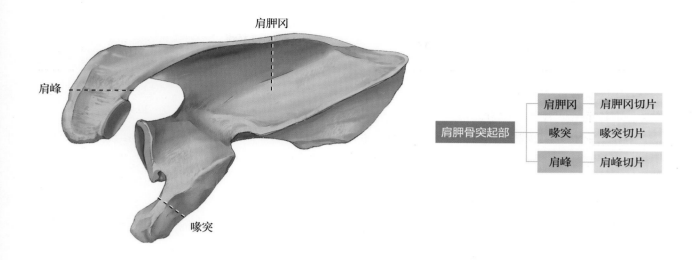

三、肩胛骨骨硬度分布特点

(一) 测量位点数量

共测量肩胛骨骨骼试样标本 27 片,93 个测量区域(均为密质骨),合计测量位点 465 个(密质骨 465 个)。每个测量区域共计 5 个有效密质骨骨硬度测量值。

肩胛冈标本 3 片,测量区域 9 个,测量位点 45 个;喙突标本 3 片,测量区域 12 个,测量位点 60 个;肩峰标本 3 片,测量区域 12 个,测量位点 60 个;关节盂标本 6 片,测量区域 18 个,测量位点 90 个;肩胛骨体部标本 12 片,测量区域 42 个,测量位点 210 个。

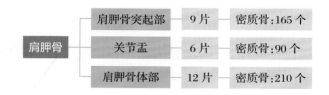

(二) 肩胛骨骨硬度

肩胛骨骨硬度分布显示:其硬度范围为 11.90~69.50HV,平均硬度为(35.20±11.01)HV(表 12-1-1)。

表 12-1-1　肩胛骨骨硬度

部位	测量位点 / 个	最小值 /HV	最大值 /HV	平均值 ± 标准差 /HV
肩胛骨	465	11.90	69.50	35.20 ± 11.01

(三) 肩胛骨三节段骨硬度分布

肩胛骨三节段硬度分布显示:最软节段为关节盂,硬度范围为 13.20~48.80HV,平均硬度为(27.27±6.95)HV;最硬节段为肩胛骨体部,硬度范围为 17.80~69.50HV,平均硬度为(43.67±8.69)HV(表 12-1-2)。

表 12-1-2　肩胛骨三节段硬度分布

部位	测量位点 / 个	最小值 /HV	最大值 /HV	平均值 ± 标准差 /HV
肩胛骨突起部	165	11.90	47.30	29.21 ± 6.99
关节盂	90	13.20	48.80	26.44 ± 7.14
肩胛骨体部	210	17.80	69.50	43.67 ± 8.69
总计	465	11.90	69.50	35.20 ± 11.01

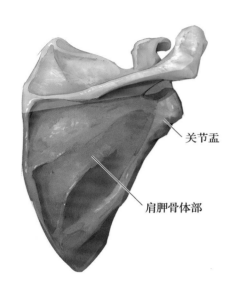

最硬部位：肩胛骨体部（43.67HV）
最软部位：关节盂（26.44HV）

关节盂

肩胛骨体部

（四）肩胛骨不同解剖部位硬度分布

肩胛骨不同解剖部位硬度不同：硬度值最高的部位为肩胛骨体部内外缘，硬度范围为 23.10~ 69.50HV，平均硬度为（45.20 ± 7.25）HV；硬度值最低的部位为关节盂，其中关节盂平均硬度为（26.436 ± 7.135）HV（表 12-1-3）。

表 12-1-3　肩胛骨不同部位硬度分布

部位		测量位点 / 个	最小值 /HV	最大值 /HV	平均值 ± 标准差 /HV
肩胛骨突起部	肩胛冈	45	16.50	45.50	32.71 ± 6.38
	喙突	60	11.90	43.80	26.437 ± 6.610
	肩峰	60	17.50	47.30	29.35 ± 6.68
关节盂		90	13.20	48.80	26.436 ± 7.135
肩胛骨体部	肩胛骨体部内外缘	165	23.10	69.50	45.20 ± 7.25
	肩胛下角	45	17.80	54.30	38.08 ± 11.05
总计		465	11.90	69.50	35.20 ± 11.01

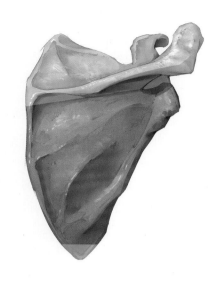

最硬部位:肩胛骨体部内外缘(45.20HV)
最软部位:关节盂(26.436HV)

(五)肩胛骨不同解剖区域硬度分布

肩胛骨不同解剖区域硬度分布显示:硬度值最高的为肩胛骨体部外侧缘,硬度范围为 26.90~62.90HV,平均硬度为(45.43±6.49)HV;硬度值最低的部位为关节盂,其平均硬度为(26.436±7.135)HV(表 12-1-4)。

表 12-1-4　肩胛骨不同解剖区域硬度分布

部位		测量位点 / 个	最小值 /HV	最大值 /HV	平均值 ± 标准差 /HV
肩胛骨突起部	肩胛冈	45	16.50	45.50	32.71±6.38
	喙突	60	11.90	43.80	26.437±6.610
	肩峰	60	17.50	47.30	29.35±6.68
	关节盂	90	13.20	48.80	26.436±7.135
肩胛骨体部	肩胛骨体部外侧缘	120	26.90	62.90	45.43±6.49
	肩胛骨体部内侧缘	45	23.10	69.50	44.57±9.01
	肩胛下角	45	17.80	54.30	38.08±11.05
总计		465	11.90	69.50	35.20±11.01

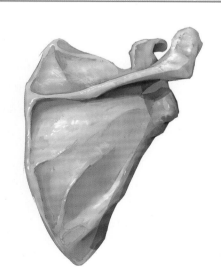

最硬区域:肩胛骨体部外侧缘(45.43HV)
最软区域:关节盂(26.436HV)

第二节　肩胛骨突起部骨硬度

一、解剖特点

以关节盂为界,其上定义为肩胛骨突起部,选取喙突、肩胛冈和肩峰3个重要解剖结构进行硬度测量。

喙突起自肩胛骨头上缘,从肩胛骨向内向上延伸,并向前向外弯曲。臂下垂时,喙突几乎指向正前方,其稍微膨大的前端能够通过皮肤触到。喙突位于锁骨下中外1/4交界处,通过喙锁韧带与锁骨下面相连,能够保证肩锁关节在垂直方向上的稳定性;喙锁关节对肩关节的稳定具有重要意义。

肩胛冈的外侧缘游离、扁平,移行为肩峰,向前凸起几成直角。肩胛冈的冈嵴下缘与肩峰外侧缘在肩峰角处连续,形成了皮下骨性标志。肩峰的内侧缘短,有一小、椭圆形关节面与锁骨外侧端相关节。

肩胛冈为一个三角形骨性隆起,位于肩胛骨背面上部,其嵴状游离缘为冈上窝和冈下窝的分界线。该嵴内侧端延伸至肩胛骨内侧缘,扩大为扁平三角形;外侧缘游离、移行为肩峰,具有上、下二面和内、外二缘。

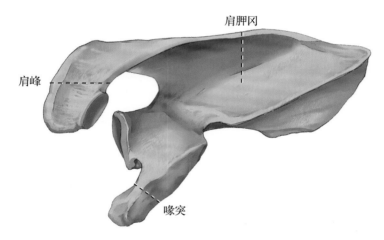

二、肩胛骨上部硬度分布特点

(一) 测量位点数量

肩胛骨突起部共计测量骨骼试样标本9片,合计测量区域33个,测量位点165个(均为密质骨)。其中喙突标本3片,合计测量区域12个,测量位点60个(均为密质骨),包括上侧、下侧、内侧和外侧4个测量方位;肩峰标本3片,合计测量区域12个,测量位点60个(均为密质骨),包括上侧、下侧、内侧和外侧4个测量方位;肩胛冈标本3片,合计测量区域9个,测量位点45个(均为密质骨),包括上侧、下侧、后侧3个测量方位。

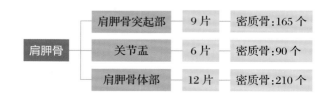

（二）肩胛骨突起部骨硬度

肩胛骨突起部骨硬度分布显示：其硬度范围为 11.90~47.30HV，平均硬度为（29.21±6.99）HV（表 12-2-1）。

表 12-2-1　肩胛骨上部骨硬度

部位	测量位点 / 个	最小值 /HV	最大值 /HV	平均值 ± 标准差 /HV
肩胛骨上部	165	11.90	47.30	29.21 ± 6.99

（三）肩胛骨突起部各部位骨硬度

肩胛骨突起部各解剖部位骨硬度分布显示：最硬部位为肩胛冈，平均硬度为（32.71±6.38）HV；最软部位为喙突，平均硬度为（26.44±6.61）HV（表 12-2-2）。

表 12-2-2　肩胛骨突起部各部位骨硬度分布

部位	测量位点 / 个	最小值 /HV	最大值 /HV	平均值 ± 标准差 /HV
肩胛冈	45	16.50	45.50	32.71 ± 6.38
喙突	60	11.90	43.80	26.44 ± 6.61
肩峰	60	17.50	47.30	29.35 ± 6.68

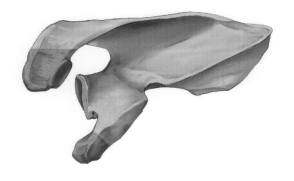

最硬部位：肩胛冈（32.71HV）
最软部位：喙突（26.44HV）

三、肩胛骨突起部骨硬度分布

（一）喙突层面

1. 示意图

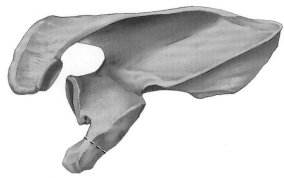

上侧：26.97HV
下侧：27.51HV
内侧：24.29HV
外侧：26.97HV

喙突切片示意图　　　　　　　　　　　　硬度分布

2. 硬度分布　肩胛骨突起部的喙突层面选取了 4 个测量区域,其中硬度值最高的为下侧皮质,平均硬度为(27.51±5.83)HV;硬度值最低为内侧皮质,平均硬度为(24.29±8.74)HV(表 12-2-3)。

表 12-2-3　肩胛骨突起部的喙突层面骨硬度分布

部位	最小值 /HV	最大值 /HV	平均值 ± 标准差 /HV
上侧皮质	19.20	39.30	26.97 ± 6.30
下侧皮质	15.90	37.60	27.51 ± 5.83
内侧皮质	11.90	43.80	24.29 ± 8.74
外侧皮质	19.50	35.20	26.97 ± 5.21

(二) 肩峰层面

1. 示意图

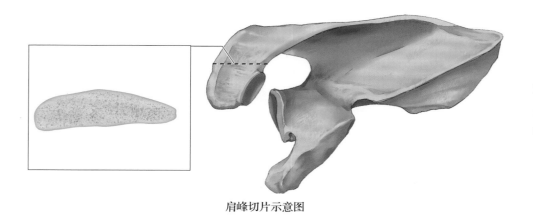

上侧:27.79HV
下侧:27.67HV
内侧:30.28HV
外侧:31.66HV

肩峰切片示意图　　　　　　　　　　　　硬度分布

2. 硬度分布　肩胛骨突起部的肩峰层面选取了 4 个测量区域,其中硬度值最高的为外侧皮质,平均硬度为(31.66±6.50)HV;硬度值最低为下侧皮质,平均硬度为(27.67±5.49)HV(表 12-2-4)。

表 12-2-4　肩胛骨突起部的肩峰层面骨硬度

部位	最小值 /HV	最大值 /HV	平均值 ± 标准差 /HV
上侧皮质	17.90	44.00	27.79 ± 6.94
下侧皮质	17.50	38.50	27.67 ± 5.49
内侧皮质	19.90	47.30	30.28 ± 7.45
外侧皮质	24.20	46.20	31.66 ± 6.50

（三）肩胛冈层面

1. 示意图

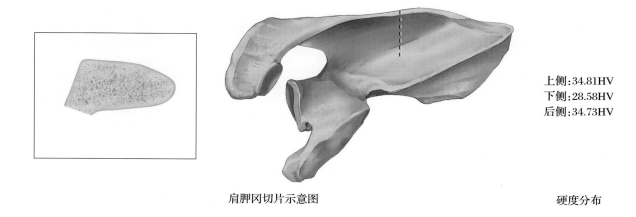

肩胛冈切片示意图　　　　　　　　　　　　　　硬度分布

上侧：34.81HV
下侧：28.58HV
后侧：34.73HV

2. 硬度分布　肩胛骨突起部的肩胛冈层面选取了3个测量区域，其中硬度值最高的为上侧皮质，平均硬度为（34.81±4.81）HV；硬度值最低为下侧皮质，平均硬度为（28.58±4.40）HV（表12-2-5）。

表 12-2-5　肩胛骨突起部的肩胛冈层面骨硬度分布

部位	最小值/HV	最大值/HV	平均值 ± 标准差/HV
上侧皮质	26.60	43.10	34.81 ± 4.81
下侧皮质	16.50	34.00	28.58 ± 4.40
后侧皮质	20.90	45.50	34.73 ± 7.61

第三节　关节盂骨硬度

一、解剖特点

肩胛骨的关节盂与肱骨头共同构成了肩关节。关节盂是肩胛骨的一个重要解剖结构，位于肩胛骨外侧角，是一个稍凹陷的浅窝，容纳球状的肱骨头，周围附着关节囊、韧带，外围有肌肉，共同参与构成了肩关节。外侧观显示关节盂呈梨形，上面窄。

二、关节盂骨硬度分布特点

（一）测量位点数量

共测量关节盂骨骼试样6片，其中上部关节盂测量标本3片，测量区域9个，测量位点45个（均为密质骨）；下部关节盂测量标本3片，测量区域9个，测量位点45个（均为密质骨）。

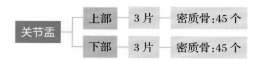

（二）关节盂骨硬度

关节盂共测量 90 个位点，平均硬度为 13.20~48.80HV，平均硬度为（26.44±7.14）HV（表 12-3-1）。

表 12-3-1   关节盂骨硬度

部位	测量位点 / 个	最小值 /HV	最大值 /HV	平均值 ± 标准差 /HV
关节盂	90	13.20	48.80	26.44 ± 7.14

（三）关节盂上、下部骨硬度分布

关节盂划分为上部和下部，其中下部硬度值高于上部硬度值，下部平均硬度为（27.98±7.59）HV，上部平均硬度为（24.89±6.36）HV（表 12-3-2）。

表 12-3-2   关节盂骨硬度

部位	测量位点 / 个	最小值 /HV	最大值 /HV	平均值 ± 标准差 /HV
上部	45	13.20	38.90	24.89 ± 6.36
下部	45	16.20	48.80	27.98 ± 7.59
总计	90	13.20	48.80	26.44 ± 7.14

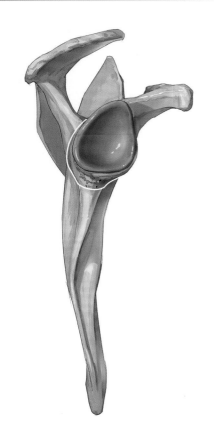

关节盂
硬度最高部位：下部（27.98HV）
硬度最低部位：上部（24.89HV）

（四）关节盂不同测量方位骨硬度分布

关节盂选取了 3 个不同测量方位，硬度值显示：前侧＞外侧＞后侧。前侧硬度值最高，平均硬度为（28.63±7.94）HV；后侧硬度值最低，平均硬度为（24.81±4.59）HV（表 12-3-3）。

表 12-3-3 关节盂不同测量方位骨硬度

部位	测量位点/个	最小值/HV	最大值/HV	平均值 ± 标准差/HV
前侧	30	20.00	48.80	28.63 ± 7.94
后侧	30	16.10	32.60	24.81 ± 4.59
外侧	30	13.20	38.90	25.87 ± 8.00
总计	90	13.20	48.80	26.44 ± 7.14

三、关节盂骨硬度分布

1. 示意图

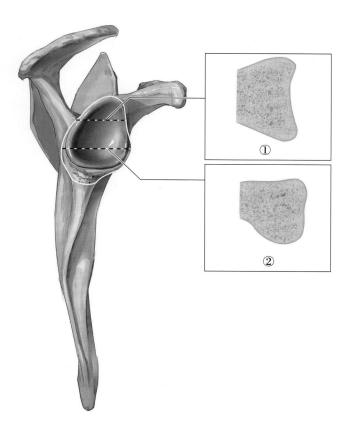

关节盂切片示意图

上部硬度分布　　　　　下部硬度分布
上部硬度：24.89HV　　下部硬度：27.98HV
前侧：26.11HV　　　　前侧：31.15HV
后侧：23.90HV　　　　后侧：25.71HV
外侧：24.66HV　　　　外侧：27.07HV

2. 上部关节盂硬度分布　上部关节盂选取 3 个测量区域，硬度值显示：前侧 > 外侧 > 后侧。其中硬度值最高的为前侧皮质，平均硬度为(26.11 ± 3.74) HV；硬度值最低的为后侧皮质，平均硬度为(23.90 ± 5.61) HV(表 12-3-4)。

表 12-3-4　上部关节盂硬度分布

部位	最小值 /HV	最大值 /HV	平均值 ± 标准差 /HV
前侧皮质	20.00	33.30	26.11 ± 3.74
后侧皮质	16.10	32.20	23.90 ± 5.61
外侧皮质	13.20	38.90	24.66 ± 8.89

3. 下部关节盂硬度分布　下部关节盂选取 3 个测量区域,硬度值显示:前侧 > 外侧 > 后侧。其中硬度值最高的为前侧皮质,平均硬度为(31.15 ± 10.15)HV;硬度值最低的为后侧皮质,平均硬度为(25.71 ± 3.23)HV(表 12-3-5)。

表 12-3-5　下部关节盂硬度分布

部位	最小值 /HV	最大值 /HV	平均值 ± 标准差 /HV
前侧皮质	20.40	48.80	31.15 ± 10.15
后侧皮质	22.20	32.60	25.71 ± 3.23
外侧皮质	16.20	36.40	27.07 ± 7.10

第四节　肩胛骨体部骨硬度

一、解剖特点

选取肩胛冈以下的部位:冈下窝为肩胛骨体部进行分区测量,其解剖特点见前。

二、肩胛骨体部骨硬度分布特点

(一) 测量位点数量

共测量肩胛骨体部标本 12 片,测量区域 42 个,测量位点 210 个(均为密质骨)。其中肩胛骨体部外侧选取 2 个测量部位,共获取外侧切片 6 片,测量区域 24 个,测量位点 120 个;肩胛下角选取 1 个测量部位,共获取切片 3 片,测量区域 9 个,测量位点 45 个;肩胛骨体部内侧选取 1 个测量部位,共获取切片 3 片,测量区域 9 个,测量位点 45 个。

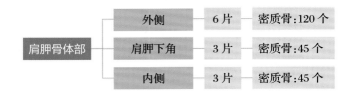

（二）肩胛骨体部骨硬度

肩胛骨体部共测量 210 个位点，硬度范围 17.80~69.50HV，平均硬度为（43.67±8.69）HV（表 12-4-1）。

表 12-4-1 肩胛骨体部骨硬度

	测量位点 / 个	最小值 /HV	最大值 /HV	平均值 ± 标准差 /HV
肩胛骨体部	210	17.80	69.50	43.67±8.69

（三）肩胛骨体部不同部位骨硬度

肩胛骨体部选取了 3 个不同测量部位，硬度分布各不相同，其中硬度值最高的为肩胛骨体部外侧，平均硬度为（45.43±6.49）HV；硬度值最低的为肩胛骨下角，平均硬度为（38.08±11.05）HV（表 12-4-2）。

表 12-4-2 肩胛骨体部骨硬度分布

肩胛骨体部	测量位点 / 个	最小值 /HV	最大值 /HV	平均值 ± 标准差 /HV
外侧	120	26.90	62.90	45.43±6.49
内侧	45	23.10	69.50	44.57±9.01
下角	45	17.80	54.30	38.08±11.05
总计	210	17.80	69.50	43.67±8.69

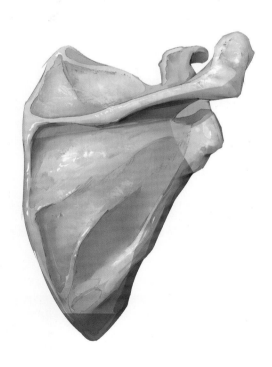

肩胛骨体部
最硬部位：外侧（45.43HV）
最软部位：下角（38.08HV）

三、肩胛骨体部切片骨硬度分布

1. 示意图

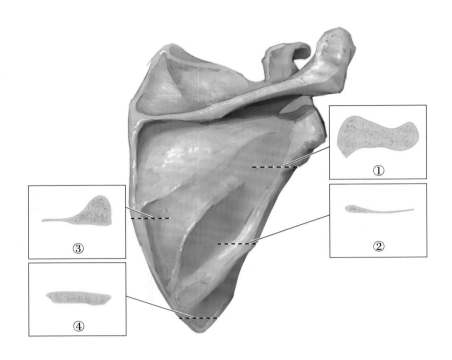

肩胛骨体部切片示意图

硬度分布
外侧①号切片
硬度值最高部位：后侧（46.23HV）
硬度值最低部位：前侧（42.55HV）

硬度分布
外侧②号切片
硬度值最高部位：前侧（48.55HV）
硬度值最低部位：内侧（42.26HV）

内侧切片
硬度值最高部位：外侧（48.19HV）
硬度值最低部位：后侧（42.37HV）

肩胛下角
硬度值最高部位：前侧（39.94HV）
硬度值最低部位：后侧（36.68HV）

2. 外侧①号切片硬度分布   肩胛骨体部外侧缘①号切片选取了 4 个测量方位，硬度值显示：后侧 >
内侧 > 外侧 > 前侧。后侧硬度值最高，平均硬度为（46.23±6.80）HV，前侧硬度值最低，平均硬度为
（42.55±9.59）HV（表 12-4-3）。

表 12-4-3   肩胛骨体部外侧缘①号切片硬度分布

部位	最小值 /HV	最大值 /HV	平均值 ± 标准差 /HV
前侧	26.90	58.70	42.55 ± 9.59
后侧	37.20	56.60	46.23 ± 6.80
内侧	37.10	54.40	46.07 ± 5.29
外侧	37.40	53.80	43.70 ± 5.38

3. 外侧②号切片硬度分布　肩胛骨体部外侧缘②号切片选取了 4 个测量方位,硬度值显示:前侧 > 外侧 > 后侧 > 内侧。前侧硬度值最高,平均硬度为(48.55 ± 5.39)HV,内侧硬度值最低,平均硬度为 (42.26 ± 4.18)HV(表 12-4-4)。

表 12-4-4　肩胛骨体部外侧缘②号切片硬度分布

	最小值 /HV	最大值 /HV	平均值 ± 标准差 /HV
前侧	42.20	62.90	48.55 ± 5.39
后侧	29.90	57.60	46.47 ± 7.15
内侧	35.30	49.20	42.26 ± 4.18
外侧	39.50	56.80	47.63 ± 5.00

4. 肩胛骨体部内侧缘硬度分布　肩胛骨体部内侧缘选取了 3 个测量方位,硬度值显示:外侧 > 前侧 > 后侧。外侧硬度值最高,平均硬度为(48.19 ± 12.20)HV,后侧硬度值最低,平均硬度为(42.37 ± 4.54) HV(表 12-4-5)。

表 12-4-5　肩胛骨体部内侧缘硬度分布

部位	最小值 /HV	最大值 /HV	平均值 ± 标准差 /HV
前侧	23.10	60.50	43.14 ± 8.03
后侧	34.60	50.70	42.37 ± 4.54
外侧	27.60	69.50	48.19 ± 12.20

5. 肩胛下角硬度分布　肩胛骨下角选取了 3 个测量方位,硬度值显示:前侧 > 外侧 > 后侧。前侧硬度值最高,平均硬度为(39.94 ± 9.35)HV,后侧硬度值最低,平均硬度为(36.68 ± 10.64)HV(表 12-4-6)。

表 12-4-6　肩胛骨下角硬度分布

部位	最小值 /HV	最大值 /HV	平均值 ± 标准差 /HV
前侧	24.10	52.80	39.94 ± 9.35
后侧	20.80	52.40	36.68 ± 10.64
外侧	17.80	54.30	37.61 ± 13.32

第十三章

胸骨与肋骨骨硬度

第一节　概　　述

一、解剖特点

胸部骨骼主要指胸廓区域,是围绕呼吸和主要循环器官的骨性和软骨性骨架。它上窄下宽,前后扁平,后部更长,尤其后部椎体前凸,因此水平切面上呈肾形。胸廓的后部包含胸椎和肋骨后部;前部是胸骨、肋骨前部和肋软骨。胸廓两侧凸出,单独由肋骨形成。肋骨和肋软骨由 11 对肋间隙分开,内有肋间肌和膜、淋巴管和神经血管束。由于第六章已经对胸椎的解剖特点进行了分析,因此本章我们将专门对胸骨和肋骨进行详细研究。

胸廓上口呈肾形,向前下方倾斜,后界是第 1 胸椎椎体,前界是胸骨柄上缘,两侧是第 1 肋骨。胸廓下口后界是第 12 胸椎椎体,外侧是第 11 肋和第 12 肋,前界是第 10 肋到第 7 肋,并上升形成胸骨下角。胸廓下口横径较宽,并向下后方倾斜,由膈肌封闭形成膈肌底。

除肥胖人之外,胸部前方可以扪及锁骨和胸锁关节;胸部中线扪及胸骨全长。胸骨属于扁骨,位于胸部前壁正中,前面凸起后面凹陷,按照解剖部位可分为胸骨柄,胸骨体和剑突三个部分。胸骨柄上宽下窄,上缘中份为颈静脉切迹,两侧有锁切迹与锁骨构成胸锁关节。胸骨柄外侧缘上份连接第 1 肋骨。柄与体连接处微微向前突起,称之为胸骨角,可在体表触摸到,其两侧平对第 2 肋骨,是人体体表计数肋骨的重要解剖标志。胸骨角向后平对第 4 胸椎体下缘。胸骨体呈长方形,外侧缘连接第 2~7 肋软骨。剑突扁而薄,其外形变化较大,不同个体间存在差异,下端游离。

肋由肋骨和肋软骨组成,12 对弹性弓状的肋向后延伸连接形成关节,构成胸部骨架的大部分。其中第 1~7 对肋前端与胸骨相连,称真肋。第 8~10 对肋前端借肋软骨与上位肋软骨连接,形成肋弓,称假肋。第 11、12 对肋前端游离于腹壁肌层中,称浮肋。第 1~7 肋的长度逐渐增加,之后到第 12 肋长度递减。肋的宽度由上而下递减,上 10 肋的前部最宽。肋骨外层由一层密质骨包绕,内部为高度血管化的骨小梁构成,含有大量的红骨髓。肋骨属于扁骨,典型的肋骨可以分为体和前、后两端。肋的前端有一个小的凹陷为肋软骨外侧段压迹。肋骨体外面凸,内面近下缘尖锐有沟,上缘圆钝。后端为脊柱端,有头、颈和结节。头的外侧稍细,位于相应胸椎的横突之前,称肋颈。颈外侧的粗糙突起称肋结节,在上位肋骨更为明显。肋体长而扁,分内外两面和上下两缘。内面近下缘处有肋沟,有肋间血管神经通过。体的后部急转处称肋角。

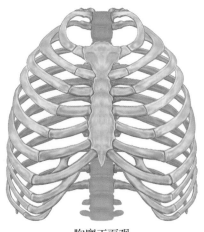
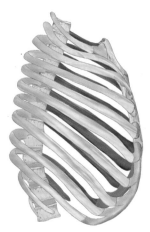

胸廓正面观　　　　　　　　　　胸廓侧面观

二、胸骨与肋骨骨硬度测量分区原则

胸椎骨硬度在第六章已经进行了描述,本章节将对胸骨和肋骨骨硬度进行详细研究。

因胸骨、肋骨的解剖形态和作用不同,本章节将分为 2 部分分别进行叙述:胸骨骨硬度、肋骨骨硬度。针对胸骨和肋骨采取不同的切割办法以利于获取合适的骨骼试样标本,用于骨硬度测量。下面将进行详细描述。

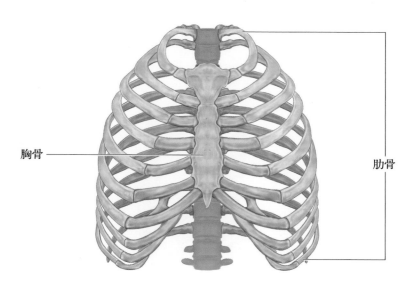

(一) 胸骨

胸骨按照解剖部位划分为胸骨柄和胸骨体 2 个部分,每部分使用慢速锯于胸骨横断面精确切取 2 片适宜的厚约 3mm 的骨骼试样切片:①号胸骨柄切片和②号胸骨柄切片,①号胸骨体部切片和②号胸骨体部切片。3 块胸骨标本共计切取 12 片骨骼试样,固定于纯平玻片上并给予标记。

每片骨骼试样选取 3 个不同的区域进行测量:前、后密质骨区域和中部松质骨区。

选取每个测量区域里的感兴趣区进行测量,最终选取 5 个有效的压痕硬度值。每个测量区域的 5 个有效压痕硬度值的平均值代表该区域的显微压痕硬度值。

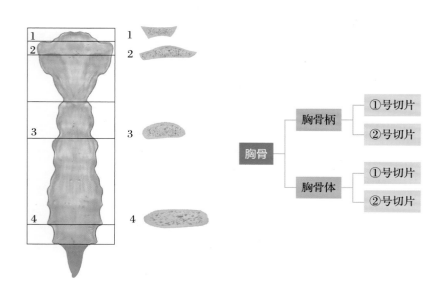

（二）肋骨

使用慢速锯于适当位置在第 1~12 肋骨上精确切取 1 片适宜的厚约 3mm 的骨骼试样切片。36 根肋骨标本共计切取 36 片骨骼试样,固定于纯平玻片上并给予标记。

每片骨骼试样选取 1 个不同的区域进行测量:外侧密质骨区域。

选取每个测量区域里的感兴趣区进行测量,最终选取 5 个有效的压痕硬度值。每个测量区域的 5 个有效压痕硬度值的平均值代表该区域的显微压痕硬度值。

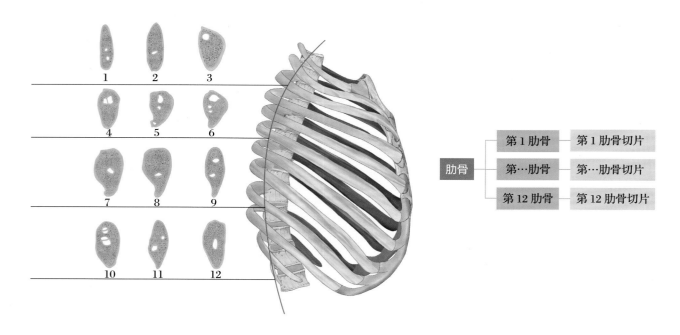

三、胸肋骨骨硬度分布特点

（一）测量位点数量

共测量胸肋骨骨骼试样标本 48 片,72 个测量区域(密质骨 60 个,松质骨 12 个),合计测量位点 360 个(密质骨 300 个,松质骨 60 个)。每个测量区域共计 5 个有效密质骨 / 松质骨硬度测量值。

胸骨标本 12 片,测量区域 36 个(密质骨 24 个,松质骨 12 个),测量位点 180 个(密质骨 120 个,松质骨 60 个);肋骨标本 36 片,测量位点区域 36 个(均为密质骨),第 1~12 肋骨平均每根肋骨 1 片标本(测量位点 1 个:密质骨 5 个),合计测量位点 180 个(均为密质骨)。

（二）胸肋骨骨硬度分布

胸肋骨硬度分布显示:胸骨硬度范围 12.50~41.90HV,平均硬度为(25.69±4.86)HV;肋骨硬度范围 22.10~50.20HV,平均硬度为(37.35±4.82)HV。肋骨硬度值高于胸骨硬度值(表 13-1-1)。

表 13-1-1 胸肋骨骨硬度分布

部位	测量位点 / 个	最小值 /HV	最大值 /HV	平均值 ± 标准差 /HV
胸骨	180	12.50	41.90	25.69 ± 4.86
肋骨	180	22.10	50.20	37.35 ± 4.82

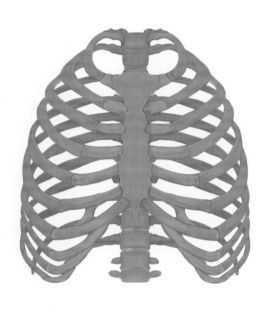

最硬部位:肋骨(37.35HV)
最软部位:胸骨(25.69HV)

第二节　胸骨骨硬度

一、解剖特点

胸骨是由胸骨柄、胸骨体和剑突案部分构成。在青春期前,胸骨体由 4 块胸骨节构成,呈分节性排布。成年男性胸骨全长约 17cm。女性略短;其中男女之间胸骨柄和胸骨体之间的长度比例具备性别差异。

自然站立体位时,胸骨斜向下略前倾,前凸后凹,其与第 1 肋软骨相连接处为最宽部分,胸骨柄和胸骨体关节处为胸骨最窄部分,向下逐渐加宽,至第 5 肋骨处以下渐渐变窄。胸骨内部为含有丰富血管结构的骨小梁,外层包绕一层骨密质。

胸骨柄上部厚而宽,位于第 3~4 胸椎水平,下部与胸骨体的连接处变窄。前面平滑,横向凸,纵向凹;后部凹而平滑。胸骨上切迹位于胸骨柄上缘中央,两侧的锁骨切迹之间。下缘有一薄层软骨与胸骨体相连接。

胸骨体较胸骨柄长、薄而窄,位于第 5~9 胸椎水平。胸骨体表面有 4 块胸骨节融合形成的 3 条横嵴。下端变窄与剑突连接。胸骨体的外侧缘分布着数个肋切迹,与肋软骨形成关节。这些关节压迹之间为弯曲缘,越向下越短,形成了肋间隙的前界。

剑突是胸骨最小但变异最大的部分,与胸骨体下端形成了剑胸关节,其上外侧角有部分与第 7 肋软骨相关节。由于剑突取材不便,故本章节未测量该部位硬度。

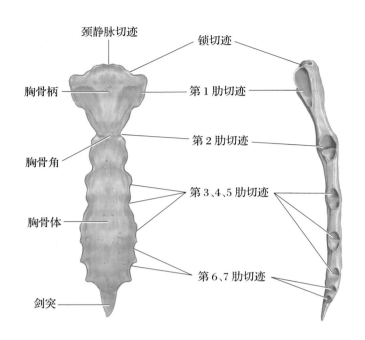

二、胸骨骨硬度分布特点

(一) 测量位点数量

胸骨共测量骨骼试样标本 12 片,合计测量区域 36 个(密质骨 24 个,松质骨 12 个),测量位点 180 个(密质骨 120 个,松质骨 60 个)。

其中胸骨柄共测量骨骼试样标本 6 片,合计测量区域 18 个(密质骨 12 个,松质骨 6 个),测量位点 90 个(密质骨 60 个,松质骨 30 个);胸骨体共测量骨骼试样标本 6 片,合计测量区域 18 个(密质骨 12 个,松质骨 6 个),测量位点 90 个(密质骨 60 个,松质骨 30 个)。

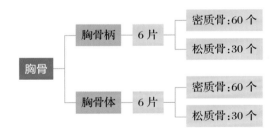

(二) 胸骨骨硬度

胸骨骨硬度分布显示:胸骨密质骨硬度范围为 23.00~41.90HV,平均硬度为(28.03 ± 4.05)HV;松质骨硬度范围为 12.50~24.10HV,平均硬度为(21.03 ± 2.32)HV。密质骨硬度值高于松质骨硬度值(表13-2-1)。

表 13-2-1　胸骨骨硬度分布

部位	测量位点 / 个	最小值 /HV	最大值 /HV	平均值 ± 标准差 /HV
密质骨	120	23.00	41.90	28.03 ± 4.05
松质骨	60	12.50	24.10	21.03 ± 2.32
总计	180	12.50	41.90	25.69 ± 4.86

（三）胸骨柄、胸骨体部骨硬度分布

胸骨不同解剖部位硬度分布显示：胸骨柄平均骨硬度值高于胸骨体部平均骨硬度值。胸骨柄硬度范围为 20.70~41.90HV，平均硬度为（27.35±5.10）HV；胸骨体部硬度范围为 12.50~31.70HV，平均硬度为（24.04±3.98）HV（表 13-2-2）。

表 13-2-2 胸骨柄、胸骨体部骨硬度分布

部位	测量位点 / 个	最小值 /HV	最大值 /HV	平均值 ± 标准差 /HV
胸骨柄	90	20.70	41.90	27.35 ± 5.10
胸骨体	90	12.50	31.70	24.04 ± 3.98
总计	180	12.50	41.90	25.69 ± 4.86

胸骨
最硬部位：胸骨柄（27.35HV）
最软部位：胸骨体（24.04HV）

三、胸骨各层面骨硬度分布

（一）胸骨柄①号切片骨硬度

1. 示意图

外侧皮质：34.00HV
内侧皮质：26.35HV
松质骨：23.36HV

胸骨柄①号切片层面示意图　　　　切片图　　　　　　硬度分布

2. 硬度分布　胸骨柄第①层面硬度分布显示：外侧皮质硬度范围为 28.70~41.90HV，平均硬度为（34.00±4.05）HV；内侧皮质硬度范围为 25.50~28.60HV，平均硬度为（26.35±0.89）HV；中部松质骨硬度范围为 22.10~24.10HV，平均硬度为（23.36±0.60）HV。外侧皮质硬度值最高，中部松质骨硬度值最低（表 13-2-3）

表 13-2-3　胸骨柄第①层面硬度分布

部位	最小值 /HV	最大值 /HV	平均值 ± 标准差 /HV
外侧皮质	28.70	41.90	34.00 ± 4.05
内侧皮质	25.50	28.60	26.35 ± 0.89
中部松质骨	22.10	24.10	23.36 ± 0.60

（二）胸骨柄②号切片骨硬度

1. 示意图

外侧皮质:33.13HV
内侧皮质:25.35HV
松质骨:21.91HV

胸骨柄②号切片层面示意图　　　　切片图　　　　硬度分布

2. 硬度分布　　胸骨柄第②层面硬度分布显示:外侧皮质硬度范围为 30.00~41.30HV,平均硬度为 (33.13 ± 2.97) HV;内侧皮质硬度范围为 23.90~27.10HV,平均硬度为 (25.35 ± 1.08) HV;中部松质骨硬度范围为 20.70~23.40HV,平均硬度为 (21.91 ± 0.81) HV。外侧皮质硬度值最高,中部松质骨硬度值最低 (表 13-2-4)。

表 13-2-4　胸骨柄第②层面硬度分布

部位	最小值 /HV	最大值 /HV	平均值 ± 标准差 /HV
外侧皮质	30.00	41.30	33.13 ± 2.97
内侧皮质	23.90	27.10	25.35 ± 1.08
中部松质骨	20.70	23.40	21.91 ± 0.81

（三）胸骨体部①号切片骨硬度

1. 示意图

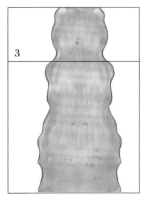 

外侧皮质:28.91HV
内侧皮质:24.67HV
松质骨:19.90HV

胸骨体部①号切片层面示意图　　　　切片图　　　　硬度分布

2. 硬度分布　胸骨体第①层面硬度分布显示:外侧皮质硬度范围为 27.20~31.70HV,平均硬度为 (28.91±1.40)HV;内侧皮质硬度范围为 23.90~25.70HV,平均硬度为(24.67±0.51)HV;中部松质骨硬度范围为 17.00~21.60HV,平均硬度为(19.90±1.37)HV。外侧皮质硬度值最高,中部松质骨硬度值最低 (表 13-2-5)。

表 13-2-5　胸骨体第①层面硬度分布

部位	最小值 /HV	最大值 /HV	平均值 ± 标准差 /HV
外侧皮质	27.20	31.70	28.91 ± 1.40
内侧皮质	23.90	25.70	24.67 ± 0.51
中部松质骨	17.00	21.60	19.90 ± 1.37

（四）胸骨体②号切片骨硬度

1. 示意图

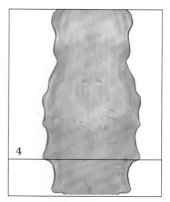　　

外侧皮质:27.89HV
内侧皮质:23.91HV
松质骨:18.94HV

胸骨体部①号切片层面示意图　　　　切片图　　　　硬度分布

2. 硬度分布　胸骨体第②层面硬度分布显示:外侧皮质硬度范围为 25.90~29.40HV,平均硬度为 (27.89±0.97)HV;内侧皮质硬度范围为 23.00~25.40HV,平均硬度为(23.91±0.93)HV;中部松质骨硬度范围为 12.50~21.70HV,平均硬度为(18.94±2.66)HV。外侧皮质硬度值最高,中部松质骨硬度值最低 (表 13-2-6)。

表 13-2-6　胸骨体第②层面硬度分布

部位	最小值 /HV	最大值 /HV	平均值 ± 标准差 /HV
外侧皮质	25.90	29.40	27.89 ± 0.97
内侧皮质	23.00	25.40	23.91 ± 0.93
中部松质骨	12.50	21.70	18.94 ± 2.66

第三节　肋骨骨硬度

一、解剖特点

12 对弹性呈弓形的肋向后连接脊柱形成关节,参与构成胸部骨架的大部分。上部 7 对肋以肋软骨与胸骨连接称作真肋,8~12 肋被称作假肋。其中第 8~10 肋的肋软骨各与其上一肋软骨相连接;第 11、12 肋的前端游离,有时被称作浮肋。

典型的肋骨包括体部和前后两端。肋由肋间隙分隔,第 1~7 肋的长度递增,随后渐渐缩短;其宽度由上而下递减。肋骨外层为骨密质,内部为含有大量红骨髓、高度血管化的骨小梁组成。

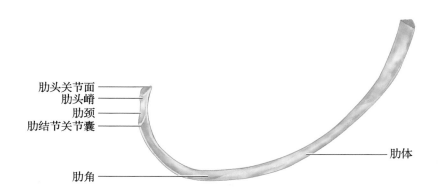

二、肋骨骨硬度分布特点

(一)测量位点数量

肋骨共测量骨骼试样标本 36 片,合计测量区域 36 个(均为密质骨),测量位点 180 个(均为密质骨)。平均每根肋骨测量骨骼试样标本 1 片,测量区域 1 个,测量位点 5 个(密质骨)。

(二)肋骨骨硬度

肋骨骨硬度分布显示:肋骨骨硬度范围为 22.10~50.20HV,平均硬度为(37.53 ± 4.82)HV(表 13-3-1)。

表 13-3-1　肋骨骨硬度分布

部位	测量位点 / 个	最小值 /HV	最大值 /HV	平均值 ± 标准差 /HV
肋骨	180	22.10	50.20	37.53 ± 4.82

（三）第 1~12 肋骨硬度分布

　　第 1~12 肋骨硬度分布显示，硬度值最高的为第 7 肋骨，平均硬度为（43.63±3.35）HV；硬度值最低的为第 12 肋骨，平均肋骨为（29.86±3.35）HV（表 13-3-2）。

表 13-3-2　第 1~12 肋骨硬度分布

部位	测量位点 / 个	最小值 /HV	最大值 /HV	平均值 ± 标准差 /HV
第 1 肋骨	15	30.00	33.30	31.58 ± 1.03
第 2 肋骨	15	27.30	35.00	32.52 ± 2.22
第 3 肋骨	15	33.60	37.10	35.19 ± 1.21
第 4 肋骨	15	33.90	37.60	35.65 ± 1.19
第 5 肋骨	15	38.00	45.60	40.34 ± 2.63
第 6 肋骨	15	36.40	40.20	38.09 ± 1.34
第 7 肋骨	15	40.00	49.80	43.63 ± 3.35
第 8 肋骨	15	40.70	46.10	42.61 ± 1.61
第 9 肋骨	15	39.30	50.20	42.71 ± 2.99
第 10 肋骨	15	37.10	39.70	38.51 ± 0.92
第 11 肋骨	15	35.10	38.90	37.56 ± 1.39
第 12 肋骨	15	22.10	33.70	29.86 ± 3.35

硬度值最高的部位：
第 7 肋骨

硬度值最低的部位：
第 12 肋骨

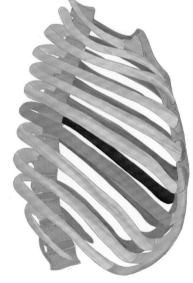

最硬部位：第 7 肋骨
（43.63HV）
最软部位：第 12 肋骨
（29.86HV）

三、第 1~12 肋骨骨硬度示意图

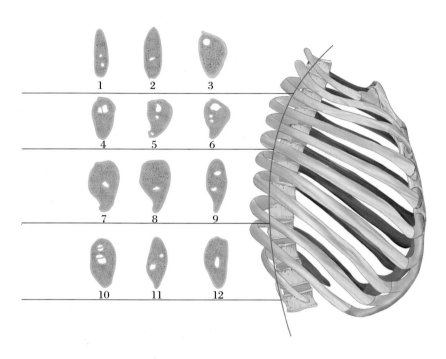

第 1 肋骨：31.58HV　　　第 2 肋骨：35.52HV　　　第 3 肋骨：35.19HV　　　第 4 肋骨：35.65HV

第 5 肋骨：40.34HV　　　第 6 肋骨：38.09HV　　　第 7 肋骨：43.63HV　　　第 8 肋骨：42.61HV

第 9 肋骨：42.71HV　　　第 10 肋骨：38.51HV　　　第 11 肋骨：37.56HV　　　第 12 肋骨：29.86HV

第十四章

14

颅骨骨硬度

第一节 概 述

一、解剖特点

颅骨是人体头部的骨性成分,是人体骨性结构中最复杂的结构。颅骨起到支持保护脑、特殊感觉器官和消化、呼吸系统的起始部,为诸多头颈部肌肉提供附着点并参与头颈部的运动,在颞下颌关节发生的下颌运动尤其重要。在青年时期,颅骨内的骨髓兼具备造血功能。

颅骨由23块骨组成(不包括3对听小骨,听小骨位于颞骨内),大部分成对,有一些位于中线区不成对。大多数的颅骨为扁骨,其内、外薄层骨板均为骨密质,内部为一层含有骨髓的松质骨,即板障。从外形来看,颅骨呈明显弯曲状。颅骨的外板张力耐受性较大;内板质地脆弱。有些颅骨较薄以至于内外板发生融合,例如梨骨和翼板。颅骨的厚薄不一,有肌肉覆盖的颅骨倾向于更薄,例如颅后窝和颞区。

大多数的颅骨之间以纤维连接紧密的结合,称之为缝。发育中的颅骨,缝逐渐生长。在颅骨早期的生长节段,颅缝过早的融合会导致各种颅骨畸形。

23块颅骨以眶上缘和外耳门上缘的连线为界,可以分为后上的脑颅骨和前下的面颅骨两部分。脑颅骨有8块,包括:成对的顶骨和颞骨,不成对的额骨、枕骨、蝶骨和筛骨,共同构成颅腔,容纳并保护脑、眼、中耳和内耳。其中颅腔的顶是穹隆状的颅盖,由顶骨、枕骨和额骨构成、颅腔的底由蝶骨、枕骨、筛骨、额骨和成对的颞骨构成,这其中筛骨只有一小部分参与脑颅,其余构成面颅。

面颅位于头的前下方,包括:不成对的梨骨、下颌骨、舌骨,以及成对的上颌骨、腭骨、颧骨、鼻骨、泪骨和下鼻甲骨,共计15块。它们围成眶、骨性鼻腔和骨性口腔,容纳视器、嗅觉和味觉器官。

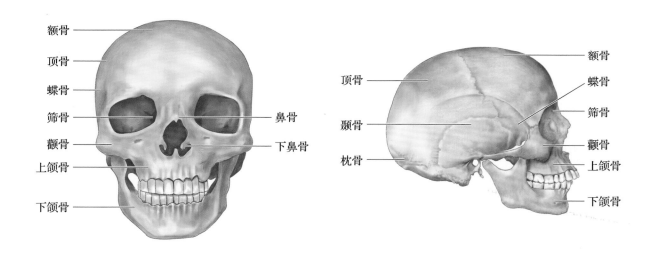

二、颅骨骨硬度测量分区原则

由于颅骨标本取材及组织切片制备等条件受限,本书仅将额骨、颞骨、顶骨、枕骨、下颌骨纳入骨硬度测量中。

本章节选取额骨、颞骨、顶骨、枕骨、下颌骨的适宜位置进一步给予精细切割测量,因上述5块颅骨的生理解剖特点差异较大,故将采取不同的切割办法以利于获取合适的骨骼试样标本,用于骨硬度测量,下面将进行详细描述。

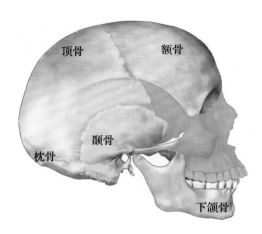

(一) 额骨

选取额骨的适宜部位沿矢状位方向进行切割,每块额骨获得 1 片厚约 3mm 的骨骼试样切片,固定于纯平玻片上并给予标记。每块额骨骨骼试样选取 3 个测量区域(密质骨:2 个,松质骨:1 个):外侧皮质、内侧皮质、板障松质骨共计 3 个测量区域。

选取每个测量区域里的感兴趣区进行测量,最终选取 5 个有效的压痕硬度值。每个测量区域的 5 个有效压痕硬度值的平均值代表该区域的显微压痕硬度值。

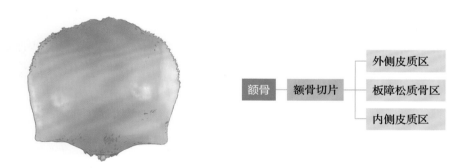

(二) 颞骨

选取颞骨的适宜部位沿水平位方向进行切割,每块颞骨获得 2 片厚约 3mm 的骨骼试样切片:①号切片和②号切片,固定于纯平玻片上并给予标记。每块颞骨选取 6 个测量区域(密质骨:4 个,松质骨:2 个):①号切片和②号切片均选取外侧皮质、内侧皮质和板障松质骨 3 个测量区域,共计 6 个测量区域。

选取每个测量区域里的感兴趣区进行测量,最终选取 5 个有效的压痕硬度值。每个测量区域的 5 个有效压痕硬度值的平均值代表该区域的显微压痕硬度值。

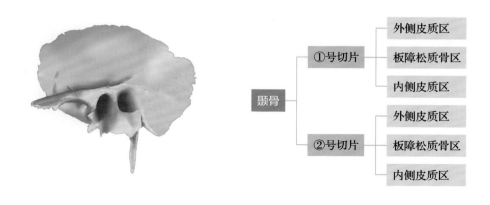

（三）顶骨

选取顶骨的适宜部位沿矢状位方向进行切割，每块顶骨获得 2 片厚约 3mm 的骨骼试样切片：①号切片和②号切片，固定于纯平玻片上并给予标记。每块顶骨选取 10 个测量区域（密质骨：4 个，松质骨：6 个）：①号切片和②号切片均选取外侧皮质、内侧皮质和近外侧板障松质骨、中央区板障松质骨、近内侧板障松质骨 5 个测量区域，共计 10 个测量区域。选取每个测量区域里的感兴趣区进行测量，最终选取 5 个有效的压痕硬度值。每个测量区域的 5 个有效压痕硬度值的平均值代表该区域的显微压痕硬度值。

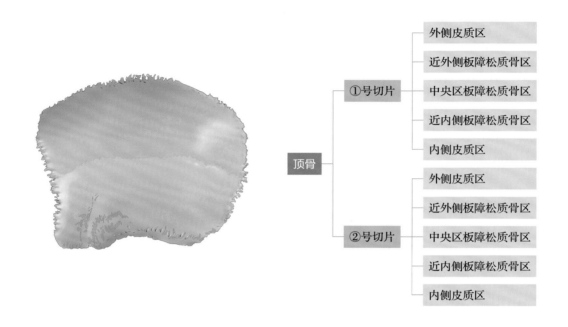

（四）枕骨

选取枕骨的适宜部位沿冠状位方向进行切割，每块顶骨获得 1 片厚约 3mm 的骨骼试样切片，固定于纯平玻片上并给予标记。枕骨选取 5 个测量区域（密质骨：2 个，松质骨：3 个）：外侧密质骨、内侧密质骨和近外侧板障松质骨、中央区板障松质骨、近内侧板障松质骨 5 个测量区域。

选取每个测量区域里的感兴趣区进行测量，最终选取 5 个有效的压痕硬度值。每个测量区域的 5 个有效压痕硬度值的平均值代表该区域的显微压痕硬度值。

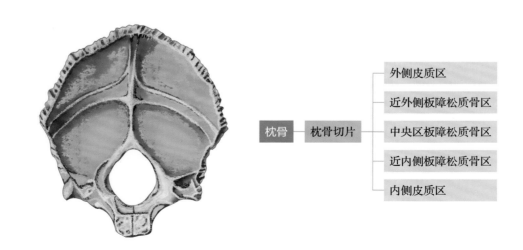

（五）下颌骨

选取下颌骨的适宜部位沿矢状位方向进行切割，每块下颌骨获得 1 片厚约 3mm 的骨骼试样切片，固定于纯平玻片上并给予标记。每块下颌骨骨骼试样选取 3 个测量区域（密质骨：2 个，松质骨：1 个）：外侧皮质、内侧皮质、板障松质骨共计 3 个测量区域。

选取每个测量区域里的感兴趣区进行测量，最终选取 5 个有效的压痕硬度值。每个测量区域的 5 个有效压痕硬度值的平均值代表该区域的显微压痕硬度值。

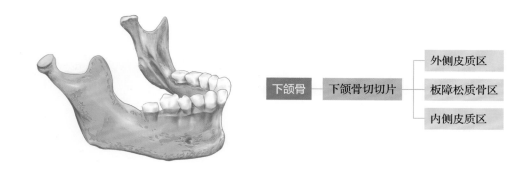

三、颅骨骨硬度分布特点

（一）测量位点数量

共测量颅骨骨骼试样标本 21 片，81 个测量区域（密质骨 42 个，松质骨 39 个），合计测量位点 405 个（密质骨 210 个，松质骨 195 个）。每个测量区域共计 5 个有效密质骨/松质骨硬度测量值。

额骨标本 3 片，测量位点 45 个（密质骨 30 个，松质骨 15 个）；颞骨标本 6 片，测量位点 90 个（密质骨 60 个，松质骨 30 个）；顶骨标本 6 片，测量位点 150 个（密质骨 60 个，松质骨 90 个）；枕骨标本 3 片，测量位点 75 个（密质骨 30 个，松质骨 45 个）；下颌骨标本 3 片，测量位点 45 个（密质骨 30 个，松质骨 15 个）。

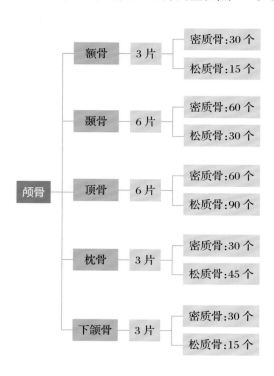

（二）颅骨总体骨硬度分布

颅骨骨硬度分布显示：颅骨共计测量 405 个位点，硬度范围 28.70~69.50HV，平均硬度（44.72±6.79）HV（表 14-1-1）。

表 14-1-1 颅骨骨硬度分布

部位	N	最小值/HV	最大值/HV	平均值 ± 标准差/HV
颅骨	405	28.70	69.50	44.72 ± 6.79

（三）颅骨密质骨、松质骨骨硬度分布

颅骨密质骨、松质骨骨硬度分布显示：颅骨测量 210 个密质骨位点，硬度范围 28.70~65.30HV，平均硬度为（44.56±6.63）HV；测量 195 个松质骨位点，硬度范围 29.70~69.50HV，平均硬度为（44.89±6.97）HV。松质骨硬度值略高于密质骨硬度值（表 14-1-2）。

表 14-1-2 颅骨密质骨、松质骨骨硬度分布

部位	测量位点/个	最小值/HV	最大值/HV	平均值 ± 标准差/HV
密质骨	210	28.70	65.30	44.56 ± 6.63
松质骨	195	29.70	69.50	44.89 ± 6.97
总计	405	28.70	69.50	44.72 ± 6.79

（四）各颅骨骨硬度分布

各颅骨骨硬度分布显示：额骨、颞骨、下颌骨、顶骨和枕骨的骨硬度范围、平均硬度各不相同。硬度值最高的为枕骨，硬度范围 31.20~69.50HV，平均硬度为（47.29±7.31）HV；硬度值最低的为额骨，硬度范围 28.70~54.10HV，平硬度为（39.86±6.10）HV（表 14-1-3）。

表 14-1-3 各颅骨骨硬度分布

部位	测量位点/个	最小值/HV	最大值/HV	平均值 ± 标准差/HV
额骨	45	28.70	54.10	39.86 ± 6.10
颞骨	90	29.10	59.90	42.95 ± 5.67
下颌骨	45	29.70	57.50	43.54 ± 5.28
枕骨	75	31.20	69.50	47.29 ± 7.31
顶骨	150	30.40	67.10	46.31 ± 6.68
合计	405	28.70	69.50	44.72 ± 6.79

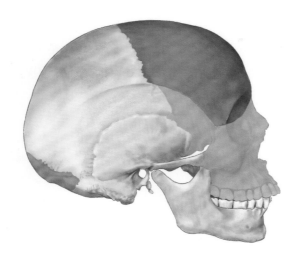

最硬:枕骨 47.29HV
最软:额骨 39.86HV

（五）各颅骨密质骨骨硬度分布

各颅骨密质骨骨硬度分布显示:额骨、颞骨、下颌骨、顶骨和枕骨的骨硬度范围、平均硬度各不相同。硬度值最高的为枕骨,硬度范围 33.80~58.90HV,平均硬度为(48.07 ± 5.88) HV;硬度值最低的为额骨,硬度范围 28.70~54.10HV,平硬度为(40.08 ± 6.02)HV(表 14-1-4)。

表 14-1-4 各颅骨密质骨骨硬度分布

部位	测量位点 / 个	最小值 /HV	最大值 /HV	平均值 ± 标准差 /HV
额骨	30	28.70	54.10	40.08 ± 6.02
颞骨	60	29.10	59.90	42.57 ± 6.44
下颌骨	30	34.00	57.50	44.86 ± 5.24
枕骨	30	33.80	58.90	48.07 ± 5.88
顶骨	60	35.70	65.30	46.89 ± 6.31
合计	210	28.70	65.30	44.56 ± 6.63

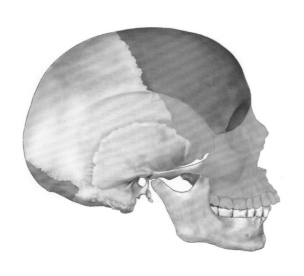

颅骨密质骨
额骨:40.08HV
颞骨:42.57HV
下颌骨:44.86HV
枕骨:48.07HV
顶骨:46.89HV

（六）各颅骨松质骨骨硬度分布

各颅骨松质骨骨硬度分布显示：额骨、颞骨、下颌骨、顶骨和枕骨的骨硬度范围、平均硬度各不相同。硬度值最高的为枕骨，硬度范围 31.20~69.50HV，平均硬度为（46.78±8.15）HV；硬度值最低的为额骨，硬度范围 32.10~52.00HV，平硬度为（39.41±6.44）HV（表 14-1-5）。

表 14-1-5　各颅骨松质骨骨硬度分布

松质骨	测量位点 / 个	最小值 /HV	最大值 /HV	平均值 ± 标准差 /HV
额骨	15	32.10	52.00	39.41 ± 6.44
颞骨	30	37.90	54.70	43.71 ± 3.65
下颌骨	15	29.70	47.80	40.88 ± 4.38
枕骨	45	31.20	69.50	46.78 ± 8.15
顶骨	90	30.40	67.10	45.92 ± 6.93
合计	195	29.70	69.50	44.89 ± 6.97

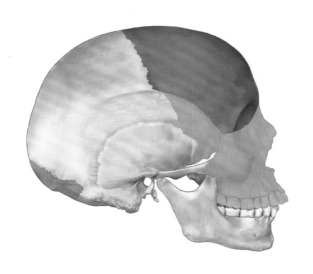

颅骨松质骨
额骨：39.41HV
颞骨：43.71HV
下颌骨：40.88HV
枕骨：46.78HV
顶骨：45.92HV

第二节　额骨骨硬度

一、解剖特点

额骨如人体前头部一项浅而不规则的帽子，由三部分组成，有两个构成额窦的腔。

额骨鳞部是额骨的主要构成部分，外面在眶上缘中点上方约 3cm 处有额结节，结节大小不一，尤其是年轻颅骨较为明显，成年女性比男性明显。其下为一浅沟，浅沟下方为弯曲的眉弓；两侧眉弓内侧正中是平滑突出的眉间，男性较女性明显。眉弓下方是变曲的眶口上缘，其内侧 1/3 钝圆、外侧 2/3 锐利，交界处为眶上切迹（或眶上孔），其内有眶上血管和神经。在眶上缘的外侧是突出坚固的颧突，与颧骨相接，由此向后上分为弯曲的上颞线和下颞线，延续到颞骨鳞部。

　　眶上窝的内缘之间部分即额骨鼻部,下端通过一锯齿状切迹与上颌骨突起相连接,侧面与泪骨相连接。鼻部和上颌骨的后方有突起的骨性结构支撑鼻梁,该骨性结构终止于锐利的鼻棘。鼻棘的两侧骨面构成了同侧鼻腔的顶。

　　额骨眶部是两片弯曲、薄、三角形的骨板,中间被一宽的筛切迹分开,形成眶顶的大部分。大部分的额骨是由厚的两层密质骨板和内部板障形成,但眶板几乎完全是非常薄的骨密质板。

二、额骨骨硬度分布特点

(一)测量位点数量

　　共测量额骨骨骼试样标本 3 片,每片标本共计 10 个有效密质骨硬度测量值和 5 个有效松质骨硬度测量值,合计测量位点 45 个(密质骨 30 个,松质骨 15 个)。

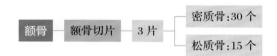

(二)额骨总体骨硬度

　　额骨总体骨硬度显示:总体密质骨硬度范围 28.70~54.10HV,平均硬度为(40.08 ± 6.02)HV;总体松质骨硬度范围 32.10~52.00HV,平均硬度为(39.41 ± 6.44)HV。密质骨骨硬度自高于松质骨骨硬度值(表 14-2-1)。

表 14-2-1　额骨密质骨、松质骨硬度分布

部位	测量位点 / 个	最小值 /HV	最大值 /HV	平均值 ± 标准差 /HV
密质骨	30	28.70	54.10	40.08 ± 6.02
松质骨	15	32.10	52.00	39.41 ± 6.44
总计	45	28.70	54.10	39.86 ± 6.10

三、额骨各测量区域骨硬度分布

1. 示意图

最硬:外层皮质(40.11HV)
最软:板障松质骨(39.41HV)

额骨大体图　　　　　　　额骨切片图　　　　　　　硬度分布

2. 硬度分布　额骨骨硬度分布显示:额骨外层密质骨硬度范围 30.20~51.40HV,平均硬度(40.11±5.22)HV;内层密质骨硬度范围 28.70~54.10HV,平均硬度(40.05±6.92)HV;板障松质骨硬度范围 32.10~52.00HV,平均硬度(39.41±6.44)HV。外层密质骨的硬度值最高,板障松质骨的硬度值最低(表 14-2-2)。

表 14-2-2　额骨密质骨、松质骨硬度分布

部位	测量位点 / 个	最小值 /HV	最大值 /HV	平均值 ± 标准差 /HV
外层皮质	15	30.20	51.40	40.11 ± 5.22
内层皮质	15	28.70	54.10	40.05 ± 6.92
板障松质骨	15	32.10	52.00	39.41 ± 6.44

第三节　颞骨骨硬度

一、解剖特点

颞骨由鳞部、岩乳突部、鼓部和茎突部四部分组成。颞骨鳞部包括构成颞下颌关节的下颌窝。乳突部相对较大。岩部内含听觉器官,该部由骨密质构成。乳突部则由骨小梁和无定型气室间隔构成的疏松结构。鼓部是薄且不完全的环状结构,其末段与鳞部融合。茎突部为相关肌肉提供附着点。

颞骨还包含两个重要的管道,一个是颅骨侧面外耳道,负责声波向骨膜的传播;一个是开口于颞骨岩部后面中部、通往颅内的内耳道,是面神经和前庭神经的通道。

二、颞骨骨硬度分布特点

(一)测量位点数量

共测量额颞骨骨骼试样标本6片,每片标本共计10个有效密质骨硬度测量值和5个有效松质骨硬度测量值,合计测量位点90个(密质骨60个,松质骨30个)。

(二)颞骨总体骨硬度

颞骨总体骨硬度显示:总体密质骨硬度范围29.10~59.90HV,平均硬度(42.57±6.44)HV;总体松质骨硬度范围37.90~54.70HV,平均硬度(43.71±3.65)HV。松质骨骨硬度值高于密质骨骨硬度值(表14-3-1)。

表14-3-1 颞骨密质骨、松质骨硬度分布

部位	测量位点/个	最小值/HV	最大值/HV	平均值±标准差/HV
密质骨	60	29.10	59.90	42.57±6.44
松质骨	30	37.90	54.70	43.71±3.65
总计	90	29.10	59.90	42.95±5.67

三、颞骨各测量区域骨硬度分布

(一)①号切片

1. 示意图

 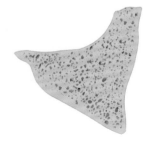

外层皮质:41.58HV
内层皮质:45.60HV
板障松质骨:44.12HV

颞骨大体图　　　　　　　切片示意图　　　　　　　硬度分布

2. 硬度分布　颞骨①号骨骼试样骨硬度分布显示：外层密质骨硬度范围 29.10~48.70HV，平均硬度 (41.58±4.99) HV；内层密质骨硬度范围 33.30~59.90HV，平均硬度 (45.60±8.86) HV；板障松质骨硬度范围 37.90~54.70HV，平均硬度 (44.12±3.90) HV。内层密质骨的硬度值最高，外层密质骨的硬度值最低 (表 14-3-2)。

表 14-3-2　颞骨①号骨骼试样骨硬度分布

部位	测量位点 / 个	最小值 /HV	最大值 /HV	平均值 ± 标准差 /HV
外层皮质	15	29.10	48.70	41.58 ± 4.99
内层皮质	15	33.30	59.90	45.60 ± 8.86
板障松质骨	15	37.90	54.70	44.12 ± 3.90

（二）②号切片

1. 示意图

外层皮质：41.23HV
内层皮质：41.88HV
板障松质骨：43.31HV

颞骨大体图　　　　　　切片示意图　　　　　硬度分布

2. 硬度分布　颞骨②号骨骼试样骨硬度分布显示：外层密质骨硬度范围 34.10~54.10HV，平均硬度 (41.23±6.22) HV；内层密质骨硬度范围 32.80~50.00HV，平均硬度 (41.88±4.38) HV；板障松质骨硬度范围 38.20~52.10HV，平均硬度 (43.31±3.46) HV。板障松质骨的硬度值最高，外层密质骨的硬度值最低 (表 14-3-3)。

表 14-3-3　颞骨②号骨骼试样骨硬度分布

部位	测量位点 / 个	最小值 /HV	最大值 /HV	平均值 ± 标准差 /HV
外层皮质	15	34.10	54.10	41.23 ± 6.22
内层皮质	15	32.80	50.00	41.88 ± 4.38
板障松质骨	15	38.20	52.10	43.31 ± 3.46

第四节　下颌骨骨硬度

一、解剖特点

下颌骨是正规面部最低、最大、最坚固的骨头，有一个水平弯曲且凸向前的体和两个宽而向后上升的下颌支。下颌体上有容纳牙齿的牙槽突；下颌支上有髁突和冠突，其中髁突与颞骨相连形成颞下颌关节。

下颌体可以分为上缘、下缘以及被两缘分开的内面和外面，整体呈 U 形。下缘即下颌底，自下颌联合向后外侧延伸至第 3 磨牙后的下颌支下缘；上缘是牙槽部，含有 16 个可以容纳下牙根的牙槽，由骨性面板和舌板以及之间的牙间隔、根间隔组成。

下颌支有 2 面（内侧面和外侧面）、4 缘（上缘、下缘、前缘和后缘）和 2 突（冠突和髁突），整体呈四边形。下缘与下颌底连接，与后缘连接形成下颌角，男性的下颌角呈典型外翻状，而女性往往内翻。上缘薄为下颌切迹，切迹前为冠突、后为髁突。后缘圆而厚，自髁突延伸至下颌角。前缘上部与冠突连续。

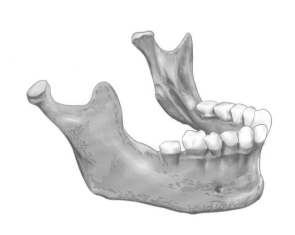

二、下颌骨骨硬度分布特点

（一）测量位点数量

共测量下颌骨骨骼试样标本 3 片，每片标本共计 10 个有效密质骨硬度测量值和 5 个有效松质骨硬度测量值，合计测量位点 45 个（密质骨 30 个，松质骨 15 个）。

（二）下颌骨总体骨硬度

下颌骨总体骨硬度显示：总体密质骨硬度范围 34.00~57.50HV，平均硬度（44.86±5.24）HV；总体松质骨硬度范围 29.70~47.80HV，平均硬度（40.88±4.38）HV。密质骨硬度值高于松质骨硬度值（表14-4-1）。

表 14-4-1　下颌骨密质骨、松质骨硬度分布

部位	测量位点 / 个	最小值 /HV	最大值 /HV	平均值 ± 标准差 /HV
密质骨	30	34.00	57.50	44.86 ± 5.24
松质骨	15	29.70	47.80	40.88 ± 4.38
合计	45	29.70	57.50	43.54 ± 5.28

三、下颌骨各测量区域骨硬度分布

1. 示意图

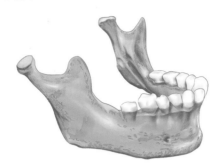 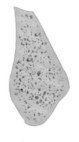

最硬部位:外层皮质(47.27HV)
最软部位:板障松质骨(40.88HV)

下颌骨大体图　　　　　切片示意图　　　　　硬度分布

2. 硬度分布　下颌骨各测量区域硬度分布显示:外层皮质硬度范围 40.60~57.50HV,平均硬度 (47.27±4.86) HV;内层皮质硬度范围 34.00~51.30HV,平均硬度(42.46±4.58) HV;中间板障松质骨硬度范围 29.70~47.80HV,平均硬度(40.88±4.38) HV。外层密质骨的硬度值最高,板障松质骨的硬度值最低(表 14-4-2)。

表 14-4-2　下颌骨硬度分布

下颌骨	测量位点 / 个	最小值 /HV	最大值 /HV	平均值 ± 标准差 /HV
外层皮质	15	40.60	57.50	47.27 ± 4.86
内层皮质	15	34.00	51.30	42.46 ± 4.58
板障松质骨	15	29.70	47.80	40.88 ± 4.38

第五节　枕骨骨硬度

一、解剖特点

枕骨呈菱形,内面凹,主要参与形成颅底后部,围绕枕骨大孔。枕骨可以分为四个部分,枕骨大孔前方是四边形的基底部,又被称作基枕骨;向后上膨大的板是鳞部,两侧是侧部(也被称作髁部或外枕骨)。枕骨大孔位于颅底后部前正中,孔呈卵圆形,前后径最大,后部较宽。

二、枕骨骨硬度分布特点

(一)测量位点数量

共测量枕骨骨骼试样标本 3 片,每片标本共计 10 个有效密质骨硬度测量值和 15 个有效松质骨硬度测量值,合计测量位点 75 个(密质骨 30 个,松质骨 45 个)。

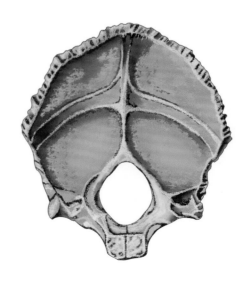

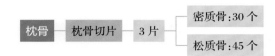

（二）枕骨总体骨硬度

枕骨总体骨硬度分布显示：总体密质骨硬度范围33.80~58.90HV，平均硬度（48.07±5.88）HV；总体松质骨硬度范围31.20~69.50HV，平均硬度（46.78±8.15）HV。密质骨硬度值高于松质骨硬度值（表14-5-1）。

表 14-5-1　枕骨密质骨、松质骨硬度分布

枕骨	测量位点/个	最小值/HV	最大值/HV	平均值±标准差/HV
密质骨	30	33.80	58.90	48.07±5.88
松质骨	45	31.20	69.50	46.78±8.15
合计	75	31.20	69.50	47.29±7.31

三、枕骨各测量区域骨硬度分布

1. 示意图

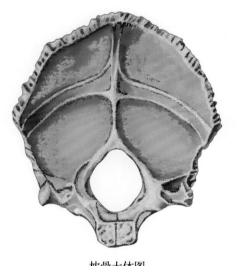

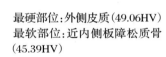
最硬部位：外侧皮质（49.06HV）
最软部位：近内侧板障松质骨（45.39HV）

枕骨大体图　　　　　　　　　　切片示意图　　　　　　　　　　硬度分布

2. 硬度分布　枕骨各测量区域骨硬度分布显示：外侧密质骨硬度范围37.90~58.90HV，平均硬度（49.06±5.29）HV；内侧密质骨硬度范围33.80~56.10HV，平均硬度（47.07±6.44）HV；外侧密度骨的硬度值高于内侧密质骨的硬度值。不同测量区域的板障松质骨硬度值不同：近外侧板障松质骨硬度范围31.20~69.50HV，平均硬度（46.55±9.99）HV；中央区板障松质骨硬度范围33.00~59.60HV，平均硬度（48.39±6.36）HV；近内侧板障松质骨硬度范围33.00~57.20HV，平均硬度（45.39±7.97）HV；中央区板障松质骨的硬度值最高，近内侧板障松质骨的硬度值最低。5个测量区域的硬度值分布显示硬度值最高的区域位于外侧皮质，硬度值最低的区域位于近内侧板障（表14-5-2）。

表 14-5-2　枕骨骨硬度分布

部位	测量位点 / 个	最小值 /HV	最大值 /HV	平均值 ± 标准差 /HV
外侧皮质	15	37.90	58.90	49.06 ± 5.29
内侧皮质	15	33.80	56.10	47.07 ± 6.44
近外侧板障松质骨	15	31.20	69.50	46.55 ± 9.99
中央区板障松质骨	15	33.00	59.60	48.39 ± 6.36
近内侧板障松质骨	15	33.00	57.20	45.39 ± 7.97

第六节　顶骨骨硬度

一、解剖特点

顶骨形成人体颅顶大部和两侧,呈不规则的四边形,分左右 2 块,每块有两个面、四个缘和四个角。

顶骨的外面凸面光滑,中央有顶结节;内面凹,其表面有明显的大脑回和脑膜中动脉沟。四缘分别是矢状缘、鳞缘、额缘和枕缘。矢状缘最长、最厚,呈锯齿状,与对侧的顶骨相连接形成矢状缝。鳞缘前部薄、短呈斜截面,被蝶骨大翼所覆盖;中部呈弓形斜面,被颞骨的鳞部覆盖;后部呈短锯齿状,与乳突连接。额缘呈深锯齿状,斜面上部向外,下部向内,与额骨相连形成冠状缝的内侧半。枕缘与枕骨相连,亦呈深锯齿状,形成人字形的内侧半。

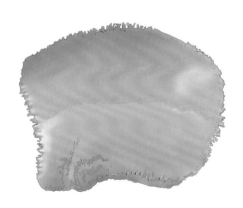

四个角分别是额角(前上角)、碟角(前下角)、枕角(后上角)和乳突角(后下角)。额角位于前囟点(即冠状缝和矢状缝的交点),几乎呈 90°。蝶角位于蝶骨与蝶骨大翼之间。枕角位于矢状缝和人字缝的交点,它是新生儿头颅上后囟的标志点。乳突角与枕骨和颞骨乳突部相连接。

二、顶骨骨硬度分布特点

(一)测量位点数量

共测量顶骨骨骼试样标本 6 片,每片标本共计 10 个有效密质骨硬度测量值和 15 个有效松质骨硬度测量值,合计测量位点 150 个(密质骨 60 个,松质骨 90 个)。

（二）顶骨总体骨硬度

顶骨总体骨硬度分布显示：总体密质骨硬度范围 35.70~65.30HV，平均硬度（46.89±6.31）HV；总体松质骨硬度范围 30.40~67.10HV，平均硬度（45.92±6.93）HV；总体密质骨硬度值高于总体松质骨硬度值（表 14-6-1）。

表 14-6-1　顶骨密质骨、松质骨硬度分布

部位	测量位点 / 个	最小值 /HV	最大值 /HV	平均值 ± 标准差 /HV
密质骨	60	35.70	65.30	46.89 ± 6.31
松质骨	90	30.40	67.10	45.92 ± 6.93
总计	150	30.40	67.10	46.31 ± 6.68

三、顶骨各测量区域骨硬度分布

（一）①号切片

1. 示意图

最硬：外侧皮质（48.97HV）
最软：近内侧板障松质骨
（44.50HV）

顶骨大体图　　　　　　　切片示意图　　　　　　　硬度分布

2. 硬度分布　顶骨①号切片各测量区域骨硬度分布显示：外侧密质骨硬度范围 38.10~58.30HV，平均硬度（48.97±5.76）HV；内侧密质骨硬度范围 40.50~54.00HV，平均硬度（45.99±4.99）HV；外侧密度骨的硬度值高于内侧密质骨的硬度值。不同测量区域的板障松质骨硬度值不同：近外侧板障松质骨硬度范围 30.40~61.00HV，平均硬度（46.47±6.28）HV；中央区板障松质骨硬度范围 35.80~67.10HV，平均硬度（48.10±9.00）HV；近内侧板障松质骨硬度范围 32.70~55.50HV，平均硬度 44.50±6.40HV。中央区板障松质骨的硬度值最高，近内侧板障松质骨的硬度值最低。5 个测量区域的硬度值分布显示硬度值最高的区域位于外侧皮质，硬度值最低的区域位于近内侧板障松质骨（表 14-6-2）。

表 14-6-2　顶骨①号切片各测量区域骨硬度分布

部位	测量位点 / 个	最小值 /HV	最大值 /HV	平均值 ± 标准差 /HV
外侧皮质	15	38.10	58.30	48.97 ± 5.76
内侧皮质	15	40.50	54.00	45.99 ± 4.99
近外侧板障松质骨	15	30.40	61.00	46.47 ± 6.28
中央区板障松质骨	15	35.80	67.10	48.10 ± 9.00
近内侧板障松质骨	15	32.70	55.50	44.50 ± 6.40

（二）②号切片

1. 示意图

最硬:外侧皮质(47.03HV)
最软:近内侧板障松质骨
(44.63HV)

顶骨大体图   切片示意图   硬度分布

2. 硬度分布　顶骨②号切片各测量区域骨硬度分布显示:外侧密质骨硬度范围 39.90~55.50HV,平均硬度(47.03±4.96)HV;内侧密质骨硬度范围 35.70~65.30HV,平均硬度(45.55±8.82)HV;外侧密度骨的硬度值高于内侧密质骨的硬度值。不同测量区域的板障松质骨硬度值不同:近外侧板障松质骨硬度范围 36.80~59.30HV,平均硬度(45.72±6.42)HV;中央区板障松质骨硬度范围 41.20~55.80HV,平均硬度(46.11±3.53)HV;近内侧板障松质骨硬度范围 31.20~58.40HV,平均硬度(44.63±8.97)HV。中央区板障松质骨的硬度值最高,近内侧板障松质骨的硬度值最低。5 个测量区域的硬度值分布显示硬度值最高的区域位于外侧皮质,硬度值最低的区域位于近内侧板障松质骨(表 14-6-3)。

表 14-6-3　顶骨②号切片各测量区域骨硬度分布

部位	测量位点 / 个	最小值 /HV	最大值 /HV	平均值 ± 标准差 /HV
外侧皮质	15	39.90	55.50	47.03 ± 4.96
内侧皮质	15	35.70	65.30	45.55 ± 8.82
近外侧板障松质骨	15	36.80	59.30	45.72 ± 6.42
中央区板障松质骨	15	41.20	55.80	46.11 ± 3.53
近内侧板障松质骨	15	31.20	58.40	44.63 ± 8.97

第十五章

15

骨强度

骨是一种特殊的材料,在不同的环境中,骨会表现出不同甚至截然相反的性质。骨必须坚硬,这样才能支撑身体运动并保护其内部柔软的组织;骨还需要有弹性,在受力时能够变形,这样才能吸收能量,不会在受到冲击时像玻璃一样碎掉。如果骨弹性过大而不够坚硬,它将不能抵抗弯曲,我们会无法站立和行走;如果骨过于坚硬而失去弹性,负重时作用于骨上的能量将无法被吸收,最终导致整体结构损伤甚至骨折。

强度是指在外力作用下,材料抵抗永久变形和破坏的能力。人们通常将骨抵抗骨折的能力称为"骨强度",骨强度越高,其发生骨折的可能性越小。然而,由于骨在不同受力环境下表现出的性质不同,所以"骨强度"难以用单一的力学概念描述。骨强度的概念包括多个方面,如抵抗压缩(抗压强度)、拉伸(抗张强度)、剪切力(抗剪强度)的能力,韧性(延吸收能量发生非塑形形变而不受到破坏的能力),抵抗裂痕生成及延伸的能力(断裂韧性),以及抗疲劳的能力。骨强度不仅决定于骨材料本身的性质,还与骨量、骨的形状及内部结构密切相关。本章将介绍骨相关生物力学基本概念并探讨骨强度的决定因素和评价方法。

第一节　骨相关生物力学基本概念

(一) 应力和应变
应力和应变是生物力学中的两个基本概念。应力(stress)通常是指单位面积所承受的力,依据受力方向的不同,应力可分为压应力、张应力、剪应力等。应力的国际单位制单位是帕斯卡(Pa),等于 $1N/m^2$,与压强单位相同,由于该单位较小,使用不便,更常用的单位为 MPa($1MPa=10^6Pa$)或 GPa($1GPa=10^9Pa$)。物体在受到外力作用下会产生一定的变形,变形的程度称应变(strain)。应变可分为线应变和角应变两类,前者的物理意义为长度的变形程度,后者的物理意义为角度的变化程度。应变没有单位,如果一个材料被拉长为原长度的 101%,其线应变为 0.01 或 1%(图 15-1-1、图 15-1-2)。

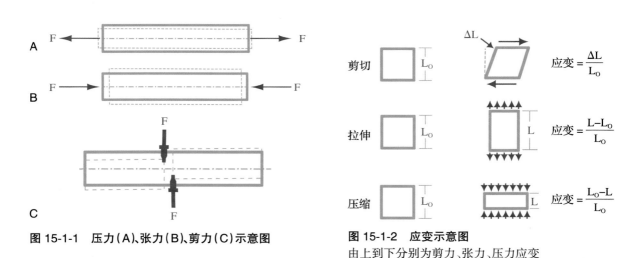

图 15-1-1　压力(A)、张力(B)、剪力(C)示意图

图 15-1-2　应变示意图
由上到下分别为剪力、张力、压力应变

(二) 应力集中
一个形状无变化的物体(即截面形状无变化如直杆),应力在其内部分布均匀,它能够承受较大的力。如果其内部存在一个形状急剧变化的区域,如缺口、孔洞、沟槽等,在形状变化区域的周围会出现局部应力升高,此现象称应力集中(stress concentration)(图 15-1-3)。当应力升高超过组成物体的材料的强度极限时,就会出现裂缝,裂缝延伸导致整体断裂。一般来说,角越尖,孔越小,形状变化越急剧,应力集中的

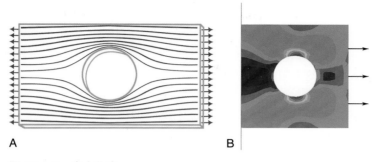

图 15-1-3 应力集中
A. 应力集中力线示意；B. 带孔薄板应力集中

程度越严重。材料的实际强度总是小于其理论强度，常常是因为其内部存在微裂痕及杂质等造成的应力集中，疲劳断裂也往往开始于应力集中。

（三）弹性模量

弹性模量（elastic modulus）可视为衡量材料产生弹性变形难易程度的指标，其值越大，使材料发生一定弹性变形的应力也越大，即在一定应力作用下，发生弹性变形越小。弹性模量的定义是弹性变形区的应力 - 应变曲线的斜率。杨氏模量（Young's modulus）是弹性模量的一种，表征在弹性限度内抗拉或抗压的物理量，它是沿纵向的弹性模量，在生物力学中更为常用。弹性模量的国际单位制单位为帕斯卡（Pa），常用单位为 MPa（$1MPa=10^6Pa$）或 GPa（$1GPa=10^9Pa$）。

不同方法直接 / 间接测量出的弹性模量不尽相同，在不同文献中，密质骨的弹性模量在 10~24GPa 之间，松质骨的弹性模量在 0.76~14GPa 之间，一般来说，压缩弹性模量大于拉伸弹性模量。所得弹性模量不仅取决于骨的自身性质（如骨密度、骨的年龄及矿化程度、骨小梁的排列、骨胶原纤维的方向等），还与标本的制备条件及测量方法密切相关。

需要注意的是，由于骨的各向异性（在不同方向上的力学特性各不相同），在同一块骨的不同方向上测得的弹性模量也不相同。骨存在"优势方向"，一般为生理负重方向，在此方向上，其杨氏模量值较大。

（四）泊松比

材料在受到压缩时，它的长度会减小，但同时宽度会增加。其宽度的应变与长度应变的比值称泊松比（poisson's ratio）（图 15-1-4）。一些研究以不同的方法测量了湿润密质骨的泊松比，但相互之间差异很大，数值浮动于 0.12~0.63 之间。大部分文献中作者认为湿润密质骨的泊松比在 0.28~0.35 之间，意味着骨在某方向受力形变 1% 时，其与受力垂直的方向会形变 0.28%~0.35%。相对的，不可压缩材料的泊松比为 0.5。

（五）应力 - 应变曲线与受力 - 形变曲线

骨在受到外力时会产生形变，受到的外力与形变的关系做出曲线称骨的受力 - 形变曲线（load-deformation curve）。受力形变曲线体现了骨材料本身及骨结构两者的力学性质，其走行与骨的形态结构有关，粗壮的骨受力相同时形变较小。而应力 -

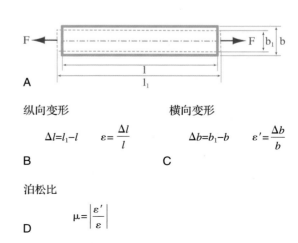

图 15-1-4 泊松比
A. 受力形变示意图；B. 纵向应变；C. 横向应变；D. 泊松比

应变曲线（stress-strain curve）则排除了形态结构的影响，体现了骨材料本身的性质，应用范围更广，故于下文中重点介绍。受力-形变曲线和应力-应变曲线形状走行相似，均分为两个部分，弹性形变区及塑形形变区。弹性形变区通过屈服点（yield point）与塑性形变区相连，曲线终结于断裂点（fracture point），代表了最终的骨折（图15-1-5、图15-1-6）。

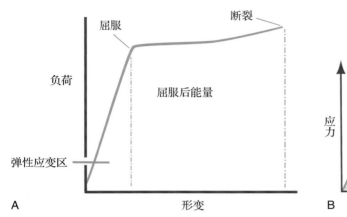
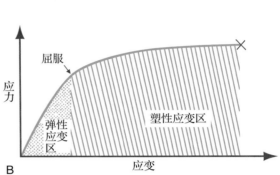

图 15-1-5　受力形变曲线（A）和应力应变曲线（B）

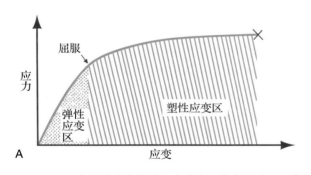
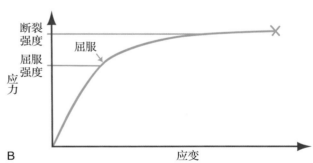

图 15-1-6　应力应变曲线分区（A）应力应变曲线重要点（B）

在弹性形变区域内，骨的表现像是一根弹簧，随着应力的增大，骨的应变线性增加，去除应力后，骨将回复到最初的形态。应力不会对骨造成永久性损伤。实际上，由于骨存在着一定黏弹性，在受力期间会发生蠕变消耗掉一部分能量，所以，在这个阶段骨并非像一根完美的弹簧。但在各种生物力学计算中通常将蠕变忽略不计，把此阶段的骨看待为弹簧，以简化计算过程。弹性模量即弹性变形区应力-应变曲线的斜率（slope）。在受力-形变曲线的弹性区域，其曲线的斜率称刚度（rigidity），容易想象，粗壮的骨头有着更高的刚度，但粗壮骨骼的弹性模量并不一定大于纤细的骨骼。刚度对于骨非常重要，它代表了承受负荷后是否容易变形的能力，有弹性不易被破坏固然重要，但易于弹性形变也是不可接受的，会直接影响其承重能力（图15-1-7）。

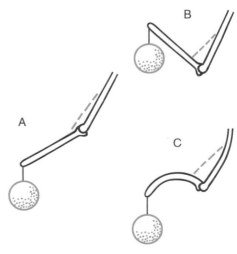

图 15-1-7　骨刚性的重要性　骨缺少刚性导致的承重能力丧失

　　与致密的密质骨相比,松质骨的情况更为复杂。松质骨内含有大量孔隙,骨小梁在松质骨内形成了网状结构,故松质骨的刚度包括了骨小梁本身的刚度以及结构刚度两方面。可以把松质骨想象为一座结构精良的钢架桥,钢架桥的承重能力由其组成材料——钢及整体结构共同决定,桥的整体承重能力远大于相同质量实心钢材的承重能力,松质骨的刚度有着类似的特点(图15-1-8)。

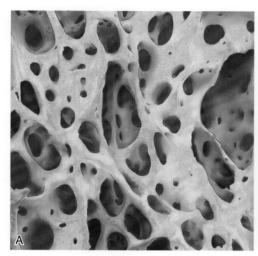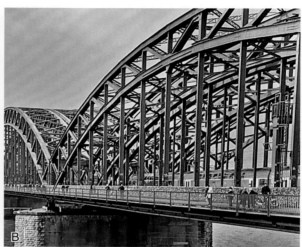

图 15-1-8　松质骨骨小梁(A)和钢架桥(B)

　　屈服点是人为规定的连接弹性应变区和塑形应变区的界限,经过屈服点后,应力开始对骨造成不可逆损伤,此不可逆损伤称为塑性形变。应力-应变曲线屈服点后的部分称为塑形应变区域,塑形形变的微观变化包括骨单位黏合线的滑移,骨小梁的微骨折,微裂痕的延伸等。塑性应变区应变量的大小表征了该材料的延展性(ductility)。延展性好的材料如天然金、银,可以抽成很细的丝状;延展性的反面称脆性,如普通玻璃,屈服点后只能承受很小的应变就会碎掉。骨不具有很好的延展性,可承受的屈服点后应变较小。

　　应力-应变曲线下方区域的面积代表了骨作为一种材料在发生骨折前能够吸收的总的能量大小,该性质称为韧性(toughness)。韧性表征了骨对骨折的抗性,但它并不能说明骨是否容易出现不可逆形变,即塑性形变。理论上讲,韧性大的骨也可能存在较小的屈服点,即容易早期出现微损伤,但较难发生骨折,相反亦然。

　　骨能承受的最大应力称断裂强度(breaking strength),也称极限强度(ultimate strength),在此点后发生完全骨折。在骨的应力-应变曲线中,这两个强度有着同样的数值,但在其他材料中,如延展性好的金属,由于其延展过程的存在,极限强度可能会大于断裂强度。断裂强度的单位和应力相同,为Pa,断裂强度与骨材料的本身性质有关,与测试样本的大小、形状无关;而在受力-形变曲线中,断裂点的单位为牛顿(N),此数据与测试样本的大小和形状相关,二者不具有可比性。Reilly, D. T. 等和 WC Hayes 等分别测量了人股骨密质骨的断裂强度,发现其纵向断裂强度大于横向,纵向拉伸、压缩、剪切断裂强度分别为133MPa、193MPa 和68MPa,横向拉伸、压缩强度分别为51MPa、133MPa。松质骨的断裂强度数值浮动很大,位于1~20MPa之间,与骨密度、取材部位、骨小梁方向密切相关。

　　(六) 断裂韧性(fracture toughness)
　　有时在较低能量损伤、骨受到的应力远低于断裂点时即可出现骨折,如老年人缓慢跌倒造成的转子间骨折或应力骨折,这些情况下骨内的微裂隙扩张、融合,导致裂纹积累,最终较小的能量即造成骨折。

材料抵抗裂纹扩展断裂的韧性性能称为断裂韧性。骨质疏松症患者松质骨骨小梁间交联明显减少,一旦包裹松质骨的密质骨被破坏,松质骨将很难阻止裂纹的进一步延伸,故骨质疏松症患者松质骨断裂韧性会急剧下降。

(七)骨的受力 - 形变类型

不同方式的力和力矩作用于骨时,骨可能受到拉伸、压缩、剪切、弯曲、扭转及复合作用力并产生相应的形变(图 15-1-9)。在受到不同类型负荷时,骨能承受的极限应力各不相同。密质骨承受压缩的应力(约 190MPa)要大于承受拉伸的应力(约 130MPa),承受拉伸的应力要大于承受剪切的应力(约 70MPa)。

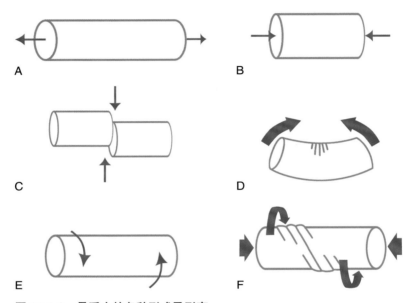

图 15-1-9   骨受力的各种形式及形变
A. 拉伸;B. 压缩;C. 剪切;D. 弯曲;E. 扭转;F. 复合

拉伸:大小相等,方向相反的力作用于骨,力沿骨的截面向外作用,骨出现拉长和变细的趋势。在力的作用下,骨的内部出现张应力和应变,此时最大的应力出现在与力的作用方相垂直的平面上。拉伸造成的张力性骨折常见于松质骨,如髁间棘撕脱骨折及第五跖骨腓骨短肌腱附着点的骨折。

压缩:大小相等,方向相反的力作用于骨,力沿骨的截面向内作用,骨出现压缩和变粗的趋势。在力的作用下,骨的内部出现压应力和应变,此时最大的应力也出现在与力的作用方相垂直的平面上。压缩骨折常见于椎体及胫骨平台等松质骨丰富且承受压力的区域。

剪切:剪力(shear force)是指方向相反且交错的两个力将骨的一部分推向一个方向,另一部分推向相反的方向。如果这两个力对齐则称为压力。受剪力的骨内部会发生角变形,位于截面上的矩形会变为平行四边形。剪力骨折较为少见,多发生于高能量损伤,如膝关节屈曲位胫骨后部受到轴向暴力造成的胫骨平台后方剪力骨折,及高处坠落导致的距骨体剪力骨折等(图 15-1-10)。

弯曲:受到弯曲载荷时,骨沿某个中性轴弯转,此时骨同时受到压缩和拉伸两种力,拉伸力位于中性轴的一侧,压缩力位于中性轴的另一侧,中性轴处不受力。产生的应力大小与距中性轴的距离正相关,即某位置距中性轴越远应力越大。由于骨能承受的张应力小于压应力,受到弯曲载荷时骨折一般从受到张力的部位薄弱处开始。常见的弯曲骨折如Colles骨折,还可见于膝关节僵直暴力功能锻炼时出现的股骨骨折。

扭转:受到力矩作用时骨沿一中性轴出现扭曲,在扭转过程中,骨受到剪应力、张应力和压应力的共

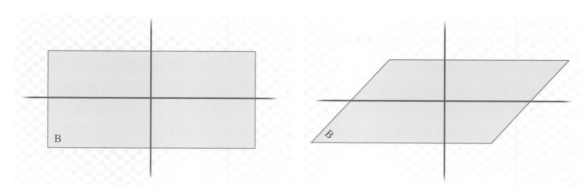

图 15-1-10　剪力及剪应变

同作用。剪应力的大小与距中性轴的距离正相关,最大的剪应力出现在横截面的边缘处。由于骨能承受的剪应力最小,骨折最早出现于剪应力作用下,骨折线于中性轴平行,随后在张应力作用下骨折线扩大并沿张应力分布,故骨折线呈螺旋状。扭转造成的骨折常见于各长骨的螺旋骨折,如投掷造成的肱骨骨折及小腿扭转导致的胫骨下 1/3 螺旋骨折。

　　复合:人体在运动时极少受到单一类型的载荷,一方面原因是骨始终受到的多种不定方向、不定形式的载荷,另一方面原因是骨的形状本身并不规则。Lanyon 等测定了人行走过程中胫骨干前内侧皮质的应变,Cater 等根据该应变计算了其应力,证明在步行过程中胫骨的应力 - 应变变化相当复杂。对临床骨折的观察也表明,多数骨折是由多种负荷联合导致的。

　　(八) 骨折是如何发生的

　　目前学界一致认为骨折过程可分为 3 个阶段。第一阶段,弹性阶段,当负荷作用于骨组织,骨开始出现可逆性形变,由于骨的非均质性,形变过程中在骨的薄弱区出现微裂痕,微裂痕最早出现于黏合线附近,一般不穿过骨单位,此时微裂痕的大小在 10μm 左右;第二阶段,持续损伤阶段,骨组织出现不可逆形变,但仍保持其内部结构的完整性,微裂痕继续延伸,扩张,此阶段骨的刚度和强度持续下降;第三阶段,断裂阶段,微裂痕融合扩大接近骨表面直至出现骨折(图 15-1-11)。

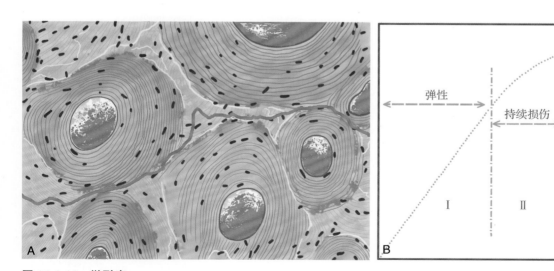

图 15-1-11　微裂痕
A. 微裂痕;B. 骨折发生的三个阶段

（九）疲劳骨折

材料在变动载荷的作用下经过循环变形、微裂隙萌生和裂纹扩展至断裂的现象称为疲劳（fatigue）。远低于屈服点的载荷即可引起疲劳骨折。由于骨的非均质性，其内部可能存在微裂痕及缺陷等薄弱区，在薄弱区附近出现应力集中，急剧升高的应力可破坏骨内部的完整性，负荷反复的作用造成微裂痕的延长，融合，最终导致骨折。疲劳骨折时骨裂纹沿骨 - 黏合线 - 骨 - 黏合线 ⋯⋯ 的途径扩展，产生一个 z 字形断裂和横形骨折。疲劳骨折发生与应力集中部位、强度和频率有关。篮球运动员的跖跗骨，网球、排球、芭蕾舞演员的胫骨，棒球运动员的尺骨鹰嘴，足球运动员的第五跖骨，田径运动员的胫、腓骨和跖骨是疲劳骨折好发部位。

第二节　骨强度的影响因素

骨强度是一种综合性概念，是人们想象出的表征骨能够抵抗骨折的性质的总和。在不同环境下造成骨折的原因多种多样，如压力、张力、剪切力、疲劳、弯曲、撞击都可导致骨折；在不同情况下抵抗骨折需要的性质也各不相同，如抵御撞击需要更高的韧性，抵御弯曲需要更好的刚性，抵御疲劳需要阻止微裂痕的延展及对微损伤的快速修复能力等。这些性质有时还会互相矛盾，例如钙的沉积会造成骨的刚度上升和韧性下降，儿童骨量及骨钙沉积量少，骨的抗折能力差而能量吸收能力强，加上体重较小，高处坠落时就不容易发生爆裂骨折；但正是因为钙沉积少导致的刚度差，导致容易出现青枝骨折。描述骨强度是一个复杂且艰巨的任务，下面我们将从骨的成分、结构、类型、几何形状、骨量及分布等多个方面描述骨强度及骨脆性的影响因素。

首先，我们需要从骨的组成成分开始。

一、骨的组成

骨有着复杂的分层结构，其基质的主要成分为Ⅰ型胶原和羟基磷灰石结晶。传统观念认为，羟基磷灰石为骨提供弹性，而Ⅰ型胶原为骨提供塑形，目前看来这样的说法过于简单，忽视了各个层面结构的作用。

骨由骨组织、骨膜和骨髓等构成，骨组织是人体最坚硬的组织之一，是由多种细胞和骨基质构成。骨组织的细胞有骨祖细胞、成骨细胞、骨细胞、骨被覆细胞和破骨细胞 5 种。骨细胞包埋于骨基质内，其他细胞均位于骨组织的表面。骨基质由有机质和无机质构成，有机质包括大量骨胶纤维（bone collagen fiber）和少量无定形基质，骨胶纤维主要由Ⅰ型胶原蛋白组成；无机质约占骨组织干重的 65%，主要以羟基磷灰石结晶（hydroxyapatite crystal）的形式存在，呈片状，长数十纳米，沿Ⅰ型胶原纤维长轴规则排列。Ⅰ型胶原与羟基磷灰石结晶的结合使骨基质既坚硬又有韧性（图 15-2-1）。

最初形成的骨组织为初级骨组织，其骨胶纤维粗大，排列较乱，呈编织状，又称编织骨（woven bone）。随着骨组织的发育，初级骨组织逐渐成熟，成为次级骨组织，又称板层骨（lamellar bone）。成人骨骼几乎全部为板层骨。在板层骨基质中，骨胶纤维较细且有规律的成层排列，与羟基磷灰石结晶紧密结合，构成骨板（bone lamella）。骨胶纤维可分支，相邻骨板内的骨胶纤维可互相穿插延伸，这种互相连接的三维结构有效增强了骨的支持力。

（一）密质骨（cortical bone）的结构

密质骨分布于长骨的骨干和骨骺的外侧面，按古板的排列方式可分为环骨板、骨单位和间骨板。环骨板是环绕骨干外表面和内表面的骨板，分别称为外环骨板和内环骨板；骨单位（osteons）又称哈弗斯系统（Haversian system），位于内、外环骨板之间，是密质骨的主要结构单位（图 15-2-2）。据 Parfitt 等测算，

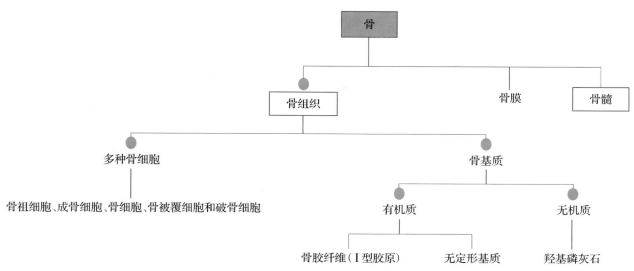

图 15-2-1 骨的组成

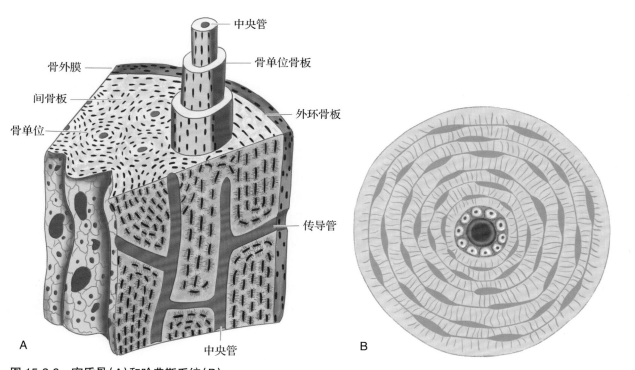

图 15-2-2 密质骨（A）和哈弗斯系统（B）

成人骨骼约有 2 100 万个骨单位。骨单位呈圆形或椭圆形，直径约 100~400μm，其中轴为含有毛细血管的中央管，中央管周围约有 30 层骨板。骨单位周围隔以黏合线（cement line），黏合线是骨溶解的标志边界。骨单位之间为间骨板（interstitial lamella），是已被部分吸收的老的骨单位的残留部分。

（二）松质骨（cancellous bone）的结构

松质骨分布于长骨两端的骨骺和骨干的内侧面，由大量板状或者棒状的骨小梁（bone trabecula）构成。骨小梁也是板层骨，厚度为 50~400μm，由数层平行排列的骨板构成，其相互分支吻合形成多孔隙网架结构，网孔即为骨髓腔（图 15-2-3）。

由于骨有着复杂的分层结构,每一层面都决定了骨的强度,每一层面的组织结构变化都会影响到骨的强度,我们必须分层说明这样的影响是怎样发生的。首先从相对熟悉的大体层面说起。

二、骨强度的影响因素

(一)骨量

骨量(bone mass)是决定骨强度的重要因素之一,骨量下降常常伴随着机械性能的降低,但骨量也绝非越多越好。生物学家通常认为,骨的机械性能固然重要,但过剩的机械性能会导致骨量以及骨

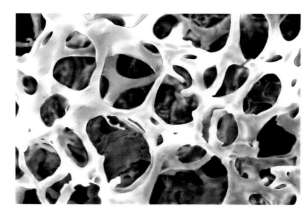

图 15-2-3 松质骨结构

生长消耗的成本和时间异常增加,从而损害物种的生存优势;自然选择过程使骨组织的机械性能、骨量、骨生长消耗的成本和时间达到平衡,最终才能产生满意的结果。骨量下降的最常见原因为骨质疏松症(osteoporosis,OP)。骨质疏松症是一种以骨量低下,骨微结构损坏,导致骨脆性增加,易发生骨折为特征的全身性骨病。

临床上采用骨密度(BMD)测量作为判断骨量下降、诊断骨质疏松、预测骨质疏松性骨折风险的最佳定量指标,骨密度约反映骨强度的 70%。骨密度是指单位体积(体积密度,vBMD)或者单位面积(面积密度,aBMD)的骨量,临床应用测量骨密度的方法有双能 X 射线吸收法(DXA)、外周双能 X 射线吸收法(pDXA)、以及定量计算机断层成像(QCT)。其中 DXA 测量值是目前国际学术界公认的骨质疏松症诊断的金标准。基于 DXA 测定:骨密度值低于同性别、同种族健康成人的骨峰值不足 1 个标准差属正常;降低 1~2.5 个标准差之间为骨量低下(骨量减少);降低程度等于和大于 2.5 个标准差为骨质疏松;骨密度降低程度符合骨质疏松诊断标准同时伴有一处或多处骨折时为严重骨质疏松。

但骨量增加并不总是意味着骨强度增大,氟化物治疗骨质疏松引发的骨量增加(BMD 每年增加 10%)并不能降低骨质疏松骨折的发生率。Black DM 等认为,很多治疗骨质疏松的药物都可以增加骨密度(aBMD),虽然其增加骨密度的程度各不相同,但三年后的脊柱骨折发生率却非常相似。

(二)骨的形状

成人全身共有 206 块骨,大部分是成对出现的,按其形状可分为长骨、短骨、扁骨、不规则骨和籽骨。不同形状的骨满足了人体的不同需求,长骨(胫骨、股骨、尺、桡骨等)的管状结构既减轻了重量,又能满足刚度和强度(如抗弯曲和扭转)的需要,可用于承重和肢体的快速负重移动;短骨(如腕骨、跗骨和椎体等)主体为松质骨,外包一层薄薄的密质骨,用于负重和传递载荷,很少承受弯折;扁骨(颅骨、髂骨等)通常起保护作用或作为肌肉的附着面,很少用于负重。

1. 长骨的形状特点 骨的形状对其强度影响很大,对于杆(定义是长度远大于横向尺寸)来说,其横截面积越大,强度越大。对于长骨而言,直观的感觉就是粗壮的骨更为结实。下面,我们将以长骨举例说明其形状是如何影响强度的。为了简化计算,骨的截面简化为规则的圆筒状。

如果假设骨材料是均匀的,那么骨的截面面积越大其强度越大,当然重量也越重,为了达到强度和重量的平衡,长骨中段呈筒状最为合适。但问题是,筒壁多厚、中心空洞多大合适呢?下面我们通过材料力学计算来说明。

结构的破坏,有材料破坏和失稳破坏两个类型。如骨做压力测试,如果试样是扁平的,随着压力的增大,骨材料本身被压裂、破碎,称之为材料破坏;如果试样是细长的,随着压力的增大,骨材料被压碎之前,

试样出现弯折、断裂,称之为失稳破坏。

　　骨的形状会影响骨量的分布,改变骨量的分布会改变骨抵抗弯曲和扭转的能力。有时候骨量分布的变化并不会在骨密度(BMD)测量中体现出来。骨的横截面积 $S=\pi(D^2-d^2)$,三个骨的横截面积相等,故认为其面积骨密度(aBMD)相同,其抗压产生材料破坏的能力也相等。而其抵抗扭转和弯曲的能力各不相同。为计算三个骨抗扭转和弯曲的能力,我们需要引入材料力学的几个公式。

　　截面模量(section modulus)机械零件和构件的一种截面几何参量,它用以计算零件、构件的抗弯强度和抗扭强度(见强度),或者用以计算在给定的弯矩或扭矩条件下截面上的最大应力。截面的抗弯和抗扭强度与相应的截面模量成正比。

　　空心圆的抗扭截面模量中 I_p 为极惯性矩,$\alpha=d/D$,代表空心圆截面内、外径的比值(图 15-2-4~ 图 15-2-6)。

　　在截面积相等,内外径不等时,骨的抗扭、抗弯能力可出现显著差异。

　　在相同横截面积下外径越大,骨壁越薄,骨的抗扭、抗弯能力越强,但此情况下的骨易出现失稳破坏(Euler buckling)(图 15-2-7)。失稳破坏是指过于细长的杆在受到轴向力的时候,轴向力产生的弯曲力矩超过了杆本身的刚性,导致杆进一步变形直到断裂,其特点是破坏过程处于整个结构而并非局部的变形。

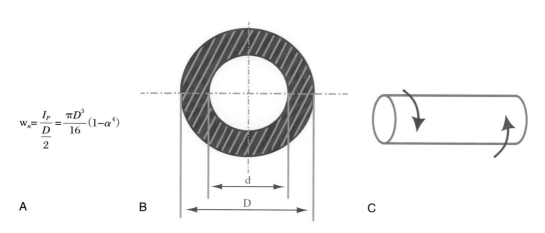

$$w_n = \frac{I_p}{\frac{D}{2}} = \frac{\pi D^3}{16}(1-\alpha^4)$$

A　　　B　　　　　　　　　　　　　　　C

图 15-2-4　空心圆的抗扭截面模量
A. 公式;B. 截面示意图;C. 扭转示意图

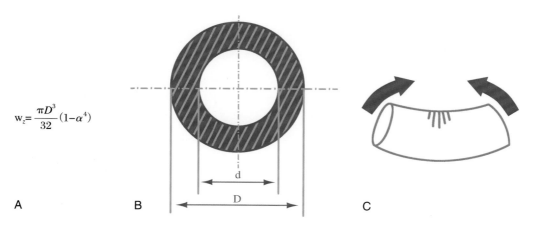

$$w_z = \frac{\pi D^3}{32}(1-\alpha^4)$$

A　　　B　　　　　　　　　　　　　　　C

图 15-2-5　空心圆的抗弯截面模量
A. 公式;B. 截面示意图;C. 弯曲示意图

序号	截面形状	抗弯惯性矩（相对值）	抗扭惯性矩（相对值）
1	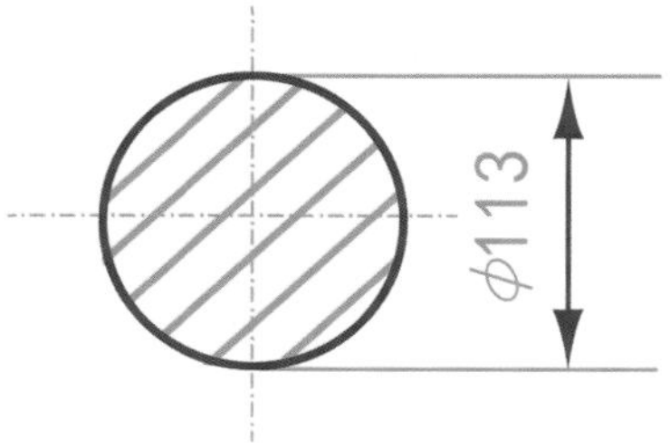 $\phi 113$	1	1
2	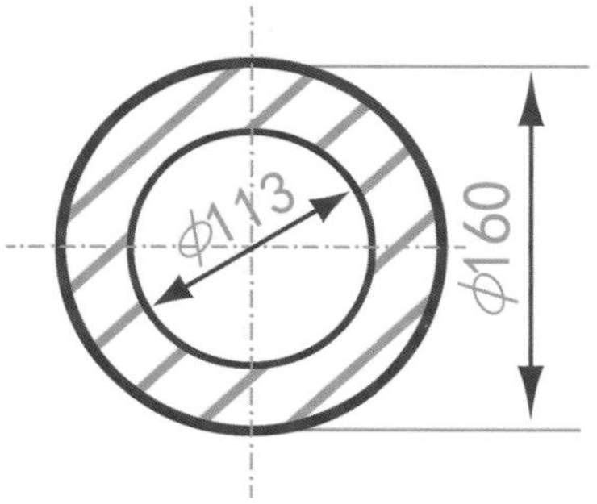 $\phi 113$　$\phi 160$	3.03	2.89
3	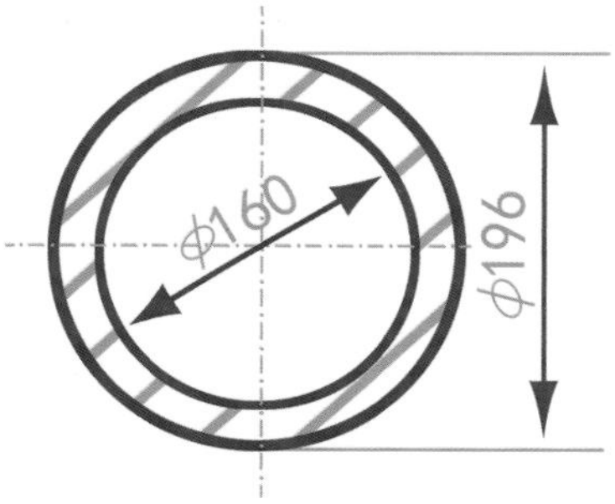 $\phi 160$　$\phi 196$	5.04	5.37

图 15-2-6　骨量分布的变化对强度的影响

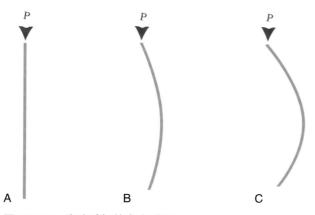

图 15-2-7　失稳破坏的发生过程

失稳破坏的直观感觉即为过于细长的杆受压时易出现弯折而被折断。空心圆管能够承受不出现失稳破坏的最大压力公式中 E 为弹性模量，I 为截面的惯性矩，l 为圆管的长度（图 15-2-8）。

$$F=\frac{\pi^2 EI}{l^2} \qquad I=\frac{\pi}{64}(D^4-d^4)$$
A　　　　　B

图 15-2-8　空心圆管可承受的临界压力（A）和空心圆管截面惯性矩（B）

由图 15-2-8 中公式可推断出，长骨的长筒状骨干满足人体活动需要的较优选择，能够满足抗压、抗扭转、抗弯曲的强度要求，且较为轻便。但骨壁并非越薄越好，骨干中段的骨皮质厚度通常为骨干直径的 1/5 左右。

2. 长骨的形状改变对骨强度的影响　以上讨论形状对骨强度的影响时只考虑了形状均一一致的情况，下面进一步探讨局部形状改变对整体的机械性能影响，为了方便计算，仍把骨简化为外形规则且密度均匀的状态。局部形状的改变还会引起应力集中，在计算中将先忽略应力集中的影响，其对强度的影响放在最后讨论。

现在想象有一根骨分为 10 个节段，完全由皮质组成，每部分横截面积为 10，如图 15-2-9 所示。假设横截面积为 10 的骨在发生塑性形变前可承受的最大负荷为 100，那么横截面积为 5 的骨可承受的最大负荷为 50；在弹性形变区骨可吸收的能量（即韧性）为可承受的最大负荷的一半乘以形变，横截面积为 10 的骨可吸收的能量为 100 单位，每节段吸收能量 10 单位，横截面接为 5 的骨可吸收能力 50 单位，每节段吸收能力 5 单位。当横截面积为 10 的骨其中 1 个节段横截面积变为 5 的情况变的稍微复杂，横截面接变为 5 的节段可承受的最大负荷变为 50（忽略应力集中），在承受 50 的负荷时，横截面积为 5 的节段形变不变，横截面积为 10 的节段形变变为原来的一半，故横截面积为 10 的节段可吸收的能量变为原来的 1/4（1/2 的力乘以 1/2 的形变）即 2.5 单位，横截面积为 5 的节段可吸收的能量为 5 单位（1/2 的力乘

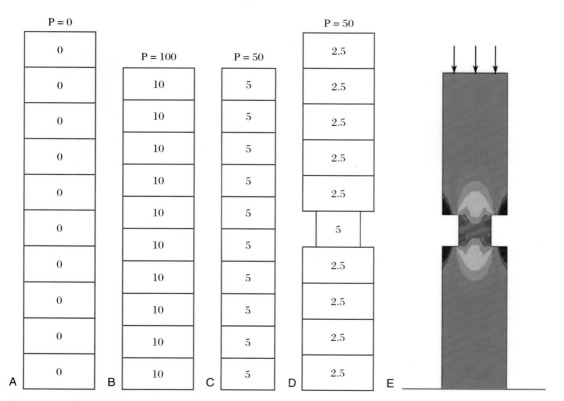

图 15-2-9　骨在不同状态下的受力情况
每节段上的数字表示该节段吸收的能量。A. 横截面积为 10 的骨未负重；B. 横截面积为 10 的骨完全（最大）负重；C. 横截面积为 5 的骨完全（最大）负重；D. 局部横截面积为 5 的骨完全（最大）负重；E. 横截面积减小出现应力集中后的应力分布

以形变)。所以,当横截面积为 10 的骨局部某节段横截面积变为原来的一半时,其可承受的最大负荷变为原来的一半,而吸收的能量由原来的 100 单位变为 27.5 单位。考虑到应力集中(即形状急剧变化的区域应力明显升高,如图 15-2-9),横截面积减小一半的节段可承受的负荷要小于其理论计算值,即小于 50,实际上该骨能够吸收的能量要小于 27.5 单位,其韧性减少远大于承受负荷减少。

3. 骨的形状对骨折发生率的影响

(1) 股骨颈骨折:流行病学调查发现,与高加索人种相比,虽然中国人脊柱和非脊柱部位 aBMD(面积骨密度)都比较低,但中国人股骨颈骨折发生率明显低于高加索人种,脊柱周围骨折发生率却相似。骨折发生率不同的部分原因是髋关节形状不同,髋关节轴长(hip axis length,HAL)是造成这种差异的主要原因之一。HAL 是指大转子基地经股骨颈到髋臼内壁的距离,相似的指标还有股骨颈轴长(femoral neck axis length,FNAL),指大转子基底到股骨头定点的距离。HAL 较大的患者髋关节骨折发生率更高,原因可能有两条。一是 HAL 较大的患者股骨受力力臂较长,力臂越长,造成骨折需要的力就越小;二是 HAL 较大的患者大转子伸出骨盆外的距离较远,失去了骨盆的保护大转子更容易受到撞击而发生骨折。Alonso,C Gómez 等研究发现,除 HAL 外,颈干角、股骨颈平均宽度都会影响髋关节骨折发生率,颈干角越大、股骨颈平均宽度越大,髋关节骨折发生率越低(图 15-2-10)。

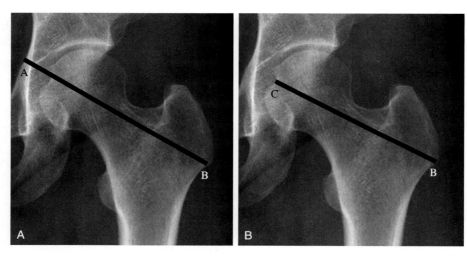

图 15-2-10   髋关节轴长(A)和股骨颈轴长(B)

(2) 疲劳骨折:疲劳骨折是骨的劳损性损伤,它相对少见,常常发生于军人,优秀运动员和舞蹈演员。一些研究发现,胫骨相对纤细(修正体重后)的军人和男性运动员更容易发生疲劳骨折。Steven M. Tommasini 等研究认为,骨的形态可以作为组织脆弱性以及疲劳骨折发生的预测指标,骨骼过于纤细的个体更容易发生疲劳骨折。T. J. BECK 等进一步研究发现,即使在修正身高和体重后,发生应力骨折的患者股骨和胫骨的截面模量及截面模量 / 长度比值都更小。该研究的结果意味着股骨和胫骨截面模量更小、长度更长的个体发生疲劳骨折的可能性更大(截面模量公式见图 15-2-5,截面模量更大的骨抗相应弯曲或扭转的能力越强)。发生应力骨折的原因可能为过于纤细和修长的骨在相似的活动条件下局部受到的应力更大,出现的微损伤来不及被修复。不仅如此,KJ Jepsen 等通过对小鼠的研究发现,骨矿含量和骨的形态似乎是由同一组基因调控的,纤细的骨单位体积内骨矿含量更高,其结果是不同形态的骨(纤细 vs 粗壮)刚性相似。

但由于骨矿含量高的骨韧性较差,所以更容易出现脆性骨折和疲劳骨折。骨的形状非常复杂,人们对骨的形状变化影响骨强度的机制并未完全了解,故本部分仅从以上角度简单举例说明以期抛砖引玉,其他影响仍待学界进一步研究。

4. 骨的组成和结构　组成是指骨的成分,结构是指物体中各种相关联成分的组织和排列,骨的结构意思是该骨内有多少骨材料以及骨材料是如何分布的。在本节开始笔者简单说明了骨的组成以及骨的形状对骨强度的影响,下面笔者将详细分层叙述骨的组成和结构,并阐述骨的每一层结构是如何影响骨的强度的。

骨的结构从小到大可大致分为 7 层,各层之间紧密联系并相互影响。第一层,骨的基本成分,即 I 型胶原和羟基磷灰石结晶等,其大小在数纳米到数十纳米左右;第二层,骨的基本构件,即矿化胶原纤维,其大小在数百纳米左右;第三层,矿化胶原纤维束,矿化胶原纤维沿长轴附着在一起,形成矿化胶原纤维束,其大小在数百纳米到一微米左右;第四层,矿化胶原纤维束排列形成骨板,骨板厚度在 1~7μm;第五层,骨板规律排列形成骨单位或骨小梁,其大小在 10~500μm 范围;第六层,不同结构类型的骨组织排列形成密质骨或松质骨;第七层,密质骨松质骨共同组成骨骼系统(图 15-2-11)。

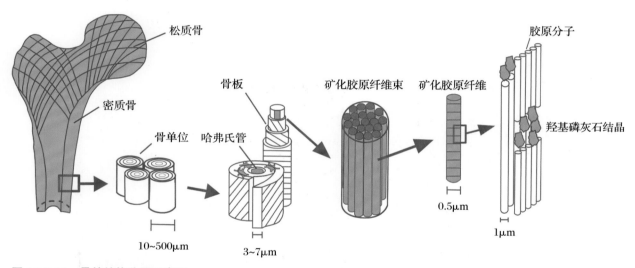

图 15-2-11　骨的结构分层示意图

(1) 第一层:骨的主要成分。骨的主要成分为羟基磷灰石(hydroxyapatite),I 型胶原和水。羟基磷灰石结晶为片状,平均长宽为 50nm×25nm,厚度约 1.5~4nm。I 型胶原分子由两条 α1 和 1 条 α2 肽链组成,三条肽链呈三螺旋结构形成胶原分子,胶原分子直径约 1.5nm,长度约 300nm。I 型胶原分子与羟基磷灰石结晶以一种特殊的排列方式构成矿化胶原纤维(图 15-2-12)。

人骨基质的矿化程度在 0~43%(体积分数),其矿化过程分为 2 个阶段。第一阶段长约 13 天,胶原纤维迅速矿化至最大量的 70%,称为初级矿化(primary mineralization);剩余的 30% 矿化过程持续

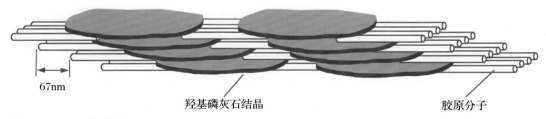

图 15-2-12　矿化胶原纤维的结构,图中所示分别为胶原分子与羟基磷灰石结晶

数年,称为次级矿化(secondary mineralization)。在人体内骨重建过程(bone remodeling)中,旧的骨基质不断的被新生成的骨单位替代,所以,骨的矿化程度与骨组织的年龄有关(并非人的年龄),存在时间长的骨矿化程度更高,刚度更大,韧性较小。所以,骨矿密度分布(bone mineral density distribution,BMDD)可间接反映骨组织的平均年龄,影响组织年龄的因素为骨重建率(remodeling rate)。双膦酸盐类药物(bisphosphonate)可通过抑制骨重建过程增加骨的矿化程度,但同时也会导致微裂隙数量的增加。

I 型胶原的改变对骨的力学性质影响也不可忽视。成骨不全症(osteogenesis imperfecta,又称脆骨病)是基因突变导致的胶原分子肽链氨基酸序列异常,引发胶原分子三螺旋结构改变,羟基磷灰石结晶沉积异常,严重影响骨的力学性能,导致骨质脆弱和骨量减少。Mann V 等研究发现,编码 α1 肽链的 *COL1A1* 基因异常与骨质疏松骨折的发生有很强的相关性,它对骨量和骨质量都有明显的影响。胶原分子交联改变也会显著影响骨的力学性能,氨基丙腈(b-aminopropionitrile)能够阻止胶原分子的交联,经氨基丙腈处理的大鼠的股骨干抗弯性能明显下降。

水是骨的第三种主要成分。水存在于骨的各个层面,如胶原分子内、分子间,胶原纤维之间,胶原纤维束内、外等位置。干燥脱水后,骨的杨氏模量会升高而韧性则降低;与湿骨相比,干骨刚度更高但脆性增加(图 15-2-13)。

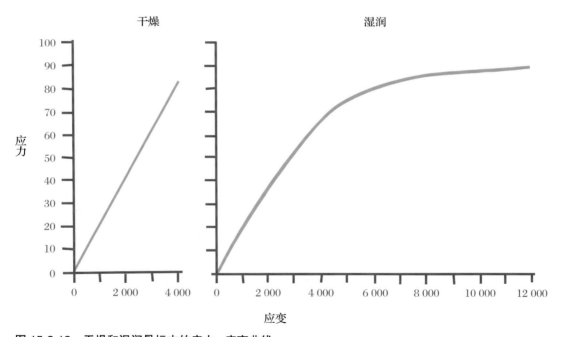

图 15-2-13　干燥和湿润骨标本的应力 - 应变曲线

(2) 第二层:矿化胶原纤维。矿化胶原纤维直径约 80~100nm,在其内部,I 型胶原与羟基磷灰石(hydroxyapatite,HA)紧密集合,骨组织的力学性能依赖于二者的联合作用。I 型胶原的弹性模量远小于矿化胶原纤维,提示骨组织中的 HA 在组织刚性方面起到了重要的作用。Reilly 和 Burstein 发现,缓慢脱钙的骨组织的应力 - 应变曲线的屈服点前曲线的斜率(刚性)持续降低,但屈服点后曲线几乎不变,他们认为骨的有机质决定着屈服点后曲线的形态。不仅如此,力学测试显示,在受到张力时,I 型胶原与 HA 的应变比为 5∶2,与 HA 固体相比,骨组织中的 HA 结晶有着更大的断裂负荷,这意味着在矿化胶原纤维内部,I 型胶原对 HA 结晶起到保护作用。

综上所述,在矿化胶原纤维的力学性质是 I 型胶原和羟基磷灰石结晶有序排列,紧密合作,共同作用的结果,在此过程中,二者结合的界面起到了至关重要的作用。

(3)第三层:矿化胶原纤维束。矿化胶原纤维几乎总是互相交联排列成胶原纤维束,胶原纤维束直径约数百纳米至一微米,不同胶原纤维束内的胶原纤维也会互相交联融合。这些交联对骨的力学性能有着重要影响。与正常骨组织相比,骨质疏松患者的骨组织内胶原纤维的相互交联更少。不仅如此,Saito 和 Marumo 认为,骨的材料性质、矿化程度和微损伤的积累都会受到胶原纤维间交联的影响,糖基化终末产物(advanced glycation end products,AGEs)会影响胶原纤维间的交联,这或许是糖尿病性骨质疏松症的发病原因之一。

不仅存在于矿化胶原纤维内部,HA 结晶在矿化胶原纤维外也有着广泛分布。更为近期的实验结果认为:①每一根矿化胶原纤维都分别为不同形状大小的 HA 结晶所被覆;②HA 结晶与胶原纤维表面紧密结合;③HA 结晶在胶原纤维外沿长轴的分布有一定周期性。矿化过程通过两种机制加强了 I 型胶原的刚度。首先,胶原纤维内的 HA 结晶加强了 I 型胶原分子长轴方向的抗压 / 抗拉性能以及 HA 结晶处的抗剪性能;其次是存在于矿化胶原纤维间的 HA 结晶提供了矿化胶原纤维束抵抗其他形变的能力。

矿化胶原纤维外 HA 含量难以计算,不同文献根据不同矿化模型计算,成熟骨胶原纤维外的 HA 含量约占总矿化程度的 30%~75%。

(4)第四层:矿化胶原纤维束的排列。矿化胶原纤维束的排列对骨的力学性能影响较大。正是在这个层面上,针对组织的不同功能需求优化了结构,出现了结构的多样性。胶原纤维的排布方式主要有 4 种类型,不同的排列方式有不同的力学特性,下面笔者将一一简要说明。

1)平行排列(arrays of parallel fibrils):平行排列主要见于矿化肌腱以及平行纤维骨组织。矿化肌腱存在于火鸡腿部肌腱以及连接牙龈与牙齿的 Sharpey's 纤维中,Sharpey's 纤维的另一个例子是交叉韧带重建术后腱 - 骨愈合界面;平行纤维骨组织可见于牛科动物。矿化胶原纤维平行排列组成的组织的一个明显优点是,在平行于该结构长轴的方向上有着最优的力学性能,肌腱与骨的附着部受力方向有限,可充分利用该组织的优势。但此排列的缺点同样显著,其力学性能有着明显的各向异性,在其长轴以外的轴线上力学性能显著下降。Reilly 和 Burstein 测量了平行纤维骨组织的弹性模量,在平行于其长轴的方向弹性模量为 26GPa,而在垂直于长轴的方向仅为 11GPa 左右。矿化肌腱的另一个缺点更为严重,在受到垂直于其长轴方向的力并发生断裂时,裂纹在受力方向短暂延伸后即转向长轴方向,随后肌腱发生劈裂,原因是平行的纤维之间结合力较差,难以阻止裂纹的扩张。

2)编织骨结构(woven fiber structure):在此结构中,矿化胶原纤维束粗细不一,方向各异,疏松且杂乱的排布,矿化胶原纤维束周围夹杂着一些非胶原材料。编织骨虽然排列杂乱,但其力学性质并非各向同性,在不同方向其弹性模量在 4~17GPa 之间。编织骨的力学性能并不突出,其优点是生成迅速,每天生长量在 4μm 以上。编织骨结构常见于两栖动物和爬行动物,人骨折愈合受限生成的骨组织即为编织骨结构。

3)层板样排列(plywood-like structure):此排列方式更为精密,在所有排列方式中最复杂的类型,也是人骨中最多见的类型。此类型生成较慢,通常每天生长小于 1μm,它的特征性结构是多层骨板组成骨组织的子结构(sub-structure),在组成子结构的每层骨板中胶原纤维平行排列,相邻骨板间胶原纤维排列方向各不相同,此类结构由 Weiss 和 Ferris 最早发现和描述。在多层骨板组成的子结构中,各个骨板层厚度并不一致,薄骨板和厚骨板规律排列形并重复,薄骨板和厚骨板之间有移行区。由于层板样排列形成子结构过于微小且难以拆分,各类文献对此结构的理解并不充分。Weiner 等仔细研究了大鼠股骨板层骨中矿化胶原纤维的排列方式,认为大鼠的板层骨子结构包含 4 层薄骨板和 1 层厚骨板共 5 层骨板,相邻薄骨板间纤维成 30° 角,厚骨板作为子单位的"隔断"。近期 N Reznikov 等通过双光束电子显微镜观察了人股骨的结构,认为人的板层骨由 2 种不同的材料组成,一种为有序材料哦,一种为无序材料。矿化胶原纤维平行排列组成棒状的有序材料,有序材料棒直径约 2~3μm,被内部杂乱无序排列的无序材料所包裹,共同形成骨板,骨板厚度约 3~7μm。同一层骨板内有序材料同样平行排列,相邻骨板内有序材料互相成 45°~80° 角(图 15-2-14)。

层板样排列的优点是该类骨组织的各向异性较低,可以耐受多方向的力而不容易发生断裂,与平行排列形成鲜明对比,平行排列组织只在单一方向能够承受较大的力。

4)径向排列(radial fibril arrays):此排列可见于牙齿体部,组成了牙齿的内层。矿化胶原纤维分层排列,

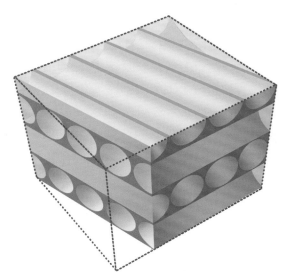

图 15-2-14　人股骨层板样排列示意图
绿色部位为有序材料,棕黄色部位为无序材料

在同一层面内环绕中央管随机分布,胶原纤维的长轴与中央管正交。此结构有着明显的各向异性,其抗压性能较好,但抗断裂能力较差。在受到与牙齿长轴垂直方向冲击力时,裂缝容易沿胶原纤维排列构成的平面延伸,牙齿断面整齐(图 15-2-15)。

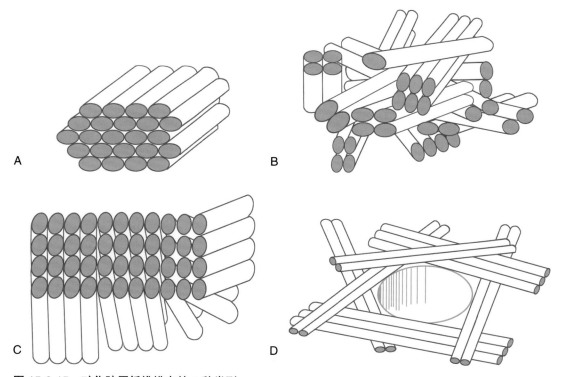

图 15-2-15　矿化胶原纤维排布的 4 种类型
A. 为平行排列,见于矿化火鸡肌腱及 Shapey's 纤维;B. 见于编织骨,矿化胶原纤维束粗细不一,排列杂乱;
C. 为层板式(plywood-like)排列,见于板层骨;D. 为径向排列,矿化胶原纤维束在一个层面内围绕中央的
细管排列,见于人的牙齿

（5）第五层：骨板的排列——骨小梁和骨单位。骨板沿不同方式排列形成不同的结构。松质骨的基本单位是骨小梁，而密质骨的基本单位是骨单位，又称哈弗斯系统。

多层纤维方向稍有不同的骨板组合在一起形成骨小梁——松质骨的组成部分。松质骨能够使用较少的材料和较轻的自重实现较大的承重且不发生断裂，是通过骨小梁的排列结构实现的。骨小梁的排列结构有以下特点：第一，多个骨小梁之间多以辐射状结合形成支撑框架结构，该结构最为稳定；相邻骨小梁以弧形融合，以减少应力集中。框架结构能够更好的抵抗变形，结构更加稳定，骨小梁结合部为弧形结构。第二，骨小梁互相融合形成框架的支撑结构使每根骨小梁受到的弯曲力矩最小，而弯曲力矩对结构的破坏作用最大。假设骨小梁长度为 L，骨小梁受力为 F。如果受力方向与骨小梁长轴方向相同，骨小梁受力仅为 F；如受力方向与骨小梁方向成夹角 φ，那么骨小梁受到张力为 F×cos φ，受到的弯曲力矩为 F×sin φ×L，通常情况下远远大于 F，骨小梁更容易出现断裂。第三，骨小梁组成的框架结构长轴与最常受力方向接近，可以承受更大的负荷。由于力臂较小，垂直方向的力对骨小梁产生的弯曲力矩要小于水平方向的力。第四，骨小梁互相融合处较为粗壮，其原因是受到弯曲负荷时骨小梁结合处受到的弯曲力矩最大（图 15-2-16）。

骨单位又称哈弗斯系统（Haversian system），它呈圆筒状，长 0.6~2.5mm，直径 30~70μm，其长轴与骨干长轴平行。骨单位中心为纵形的中央管，中央管内包含骨的血供，其周围被 4~20 层同心圆排列的骨板（lamella）环绕。骨板外有一层黏合质，是矿化程度更高的骨基质，称黏合线，黏合线比骨板更薄，是骨单位的分界标志。骨单位是密质骨的主要结构单位，也是骨重建（remodeling）的基本单位。间骨板（interstitial

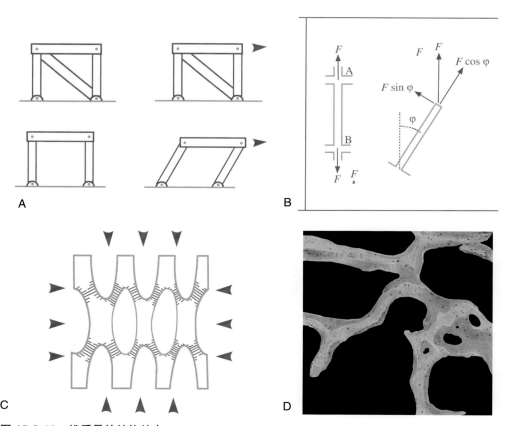

图 15-2-16　松质骨的结构特点
A. 框架结构；B. 弯曲力矩的作用；C. 框架结构的长轴与受力方向；D. 骨小梁结合部

lamella)是原有骨单位被骨重建过程吸收后残留的部分,填充于骨单位之间,间骨板的组织年龄一般大于周围的骨单位,矿化程度更高,刚度更大。骨单位的存在降低了密质骨的均质性,而过于均质的骨难以阻挡骨折线的延伸。D Liu 等研究了骨板完全平行排列以及包含骨单位的骨不同的断裂性质,发现在出现骨折时,骨板完全平行排列的骨的骨折断端通常会完全分开,而包含骨单位的骨骨折断端会附着在一起。在非手术治疗的情况下(考虑到手术治疗骨折只有几十年的历史),骨折端附着在一起会减少骨不连的可能性。

(6)第六层:密质骨和松质骨。密质骨是有一种固体的、紧实的结构,分布于长骨的骨干以及松质骨的表面作为保护松质骨的外壳;松质骨是一种多孔的结构,分布于长骨干骺端,短骨和扁骨体部以及肌腱的止点处。在以往很长的一段时间内,松质骨被认为是"多孔的"密质骨,随着对密质骨和松质骨的研究一步步深入,人们发现松质骨是一种高度特异性的组织。松质骨的力学性能包括材料性能和结构性能,直接测量松质骨块得出的数值无法与密质骨对比,所以,学者们试图测量松质骨的基本结构——骨小梁的力学性能。而骨小梁过于微小,难以进行一般的力学试验,很多学者通过各种方法测试所得的骨小梁力学性质差异较大。JY Rho 等使用一种巧妙的办法得出了结论,他们将密质骨加工成为骨小梁的形状,测试力学性能并与骨小梁作对比,发现骨小梁的刚度明显小于密质骨。Guo 和 Goldstein 仔细对比了密质骨和松质骨,认为松质骨比密质骨的弹性模量低 20%~30%。造成这些差异的原因可能是松质骨的矿化程度较低,松质骨的矿化程度仅为密质骨的 90%~95%,但较低的矿化程度是松质骨的自身性质还是由骨转换率(turnover rate)的差异导致,尚不得而知。Choi 和 Goldstein 研究认为松质骨的疲劳强度也远低于密质骨,该差异可能是由松质骨的结构造成的。密质骨与松质骨的骨板排列也多有不同,前文中已有详述,在此不再展开。

综上所述,密质骨与松质骨是完全不同的骨质类型,二者有着明显的力学性质差异,影响密质骨和松质骨力学性能的因素也多有不同,下面笔者将分别说明。

1)影响密质骨力学性质的因素:影响密质骨力学性子的因素有多孔性、密质骨厚度和矿化程度,这些因素都与骨改建(modeling)和骨重建(remodeling)有关。骨改建和骨重建的相关概念将在下文中专题叙述。

多孔性:密质骨为紧凑的固体,骨单位(osteon)的中央管在其内部形成孔隙。骨皮质中的孔隙在正常情况下随着骨重建过程有着动态的平衡。随着骨骼的主人年龄增长或疾病的出现,骨重建加速,骨丢失的速度大于生长的速度,骨的多孔性增加,甚至出现多点骨溶解聚集在一起导致的巨型空洞(直径 >385μm),即复合骨单位——多个骨单位集群现象。此时伴随骨量丢失和骨内薄弱区(巨型空洞)的出现,密质骨的强度被削弱,应力集中现象增加,骨组织韧性下降,脆性提高,导致低能量损伤(如跌倒等)即可出现股骨颈等部位骨折,骨折发生率升高。对于密质骨来说,骨强度(strength)和多孔性之间存在一种幂次关系 strength=k(1−P)^N,P 是指骨的多孔性,k 是一个常数,而 N 被普遍认为在 2~3 之间,所以多孔性微小的变化即可能对骨强度带来灾难性的后果。阿仑膦酸钠等双膦酸盐类药物通过抑制骨重建过程,增加骨矿密度,减少骨质疏松患者密质骨的多孔性,降低骨质疏松性骨折发生率。

密质骨厚度:密质骨厚度增加会直接增大骨的横截面积,提高骨强度,反之则骨强度降低。由于骨改建(modeling)过程,高强度的负重可引起骨量的增加,中年长跑者比久坐者有更高的骨矿含量;Jones 等发现,专业网球运动员执拍的手臂骨骼明显比对侧粗壮。

绝经后女性长骨密质骨厚度下降,而男性随年龄增长骨皮质厚度减低程度要小于女性,其原因是骨膜下成骨(periosteal apposition)的差异。随年龄增长,男性和女性骨皮质内表面骨丢失速度相似,但男性骨膜下成骨要多于女性,骨膜下成骨过程补偿了密质骨的丢失。这也是绝经后女性骨质疏松性骨折发生率高的原因之一(图 15-2-17)。

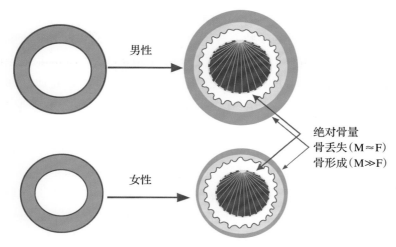

图 15-2-17　随年龄增长,男性由于骨膜下成骨量大于女性,男性骨皮质厚度降低较少

矿化程度:矿化程度差的骨非常柔弱容易变形,而过度矿化的骨又会变得脆弱容易碎裂,只有矿化程度合适的骨才既有很好的刚度又有极佳的韧性。骨的矿化程度与骨组织的年龄有关(而非患者年龄),而骨的年龄取决于骨重建的速度,所以骨质疏松症患者的骨矿化程度降低,刚度下降,但同时由于此类患者骨的多孔性增加、骨量减少,所以骨质疏松症患者骨的刚度、韧性都会降低,骨折发生率增加;使用双膦酸盐类药物抑制骨重建可提高骨的矿化程度。

2) 影响松质骨力学性质的因素:在人体内,松质骨主要分布于以下各位置。①长骨干骺端,关节附近;②短骨和扁骨体部;③肌腱或韧带止点附近;④部分长骨的髓腔内。松质骨的主要任务是分散负重以保护脆弱的关节软骨,并把负重传递到附近更为致密更能承重的密质骨上。松质骨的力学性质包括材料性质和结构性质,影响松质骨力学性质的因素较为复杂,破坏其材料(骨小梁)和结构都能导致松质骨的力学性能下降。具体来说,影响松质骨力学性质的因素主要有骨量,骨小梁的形状以及连接性。

骨量:松质骨的骨量不仅受到其外形大小影响,还取决于骨体积分数,即 BV/TV(骨体积 / 组织体积)比值。骨体积分数大说明相对骨量较大,孔隙率较低。研究发现松质骨的弹性模量和强度都与骨体积分数正相关,且均成幂次关系而非线性相关。

骨小梁形状:松质骨骨小梁的形状可大致分为棒状和板状,片状骨小梁和板状骨小梁对松质骨整体的力学性质有着不同的贡献。X. Edward Guo 的团队发明的个体骨小梁划分技术(individual trabecular segmentation,ITS),可以使用 μCT 的图像数据将每个骨小梁量化为棒状或板状,通过计算不同形状骨小梁的比例预测松质骨强度。板状骨小梁更多或板砖 / 棒状骨小梁比值更高的松质骨有着更优秀的力学性能。

连接性:骨小梁之间的连接性也预示着松质骨的力学性能。骨折裂缝的延伸在骨小梁连接减少的骨中更加容易,所以骨小梁间连接减少将减低松质骨的韧性,使之更容易出现骨折。JE Aaron 等发现,随着年龄增长,男性和女性骨小梁丢失的骨量相似,但男性骨量丢失主要出现骨小梁变细,女性骨量丢失多引起骨小梁连接的断裂,所以女性更容易出现骨质疏松性骨折。还有学者发现在骨量相似时,骨小梁较细但连接性较好的松质骨力学性能要好于骨小梁较粗但缺乏连接的松质骨。

(7) 第七层:整块骨

1) 形状:骨的形状对其强度的影响已在前文中详细阐述,故不再进一步讨论。

2）大小（尺度效应）：如果可以把一种动物等比例放大（保持外形不变），那么它的骨承受的应力如何变化呢？假设该动物骨的长度为 l，骨的横截面直径为 d，横截面积为 A，界面惯性矩（抗弯惯性矩）为 I，极惯性矩（抗扭惯性矩）为 J，骨的质量为 m，那么这几个物理量的关系为：d 与 l 成正比，A 与 d 的二次方成正比，I 与 d 的四次方成正比，J 与 d 的四次方成正比，M 与 l 的三次方成正比。如果骨能够承受的最大垂直压力为 F，那么 F 与 A 成正比，由于 $A \propto d^2 \propto l^2$ 以及 $l \propto M^{1/3}$，那么 $F \propto M^{2/3}$；也就是说，如果骨的力学性质不发生改变，它能承受的最大力并不与它的质量成正比。举个例子，骨的长度及界面直径每增加一倍，它的质量以及重量将变为原来的 8 倍，横截面积却只能变为原来的 4 倍，骨能够承受的最大力仅为原来的 4 倍，随着骨体积的增大，最终将不能承受其自身的体重。

不仅如此，由于骨的非均质性以及微损伤的存在，更大的骨包含更多的骨量也就包含更多的结构缺陷，所以其强度会低于它"应该"达到的强度。此理论已经被 Taylor 等在研究疲劳强度过程中证明。

综上所述，随着骨体积的增大，其强度会相对更差。RF Bigley 等发现，尺度效应对骨的刚度影响较小，对骨的韧性及静态强度有一些影响，对疲劳强度影响很大。

3）密质骨和松质骨构成比：松质骨的强度（抗压、抗拉）及弹性模量与其骨量的平方成正比，如果松质骨的截面积减为原来的一半，其强度则会下降到原来的 1/4。密质骨的强度与其骨密度成正比（并非平方），如果密质骨的截面积减为原来的一半，其强度会下降到原来的一半。所以，如果一段由密质骨和松质骨共同构成的结构（如胫骨上段）出现骨量丢失，如果想得知确切的强度下降情况，必须搞清有多少骨量从皮质丢失，多少骨量由松质丢失。

在某些产卵鸟类体内还存在一类特殊的松质骨，此松质骨似乎没有力学性能，它存在于长骨的骨髓腔内，只是为生成蛋壳提供钙蓄水池的作用。所以，密质骨、松质骨混合存在部位（如股骨颈）还应弄清松质骨是否承重以及皮质 / 松质骨承重比例，方可得出令人满意的结果。

5. 骨改建（modeling）和骨重建（remodeling）

（1）基本概念

1）骨改建（bone modeling）：骨改建是骨骼相应于生理影响或机械外力而改变其整体形状的过程，在此过程中，骨骼逐渐改变其形状以适应机械外力的变化。成骨细胞和破骨细胞在外力的影响下分别对骨产生作用，在不同位置添加或去除骨组织以改变骨骼的维度或轴线。

2）骨重建（bone remodeling）是骨的自我更新过程，在此过程中，旧骨从骨骼中被移除（骨溶解），同时被移除的还有骨的微损伤等，新骨生成填补空缺（骨形成），随后新骨逐渐矿化成熟。在健康人中，骨重建过程以一个稳定且最优的速度发生，使骨的强度最大化。骨重建过程可通过移除受损的骨组织（微骨折线等）并将其替换为新骨，来保持骨骼的完整性。

（2）骨改建与骨重建的区别：骨改建会改变骨的大体形状，只会在骨的内表面或外表面移除或添加骨组织，以适应外力的变化，此过程中骨量会发生变化。

骨重建过程则发生于骨的所有表面，包括中央管及骨陷窝等位置。骨重建是散在发生的，单个骨重建过程发生于一个基本多细胞单位（basic multicellular unit，BMU）中，通常在骨重建过程结束后骨量和骨形态基本没有变化，只是新骨取代了旧骨。

（3）骨改建与骨重建的过程：骨改建的始动因素为骨的应变。基本过程为机械外力作用于骨，骨组织在应力作用性发生应变，应变信号被感受器接收，如果该信号被判别为异常信号，成骨 / 破骨细胞会被激活并开始骨改建过程，改建过程中骨的形状发生改变。改变形状的后骨受到外力作用发生应变，该过程循环往复，骨的形状逐渐改变指导应变信号正常。但目前此理论尚缺乏严谨的实验结果支持，骨改建过程还远未被完全了解，还存在很多争议问题，如骨的形状到底是受基因调控还是是外力影响，或者二者分别造成多少影响？外力对骨形状的影响主要发生于青少年时期，但到底是只发生于青少年，还是在成年、未成年人中都能发生？骨改建过程只能发生在特殊部位，还是所有部位均可出现？这些问题都有待于进一步研究（图 15-2-18）。

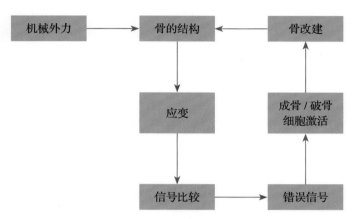

图 15-2-18　骨受到机械外力时的骨改建过程

密质骨的骨重建开始于破骨细胞溶解旧的骨单位形成空腔，该空腔由黏合线包裹，随后成骨细胞制造同心环装骨板（骨单位骨板）填充该空腔，逐渐形成新的骨单位；松质骨的骨重建过程较为简单，破骨细胞在骨小梁表面溶骨形成空腔，继而由成骨细胞制造新骨填充空腔。由于松质骨的骨表面积远大于密质骨，所以松质骨的骨重建过程更为活跃，松质骨的骨转换率（turnover rate）为 26%，密质骨仅为 3%。

（4）骨重建加速导致骨折发生率增加的原因：围绝经期后女性出现的雌激素缺乏会加速骨重建，导致骨折发生率增加，原因有如下几点。

骨重建加速会导致骨质量下降。①矿化程度高的骨被新生成的、矿化程度低的骨取代，骨的刚性下降，受力后形变增大，更容易出现微损伤甚至骨折；②骨重建过程中被溶解的骨暂时未被填充，甚至出现骨单位复合体导致骨孔隙率增加，从而出现应力集中现象使骨更容易出现微损伤；③加速的骨重建不利于胶原纤维的异构化和成熟，妨碍胶原纤维间的交联，增加骨的脆性。这些因素都会导致骨质量下降。

除此之外，骨重建加速还会导致骨量减少。在生长期结束之前的骨重建过程中，发生在基本多细胞单位（BMUs）的骨溶解量会稍少于骨生成量，所以，骨重建过程会增加少量的骨组织；而在成年人则相反，骨重建过程会导致骨量缓慢减少。此外，性激素缺乏会使每一个基本多细胞单位（BMU）中骨溶解增加，骨生成减少，导致骨量丢失，骨结构破坏。所以，围绝经期后女性骨重建速度提高会加速骨丢失，导致骨量减少，骨结构破坏。

综上所述，在骨重建加速导致的骨质量下降、骨量减少、骨结构破坏的多重打击下，围绝经期后的女性骨强度逐渐下降，骨折发生率明显增加。

6. 微损伤（microdamage）　1960 年，Frost 最早发现了骨内存在一种只有在显微镜下才能看到的微裂隙，该裂隙边缘锐利，长约 30~100μm，但学界一直未能确认这种现象是骨骼中的真实存在还是出现于标本制作过程中。直到 20 世纪 90 年代中后期，骨骼中的微损伤才被确认为客观存在并开始受到重视。目前认为微损伤有三种形式，分别为微裂隙、弥漫性损伤以及骨小梁的微骨折，其中弥漫性损伤最为微小，其长度仅为 1~3μm。弥漫性损伤易出现在受到张力的骨皮质中，而微裂隙容易在受到压力的骨皮质中出现。类似的，DB Burr 等认为微损伤容易在受到张力时出现，但微损伤的融合和裂隙延伸更容易受到压力影响。微损伤广泛分布于正常人骨中,提示日常活动或生活中的轻微过度承重(如跌倒或提举重物)都可导致微损伤出现,它的分布有以下特点:①分布呈散在性;②分布与周围骨的结构有关,微损伤容易朝着各向异性高的方向延伸;③容易发生在矿化程度高的骨中。

动物实验和人体标本体外实验证实,骨骼中微损伤的累积可导致骨的弹性模量和强度降低,吸收能量的能力变差,更易于出现骨折。然而,由于微损伤在正常骨组织中即可存在,何种程度的微损伤累积可导致骨的力学性能下降目前尚不清楚。微损伤累积是对骨的疲劳耐受力的影响也尚未明确。

传统认为,微损伤只能通过骨重建(remodeling)过程修复,此过程中陈旧的受到损伤的骨被新生成的骨取代。然而,近期 Seref-Ferlengez 及其团队发现,弥漫性损伤可以被直接修复而不激活骨重建过程,此修复过程的具体机制尚待进一步研究。

目前已证实抑制骨重建的药物如双膦酸盐类药物可妨碍骨损伤的修复,导致微损伤累积,但矛盾的是,双膦酸盐类药物能够降低骨质疏松性骨折发生率,原因可能是双膦酸盐类药物带来的骨量和骨结构的改善抵消了微损伤累积的负面效果。但是,随着双膦酸盐类药物使用剂量的增大和使用时间的延长,微损伤累积是否存在平台效应,它带来的负面效果能否增大到对骨折发生率产生影响,目前也无证据支持。

综上所述,骨强度的影响因素众多,每一种影响骨成分、骨结构、骨代谢的因素都会对骨强度的不同方面造成影响,一些因素还会互相牵连造成复杂的结果。通常情况下,某种病理、生理因素改变带来的影响都应具体分析并且需要实验证据支持。临床工作中最常见的影响骨强度的疾病为骨质疏松症,何种措施可以预防和治疗骨质疏松症,提高骨强度,预防骨质疏松性骨折,这是下一节中笔者想要面对的问题。

第三节　如何提高骨强度—骨质疏松症的预防和治疗

骨质疏松症(osteoporosis,OP)是一种以骨量低下,骨微结构破坏,导致骨脆性增加,易发生骨折为特征的全身性疾病,它可以进一步分为原发性骨质疏松症和继发性骨质疏松症。原发性骨质疏松症又分为绝经后骨质疏松症(Ⅰ型)、老年骨质疏松症(Ⅱ型)和特发性骨质疏松症 3 类;继发性骨质疏松症是指任何影响骨代谢的疾病和 / 或药物导致的骨质疏松。2001 年美国国立卫生研究院(NIH)提出骨质疏松是以骨强度下降、骨折风险增加为特征的骨骼系统疾病,骨强度反映了骨的两个特征的总合,即骨矿密度和骨质量。其中,骨矿密度(BMD)即骨量体现了骨强度的 70%,所以,保持足够的骨量是提高骨强度的首要目的。

骨质疏松症的预防和治疗包括基础措施、药物干预和康复训练。

一、基础措施

基础措施应从早期开始,贯穿一生。基础措施不仅是骨质疏松症的预防手段,也是骨质疏松症治疗和康复过程中不可缺少的组成部分。基础措施的内容包括:

1. 健康的生活方式　富含钙、低盐和适量蛋白质的均衡饮食;适当的户外活动和日照,适量的体育锻炼;戒烟限酒,慎用影响骨代谢的药物;防止跌倒;适当的保护措施如髋关节保护器等。

骨骼外形的变化主要发生于幼年时期,但骨量的积累增加一直持续到 30 岁之前,所以,在青少年时期骨量达到的极值或许是人一生中骨骼健康的主要决定因素。在青少年时期积累的骨量较多的人在受到骨质疏松症威胁时有着很大的优势。基因是影响骨量极值的主要因素,但生理、环境以及生活方式等因素也起着很大的作用,如充足的营养、体重、青春期性激素水平以及体育锻炼。青少年体重指数(BMI)低者往往骨量极值较小,与未得到充足的营养有关。青春期体育锻炼多的人骨量极值较大,抗阻训练和高强度运动者受益更多。青春期性激素的分泌影响着骨量的增加,绝经期后性激素的减少是老年女性骨矿密度(BMD)下降的主要原因。糖皮质激素是药物相关性骨质疏松症的最常见原因,因类风湿关节炎或慢性阻塞性肺疾病长期使用糖皮质激素的患者有着更高的骨折发生率。甲状腺机能亢进也是骨质疏松症明确的危险因素。在摄入充足的钙和维生素 D 的情况下,经常体育锻炼的老年人骨量下降较慢,经常参加体育锻炼的老年人还有着较多肌肉容量和更好的平衡性,可以减少跌倒的风险,但老年人及骨质疏松人群应避免过度剧烈的运动。Hollenbach 等认为抽烟与骨密度下降有关,吸烟的老年人有着更高的髋部骨折发生率,酗酒也会导致继发性骨质疏松症。高膳食蛋白、咖啡因、磷和钠的摄入对钙平衡有着不利的影响,但这些影响似乎可以被充足的钙摄入补偿。

2. 钙和维生素 D 补充剂　钙和维生素 D 的摄入对年龄相关的甲状旁腺激素(PTH)水平和骨溶解的增加有着调节作用,充足的钙和维生素 D 的摄入可减少骨质疏松性骨折的发生率。充足的钙和维生素 D 摄入也是预防和治疗骨质疏松症的基础,在预防和治疗的每个阶段都应该补充足够的钙和维生素。

钙摄入可减缓骨量丢失,改善骨矿化。我国营养学会制定标准,成人每日钙摄入推荐量为 800mg(元素钙),绝经后女性和老年人每日钙摄入推荐量为 1 000mg。目前的膳食营养调查显示我国老年人评价每日从饮食中获取钙约 400mg,所以每日应补充元素钙 600mg 左右。维生素 D 可以促进钙的吸收,对骨骼健康、保持肌力、改善身体稳定性、降低骨折风险有益。维生素 D 的最大有效剂量尚未明确,但应该在 400~1 000U/d 之间。老年人是维生素 D 缺乏的高危人群,推荐剂量为 400~800U/d(10~20μg/d)。有条件者可检测血清 25(OH)D 水平,使血清 25(OH)D 水平达到 30ng/ml(75mmol/L)以降低跌倒和骨折风险。补充适量的蛋白质也很必要,低蛋白摄入的老年人更容易发生肌力下降和肌肉减少症,有权威研究认为,骨质疏松患者治疗的基础措施应包括每日摄入 1 000mg 钙,800U 维生素 D 和 1g/kg 体重的蛋白质。

二、抗骨质疏松药物治疗

药物治疗的适应征:具备以下情况之一者,需考虑药物治疗:①确诊骨质疏松症患者(骨密度:T 值≤-2.5),无论是否有过骨折;②骨量低下患者(骨密度:-2.5<T 值≤-1.0)并存在一项以上骨质疏松危险因素,无论是否有过骨折;③无骨密度测定条件时,具备以下情况之一者,也需考虑药物治疗:已发生过脆性骨折;OSTA 筛查为"高风险";FRAX 工具计算出髋部骨折概率≥3% 或任何重要的骨质疏松性骨折概率≥20%(暂借用国外的治疗阈值,目前还没有中国人的治疗阈值)。

抗骨质疏松药有多个种类,主要机制也各有不同。现对各种类型抗骨质疏松药的作用机制、代表药物和注意事项等做简单说明。

1. 双膦酸盐类药物(bisphosphonates)　双膦酸盐类药物可抑制破骨细胞功能、促进破骨细胞凋亡,降低骨转换率(turnover rate),抑制骨吸收,增加骨量。双膦酸盐类药物可显著降低骨质疏松症患者椎体骨折和非椎体骨折的发生率,代表药物为阿仑膦酸钠和利塞膦酸钠。注意事项:双膦酸盐类药物经肾脏排泄,因此禁用于肌酐清除率低于 35ml/min 的患者;长期应用该类药物的患者,非典型性股骨骨折风险增加,可能与抑制骨重建导致的微损伤累积、骨骼韧性及抗疲劳性下降有关。

2. 降钙素类(calcitonin)　降钙素能够抑制破骨细胞的生物活性和减少破骨细胞的数量,从而减少骨量丢失并增加骨量。降钙素类药物能够明显缓解骨痛,更适合有疼痛症状的骨质疏松症患者。其代表药物为鲑鱼降钙素和鳗鱼降钙素。建议短期(不超过 3 个月)使用,必要时可采用间歇性重复给药。

3. 雌激素类(estrogen)　雌激素类药物能够抑制骨转换(turnover),减少骨丢失,包括雌激素补充疗法(ET)和雌、孕激素补充疗法(EPT),是防治绝经后骨质疏松的有效措施。目前认为绝经妇女正确使用激素治疗,总体是安全的,建议激素补充治疗适于有绝经期症状(潮热、出汗等)和/或骨质疏松症,和/或存在骨质疏松危险因素的妇女,尤其提倡绝经早期开始应用,收益更大,风险更小。应根据患者情况个体化并应用最低有效剂量,用药时间不宜超过 4 年,坚持定期随访和安全性检测(尤其是乳腺和子宫)。

4. 甲状旁腺激素类似物　PTH 是钙磷调节的主要激素,间断使用可激活成骨细胞,促进骨形成,增加骨量,但长期 PTH 升高将动员骨钙入血,消耗骨储存。代表药物为特立帕肽,推荐治疗时间 18~24 个月,不应超过此时间。禁止用于严重肾功能不全患者,慎用于中度肾功能不全患者。

5. 选择性雌激素受体调节剂类(SERMs)　SERMs 可选择性作用于雌激素的靶器官,与不同形式的雌激素受体结合后,发生不同的生物效应。代表药物为雷洛昔芬,可抑制骨吸收且不刺激乳腺和子宫。总体安全性良好。

6. 活性维生素 D　活性维生素 D 是维生素 D 的羟化代谢物,它可作用于多靶点组织器官,具有多重作用机制,能促进肠钙吸收,促进肾小管对钙的重吸收,降低血中 PTH 水平,促进骨的矿化,改善肌力和平衡能力,降低跌倒和骨折风险。代表药物为骨化三醇和 α- 骨化醇,总体安全性良好。

7. 维生素 K_2　维生素 K_2 是 γ- 谷氨酸羧化酶的辅酶,动物试验和临床试验显示维生素 K_2 可以促进骨形成,并有一定的抑制骨吸收作用。维生素 K_2 可提高骨密度,改善骨质量,提高骨强度,降低椎体和非脊椎骨折风险,并可缓解疼痛,与双膦酸盐等药物联合使用时疗效增加。禁用于服用华法令的患者。

8. 联合用药　联合使用抗骨质疏松治疗药物时,不仅应评价药物潜在的不良反应和治疗获益,还应充分考虑药物经济学的影响。联合用药方案有两种形式:序贯联合、同时联合。通常不建议相同作用机制的药物同时用于治疗骨质疏松症。

三、康复训练

跌倒是髋部和桡骨远端脆性骨折的主要危险因素,90% 的髋部骨折继发于跌倒。预防跌倒可降低 85% 以上的脆性骨折风险,是降低脆性骨折的重要措施[110]。三分之一以上超过 65 岁的老年人每年至少跌倒 1 次,由跌倒导致的住院可占到老年人损伤相关原因住院人次的一半以上。所以,预防跌倒训练是老年人康复训练的主要组成部分。

预防跌倒训练应遵循以下原则:

1. 应包含中等难度以上的平衡性训练,平衡性训练比其他训练更能减少跌倒发生率。

2. 训练应达到一定的强度和时间,每周训练应超过 2 次共 2 小时以上,持续时间应超过 25 周。

3. 训练不应间断,中断后该训练带来的好处会快速消失。

4. 除平衡性训练外,可以适当增加步行训练,但跌倒高危人群参与该训练应谨慎。步行训练能够带来除预防跌倒之外的很多其他好处,但高危人群参与该训练反而会增加跌倒发生率,原因可能是步行训练本身即可导致跌倒。

5. 除平衡性训练外,可以增加力量训练。肌肉力量下降是跌倒的重要危险因素,中等强度以上的力量训练可以提高预防跌倒的效果,力量训练还可以为健康带来其他的益处。但力量训练防止跌倒的效果并非线性,可能跟力量增加会增加步行速度有关。

6. 可增加其他的针对性专项训练,如针对视力下降的训练以及家庭生活安全训练等。

参 考 文 献

［1］ FRATZL P，GUPTA HS，PASCHALIS EP，et al. Structure and mechanical quality of the collagen-mineral nano-composite in bone［J］. J Mater Chem，2004，14（14）：2115-2123.

［2］ MIRZAALI M J，SCHWIEDRZIK JJ，THAIWICHAI S，et al. Mechanical properties of cortical bone and their relationships with age，gender，composition and microindentation properties in the elderly［J］. Bone，2015，105（1）：312-314.

［3］ ASHMAN RB，RHO JY. Elastic modulus of trabecular bone material［J］. J Biomech，1988，21（3）：177-181.

［4］ RøHL L，LARSEN E，LINDE F，et al. Tensile and compressive properties of cancellous bone［J］. J Biomech，1991，24（12）：1143-1149.

［5］ KEAVENY TM，MORGAN EF，NIEBUR GL，et al. Biomechanics of trabecular bone［J］. Annu Rev Biomed Eng，2001，3（1）：307-333.

［6］ REILLY DT，BURSTEIN AH. The elastic and ultimate properties of compact bone tissue［J］. J Biomech，1975，8（6）：393-405.

［7］ ASHMAN RB，COWIN SC，VAN BUSKIRK WC，et al. A continuous wave technique for the measurement of the elastic properties of cortical bone［J］. J Biomech，1984，17（5）：349-361.

［8］ PITHIOUX M，LASAYGUES P，CHABRAND P. An alternative ultrasonic method for measuring the elastic properties of cortical bone［J］. J Biomech，2002，35（7）：961-968.

［9］ SHAHAR R，ZASLANSKY P，BARAK M，et al. Anisotropic Poisson's ratio and compression modulus of cortical bone determined by speckle interferometry［J］. J Biomech，2007，40（2）：252-264.

［10］ TURNER CH. Yield behavior of bovine cancellous bone［J］. J Biomech Eng，1989，111（3）：256-260.

［11］ CARTER DR，HAYES WC. The compressive behavior of bone as a two-phase porous structure［J］. J Bone Joint Surg Am，1977，59（7）：954-962.

［12］ 汤亭亭，裴国献，李旭. 骨科生物力学暨力学生物学［M］. 济南：山东科学技术出版社. 2009.

［13］ NORDIN M，FRANKEL VH. Basic biomechanics of the musculoskeletal system［M］. Philadelphia：Lippincott Williams & Wilkins，2001.

［14］ LANYON L，HAMPSON W，GOODSHIP A，et al. Bone deformation recorded in vivo from strain gauges attached to the human tibial shaft［J］. Acta Orthop Scand，1975，46（2）：256-268.

［15］ CARTER D R，SPENGLER D M. Mechanical properties and composition of cortical bone［J］. Clin Orthop Relat Res，1978，135（135）：192-217.

［16］ GUPTA H，ZIOUPOS P. Fracture of bone tissue：The 'hows' and the 'whys'［J］. Med Eng Phys，2008，30（10）：1209-1226.

［17］ ZIOUPOS P，CURREY JD，SEDMAN AJ. An examination of the micromechanics of failure of bone and antler by acoustic emission tests and Laser Scanning Confocal Microscopy［J］. Med Eng Phys，1994，16（3）：203-212.

［18］ 张贵春，曹学诚. 疲劳骨折研究进展［J］. 中国矫形外科杂志，2006，14（4）：304-307.

［19］ 高英茂. 组织学与胚胎学（供 8 年制及 7 年制临床医学等专业用）［M］. 北京：人民卫生出版社，2006.

［20］ ERIKSEN E，VESTERBY A，KASSEM M，et al. Bone remodeling and bone structure［M］. Berlin：Springer，1993：67-109.

［21］ CURREY JD. The design of mineralised hard tissues for their mechanical functions［J］. J Exp Biol，1999，202（23）：3285-3294.

［22］ 中华医学会骨质疏松和骨矿盐疾病分会. 原发性骨质疏松症诊治指南（2011 年）［J］. 中华骨质疏松和骨矿盐疾病杂志，2011，4（1）：2-17.

［23］ RIGGS B L,HODGSON SF,O'FALLON WM,et al. Effect of fluoride treatment on the fracture rate in postmenopausal women with osteoporosis［J］. N Engl J Med,1990,322(12):802-809.

［24］ BLACK DM,CUMMINGS SR,KARPF DB,et al. Randomised trial of effect of alendronate on risk of fracture in women with existing vertebral fractures. Fracture Intervention Trial Research Group［J］. Lancet,1996,348(9041):1535-1541.

［25］ FELSENBERG D,BOONEN S. The bone quality framework:determinants of bone strength and their interrelationships,and implications for osteoporosis management［J］. Clin Ther,2005,27(1):1-11.

［26］ 刘鸿文. 材料力学 Ⅰ［M］. 北京:高等教育出版社,2004.

［27］ CURREY JD. Bones:structure and mechanics［M］. Princeton:Princeton University Press,2002.

［28］ BARRETT-CONNOR E,SIRIS E S,WEHREN L E,et al. Osteoporosis and fracture risk in women of different ethnic groups［J］. J Bone Miner Res,2005,20(2):185-194.

［29］ CONG E,WALKER MD. The Chinese skeleton:insights into microstructure that help to explain the epidemiology of fracture［J］. Bone Res,2014,2:14009.

［30］ FAULKNER KG,CUMMINGS SR,BLACK D,et al. Simple measurement of femoral geometry predicts hip fracture:the study of osteoporotic fractures［J］. J Bone Miner Res,1993,8(10):1211-1217.

［31］ ALONSO CG,CURIEL MD,CARRANZA FH,et al. Femoral bone mineral density,neck-shaft angle and mean femoral neck width as predictors of hip fracture in men and women［J］. Osteoporos Int,2000,11(8):714-720.

［32］ BECK T,RUFF C,SHAFFER R,et al. Stress fracture in military recruits:gender differences in muscle and bone susceptibility factors［J］. Bone,2000,27(3):437-444.

［33］ CROSSLEY K,BENNELL KL,WRIGLEY T,et al. Ground reaction forces,bone characteristics,and tibial stress fracture in male runners［J］. Med Sci Sports Exerc,1999,31(8):1088-1093.

［34］ GILADI M,MILGROM C,SIMKIN A,et al. Stress fractures and tibial bone width. A risk factor［J］. Bone Joint J,1987,69(2):326-329.

［35］ TOMMASINI SM,NASSER P,SCHAFFLER MB,et al. Relationship between bone morphology and bone quality in male tibias:implications for stress fracture risk［J］. J Bone Miner Res,2005,20(8):1372-1380.

［36］ JEPSEN KJ,PENNINGTON DE,LEE YL,et al. Bone brittleness varies with genetic background in A/J and C57BL/6J inbred mice［J］. J Bone Miner Res,2001,16(10):1854-1862.

［37］ WEINER S,WAGNER HD. The material bone:structure-mechanical function relations［J］. Ann Rev Mater Sci,1998,28(1):271-298.

［38］ WEINER S,PRICE PA. Disaggregation of bone into crystals［J］. Calcif Tissue Int,1986,39(6):365-375.

［39］ FRATZL P,GROSCHNER M,VOGL G,et al. Mineral crystals in calcified tissues:a comparative study by SAXS［J］. J Bone Miner Res,1992,7(3):329-334.

［40］ GLIMCHER MJ. Recent studies of the mineral phase in bone and its possible linkage to the organic matrix by protein-bound phosphate bonds［J］. Philos Trans R Soc Lond B Biol Sci,1984,304(1121):479-508.

［41］ MISOF B M,ROSCHGER P,COSMAN F,et al. Effects of intermittent parathyroid hormone administration on bone mineralization density in iliac crest biopsies from patients with osteoporosis:a paired study before and after treatment［J］. J Clin Endocrinol Metab,2003,88(3):1150-1156.

［42］ AKKUS O,POLYAKOVA-AKKUS A,ADAR F,et al. Aging of microstructural compartments in human compact bone［J］. J Bone Miner Res,2003,18(6):1012-1019.

［43］ RUPPEL ME,MILLER LM,BURR DB. The effect of the microscopic and nanoscale structure on bone fragility［J］. Osteoporos Int,2008,19(9):1251-1265.

［44］ MANN V,HOBSON EE,LI B,et al. A COL1A1 Sp1 binding site polymorphism predisposes to osteoporotic fracture by affecting bone density and quality[J]. J Clin Invest,2001,107(7):899-907.

[45] OXLUND H,BARCKMAN M,ORTOFT G,et al. Reduced concentrations of collagen cross-links are associated with reduced strength of bone[J]. Bone,1995,17(4 Suppl):365S-371S.

[46] EVANS FG,LEBOW M. Regional differences in some of the physical properties of the human femur[J]. J Appl Physiol,1951,3(9):563-572.

[47] GUPTA H S,SETO J,WAGERMAIER W,et al. Cooperative deformation of mineral and collagen in bone at the nanoscale[J]. Proc Nati Acad Sci,2006,103(47):17741-17746.

[48] REID SA. Micromorphological characterisation of normal human bone surfaces as a function of age[J]. Scanning Microsc,1987,1(2):579-597.

[49] FOLLET H,BOIVIN G,RUMELHART C,et al. The degree of mineralization is a determinant of bone strength:a study on human calcanei[J]. Bone,2004,34(5):783-789.

[50] SAITO M,MARUMO K. Collagen cross-links as a determinant of bone quality:a possible explanation for bone fragility in aging,osteoporosis,and diabetes mellitus[J]. Osteoporos Int,2010,21(2):195-214.

[51] NIKOLOV S,RAABE D. Hierarchical modeling of the elastic properties of bone at submicron scales:the role of extrafibrillar mineralization[J]. Biophys J,2008,94(11):4220-4232.

[52] BONAR LC,LEES S,MOOK HA. Neutron diffraction studies of collagen in fully mineralized bone[J]. J Mol Biol,1985,181(2):265-270.

[53] SASAKI N,TAGAMI A,GOTO T,et al. Atomic force microscopic studies on the structure of bovine femoral cortical bone at the collagen fibril-mineral level[J]. J Mater Sci Mater Med,2002,13(3):333-337.

[54] BOYDE A. Electron microscopy of the mineralizing front[J]. Metab Bone Dis Relat Res,1980,2(S):69-78.

[55] WEISS P,FERRIS W. Electronmicrograms of larval amphibian epidermis[J]. Exp Cell Res,1954,6(2):546-549.

[56] REID SA. A study of lamellar organisation in juvenile and adult human bone[J]. Anat Embryol(Berl),1986,174(3):329-338.

[57] ASCENZI A,BENVENUTI A. Orientation of collagen fibers at the boundary between two successive osteonic lamellae and its mechanical interpretation[J]. J Biomech,1986,19(6):455-63.

[58] WEINER S,ARAD T,SABANAY I,et al. Rotated plywood structure of primary lamellar bone in the rat:orientations of the collagen fibril arrays[J]. Bone,1997,20(6):509-514.

[59] REZNIKOV N,SHAHAR R,WEINER S. Three-dimensional structure of human lamellar bone:the presence of two different materials and new insights into the hierarchical organization[J]. Bone,2014,59:93-104.

[60] LIU D,WAGNER HD,WEINER S. Bending and fracture of compact circumferential and osteonal lamellar bone of the baboon tibia[J]. J Mater Sci Mater Med,2000,11(1):49-60.

[61] KUHN JL,GOLDSTEIN SA,CHOI K,et al. Comparison of the trabecular and cortical tissue moduli from human iliac crests[J]. J Orthop Res,1989,7(6):876-884.

[62] RYAN SD,WILLIAMS JL. Tensile testing of rodlike trabeculae excised from bovine femoral bone[J]. J Biomech,1989,22(4):351-355.

[63] RHO JY,ASHMAN RB,TURNER CH. Young's modulus of trabecular and cortical bone material:ultrasonic and microtensile measurements[J]. J Biomech,1993,26(2):111-119.

[64] GUO XE,GOLDSTEIN SA. Is trabecular bone tissue different from cortical bone tissue?[J]. Forma,1997,12:185-196.

[65] CURREY JD. The structure and mechanics of bone[J]. J Mater Sci,2012,47(1):41-54.

[66] CHOI K,GOLDSTEIN SA. A comparison of the fatigue behavior of human trabecular and cortical bone tissue[J]. J Biomechanics,1992,25(12):1371-1381.

［67］ BELL KL,LOVERIDGE N,JORDAN GR,et al. A novel mechanism for induction of increased cortical porosity in cases of intracapsular hip fracture［J］. Bone,2000,27(2):297-304.

［68］ MALO MK,ROHRBACH D,ISAKSSON H,et al. Longitudinal elastic properties and porosity of cortical bone tissue vary with age in human proximal femur［J］. Bone,2013,53(2):451-458.

［69］ TURNER CH. Biomechanics of bone:determinants of skeletal fragility and bone quality［J］. Osteoporos Int,2002,13(2):97-104.

［70］ ROSCHGER P,RINNERTHALER S,YATES J,et al. Alendronate increases degree and uniformity of mineralization in cancellous bone and decreases the porosity in cortical bone of osteoporotic women［J］. Bone,2001,29(2):185-191.

［71］ PIRNAY F,BODEUX M,CRIELAARD JM,et al. Bone mineral content and physical activity［J］. Acta Orthop Scand,1974,45(1-4):170-174.

［72］ JONES HH,PRIEST JD,HAYES WC,et al. Humeral hypertrophy in response to exercise［J］. J Bone Joint Surg Am,1977,59(2):204-208.

［73］ SEEMAN E. Bone 'Quality'-The material and structural basis of bone strength［J］. J Med Sci,2010,3(2):87-91.

［74］ HODGSKINSON R,CURREY JD. Young's modulus,density and material properties in cancellous bone over a large density range［J］. J Mater Sci Mater Med,1992,3(5):377-381.

［75］ KEAVENY TM,MORGAN EF,NIEBUR GL,et al. Biomechanics of trabecular bone［J］. Biomed Eng,2001,3(3):307-333.

［76］ LIU XS,SAJDA P,SAHA PK,et al. Quantification of the roles of trabecular microarchitecture and trabecular type in determining the elastic modulus of human trabecular bone［J］. J Bone Miner Res,2006,21(10):1608-1617.

［77］ AARON JE,MAKINS NB,SAGREIYA K. The microanatomy of trabecular bone loss in normal aging men and women［J］. Clin Orthop Relat Res,1987,215(215):260-271.

［78］ WEINSTEIN RS,HUTSON MS. Decreased trabecular width and increased trabecular spacing contribute to bone loss with aging［J］. Bone,1987,8(3):137-142.

［79］ TAYLOR D. Scaling effects in the fatigue strength of bones from different animals［J］. J Theor Biol,2000,206(2):299-306.

［80］ BIGLEY RF,GIBELING JC,STOVER SM,et al. Volume effects on fatigue life of equine cortical bone［J］. J Biomech,2007,40(16):3548-3554.

［81］ CURREY J. Bone strength:what are we trying to measure? ［J］. Calcif Tissue Int,2001,68(4):205-210.

［82］ LISK R D. Calcium in reproductive physiology by K. Simkiss［J］. Arkh Patol,1967,4:29-33.

［83］ KINI U,NANDEESH B. Physiology of bone formation,remodeling,and metabolism［M］. Berlin:Springer,2012:29-57.

［84］ RAISZ LG. Physiology and pathophysiology of bone remodeling［J］. Clin Chem,1999,45(8 Pt 2):1353-1358.

［85］ BURR DB,FORWOOD MR,FYHRIE DP,et al. Bone microdamage and skeletal fragility in osteoporotic and stress fractures［J］. J Bone Miner Res,1997,12(1):6-15.

［86］ RUFF C,HOLT B,TRINKAUS E. Who's afraid of the big bad Wolff? :"Wolff's law" and bone functional adaptation［J］. Am J Phys Anthrop,2006,129(4):484-498.

［87］ SEEMAN E,DELMAS PD. Bone quality—the material and structural basis of bone strength and fragility［J］. N Eng J Med,2006,354(21):2250-2261.

［88］ BOIVIN G,MEUNIER PJ. Changes in bone remodeling rate influence the degree of mineralization of bone［J］. Connect Tissue Res,2002,43(2-3):535-537.

［89］ GARNERO P,CLOOS P,SORNAY-RENDU E,et al. Type Ⅰ collagen racemization and isomerization and the risk of fracture in postmenopausal women:the OFELY prospective study[J]. J Bone Miner Res, 2002,17(5):826-833.

[90] FROST H. Presence of microscopic cracks in vivo in bone[J]. Henry Ford Hosp Med Bull,1960,8(2): 35.

[91] ZIOUPOS P,CURREY J. The extent of microcracking and the morphology of microcracks in damaged bone[J]. J Mater Sci,1994,29(4):978-986.

[92] JEPSEN KJ,DAVY DT. Comparison of damage accumulation measures in human cortical bone[J]. J Biomech,1997,30(9):891-894.

[93] BURR DB,TURNER CH,NAICK P,et al. Does microdamage accumulation affect the mechanical properties of bone? [J]. J Biomech,1998,31(4):337-345.

[94] HERNANDEZ CJ,LAMBERS FM,WIDJAJA J,et al. Quantitative relationships between microdamage and cancellous bone strength and stiffness[J]. Bone,2014,66:205-213.

[95] DIAB T,VASHISHTH D. Effects of damage morphology on cortical bone fragility[J]. Bone,2005,37 (1):96-102.

[96] BOYCE TM,FYHRIE DP,GLOTKOWSKI MC,et al. Damage type and strain mode associations in human compact bone bending fatigue[J]. J Orthop Res,1998,16(3):322-329.

[97] SEREF-FERLENGEZ Z,BASTA-PLJAKIC J,KENNEDY OD,et al. Structural and mechanical repair of diffuse damage in cortical bone in vivo[J]. J Bone Miner Res,2014,29(12):2537-2544.

[98] MASHIBA T,TURNER C,HIRANO T,et al. Effects of suppressed bone turnover by bisphosphonates on microdamage accumulation and biomechanical properties in clinically relevant skeletal sites in beagles[J]. Bone,2001,28(5):524-531.

[99] ALLEN MR,BURR DB. Mineralization,microdamage,and matrix:how bisphosphonates influence material properties of bone[J]. Int Bone Miner Soc Knowl Environ,2007,4(2):49-60.

[100] NIH CONSENSUS DEVELOPMENT PANEL ON OSTEOPOROSIS PREVENTION D,THERAPY. Osteoporosis prevention,diagnosis,and therapy[J]. JAMA,2001,285(6):785-795.

[101] HOLLENBACH KA,BARRETT-CONNOR E,EDELSTEIN SL,et al. Cigarette smoking and bone mineral density in older men and women[J]. Am J Public Health,1993,83(9):1265-1270.

[102] KANIS JA,MCCLOSKEY EV,JOHANSSON H,et al. European guidance for the diagnosis and management of osteoporosis in postmenopausal women[J]. Osteoporos Int,2013,24(1):23-57.

[103] 邱贵兴,裴福兴,胡侦明,等. 中国骨质疏松性骨折诊疗指南(全文)(骨质疏松性骨折诊断及治疗原则)[J]. 中华关节外科杂志:电子版,2015,9(6):117-120.

[104] 陶天遵,邱贵兴,朱汉民,等. 原发性骨质疏松症的治疗与预防[J]. 中国骨与关节外科杂志,2015,8(5):377-384.

[105] SHERRINGTON C,WHITNEY JC,LORD SR,et al. Effective exercise for the prevention of falls:a systematic review and meta-analysis[J]. J Ame Geriatr Soc,2008,56(12):2234-2243.

[106] SHERRINGTON C,TIEDEMANN A,FAIRHALL N,et al. Exercise to prevent falls in older adults:an updated meta-analysis and best practice recommendations[J]. N S W Public Health Bull,2011,22(3-4):78-83.

骨硬度与骨质疏松的关系

第一节　骨质疏松症概论

骨质疏松症(osteoporosis,OP)是一种常见的代谢性骨病,广泛流行于世界各地,目前已成为全球性的公共健康问题,严重影响中老年人尤其是绝经后女性的生活质量。是一种以单位体积内骨量(bone mass)下降,骨组织微结构破坏为主要特征,导致骨脆性增加,骨折风险随之增加的疾病。随着社会化衰老现象的加剧,骨质疏松性骨折的发生率随骨质疏松症发生率的增加而增加。据统计,全世界每3秒钟就会发生1例骨质疏松性骨折,因此骨质疏松症越来越被人们所重视。骨质疏松症对于患者的身心健康影响显著,骨质疏松性骨折所带来的痛苦、不适以及沉重的生活负担严重影响了患者家庭的生活质量,也给社会带来了巨大的公共健康隐患和沉重的经济负担。

一、骨质疏松症的定义及分类

1. 定义　骨质疏松最早在1885年由Pommer提出,随着医学技术的发展进步,人们对于该疾病的了解逐渐深入。最开始,骨质疏松被认为是全身骨质减少,而美国将老年性骨折评定为骨质疏松。1990年第三届国际骨质疏松研讨会(丹麦)及1993年的第四届国际骨质疏松研讨会(香港)才给予该疾病一个明确的定义,并予以全球推广并得到公认:骨质疏松症是以骨量减少、骨微观结构退化为特征,导致骨骼脆性增加易于发生骨折的一种全身性骨骼疾病(A systemic skeletal disease characterized by low bone mass and microarchitectural deterioration of bone tissue,with a consequent increase in bone fragility and susceptibility to fracture)。该定义包括以下几方面内容:①骨量减少,包含骨矿物质和骨基质的等比例减少;②骨微结构退化,表现为骨吸收导致的骨小梁变细、变稀乃至断裂,即微骨折;③骨强度下降,骨脆性增加,表现为悄然发生的椎体压缩性骨折,或是不大外力作用下发生的前臂桡骨远端骨折或髋骨近端骨折;④X射线骨密度仪、超声波骨检测仪、光镜、电镜以及应用骨形态计量学方法可以发现骨组织中形态结构变化、骨量变化。

2001年美国国家卫生研究院(NIH)修订了骨质疏松症的定义,提出骨质疏松症是一种骨代谢疾病,其特征是骨密度和骨质量下降,骨脆性增加,骨强度降低进而导致骨折风险增加。该共识首次纳入与骨质疏松性骨折相关的定性参数,并将预防骨质疏松性骨折作为骨质疏松症患者的首要治疗目标。这是首次提出了"骨质量"的新概念,认为骨密度和骨质量二者结合起来才能完整的评价骨强度,骨强度的变化情况更能真实全面反映骨骼自身变化情况,预测骨折发生风险。研究表明,约60%~70%的骨强度变化情况可以通过骨密度反映,而剩余的30%~40%可以通过骨质量(骨宏观形态、骨微结构、骨材料属性、骨转换率、骨微损伤、骨矿化率、骨胶原特性)的变化情况反映。在评估骨折风险时,不仅需要考虑患者骨密度的影响,还应参考骨骼解剖形态、微观结构、材料属性等骨质量因素。

2. 分类及分型　骨质疏松症按照发病原因,可以分为两类:原发性和继发性。原发性骨质疏松症是随着患者年龄增加必然会发生的一种骨骼生理性退行性病变,此类型最为常见,占骨质疏松症的90%以上,可进一步根据病因划分为绝经后骨质疏松症(postmenopausal psteoprosis,PMOP,Ⅰ型)、老年性骨质疏松症(Ⅱ型)和特发性骨质疏松症(特发性青少年低骨量和骨质疏松症);继发性骨质疏松症约占10%,其发病原因明确,通常由某些药物、内分泌代谢疾病(如糖尿病、库欣综合征、甲状腺功能亢进、甲状旁腺功能亢进、性腺功能减退症等)或全身性疾病引起。按发病原因分类详见表16-1-1。

表 16-1-1　骨质疏松症分类

类型		病因
原发性	Ⅰ型（PMOP）	绝经
	Ⅱ型	年龄老化
	特发性	A. 青少年低骨量和骨质疏松症 B. 青壮年成人骨质疏松症 C. 妊娠、哺乳女性的骨质疏松症
继发性	A. 内分泌性	甲状旁腺功能亢进、库欣综合征、性腺功能减退症、甲状腺功能亢进、催乳素瘤和高催乳素血症、1型糖尿病、生长激素缺乏症
	B. 血液病	浆细胞病（多发性骨髓瘤或巨球蛋白血症）、系统性肥大细胞增多症、白血病和淋巴瘤、镰状细胞贫血和轻型珠蛋白生成障碍性贫血、戈谢病、骨髓增生异常综合征
	C. 结缔组织病	
	D. 成骨不全	
	E. 骨肿瘤	原发性和转移性
	F. 马方综合征	
	G. 坏血病	维生素 C 缺乏症
	H. 药物	糖皮质激素、肝素、抗惊厥药、甲氨蝶呤、环孢素、LHRH 激动剂和 GnRH 拮抗剂、含铝抗酸药
	I. 制动	
	J. 肾脏疾病	慢性肾衰竭、肾小管酸中毒
	K. 营养性疾病和胃肠疾病	吸收不良综合征、静脉营养支持（肠外营养）、胃切除术后、肝胆疾病、慢性低磷血症
	L. 其他	家族性自主神经功能障碍、反射性交感性营养不良症

　　按照骨转换发生的速度,骨质疏松症亦可分为两型:高转换型和低转换型。这里面,性激素发挥了重要作用。高转换型骨质疏松症表现为骨量丢失更快,多见于绝经后骨质疏松症。由于女性的峰值骨量低于男性,丢失年龄早于男性,绝经后雌激素水平呈断崖式下降,故女性围绝经期和绝经后 10 年内,骨量丢失更快,处于高转换状态。资料显示绝经前女性每年骨量丢失水平约为 0.3%,绝经后受雌激素缺乏和年龄增长的双重影响,前 10 年每年骨量丢失水平可达到 2.1%~2.3%,10 年总计丢失高达 21%~23%。10 年后进入老年期,成骨细胞和破骨细胞的活性下降,女性的骨转换速度变缓,每年骨量丢失水平下降至 0.8%~1.0%,该阶段发生的骨质疏松症多为低转换型。男性由于体内雄激素水平是渐进式下降,故老年男性骨丢失的量和速度均低于老年女性,老年男性的骨质疏松程度亦轻于老年女性,多为低转换型骨质疏松症,但需要注意的是,部分雌激素缺乏导致的老年男性骨质疏松症也可以是高转换型。高转换型与低转换型的特点不同,详见表 16-1-2。

表 16-1-2   高转换型骨质疏松症与低转换型骨质疏松症两型区分特点

类型	年龄	性别比例（男：女）	骨量丢失区域	丢失速率	骨折部位	甲状旁腺激素（PTH）	钙吸收	25（OH）D → 1,25（OH）$_2$D$_3$	主要影响因素
低转换型	>70 岁	1：2	密质骨、松质骨	不加速	椎体（多个楔状）	升高	降低	原发性降低	年龄
高转换型	50~70 岁	1：6	松质骨	加速	椎体（压缩性）	降低	降低	继发性降低	绝经

给予骨质疏松症严格的定义、分类和分型，一方面有利于临床医师根据患者的症状、病史、家族史和临床各项检测结果，做出确切诊断；另一方面有利于后续防治。

二、骨质疏松症的临床表现

本节主要介绍原发性骨质疏松症的临床表现和体征，主要为疼痛，其次包括身长缩短、驼背、骨折等。

1. 疼痛和乏力   疼痛是骨质疏松症的最主要也是最常见的症状。对于轻症患者而言，可以表现为无任何症状，仅在 X 线摄片或者骨密度（BMD）检查时发现骨量的改变。较重患者可以表现为腰背痛、乏力或全身疼痛。疼痛通常为弥散性，无压痛区（点），其主要原因在于骨转换过快，骨吸收增加。在骨吸收过程中，骨小梁变细、甚至断裂、消失；密质骨结构被破坏，均会导致全身疼痛，尤其以腰背痛最为多见。另一个导致疼痛的原因是骨折，即在外力压迫或非外伤性的脊柱椎体压缩性骨折、楔形变引起的腰背痛。

乏力常于劳累或活动后加重，负重能力明显下降或不能负重。负重能力调查表明，骨质疏松症患者的负重能力约为健康人负重能力的 1/3，当骨质疏松症患者活动时，其腰背肌经常处于超常负重、紧张状态，进而导致肌肉疲劳、肌痉挛，逐步产生肌肉及肌膜性腰背疼痛。有资料显示，67% 的骨质疏松症患者为局限性腰背痛，10% 为腰背痛伴带状痛，9% 为腰背痛伴四肢的放射痛，4% 为腰背痛伴麻木感，还有一部分人腰背痛的同时伴有四肢麻木，同时在屈伸腰背时会出现肋间神经痛和无力感。

2. 身长缩短、驼背   该体征往往继腰背痛后出现，也是骨质疏松症的重要临床体征之一。骨骼由松质骨和密质骨组成，其中松质骨更易发生骨质疏松性改变，尤其是几乎全部由松质骨构成的脊柱椎骨椎体区，该区域是人体躯干支柱，负重较大，骨质疏松时，椎体区内部骨小梁变细、变稀，数量减少，在高强度的负重下，易出现椎体变形。轻者只累及 1~2 个椎体；重者，可累及整个脊椎椎体。统计显示，妇女 60 岁以后，男性 65 岁以后均会逐渐出现身长缩短。女性到 65 岁时，身长平均缩短 4cm；到 75 岁时，身长平均缩短达 9cm。尤其是椎体较大、负重量较大 T$_{11}$~L$_5$ 节段，极易发生变形或压缩性骨折，这会导致脊柱前倾、背屈加重，进而形成驼背。驼背的程度越重，患者腰背痛越明显。此外，有些患者可出现脊柱后侧凸、"鸡胸"等畸形，临床需加以鉴别。

3. 骨折   骨质疏松导致骨折风险增加，常因轻微活动、创伤、弯腰、负重、挤压或摔倒后发生骨折。该类骨折的特点表现为：在日常生活中，即使没有较大的外力作用也可以发生骨折；骨折发生的部位较固定，好发于胸腰椎椎体，其次是桡骨远端、股骨近端，其他部位也可发生，如踝关节、肋骨、盆骨、肱骨，甚至锁骨和胸骨等；骨折的发生与年龄、绝经时间以及骨质疏松的严重程度有关系。

脊柱压缩性骨折常见于 PMOP 患者，可单发或多发，有或无诱因，突出表现为：身长缩短；有时可出现突发性腰痛,卧床取被动体位。髋部骨折多发生在股骨颈部(股骨颈骨折),以老年性骨质疏松症患者多见,往往发生在摔倒或挤压后出现。骨质疏松性骨折患者发生第一次骨折后,患者再次或反复骨折的概率明显增加。

4. 并发症 骨质疏松症所致椎体压缩性骨折可导致脊柱后凸、驼背、胸廓畸形,可并发多脏器功能异常变化,其中以呼吸系统表现最为突出:胸闷、气短、呼吸困难甚至发绀等。肺活量(VO)、最大换气量(MBC)和心排血量均减少,极易并发上呼吸道和肺部感染。有研究显示,随着脊柱后凸、胸廓畸形程度家具,上叶前区域小叶性肺气肿发病率增加,在严重胸廓畸形病例中,该区域小叶性肺气肿发病率可达 40%。

髋部骨折者因长期卧床加重骨丢失,骨折不愈合率较高;且合并感染、心血管病等慢性疾病,死亡率较高。

三、骨质疏松症的流行病学

骨质疏松症是一种与年龄老化有关的全身性退行性骨骼疾病。随着人口老龄化日趋严重,骨质疏松症在全球常见病疾病谱中已跃升至第 7 位。中国人口众多,伴随社会经济的快速发展和人民生活水平的提高,中国进入了老龄化的社会进程。2015 年,中国人口的平均预期寿命达到 76.1 岁;2016 年 50 岁以上的中老年人口已经超过 2.8 亿;2018 年我国 65 岁以上人口已超过 1.6 亿(约占总人口的 11.9%),是世界上老年人口绝对数最大的国家,骨质疏松症早已成为我国面临的重要公共健康问题。骨质疏松症与年龄和性别密切相关,尤其是女性群体中绝经后合并骨质疏松症的情况普遍又严重。有研究表明,85 岁以上的欧洲女性骨质疏松症相关的椎体畸形率为 27.9%。流行病学调查显示,我国 40 岁以上人群中骨质疏松症的发病率为 24.62%,约 1.4 亿人,这一数字预估在今后几十年内将会大幅度增加。

骨质疏松性骨折(脆性骨折)指在轻微创伤或日常生活中发生的骨折,是骨质疏松症严重后果,是老年患者致死、致残的主因之一。骨质疏松性骨折常发生与椎体、髋部、桡骨远端、肱骨近端、踝关节、骨盆等部位,尤其好发于胸腰椎节段。调查显示所有骨折患者中有超过 60% 的骨折与骨质疏松有关,全球每隔 30 秒,就会发生一例中老年人的骨质疏松性骨折,这其中椎体部位骨质疏松性骨折的比例高达 1/8。国内流行病学数据显示,50 岁以上女性椎体骨折患病率约为 15%,并呈现随增龄而渐增的趋势,80 岁以上该部位骨折患病率高达 36.6%。张英泽院士的研究显示中国河北地区 ≥50 岁人群中椎体骨折的发病率高达 40.46%。国外研究显示髋部骨折后约 50% 的患者会发生致残导致生活质量下降,而 20% 的患者在髋部骨折后 1 年内会死于各种并发症。由于亚洲人口占全球人口的 60% 以上,世界卫生组织预测,到 2050 年时,约有一半的女性髋部骨折将发生在亚洲地区。在我国,骨折导致的死亡人数早已超过糖尿病和传染病患者,是中国第五大常见死因。2015 年我国骨质疏松性骨折(椎体、髋部和腕部)约为 269 万例次,预计 2035 年约为 483 万例次,而该数字在 2050 年将达到 599 万例次。研究表明,西方白种女性发生骨质疏松性骨折的风险可能高达 40%,而男性群体发生该疾病的风险最高仅为 15%。这可能与女性进入更年期后,雌激素水平断崖式下降,骨丢失加剧,骨量减少导致骨折风险的增加有关。女性发生骨质疏松性骨折的年发病率约等于乳腺癌、卵巢癌和子宫内膜癌的总和,男性发生骨质疏松性骨折的年发病率与前列腺癌的发病率大致相同。

骨质疏松性骨折是完全性骨折,该疾病导致骨质疏松症患者的残疾率和死亡率显著上升。骨质疏松性骨折的发生率逐年上升,影响了中老年人的身心健康。骨质疏松症及相关性骨折的医疗和护理需要投入大量的人力、物力、财力,这成为困扰社会公共健康的一个难题,造成了沉重的家庭和社会负担。有学者预测,2035 年我们用于治疗骨质疏松性骨折(椎体、髋部和腕部)的医疗费用可能高达 1 320 亿元,而这一数字在 2050 年可能会上升至 1 630 亿元。

第二节 骨质疏松症的发病机制

骨骼系统由骨膜和骨组织组成,是人体最坚硬的器官。骨既需要坚硬,能够维持人体骨架形态并完成支撑体重、保护内脏器官的重要生理功能;又应当拥有适当的弹性,便于运动过程中承载外力,避免正常骨骼受到轻微外力发生骨折等不良事件发生。骨骼可以划分为 7 个等级的层级结构(详见骨强度章节),是一种拥有生命活性,可以实现不断自我更新,具有高度复杂等级结构的生物复合材料。这其中包括 I 型胶原的三股螺旋结构、非胶原蛋白及沉积其中的羟基磷灰石。正常性成熟后骨代谢主要以骨重建(bone remodeling)形式进行,骨重建是骨在不断重复、时空偶联的骨吸收和骨形成中形成骨的自我更新过程。骨重建由骨细胞、成骨细胞、破骨细胞等组成的骨基本多细胞单位(basic multicellular unit,BMU)完成。适度的力学刺激和载荷利于维持骨重建,修复骨微损伤,避免微损伤积累和骨折。哈弗斯管周边分布着数目众多的骨细胞(约占骨骼细胞 90%~95%),该细胞可以感受骨微损伤和力学刺激,一方面通过直接作用与邻近骨细胞发生联系,另一方可通过内分泌、自分泌和旁分泌方式与其他骨细胞联系。力学刺激的变化或骨微损伤贯通板层骨或微观系统,影响骨细胞信号转导进而诱使破骨细胞前体迁移和分化。由单核巨噬细胞前体分化形成的破骨细胞占骨骼细胞的 1%~2%,主导骨吸收过程。骨吸收后,成骨细胞前体细胞感知转化生长因子 -β1(transforming growth factor-β1,TGF-β1)梯度变化进而被募集。成骨细胞分泌的骨基质富含多种蛋白质,包括 I 型胶原和一些非胶原蛋白质(如骨钙素)等,最终羟基磷灰石沉积于骨基质上完成矿化过程。成骨细胞由间充质干细胞分化而来,主导骨形成,并随骨基质矿化而被成为停留在骨表面的骨衬细胞或包埋于骨组织中的骨细胞。人的一生中骨骼处于不断构建、塑形和重建过程中,成年前,骨形成与骨吸收呈正平衡,骨量增加,并逐步达到骨峰值;成年期骨重建平衡,维持骨量;之后随着年龄增加,骨形成和骨吸收处于负平衡,骨重建失衡造成骨丢失。凡是骨吸收增加和 / 或骨形成减少的因素都会导致骨丢失、骨质量下降,骨脆性增加,直至发生骨折。

一、骨吸收因素

(一)性激素缺乏

PMOP 主要由于绝经后女性体内雌激素水平断崖式下降,雌激素对破骨细胞的抑制能力减弱,破骨细胞数量增加、凋亡减少、寿命延长,致使其骨吸收能力增强。尽管由成骨细胞介导的骨形成会代偿性增加,但不足以代偿过度的骨吸收,骨重建活跃、失衡导致小梁骨变细、断裂,密质骨的孔隙度增加,骨强度下降。老年性骨质疏松症患者随着年龄增加,与年龄相关的肾上腺源性雄激素的生成也在逐步下降,导致骨吸收增加。

(二)活性维生素 D 缺乏和甲状旁腺素(PTH)增高

老年人由于增龄和肾功能减退等原因可造成肠道钙吸收,体内处于慢性负钙平衡状态,再加上 1,25 双羟维生素 D_3[1,25-dihydroxyvitamin D_3,1,25(OH)$_2D_3$]生成减少,导致继发性甲状旁腺功能亢进,PTH 代偿性分泌增多,导致骨转换加速,骨丢失加剧。

(三)细胞因子表达紊乱

由成骨细胞产生的核因子 -kB 受体活化体配体[receptor activator of nuclear factor-kB(NF-kB) ligand,RANKL］,可与破骨细胞前体细胞上 RANK 结合,进而激活 NF-kB 促进破骨细胞分化。破骨细胞增生和生存需要成骨细胞源性的巨噬细胞集落刺激因子（macro-phage colony-stimulating factor,M-CSF）与破骨细胞受体结合。而成骨细胞可通过分泌护骨素（osteoprotegerin,OPG）,与 RANK 竞争性结合 RANKL 进而抑制破骨细胞生成。RANKL/OPG 的比值决定了骨吸收程度,该比值受到甲状旁腺激素（PTH）、1,25 双羟维生素 D［1,25-dihydroxyvitamin D,1,25（OH)$_2$D］、前列腺素和诸多细胞因子的影响。骨组织的白细胞介素 -1（IL-1）、IL-6 和肿瘤坏死因子（TNF）增高,OPG 的减少,导致破骨细胞活性增加,骨吸收加剧。

尤其在老年性骨质疏松症患者体内,一方面增龄使得骨重建失衡,骨吸收 / 骨形成比例升高,造成进行性的骨丢失；另一方面,雌激素缺乏和增龄诱使免疫系统持续低度活化,处于促炎性反应状态。炎性反应介质例如白细胞介素（interleukin,IL）-1、IL-6、IL-7、IL-17、肿瘤坏死因子 α（tumor necrosis factor-α,TNF-α）和前列腺素 E2（prostaglandin E2,PGE2）均可诱导 RANKL 和 M-CSF 表达,进而刺激破骨细胞并抑制成骨细胞,造成骨量减少。

二、骨形成因素

（一）峰值骨量降低

青春期是人体骨量增长最快阶段,约 30 岁时会达到峰值骨量（PBM）。PBM 主要由遗传因素决定,并与生活方式、营养状态、发育、身材、骨折家族史、种族等密切相关。性成熟障碍患者的 PBM 降低,成年后发生骨质疏松的可能性增加,发病年龄提前。达到 PBM 后,骨质疏松症的发生则主要取决于骨丢失的速度和量。

（二）骨重建功能衰退

这可能是老年性骨质疏松症的主要发病原因。雄激素和雌激素均可以对抗氧化应激,随着老年性年龄增加,体内性激素结合球蛋白持续增加,使得睾酮和雌二醇生物利用度下降,体内活性氧类（reactive oxidative species,ROS）堆积,造成成骨细胞功能和活性缺陷,成骨细胞、骨细胞和间充质干细胞凋亡,骨形成不足,骨丢失。

（三）骨质量下降和不良的生活方式和生活环境

骨质疏松症及骨质疏松性骨折的发生收到遗传因素和非遗传因素的交互影响。遗传因素包括骨的几何形态、矿化程度、微损伤积累、骨基质和骨矿物质的理化和生物学特性等等。遗传因素主要影响骨骼大小、结构、骨量、微结构和骨骼内部特性,可以决定 60%~80% 的 PBM。非遗传因素包括环境、生活方式、疾病、药物、跌到等因素。不良的生活方式、生活环境等造成的相关性及疾病和增龄均会造成氧化应激和糖基化的增加,使得骨基质内胶原分子发生非酶促教练,进一步造成骨强度下降。

第三节　骨质疏松症危险因素及风险评估

一、骨质疏松的危险因素

骨质疏松症受多种危险因素影响,包括遗传因素和环境因素等多方面,每个人一生中受到一种或者多种骨质疏松症危险因素的影响。临床诊疗中应注意识别影响骨质疏松症和骨质疏松性骨折的危险因素,便于筛查高危人群,尽早诊断骨质疏松症并加以防治,以期减少不良事件如骨折的发生。

危险因素分为可控因素和不可控因素,可控因素包括不良生活放肆、疾病和药物等（表 16-3-1）,不可控因素包括性别、年龄、种族等。国外学者对导致骨丢失和脆性 / 低骨量性骨折发生的危险因素进行了证据等级划分（表 16-3-2）。

表 16-3-1　骨质疏松症的主要危险因素

不健康的生活方式		
体力活动少 饮用过多含咖啡因饮料 钙和 / 或维生素 D 缺乏	过量饮酒 营养失衡 高钠饮食	吸烟 蛋白质摄入不足 低体质量
内分泌系统疾病		
甲状旁腺功能亢进 库欣综合征 甲状腺功能亢进 高钙尿症	垂体前叶功能减退症 性腺功能减退症 神经性厌食	绝经过早（年龄 <40 岁） 糖尿病（1 型或 2 型） 雄激素抵抗综合征
胃肠道疾病		
炎性肠病 胰腺疾病	胃肠道旁路或其他手术 乳糜泻	原发性胆汁性肝硬化 吸收不良
血液系统疾病		
多发性骨髓瘤 单克隆免疫球蛋白病 系统性肥大细胞增多症	白血病 血友病 珠蛋白生成障碍性贫血	淋巴瘤 镰状细胞贫血
风湿免疫性疾病		
类风湿关节炎 其他风湿免疫性疾病	系统性红斑狼疮	强直性脊柱炎
神经肌肉疾病		
癫痫 帕金森病	卒中 脊髓损伤	肌萎缩 多发性硬化
其他疾病		
慢性代谢性酸中毒 慢性阻塞性肺病 特发性脊柱侧凸 淀粉样变	终末期肾病 充血性心衰 抑郁 艾滋病	器官移植后 结节病 肠外营养
药物		
糖皮质激素 甲状腺激素 环孢霉素 A 抑酸剂（铝剂） 促性腺激素释放激素类似物	抗癫痫药 化疗药 噻唑烷二酮类 5- 羟色胺再摄取抑制剂 他克莫司	芳香化酶抑制剂 质子泵抑制剂 肝素（抗凝剂） 抗病毒药物

表 16-3-2　导致骨丢失和脆性 / 低骨量性骨折发生的风险因素证据等级

危险因素	骨丢失	脆性 / 低骨量性骨折	危险因素	骨丢失	脆性 / 低骨量性骨折
骨密度	1	1	低体重	1	2
年龄	1	1	钙缺乏	1	1
脆性骨折（>40 岁）	2	1	缺乏体力活动	2	2
脆性骨折家族史	2	2	吸烟	2	1
糖皮质激素治疗	1	1	酗酒	2	3
绝经时间 <45 岁	1	2	跌倒及风险因素	—	1

注：证据等级，1 级为随机对照试验或随机对照实验的 Meta 分析获得的证据；2 级为前瞻性队列研究或质量差的随机对照实验获得的证据；3 级为病例对照研究或回顾性研究取得的证据。

（一）可控因素

1. 不良生活方式　体力活动过少、吸烟、酗酒、过多饮用含咖啡因饮料、蛋白质摄入过多 / 不足，钙缺乏、维生素 D 缺乏、高钠饮食、体质量过低、营养失衡等。

2. 影响骨代谢的疾病　早绝经、性腺功能减退症等多种内分泌系统疾病、胃肠道疾病、血液系统疾病、风湿免疫性疾病、神经肌肉疾病、慢性肾脏及心肺疾病等。

3. 影响骨代谢的药物　糖皮质激素、促性腺激素释放激素类似物、抗病毒药物、芳香化酶抑制剂、抗癫痫药物、噻唑烷二酮类药物、质子泵抑制剂和过量的甲状腺激素等。

（二）不可控因素

1. 性别　女性骨质疏松症的发病率明显高于男性，约是男性患者的 2 倍以上。

2. 年龄　随着年龄增加，骨质疏松症和骨质疏松性骨折的发病率也随之增加，美国指南建议对 65 岁以上妇女进行骨质疏松的筛查。

3. 种族　有报道显示骨质疏松症的发生率与种族相关（白种人 > 黄种人 > 黑种人），受到遗传因素的影响，遗传因素可以影响骨微结构和骨密度，决定 70% 的 PBM。

4. 母系家族史　患者直系亲属（母亲、祖母）既往曾有椎体压缩性骨折、髋关节部位骨折的病史，其发生骨质疏松症的发病率将会大大增加。

二、骨质疏松症风险评估工具

尽早给予个体骨质疏松症评估，有利于早期防治疾病。目前临床上骨质疏松症的风险评估方法很多，我国 2017 年指南中推荐国际骨质疏松基金会（International Osteoporosis Foundation，IOF）的骨质疏松风险一分钟测试题和亚洲人骨质疏松自我筛查工具（osteoporosis self-assessment tool for Asians，OSTA），作为骨质疏松症患病风险的初筛工具。

1. 国际骨质疏松基金会骨质疏松风险一分钟测试题　该调查表共 10 道测试内容，由受试者自行判断是与否，一旦 1 道题选择答案为"是"，代表"阳性"，进而可以初步筛选出可能具备骨质疏松症风险的人群，具体测试题见表 16-3-3。

2. 亚洲人骨质疏松自我筛查公式（OSTA）　OSTA 是基于亚洲的 8 个国家和地区绝经后女性的

表 16-3-3　国际骨质疏松基金会（IOF）骨质疏松症风险一分钟测试题

	编号	问题	回答
不可控因素	1	父母曾被诊断有骨质疏松或曾在轻摔后骨折？	是□否□
	2	父母中一人有驼背？	是□否□
	3	实际年龄超过 40 岁？	是□否□
	4	是否成年后因为轻摔后发生骨折？	是□否□
	5	是否经常摔倒（去年超过 1 次），或因为身体较虚弱而担心摔倒？	是□否□
	6	40 岁后的身高是否减少超过 3cm 以上？	是□否□
	7	是否体质量过轻？（BMI 值少于 $19kg/m^2$）	是□否□
	8	是否曾服用类固醇激素（例如泼尼松、可的松）连续超过 3 个月？（可的松通常用于治疗哮喘、类风湿关节炎和某些炎性疾病）	是□否□
	9	是否患有类风湿关节炎？	是□否□
	10	是否被诊断出有甲状腺功能亢进或甲状旁腺功能亢进、1 型糖尿病、克罗恩病或乳糜泻等胃肠疾病或营养不良？	是□否□
	11	女士回答：是否在 45 岁或以前就停经？	是□否□
	12	女士回答：除了怀孕、绝经或子宫切除外，是否曾停经超过 12 个月？	是□否□
	13	女士回答：是否在 50 岁前切除卵巢又没有服用雌 / 孕激素补充剂？	是□否□
	14	男性回答：是否出现过阳痿、性欲减退或其他雄激素过低的相关症状？	是□否□
生活方式（可控因素）	15	是否经常大量饮酒（每天饮用超过两单位的乙醇，相当于啤酒 1 斤、葡萄酒 3 两或烈性酒 1 两）？	是□否□
	16	目前习惯吸烟，或曾经吸烟？	是□否□
	17	每天运动量少于 30min？（包括做家务、走路和跑步等？）	是□否□
	18	是否不能食用乳制品，又没有服用钙片？	是□否□
	19	每天从事户外活动时间是否少于 10min，又没有服用维生素 D？	是□否□
结果判断		上述问题，只要其中有一题回答结果为"是"，即为阳性，提示存在骨质疏松症风险，并建议进行骨密度检查或 FRAX 风险评估	

注：BMI 为体质量指数；FRAX 为骨折风险评估工具。

研究，收集多项骨质疏松危险因素并进行骨密度测定，从中筛选出 11 项与骨密度呈显著相关的危险因素，并给予多变量回归模型分析，获得能同时体现敏感度和特异度的 2 项简易筛查指标：年龄和体质量。

OSTA 指数计算方法：[体重（kg）－年龄（岁）]×0.2＝风险指数。评定结果见表 16-3-4，如果 OSTA 指数 >-1，说明罹患骨质疏松症的风险低；OSTA 指数 <-4，说明发病风险较高，需要立即接受治疗；OSTA 指数位于 -1 和 -4 之间，说明发病风险属于中等风险，建议其到医院咨询并采取适当预防方法。建议 50 岁以上的女性，尤其是低体重人群，每年都应通过 OSTA 公式进行骨质疏松症风险自测。如果

表 16-3-4　OSTA 指数评定骨质疏松风险级别

风险级别	OSTA 指数
低	>-1
中	-1~-4
高	<-4

风险指数提示患病高风险,经尽早前往医院行双能 X 射线骨密度检查,利于骨质疏松症早期防治,需要特别注意的是,该方法主要根据年龄和体重进行筛查,所选取的指标过少,特异性不高,且仅适用于绝经后女性,临床使用时需要结合其他危险因素加以鉴别。

3. 骨质疏松性骨折的风险预测　2007 年世界卫生组织(World Health Organization,WHO)首次提出骨折风险因子概念,骨折风险因子越多,患者罹患骨质疏松症的风险越大,发生骨折风险就越大;并推荐应用骨折风险预测工具(fracture risk assessment tool,FRAX),根据患者临床危险因素及骨密度建立模型,用于骨质疏松症的诊断和治疗,以便于评估患者未来 10 年髋部骨折及主要骨质疏松性骨折(椎体、髋部、前臂、肩部)的概率,有利于改善患者不良生活方式,减少骨折发生的风险因素。骨密度测量能够反映骨折风险概率,但受到很多其他因素的影响,FRAX 的应用能够减少仅用 BMD-T 值进行评估诊断的误差。

FRAX 的计算参数主要为部分临床危险因素和股骨颈骨密度(表 16-3-5)。需要注意的是,该工具应用过程中存在的问题和局限如下:

(1) 应用人群

1) 不需要 FRAX 评估者:已明确诊断骨质疏松症(T 值≤-2.5)或者已发生脆性骨折患者,不建议再用 FRAX 评估骨折风险,应及时启动治疗。如若患者已启动抗骨质疏松药物治疗,不应采用该工具评估。

2) 需要 FRAX 评估风险者:具备至少 1 个骨质疏松性骨折的临床危险因素,尚无骨折发生且骨量减少者(即骨密度 T 值为 -1.0~-2.5),可使用该工具计算其未来 10 年发生髋部骨折及主要骨质疏松性骨折的概率。若 FRAX 评估阈值为骨折高风险,建议行骨密度检测并考虑给予治疗。

(2) 地区、人种差异:FRAX 骨折相关危险因素的结果取自欧洲、北美、澳大利亚、亚洲等多个独立大样本前瞻性人群研究和大样本的荟萃性分析,具有一定代表性。目前我国尚无全国范围内关于骨质疏松性骨折发病率及其影响因素的大样本流行病学数据,已有研究证实当前 FRAX 的预测结果可能低估了中国人群的骨质疏松性骨折风险。

(3) 判断是否需要治疗的阈值:美国指南提出 FRAX 评估的 10 年髋部骨折发生率≥3% 或任何主要的骨质疏松性骨折概率≥20% 为治疗阈值;欧洲指南中建议 10 年髋部骨折发生率≥5% 为治疗启动阈值;波兰指南中建议髋部骨折发生率 >10% 为骨折高危人群,建议启动抗骨质疏松治疗。我国 2017 版指南中提出:鉴于 FRAX 可能低估中国人群骨质疏松性骨折的风险,建议 FRAX 预测髋部骨折发生率≥3% 或任何主要的骨质疏松性骨折概率≥20% 时,为骨折高危患者,建议给予治疗。

(4) 不足:除 FRAX 涵盖的主要危险因素,还有一些因素与骨折发生相关,如跌倒也是诱发骨折的重要危险因素。FRAX 纳入了糖皮质激素使用情况,但未涉及激素治疗剂量和量次;也没有纳入与骨质疏松症密切相关的多种其他药物;纳入与骨质疏松症相关的疾病谱不完善等。

表 16-3-5　FRAX 计算依据的主要临床危险因素、骨密度和结果判断

危险因素	解释
年龄	模型计算的年龄是 40~90 岁,低于或超过此年龄段,按 40 或 90 岁计算
性别	选择男性 / 女性
体质量	填写单位 kg
身高	填写单位 cm
既往骨折史	指成年期自然发生或轻微外力下发生的骨折,选择是 / 否
父母髋部骨折史	选择是 / 否
吸烟	根据患者现在是否吸烟,选择是 / 否
糖皮质激素	如果患者正在接受糖皮质激素治疗或接受过相当于泼尼松 >5mg/d 超过 3 个月,选择是
类风湿关节炎	选择是 / 否
继发性骨质疏松	如果患者具有与骨质疏松症密切关联的疾病,选择是 这些疾病包括 1 型糖尿病、成骨不全症的成人患者、长期未治疗的甲状腺功能亢进、性腺功能减退症或早绝经(<45 岁)、慢性营养不良或吸收不良、慢性肝病
过量饮酒	乙醇摄入量≥3 单位 /d
骨密度	先选择测量骨密度仪器,然后填写股骨颈骨密度的实际测量值(g/cm^2),如果患者没有测量骨密度,可以不填此项,系统将根据临床危险因素进行计算
结果判断	FRAX 预测的髋部骨折概率≥3% 或任何主要骨质疏松性骨折概率≥20% 时,为骨质疏松性骨折高危患者,建议给予治疗;FRAX 预测的任何主要骨质疏松性骨质疏松性骨折概率为 10%~20% 时,为骨质疏松性骨折中风险;FRAX 预测的任何主要骨质疏松性骨质疏松性骨折概率 <10%,为骨质疏松性骨折低风险。

注:1 单位乙醇相当于 8~10g 乙醇,相当于 285ml 啤酒,120ml 葡萄酒,30ml 烈性酒。

4. 跌倒及其他危险因素　跌倒是骨质疏松性骨折的独立危险因素,包括环境因素和自身因素等(表 16-3-6)。

(1) 环境因素:例如路面湿滑、光线昏暗、地面障碍物、地毯松动、卫生间未安装把手等。

(2) 自身因素:包括增龄、视觉异常、感觉迟钝、神经肌肉疾病、肌少症、缺乏运动、营养不良、平衡能力差、步态异常、既往跌倒史、维生素 D 不足、心脏疾病、抑郁症、体位性低血压、精神和认知疾患、药物原因(如抗癫痫药、安眠药及治疗精神)等。

表 16-3-6　跌倒的相关危险因素

分类	危险因素
环境因素	缺乏浴室内辅助装置 宽松的地毯 低高度照明 路障 湿滑环境

续表

分类	危险因素
医疗相关危险因素	年龄 镇静药物（麻醉止痛剂、解痉药、精神类药物） 心律失常 焦虑、激动 直立性低血压 视力不良 脱水状态 跌倒史或害怕跌倒 抑郁症 解决问题或精神敏锐度和认知能力减退 维生素 D 缺乏［血清 25（OH）D 水平 <30ng/ml（75mmol/L）］ 急迫性尿失禁 营养不良
神经和肌肉骨骼相关危险因素	驼背 本体感觉下降 平衡能力下降 肌力下降 / 肌少症 活动能力下降 心血管功能失调

第四节　骨质疏松症的检查方法

临床诊断原发性骨质疏松症需要包括两方面内容：确定是否为骨质疏松症，并排除继发性骨质疏松症。骨质疏松症的诊断需要全面详尽的病史采集、体格检查、骨密度测定、其他影像学检查及必要的生化指标测定。目前临床上难以直接测量活体骨强度，对骨组织测量方法主要有骨密度测定法，骨强度测定法，骨形态计量测定法等等。需要注意的是，快速无创、高精度的骨密度测量法一般仅能反应骨强度的60%~70%；有创操作的骨形态计量法可以提示骨量减低和骨质疏松，但因为需要从机体取出骨组织，故尚难以在临床进行推广。

一、常用的骨密度及骨测量的方法

骨密度是单位体积（体积密度）或单位面积（面积密度）所含的骨量。骨密度相关测量的方法很多，不同的方法在疾病的诊断、疗效监测和骨折风险性评估中作用不同。目前常采用的骨密度测量方法有：①双能 X 射线吸收法（dual energy X-ray absorptiometry，DXA）②定量计算机断层成像（quantitative computed tomography，QCT）③外周 QCT（peripheral quantitative computed tomography，pQCT）④定量超声（quantitative ultrasound，QUS），等等。

双能 X 射线吸收法（dual X-ray absorptiometry，DXA）是目前指南中公认的诊断骨质疏松症的金标准。骨密度检测已成为我国 40 岁以上人群的常规体检内容，临床诊治骨质疏松症的骨密度测定指征如下表 16-4-1。

表 16-4-1　骨密度测量的临床指征

条目	符合以下任意 1 条,建议患者行骨密度测定
1	女性年龄≥65 岁,男性年龄≥70 岁
2	女性/男性年龄未达到条目 1 范围,但合并一个或多个骨质疏松危险因素
3	有脆性骨折病史的成人
4	各种原因导致性激素水平低下的成人
5	X 线影像提示已有骨质疏松改变者
6	接受抗骨质疏松治疗、进行疗效监测者
7	患有影响骨代谢疾病或使用影响骨代谢药物史者
8	IOF 骨质疏松症一分钟测试题回答结果阳性者
9	OSTA 结果≤-1 者

注:IOF 为国际骨质疏松基金会;OSTA 为亚洲人骨质疏松自我筛查工具。

（一）DXA

双能 X 射线吸收法（dual X-ray absorptiometry,DXA）运用 X 线双能光谱在骨组织和软组织中衰减程度不同的原理进行骨矿含量和骨密度测定。1987 年美国 Hologic 公司生产了全球第一台 DXA 仪器。DXA 是目前临床和科研中最常使用的测量方式,是指南中指认的诊断骨质疏松症的金标准,可用于 OP 的诊断、治疗疗效评估和骨折风险性预测,也是流行病学调查研究中常用的骨骼评估方法。

X 线双能光谱在不同组织中衰减程度不同是指由于人体骨组织和软组织密度和厚度不同,DXA 中高能和低能两种光子的衰减不同。当高、低能量的光子穿过同样密度组织时,组织对光子的吸收存在差异,低能量光子被组织吸收多,高能量光子被组织吸收少,通过量化光子的衰减程度,就可以定量评价组织密度,它测量的是面积骨密度（aBMD,单位 g/cm^2）。

DXA 主要测量部位为腰椎、股骨近端（股骨颈、Wards 三角区、大粗隆等）,其他区域包括前臂、全身等。超过 DXA 床承重的肥胖患者可以选取非优势侧桡骨远端 1/3。

DXA 行正位腰椎测量时,感兴趣区包括椎体及后方的附件结构,故 DXA 的测量结构受到腰椎退行性改变（如椎体和椎小关节骨质增生硬化等）和腹主动脉钙化的影响,有可能低估老年骨质疏松症患者的骨密度水平,因此推荐同时测量腰椎和股骨近端。股骨近端的感兴趣区为:股骨颈、大粗隆、全髋和 Wards 三角区,其中可用于骨质疏松症诊断的感兴趣区为股骨颈和全髋。基于 DXA 测量中轴骨（股骨颈或全髋,L$_1$~L$_4$）的骨密度或者桡骨远端 1/3 的骨密度对骨质疏松的诊断标准是 T 值≤-2.5SD（表 16-4-2）。

DXA 使用过程中存在使用范围和局限性。首先,DXA 诊断标准采取的是 T 值,而 T 值结果由仪器自身所设定的正常参考数据库所决定。这里需要强调的是:DXA 在做骨质疏松诊断时,必须核对该台机

表 16-4-2　基于 DXA 骨密度 T 值骨质疏松的诊断标准

分类	T 值	分类	T 值
正常	≥-1.0SD	骨质疏松	≤-2.5SD
骨量减少	-2.5SD~-1.0SD	严重骨质疏松	≤-2.5SD 合并脆性骨折

注:T 值参考认可的中国人群数据库。

器所选取的参考数据库,建议参考认可的中国人群数据库。不同的 DXA 机器的测量结果如果未行横向质控,则不能相互比较。新型 DXA 测量仪所获取的胸腰椎椎体侧位影像,可用于椎体的形态评估和骨折的判定(vertebral fracture assessment,VFA)。其次,DXA 采用平面投影技术,获取的面积骨密度受到被测量部位骨质增生、骨外组织钙化、骨折、位置选择等影响。

(二) 定量 CT(quantatitive computed tomography,QCT)

QCT 骨密度测量是在 CT 机设备基础上加用 QCT 专用已知密度的体模(phantom)和相应的测量分析软件对人体骨密度、骨形态和体质成分进行测量的一种方法。该方法能够真正分别测量密质骨和松质骨的体积密度(vBMD,单位 g/cm³),能够较早地反映骨质疏松早期松质骨的丢失情况。通常情况下,QCT 测量部位是腰椎和/或股骨近端的松质骨骨密度,其测量结果预测绝经后女性椎体骨折风险的能力与 DXA 腰椎测量结果评估类似。临床中 QCT 测量也应用于骨质疏松药物治疗的疗效观察。

因为骨密度变化较慢,临床采用 DXA 或 QCT 进行骨质疏松病情的随访或治疗疗效的监测时,所有的随访测量一般需要间隔一年再次给予复查。如果变化快可以半年复查一次。而骨代谢的各项生化指标变化比影像学早,可以三个月复查一次。由于 QCT 具备高清晰度的三维 CT 数据图像,测量的是真正的体积骨矿密技术并且不受到测量感兴趣区周围组织影响,因此近年逐渐受到重视。

(三) 外周骨定量 CT(pQCT)

pQCT 是一种专门用于四肢(桡骨或者胫骨远端)的 QCT 骨密度的测量方法。pQCT 选取的测量部位是桡骨远端和胫骨,主要反映密质骨骨密度变化情况,可以用于绝经后女性髋部骨折发病风险的评估。缺点是:目前尚无诊断标准,不能用于骨质疏松的诊断和临床抗骨质疏松药物治疗疗效的评判。除此之外,高分辨 pQCT 除测量骨密度之外,还能够实现骨微结构变和计算骨力学性能参数。

(四) 定量超声(quantitative ultrasound,QUS)

QUS 定量超声测量主要是利用软组织、骨组织、骨髓组织对超声波反射和吸收造成的超声信号的衰减结果。尽管 DXA 被认定是诊断骨质疏松症的金标准,但是只能测定骨密度并不能反映骨微结构变化情况,故 DXA 在骨折风险评估方面虽然有着重要价值,但仍然有不足之处。QUS 是近 50 年来逐渐兴起的诊断骨质疏松的一种方法,不仅可以获得骨密度信息,而且可以获知骨质量、骨微结构信息,进而更加全面评估骨折风险。

QUS 主要通过计算超声传播速度(SOS)来反映骨矿密度和弹性,以及骨小梁、骨皮质分布状况的影响。骨矿密度能够反映 60%~70% 的骨强度,骨小梁垂直纵向连接的丢失和水平横向连接的丢失都是影响骨强度的重要因素。QUS 通常测量部位选取跟骨,一方面因为该部位 95% 为松质骨,另一方面是因为实验 QUS 测量该部位的骨密度与用 DXA 测量的腰椎与股骨骨密度有较好的相关性。QUS 测量结果与骨密度有着不同程度的相关性,而且能够提供有关骨应力、结构等方面的信息。目前适用于骨质疏松风险人群的筛查和骨折的风险评估,尚不能用于骨质疏松症的诊断和治疗药物的疗效判断。由于国内外尚无实现 QUS 筛查判定标准的统一,故临床应用时需要参考 QUS 设备厂家提供的信息,若结果怀疑骨质疏松,应给予 DXA 测量。

二、胸腰椎 X 线侧位影像及骨折判定

椎体压缩性骨折是最常见的骨质疏松脆性骨折,常因无明显临床症状易被漏诊,是骨质疏松流行病学调查、诊疗、随访的重要指征,因此需要在骨质疏松性骨折的高危人群中开展椎体骨折的筛查,见表 16-4-3。目前指南里推荐胸腰椎 X 线侧位影像检查是判定骨质疏松性椎体压缩性骨折的首选检查方法。

常规胸腰椎 X 线侧位影像摄片的范围是 T₄~L₁ 和 T₁₂~L₅ 椎体。基于胸腰椎 X 线侧位影像,采用

Genant 目视半定量的判定方法,椎体的压缩性骨折程度可以分为Ⅰ、Ⅱ、Ⅲ度(轻、中、重度)。该分度依据压缩椎体最明显处的上下高度与同一椎体后高之比。若全椎体压缩,则压缩最明显处的上下高度于与其邻近上一椎体后高之比。椎体压缩性骨折轻度、中度、重度的判定标准分别为椎体压缩的 20%~25%、25%~40% 和 >40%。

DXA 胸腰椎侧位椎体成像(vertebral fracture assessment,VFA)与 X 线侧位影像摄片评估椎体骨折的特异度和灵敏度相当,均可应用于椎体骨折评估。

表 16-4-3   进行椎体骨折评估的指征

符合以下任何一条,建议行胸腰椎 X 线侧位影像及其骨折判定
1. 女性 70 岁以上和男性 80 岁以上,椎体、全髋或股骨颈骨密度 T 值≤−1.0
2. 女性 65~69 岁和男性 70~79 岁,椎体、全髋或股骨颈骨密度 T 值≤−1.5
3. 绝经后女性及 50 岁以上男性,具备以下任一特殊危险因素: ① 成年期(≥50 岁)非暴力性骨折 ② 较年轻时最高身高缩短≥4cm ③ 1 年内身高进行性缩短≥2cm ④ 近期或正在使用长程(>3 个月)糖皮质激素治疗

三、骨转换标志物

骨组织具备新陈代谢的能力,存在由破骨细胞吸收旧骨(骨的分解)、成骨细胞生成新骨(骨的合成)的骨转换过程。骨转换标志物(BTMs)是骨组织本身代谢过程(分解与合成)的产物,简称骨标志物(BTMs)。骨标志物(BTMs)在其中发挥着重要的调节作用,来源于骨、软骨、软组织、皮肤、小肠、肝肾及血液,包含由破骨细胞和成骨细胞分泌的酶和激素,以及骨基质的胶原蛋白代谢产物或非胶原蛋白。目前可以通过酶联免疫吸附测定(ELISA)、化学发光免疫测定(CLIA)、放射免疫分析(RIA)、电化学发光(ECL)、免疫放射分析(IRMA)、高效液相色谱法(HPLC)及比色法等进行检测分析。BTMs 虽然不能作为骨质疏松诊断的金标准,但是通过检测血、尿液中骨转换生化标志物的水平,能够获知骨组织新陈代谢的情况,用于评价骨代谢状态、骨质疏松的诊断分型,以及预测骨折风险,观察药物疗效和代谢性骨病的鉴别诊断。BTMs 在抗骨质疏松药物的研发及流行病学研究方面具备重要价值。

BTMs 可进一步划分成骨形成标志物和骨吸收标志物,如表 16-4-4 所示。骨形成标志物反应成骨细胞活性及骨形成的状态,骨吸收标志物代表破骨细胞的活性和骨吸收的水平。

表 16-4-4   骨转换生化标志物

骨形成标志物	英文	标本来源
碱性磷酸酶	alkaline phosphatase,ALP	血清
骨特异性碱性磷酸酶	bone specific alkaline phosphatase,BALP	血清
骨钙素	osteocalcin,OC	血清
Ⅰ型前胶原羧基末端肽	type Ⅰ procollagen carboxyl-terminal peptide,PICP	血清
Ⅰ型前胶原氨基末端肽	type Ⅰ procollagen amino-terminal peptide,PINP	血清
骨保护素	osteoprotegerin,OPG	血清

续表

骨吸收标志物	英文	标本来源
抗酒石酸酸性磷酸酶	tartrate resistant acid phosphatase，TRACP	血清
Ⅰ型胶原羟基末端肽	type Ⅰ collagen carboxy-terminal peptide，CTX	血清/尿
Ⅰ型胶原氨基末端肽	type Ⅰ collagen amino-terminal peptide，NTX	血清/尿
尿吡啶啉	urinary pyridinoline，Pyr	尿
尿脱氧吡啶啉	urinary deoxypyridinoline，D-Pyr	尿
尿Ⅰ型胶原羟基末端肽	urinary type Ⅰ collagen carboxy-terminal peptide，U-CTX	尿
尿Ⅰ型胶原氨基末端肽	urinary type Ⅰ collagen amino-terminal pepetide，U-NTX	尿

第五节　骨质疏松症诊断及鉴别诊断

骨质疏松症的诊断主要基于 DXA 骨密度测量的结果和/或脆性骨折，在鉴别骨软化和继发性骨质疏松的同时，可以参考病史、骨转换标志物和骨折情况进行综合诊断和评估原发性骨质疏松。

一、骨质疏松症诊断

（一）基于骨密度测定的诊断

双能 X 射线吸收法（dual X-ray absorptiometry，DXA）是目前指南中指认的诊断骨质疏松症的金标准。建议对于绝经后女性、≥50 岁的男性，参照 WHO 推荐的诊断标准（基于 DXA 检测）：骨密度值低于同性别、同种族健康成人的骨峰值 1 个标准差及以内为正常；降低 1~2.5 个标准差属于骨量低下（低骨量）；降低等于和超过 2.5 个标准差属于骨质疏松；骨密度值降低程度符合骨质疏松诊断标准的同时伴有一处或多处脆性骨折属于严重骨质疏松（详见表 16-5-1）。骨密度通常使用 T 值表示，T 值 =（实测值 − 同种族同性别正常青年人峰值骨密度）/ 同种族同性别正常青年人峰值骨密度标准差。

表 16-5-1　基于 DXA 测定的骨密度分类标准

分类	T 值	分类	T 值
正常	T 值≥−1.0	骨质疏松	T 值≤−2.5
低骨量	−2.5<T 值 <−1.0	严重骨质疏松	T 值≤−2.5+ 脆性骨折

基于 DXA 测量的中轴骨骨密度或桡骨远端 1/3 骨密度对于骨质疏松症的诊断标准是 T 值≤−2.5。对于儿童、绝经前女性以及 50 岁以下的男性，骨密度水平的判断标准建议采用同种族 Z 值表示，Z 值 =（骨密度测定值 − 同种族同性别同龄人骨密度均值）/ 同种族同性别同龄人骨密度的标准差。Z 值≤−2.0 被视为低于同年龄段预期范围或低骨量。

（二）基于脆性骨折（fragility fracture）的诊断

脆性骨折也叫作低能量骨折（low-enegry fractures），或骨质疏松性骨折（osteoporotic fracture），是指患者遭受轻微碰撞或无外伤跌倒情况下引起的骨折，即在平地或身体重心高度跌倒所引发的骨折，多发生在中老年人，是骨质疏松症的严重后果。只要患者椎体或者髋部发生脆性骨折，无论有无骨密度测定结果均可临床诊断骨质疏松症。肱骨近端、前臂远端或骨盆发生的脆性骨折,即便患者骨密度测定显示为低骨量也可以诊断为骨质疏松症。

2017 版中华医学会指南制定的骨质疏松症诊断标准详见表 16-5-2。

表 16-5-2　骨质疏松症诊断标准

骨质疏松症诊断标准(符合以下三条中之一者)
1. 椎体或髋部脆性骨折
2. DXA 测量的中轴骨或桡骨远端 1/3 的骨密度 T 值≤-2.5
3. 骨密度测量符合低骨量(-2.5<T 值 <-1.0)+ 肱骨近端、前臂远端或骨盆脆性骨折

注:DXA 为双能 X 射线吸收法。

二、骨质疏松症鉴别诊断

骨质疏松可以由多种病因导致,在诊断原发性骨质疏松症之前,一定要排除其他影响骨代谢的疾病,避免发生漏诊或误诊。临床医生需要详细了解患者病史,评价可能导致骨质疏松症的各种危险因素、药物及病因(详见表 16-3-1),特别需要注意的是部分导致继发性骨质疏松症的疾病由于缺乏特异性症状和体征,有赖于进一步的辅助检查。这里列举部分继发性骨质疏松症的鉴别诊断以供区分(表 16-5-3)。

表 16-5-3　原发性与部分继发性骨质疏松症的鉴别

	原发性 OP	原发性甲状旁腺功能亢进	原发性甲状旁腺功能减退	肾性骨病	类固醇性骨质疏松症	佝偻病或骨软化
病因	尚不明确	PTH 瘤或主细胞增生	PTH 缺乏	肾衰竭,肾小管酸中毒	骨吸收增加,肠钙吸收下降	维生素 D 缺乏
主要骨损害	BMD 下降	纤维囊性骨炎,BMD 下降	BMD 下降	BMD 下降	BMD 下降,无菌性骨坏死	骨质坏死,骨畸形,BMD 下降
血 PTH	→(↑)	↑↑	↓↓	↑↑	↓	↑↑
血钙	→	↑	↓	↓(→)	→	↓(→)
血磷	→	↓	↑	↑↑	→	↓(→)
血骨钙素	↑(→)	↑	→	↑	→(↑)	→
血 1,25-(OH)$_2$D$_3$	→(↓)	↑	↓	↓	↓	↓↓
尿吡啶啉 /Cr	↑	↑	↓	↑	↑	→(↑)
尿钙 /Cr	↑(→)	↑	↓	↑(→)	↑	↓
尿磷 /Cr	→	↑↑	↓	↓	→	→(↑)
尿羟脯氨酸 /Cr	↑(→)	↑(→)	↓	↑	↑	→
肠钙吸收	↓	↑↑	↓	→(↑)	↓	↓

第六节　骨硬度在骨质疏松症诊治中的进展与相关关系

骨骼强壮是维系人体健康的关键,双能 X 射线吸收法(dual X-ray absorptiometry,DXA)是目前指南中公认诊断骨质疏松症的金标准。但根据现行 BMD 评定标准,仍然约有 50%BMD 正常的绝经后女性存在发生骨质疏松性骨折的风险。近年来,骨质疏松症患者骨硬度的变化越来越受到重视。

硬度是材料本身局部抵抗硬物压入其表面形成永久压痕的能力。骨硬度是评估骨强度和骨质量的一个重要的生物力学性能的评价指标。随着骨骼力学性能检测设备的不断发展,人们对于骨组织的研究由宏观向微观和纳米观的纵深发展,做出了诸多努力。显微压痕硬度测量技术为其中具有代表性的研究技术之一,它是衡量骨组织材料微观力学性能的重要参量之一,代表骨组织材料自身抵御弹性形变和塑性形变的能力。

近年来,骨显微压痕硬度的研究受到越来越多的学者的认识和重视。压痕试验可以直接测量骨的显微力学性能,在骨质疏松症的诊断和治疗中具有良好的应用前景。方便临床使用的手持式骨硬度检测仪器已经被开发出来,并成功地检测出糖尿病患者骨强度的恶化。

下面将从骨质疏松性骨折的治疗难度、骨质量、骨密度等范围来探讨骨质疏松性骨折与骨强度的关系。

一、骨质疏松性骨折的治疗难度

姚运峰等对高龄髋部骨折的患者人群进行研究发现,术前合并内科慢性病的比率高达 74.7%。何伟东对 60 岁以上髋部骨折患者人群进行研究发现,约 89.2% 的患者在术前合并系统性并存症(companied diseases),术后约 21.2% 患者合并 1 种或者 2 种并发症。骨质疏松性骨折的治疗难度可以总结如下：①患者多为中老年人,年龄在 50 岁以上,其总体健康状况呈下降趋势,容易合并心脑血管病、糖尿病、呼吸系统疾病等慢性病。且该人群机体抵抗力差,术后易合并多种并发症,增加了治疗的难度和成本。②骨质疏松症患者骨强度下降、多处粉碎性骨折,手术中置入的内固定物易于松动。③由于骨质量不佳,骨折愈合缓慢,恢复时间延长,肢体功能恢复缓慢。④患者再发骨折的风险较正常骨量患者明显增大。

二、骨强度与骨质疏松性骨折

骨强度是指某一部位的骨骼所能够承受的最大外力,当外力超过该部位的骨强度时,就会发生骨折。骨最大强度是骨折发生时骨所承受的负荷或相应的应变和应力。因此研究骨的力学性能成为评估骨强度的一种途径,是近年来骨骼健康领域的研究热点。骨组织拥有高度复杂、功能分工明确的层级结构,具有生命活性并能时刻保持自我更新能力。骨是一种由多种有机物和无机物组成的复合物。其中钙磷矿物质和胶原蛋白分子构成了骨基质的绝大部分。研究发现骨组织可以划分为:①宏观骨骼;②密质骨和松质骨;③哈佛斯系统的骨单位;④骨板;⑤胶原纤维;⑥胶原原纤维;⑦胶原蛋白分子和矿物质晶体,共计七个等级分层结构且组成十分复杂。构成成分包括矿物质、水、胶原蛋白、非胶原蛋白、脂质等,这些成分的含量具有个体差异性,可以随个体年龄、性别、遗传、种族、地区、环境、生活习惯和工作方式不同而变化。这种差异性会导致骨骼的微观力学性随之发生改变。由于复杂性和个体差异性,至今人体骨骼微观力学性能尚未得到系统地揭示。骨折发生时骨所承受的负荷超过该区域能承受的最大应力,在这个过程中,力学性能改变显著。力学性能与人体骨骼的强度密切相关,后者主要取决于骨组织中物质的组成和结构,其中骨组织矿物含量决定骨骼的硬度。

骨强度是骨的内在特性。由于骨结构的复杂性,骨强度取决于多种因素,不仅依赖于骨量的多少,更多的依赖于骨小梁/骨皮质等成分间的结构完整性。影响骨强度的常见的病因是骨质疏松症。骨强度可以全面评价骨质疏松症患者的骨质量和骨密度。深入了解骨矿物质密度和骨质量在骨质疏松症中的改变,对评估骨折风险和临床选择骨科植入物生物材料具有重大意义。

近年来,骨质疏松症患者骨强度的变化越来越受到重视。骨质疏松症的诊治均应以骨强度入手,了解患者骨强度的变化过程,研发并使用一种或几种能够增强骨强度的药物来降低骨质疏松性骨折的风险。

三、骨密度与骨强度

骨密度是指单位体积的骨矿物质的含量,其主要成分是钙和磷矿物。它们在基质中沉积的越多,骨密度越大,骨头越硬。目前诊断骨质疏松症的金标准是骨密度(BMD),它被认为是决定骨强度和骨折危险性的重要指标。双能 X 射线骨密度仪检测的表观骨密度(area bone mineral density,aBMD)曾被认为是临床检测骨强度的主要依据。有研究表明,大约有 2/3 的骨折患者检测其骨密度并未达到骨质疏松标准(BMD≥-2.5sd),提示 BMD 检测并不能反映和准确预测这部分人群的骨折风险。Seeman 的研究认为,单纯依靠骨密度预测骨折的敏感性与特异性较低,有 50% 的骨折患者的经检测发现骨量正常,少数合并骨质疏松症的患者并未发生骨折。综上,使用 BMD 单独诊断有些病症是否与骨质疏松症有关,将不可避免地导致误诊和漏诊。有分析显示 BMD 仅能反映出 60% 的骨强度。这一现象提醒我们,仅测量骨密度并不能充分反映骨强度和准确预测骨质疏松性骨折的风险。因此,有必要对骨质量、骨量、骨代谢和全身代谢进行综合性评估,才能更准确地评价骨强度和骨折发生的可能性。骨组织在长期进化过程中,为了适应内外环境,其骨量和骨质量不断发生改变。因此,仅仅靠骨量(骨密度)评估人体对抗骨折的能力是远远不够的,必须将骨量和骨质量二者结合评价,即以骨强度为评价指标才更为准确。

四、骨质量与骨强度

骨强度是骨密度和骨质量的结合体。骨质量包括骨细胞的构成、活动情况、骨基质中胶原成分和无机矿盐的矿化含量和质量、骨的内部结构中松质骨和密质骨的数量、质量、排布以及骨代谢、骨微损伤(骨积累损伤)和修复等,是一个综合的概念。骨强度是骨组织的韧性和承载能力的评价指标。

五、骨的细胞与骨强度

骨细胞、成骨细胞和破骨细胞在人体中分别扮演力感觉、力学刺激效应细胞和机械力感应细胞的角色。骨形成是骨基质降解与骨基质形成之间的动态平衡过程,降解和形成分别受破骨细胞和成骨细胞的介导。人体的机械刺激增加细胞代谢运输,进而影响细胞活动模式,这种动态平衡可以随着力学刺激的强弱程度而发生变化。成骨细胞产生钙流和释放细胞因子,促进骨形成并抑制骨破坏,改变骨强度。研究表明,流体剪切力(FSS)促使成骨细胞释放三磷酸腺苷(ATP)作用于 P2Y 嘌呤受体,细胞内钙动员,导致骨形成。同时,P2X7 嘌呤受体的开启会作用于成骨细胞释放前列腺素,骨桥基因(OPN)表达导致骨吸收被抑制。流体剪切力(FSS)同样会刺激骨细胞使其产生相应的应力反应,骨细胞合成并释放大量的细胞因子,促进骨形成。同时,在成骨细胞和骨细胞之间存在着丰富的间隙连接,该连接让骨内外表面形成了纵横向连接,提升了骨强度。同样,流体剪切力(FSS)作用下破骨细胞释放氢离子、各种细胞因子,溶解矿物质和降解胶原,形成骨吸收陷窝,即为骨吸收。由此可见,适度的机械刺激会促进骨吸收、抑制骨破坏,从而维持骨强度;但过量的力学载荷会起到相反的作用,从而引起骨强度降低。

六、骨的内部结构与骨强度

内部物质的含量和排布决定了骨强度的大小，尤其是后者。内部物质的排布包括骨密质和骨松质的厚度、骨小梁的数量和排布方式、骨膜及骨髓腔的变化等等，即通常意义上骨的内部结构。近年来，有限元分析方法逐渐应用至骨骼的研究，通过建模可以更全面、准确地评价在不同机械载荷刺激下的骨强度变化。研究表明约 70%~80% 的骨强度可以通过骨骼体积、骨的横截面面积等预测出来。

（一）松质骨

骨小梁密集交错构成了多孔结构状的松质骨，其骨质量与骨硬度密切相关。材料学证实骨组织是一种具有各向异性的非均质材料，拥有这样特质的骨小梁形成的网架结构通过承载、引导、分散应力负荷从而有效地增强骨强度，是影响骨强度的主要因素。机械载荷刺激会加剧骨重建，骨重建过程会导致非应力方向上片状骨小梁变窄，间距增宽，随着刺激的增加骨小梁断裂，进而出现弥漫性微骨折，该区域抵御骨折的能力下降。随着水平骨小梁缩小、变薄、稀疏，应力方向上的骨小梁代偿性改变，在机体的调节下尽可能地承担抵御形变的任务。椎骨研究显示在应力刺激下，水平方向上的骨小梁首先缩小、变薄、稀疏甚至消失，机体代偿性出现应力方向上异常增粗的骨小梁。使用纳米压痕骨硬度试验对股骨中远端的密质骨和骨小梁的弹性模量进行研究发现，非应力方向上骨小梁高于密质骨，而应力方向结果相反。在绝经前及时给予女性降钙素药物，能够有效地降低绝经后骨质疏松性骨折发生的可能性，这可能归因于降钙素促进钙沉积、抑制骨吸收从而减少骨小梁变少、变薄，保持骨小梁三维多孔结构等。这些都从侧面证实了骨小梁的网架构造是通过承载、引导、分散应力负荷的办法来增强骨强度的。

（二）密质骨

骨强度也受密质骨的内孔大小和和孔隙度的影响。密质骨并不是密不透风的结构，而是较为致密的多孔状结构。研究表明 55% 的屈服力点和 70% 的弹性模量是由密质骨多孔结构所决定的。密质骨对于机械力学载荷刺激的反应较松质骨慢。随着载荷的增加，密质骨的宽度和厚度变化渐渐不同，逐步变薄变宽，分层明显，甚至可呈现细的线性形状，骨密度仪检测也证实了骨皮质的这种改变。三维有限元的方法分析了密质骨与骨整体力学性能的关系后发现桡骨远端皮质变薄，其骨量减少 20%，骨强度降低 40%。研究扁骨与管状骨发现，不同结构的密质骨即使骨矿物质含量相同，二者的骨强度也不完全一致，这与骨皮质的截面积有关。有研究表明，截面积受到骨髓腔大小的影响，与骨髓腔大小呈正相关关系。而单位体积的骨密度的大小则与骨髓腔大小呈负相关关系，因此意味着截面积越大单位体积内骨密度越小；截面积越小单位体积内骨密度越大。研究哈弗斯系统发现，离骨单位越近，骨截面积越大，皮质层越薄，骨强度下降。

七、骨基质与骨强度

骨微结构主要是由骨基质构成的，该指标的结构基础为其自身的材料特性和结构特性。骨微结构随着外力刺激而发生适应性代谢变化，这种改变被称作骨重建。骨重建是骨形成和骨破坏之间的动态变化过程。这个过程中骨强度随着应力的传导和骨内部结构的调整而变化。骨基质从构成成分上可以将其划分为无机部分和有机部分。其中有机部位负责维持骨韧性，主要由各种胶原蛋白（主要为Ⅰ型胶原蛋白）和糖蛋白组成；无机部分主要由占到骨组成成分 70% 的羟基磷灰石构成，负责维持骨硬度。有机基质是骨抵抗外力、维持韧性的基础，它能够有效地缓解力学载荷、吸收并耗散力学能力从而抵御形变。有机成分的骨胶原满足了骨组织的韧性不易断裂的需要，又为实现骨骼强大的力学性能提高了基础。诸多研究表明，当人或动物的骨量下降时，骨组织胶原性质会发生改变。骨胶原已经不可被忽略的、影响骨强度的重要参考因素,通过分析骨胶原属性与骨强度二者的关系,有助于探明骨量下降的病因。

胶原蛋白在密质骨和松质骨中排布方式不同:在密质骨主要存在于板层骨内,呈同心圆形;松质骨内则与骨小梁的长轴平行。虽然骨硬度主要取决于密质骨的骨矿物质含量,但是胶原的数量和排布在提供晶体的框架结构、抵御外力维持骨骼外形避免发生骨折方面有着不可替代的重要作用。

羟基磷灰石含量决定了骨矿物质含量,由大小不等的晶体组合而成。羟基磷灰石含量越高,骨硬度越大。有研究证实骨质疏松组的骨矿物质含量下降、晶体体积增大,与非骨质疏松组有显著差异。显微镜下发现老化骨中晶体的体积较幼稚骨明显增加。这说明机械载荷刺激下晶体体积变大会导致骨强度下降。骨组织由胶原纤维编织交叉,羟基磷灰石填充其中而组成。Ⅰ型胶原在骨胶原中所占的比例最高,约95%,占骨组织中总蛋白的80%~90%。其他类型的胶原含量不高,但Ⅰ型胶原纤维的直径受其影响发生改变。胶原决定骨组织具有一定程度的韧性,而羟基磷灰石等矿盐晶体填充于胶原纤维束之间,使得骨组织具有较高的强度。骨组织在屈服应变前的弹性线性应变主要受到羟基磷灰石等矿盐晶体影响,而屈服应变后的非线性应变则主要是受骨胶原基质影响。高温、福尔马林等均可影响骨胶原完整性,使其变性,进而导致骨组织的韧性下降。1978年Sanada提出女性绝经后雌激素水平撤退性下降会降低赖氨酰氧化酶(lysyl oxidase,LOX)活性进而影响骨组织中Ⅰ型胶原的属性,致使骨强度下降。骨强度也受到胶原纤维的排布走向的影响。Goldman等人使用偏振光显微镜对尸体标本的股骨进行研究发现,不同年龄组之间的骨组织内的胶原排布走向具有显著差异。Martin等人发现,密质骨内纵行排布走向的胶原纤维比较较高时,骨强度显著提高。Ramasamya等人进行动物实验发现小鼠股骨前部区域密质骨纵向排布的胶原高于后部区域,相应的前部骨强度高于后部。骨质疏松症会导致骨胶原纤维排布走向随之发生改变。Silva在老年骨质疏松小鼠模型中发现其骨组织主应力方向的胶原纤维的比例显著低于对照组。Paschalis对正常人和骨质疏松症患者的髂骨活检标本进行研究,发现二者的胶原交联情况存在显著差异。Kowitz研究发现骨质疏松症患者体内骨组织胶原分子的赖氨酸残基被过度羟基化、羟赖氨酸被过度糖基化,这会导致胶原纤维束的直径显著下降,进而影响矿物质晶体与胶原纤维的结合,最终导致骨强度下降。

总之,骨强度可以预测骨折风险,有利于了解骨骼系统的状态,为辨明骨量下降和骨质疏松症提供了新的诊断思路。骨骼内部矿物质盐的含量、各种成分的材料特性和构成比例、构造特征均在潜移默化地影响骨强度。在机械应力刺激下,骨微结构中各种成分随之发生变化并影响了骨强度。

骨密度对于当前的临床医生而言,仍然是评估骨质疏松相关性骨折风险的主要参考指标,但是我们必须意识到,骨密度在诊断方面的局限性。而骨强度相关指标的变化,尤其是骨密度结合骨质量相关指标,为系统全面评估骨质疏松相关性骨折风险和治疗提供新的方向和思路。已有研究采用维氏显微压痕仪对密质骨、松质骨的微观力学性能检测,进而描绘正常成年人自身骨硬度变化规律,为临床早期发现骨强度变化提供数据支持,提高了临床预测骨质疏松相关性骨折的可能性。

参 考 文 献

[1] ÅKESSON K,MARSH D,MITCHELL PJ,et al. Capture the Fracture:a Best Practice Framework and global campaign to break the fragility fracture cycle [J]. Osteoporos Int,2013,24(8):2135-2152.

[2] KANIS JA,RD ML,CHRISTIANSEN C,et al. The diagnosis of osteoporosis [J]. J Bone Miner Res,1994,9(8):1137.

[3] AMMANN P,RIZZOLI R. Bone strength and its determinants [J]. Osteoporos Int,2003,14(3 Suppl):13-18.

［4］　王琳,沈芸.骨质疏松性骨折预测方法的研究进展[J].中国骨质疏松杂志,2015,21(5):638-642.

［5］　中华医学会骨质疏松和骨矿盐疾病分会.原发性骨质疏松症诊疗指南(2017)[J].中华骨质疏松和骨矿盐疾病杂志,2017,10(5):413-443.

［6］　戴如春,张丽,廖二元.骨质疏松的诊治进展[J].中国医刊,2008,43(4):4-6.

［7］　邱贵兴,裴福兴,胡侦明,等.中国骨质疏松性骨折诊疗指南(骨质疏松性骨折诊断及治疗原则)[J].中华骨与关节外科杂志,2015,8(5):371-374.

［8］　周建烈,刘忠厚.补充钙和维生素D防治骨质疏松症的全球临床指南进展[J].中国骨质疏松杂志,2017,23(3):371-380.

［9］　何渝煦,魏庆中,熊启良,等.骨质疏松性骨折与骨密度关系的研究进展[J].中国骨质疏松杂志,2014,20(2):219-224.

［10］　CHEN W,LV H,LIU S,et al. National incidence of traumatic fractures in China:a retrospective survey of 512 187 individuals［J］. Lancet Glob Health,2017,5(8):e807-e817.

［11］　BURGE RT,DAWSONHUGHES B,SOLOMON DH,et al. Incidence and economic burden of osteoporosis-related fractures in the United States,2005-2025†［J］. J Bone Miner Res,2007,22(3):465-475.

［12］　张英泽.临床创伤骨科流行病学[M].北京:人民卫生出版社,2009.

［13］　KRISTIANSEN IS. Consequences of hip fracture on activities of daily life and residential needs［J］. Osteoporos Int,15(7):567-574.

［14］　COOPER C,CAMPION G,RD ML. Hip fractures in the elderly:a world-wide projection［J］. Osteoporos Int,1992,2(6):285-289.

［15］　SI L,WINZENBERG T,JIANG Q,et al. Projection of osteoporosis-related fractures and costs in China:2010-2050［J］. Osteoporos Int,2015,26(7):1929-1937.

［16］　BROWN C. Osteoporosis:Staying strong［J］. Nature,2017,550(7674):S15.

［17］　JOHNELL O,KANIS JA. Epidemiology of osteoporotic fractures［J］. Osteoporos Int,2005,16(2):3-7.

［18］　KANNUS P,PARKKARI J,SIEVANEN H,et al. Epidemiology of hip fractures［J］. Bone,1996,18(1):57S-63S.

［19］　CUMMINGS SR,MELTON LJ. Epidemiology and outcomes of osteoporotic fractures［J］. Lancet,2002,359(9319):1761-1767.

［20］　MELTON LJ 3RD,CHRISCHILLES EA,COOPER C,et al. Perspective. How many women have osteoporosis?［J］. J Bone Miner Res,1992,7(9):1005-1010.

［21］　CAULEY JA. The determinants of fracture in men［J］. J Musculoskelet Neuronal Interact,2002,2(3):220.

［22］　黄公怡.骨质疏松性骨折的特点及临床与研究进展[J].基础医学与临床,2007,27(10):1088-1092.

［23］　TIAN FM,ZHANG L,ZHAO HY,et al. An increase in the incidence of hip fractures in Tangshan,China［J］. Osteoporos int,2014,25(4):1321-1325.

［24］　SEEMAN E. Bone quality:the material and structural basis of bone strength［J］. N Eng J Med,2008,354(21):2250-2261.

［25］　CURREY JD. Hierarchies in biomineral structures［J］. Science,2005,309(5732):253-254.

［26］　COOPER C. Recent advances in the pathogenesis and treatment of osteoporosis［J］. Clin Med,2015,15(Suppl 6):s92.

［27］　STARUP-LINDE J,VESTERGAARD P. Management of endocrine disease:Diabetes and osteoporosis:cause for concern?［J］. Eur J Endocrinol,2015,173(3):R93-99.

［28］　CAMPISI J. Chronic inflammation(inflammaging)and its potential contribution to age-associated diseases［J］. J Gerontol A Biol Sci Med Sci,69(Suppl 1):S4-S9.

［29］　ORIMO H,NAKAMURA T,HOSOI T,et al. Japanese 2011 guidelines for prevention and treatment of osteoporosis—executive summary［J］. Arch Osteoporos,2012,7(1):3-20.

［30］ COSMAN F,BEUR SJD,LEBOFF MS,et al. Clinician's guide to prevention and treatment of osteoporosis［J］. Osteoporos Int,2014,25(10):2359-2381.

［31］ BODY J,BERGMANN P,BOONEN S,et al. Evidence-based guidelines for the pharmacological treatment of postmenopausal osteoporosis:a consensus document by the Belgian Bone Club［J］. Osteoporos Int,2010,21(10):1657-1680.

［32］ CIANFEROTTI L,BRANDI ML. Guidance for the diagnosis,prevention and therapy of osteoporosis in Italy［J］. Clin Cases Miner Bone Metab,2012,9(3):170-178.

［33］ FORSTEIN DA,BERNARDINI C,COLE RE,et al. Before the breaking point:Reducing the risk of osteoporotic fractuze［J］. J Am Osteopath Assoc,2013,113(2 Suppl 1):S5-S24.

［34］ FUJIWARA S,NAKAMURA T,ORIMO H,et al. Development and application of a Japanese model of the WHO fracture risk assessment tool(FRAX)［J］. Osteoporos Int,2008,19(4):429-435.

［35］ LORENC R,GŁUSZKO P,FRANEK E,et al. Guidelines for the diagnosis and management of osteoporosis in Poland. Update 2017［J］. Endokrynol Pol,2017,68(5):604.

［36］ GŁUSZKO P,LORENC RS,KARCZMAREWICZ E,et al. Polish guidelines for the diagnosis and management of osteoporosis:a review of 2013 update［J］. Pol Arch Med Wewn,2013,124(5):255-263.

［37］ KANIS JA,MCCLOSKEY EV,JOHANSSON H,et al. Development and use of FRAX in osteoporosis［J］. Osteoporos Int,2010,21(2 Suppl):407-413.

［38］ KANIS JA,MCCLOSKEY EV,JOHANSSON H,et al. European guidance for the diagnosis and management of osteoporosis in postmenopausal women［J］. Osteoporos Int,2008,24(1):23-57.

［39］ ZHANG Z,OU Y,SHENG Z,et al. How to decide intervention thresholds based on FRAX in central south Chinese postmenopausal women［J］. Endocrine,2014,45(2):195-197.

［40］ WAHNER HW,DUNN WL,BROWN ML,et al. Comparison of dual-energy X-ray absorptiometry and dual photon absorptiometry for bone mineral measurements of the lumbar spine［J］. Mayo Clin Proc,1988,63(11):1075-1084.

［41］ BLAKE GM,FOGELMAN I. Technical principles of dual energy X-ray absorptiometry［J］. Semin Nucl Med,1997,27(3):210-228.

［42］ CHENG X,WANG L,ZENG Q,et al. The China guideline for the diagnosis criteria of osteoporosis with quantitative computed tomography(QCT)(2018)［J］. Chin J Osteoporos,2019,25(6):733-737.

［43］ SHEPHERD JA,SCHOUSBOE JT,BROY SB,et al. Executive summary of the 2015 ISCD position development conference on advanced measures from DXA and QCT:Fracture prediction beyond BMD［J］. J Clin Densitom,2015,18(3):274-286.

［44］ ENGELKE K,ADAMS JE,ARMBRECHT G,et al. Clinical use of quantitative computed tomography and peripheral quantitative computed tomography in the management of osteoporosis in adults:the 2007 ISCD Official Positions［J］. J Clin Densitom,2008,11(1):123-162.

［45］ ROSE EC,HAGENMÜLLER M,JONAS IE,et al. Validation of speed of sound for the assessment of cortical bone maturity［J］. Eur J Orthod,2005,27(2):190-195.

［46］ 安珍,杨定焯,王文志,等. DXA 测量 BMD 与超声测量 SOS 的比较［J］. 中国骨质疏松杂志,2001,7(1):46-48.

［47］ GENANT HK,WU CY,KUIJK CV,et al. Vertebral fracture assessment using a semiquantitative technique［J］. J Bone Miner Res,1993,8(9):1137-1148.

［48］ 马远征,王以朋,刘强,等. 中国老年骨质疏松症诊疗指南(2018)［J］. 中国骨质疏松杂志,2018,24(12):1541-1567.

［49］ MUNOZ F. Identification of osteopenic women at high risk of fracture:The OFELY study［J］. J Bone Miner Res,2010,20(10):1813-1819.

［50］ CARLSTROM D. Micro-hardness measurements on single haversian systems in bone［J］. Experientia,1954,10(4):171-172.

［51］ HODGSKINSON R,CURREY JD,EVANS GP. Hardness,an indicator of the mechanical competence of cancellous bone［J］. J Orthop Res,1989,7(5):754-758.

［52］ KATOH T,GRIFFIN MP,WEVERS HW,et al. Bone hardness testing in the trabecular bone of the human patella［J］. J Arthroplasty,1996,11(4):460-468.

［53］ RANDALL C,BRIDGES D,GUERRI R,et al. Applications of a new handheld reference point indentation instrument measuring bone material strength［J］. J Med Device,2013,7(4):410051-410056.

［54］ 姚运峰,薛晨曦,吕浩,等. 高龄髋部骨折患者围术期并存症和并发症的处理［J］. 中华老年医学杂志,2016,35(4):391.

［55］ 何伟东,黄新宇,柯楚群,等. 老年髋部骨折围手术期并存症与并发症［J］. 实用医学杂志,2001,17(7):626-627.

［56］ LUBBEKE A,STERN R,GRAB B,et al. Upper extremity fractures in the elderly:consequences on utilization of rehabilitation care［J］. Aging Clin Exp Res,2005,17(4):276-280.

［57］ BYNUM JPW,BELL J,CANTU RV,et al. Second fractures among older adults in the year following hip,shoulder,or wrist fracture［J］. Osteoporos Int,2016,27(7):2207-2215.

［58］ NATALI AN,MEROI EA. A review of the biomechanical properties of bone as a material［J］. J Biomed Eng,1989,11(4):266-276.

［59］ RHO J,KUHNSPEARING L,ZIOUPOS P. Mechanical properties and the hierarchical structure of bone［J］. Med Eng Phys,1998,20(2):92-102.

［60］ WANG X,SHEN X,LI X,et al. Age-related changes in the collagen network and toughness of bone［J］. Bone,2002,31(1):1-7.

［61］ RIGGS BL,MELTON LJ,ROBB RA,et al. Population-based study of age and sex differences in bone volumetric density,size,geometry,and structure at different skeletal sites［J］. J Bone Miner Res,2004,19(12):1945-1954.

［62］ PEACOCK M,Buckwalter KA,Persohn S,et al. Race and sex differences in bone mineral density and geometry at the femur［J］. Bone,2009,45(2):218-225.

［63］ GONG J,TANG M,GUO B,et al. Sex- and age-related differences in femoral neck cross-sectional structural changes in mainland Chinese men and women measured using dual-energy X-ray absorptiometry［J］. Bone,2016,83:58-64.

［64］ MOAYYERI A,HAMMOND CJ,HART DJ,et al. Effects of age on genetic influence on bone loss over 17 years in women:The Healthy Ageing Twin Study(HATS)［J］. J Bone Miner Res,2012,27(10):2170-2178.

［65］ FONSECA H,MOREIRA-GONÇALVES D,CORIOLANO HJA,et al. Bone quality:the determinants of bone strength and fragility［J］. Sports Med,2014,44(1):37-53.

［66］ TORRESDELPLIEGO E,VILAPLANA L,GUERRIFERNANDEZ R,et al. Measuring bone quality［J］. Curr Rheumatol Rep,2013,15(11):373.

［67］ EVE D. Methods for assessing bone quality:a review［J］. Clin Orthop Relat Res,2011,469(8):2128-2138.

［68］ DE BAKKER CM,TSENG WJ,LI Y,et al. Clinical evaluation of bone strength and fracture risk［J］. Curr Osteoporos Rep,2017,15(1):32-42.

［69］ HO SP,BALOOCH M,GOODIS HE,et al. Ultrastructure and nanomechanical properties of cementum dentin junction［J］. J Biomed Mater Res A,2010,68(2):343-351.

［70］ 林华. 骨质疏松的评估——骨量与骨质量［J］. 中华医学信息导报,2004,39(7):2-4.

［71］ RALSTON SH,DE'LARA G,FARQUHAR DJ,et al. NICE on osteoporosis. Women over 75 with fragility fractures should have DEXA［J］. BMJ,2009,338(7708):1404-1404.

［72］ SEEMAN E,DELMAS PD. Bone quality--the material and structural basis of bone strength and fragility［J］. N Eng J Med,2008,26(1):1-8.

［73］ WEHRLI FW，SAHA PK，GOMBERG BR，et al. Role of magnetic resonance for assessing structure and function of trabecular bone［J］. Top Magn Reson Imaging，2002，13（5）：335-355.

［74］ MITTRA E，RUBIN C，GRUBER B，et al. Evaluation of trabecular mechanical and microstructural properties in human calcaneal bone of advanced age using mechanical testing，μCT，and DXA［J］. J Biomech，2008，41（2）：368-375.

［75］ ADIL C，AYDIN T，TAŞPINAR Ö，et al. Bone mineral density evaluation of patients with type 2 diabetes mellitus［J］. J Phys Ther Sci，2015，27（1）：179.

［76］ 胡祖圣，李升，刘国彬，等 人体骨骼显微硬度及其相关因素初步研究［J］. 河北医科大学学报，2016，37（1）：102-104.

［77］ FELSENBERG D，BOONEN S. The bone quality framework：determinants of bone strength and their interrelationships，and implications for osteoporosis management［J］. Clin Ther，2005，27（1）：1-11.

［78］ WEINBAUM S，COWIN SC，ZENG Y. A model for the excitation of osteocytes by mechanical loading-induced bone fluid shear stresses［J］. J Biomech，1994，27（3）：339-360.

［79］ ARYAEI A，JAYASURIYA AC. The effect of oscillatory mechanical stimulation on osteoblast attachment and proliferation［J］. Mater Sci Eng C Mater Biol Appl，2015，52：129-134.

［80］ COWIN S. The significance of bone microstructure in mechanotransduction［J］. J Biomech，2007，40（1）：S105-S109.

［81］ LIU Y，LI L，WU J，et al. Effects of fluid shear stress on bone resorption in rat osteoclasts［J］. Sheng Wu Yi Xue Gong Cheng Xue Za Zhi，2007，24（3）：544-548.

［82］ LANE N E YW，BALOOCH M，et al. Glucocorticoid-treated mice have localized changes in trabecular bone material properties and osteocyte lacunar size that are not observed in placebo-treated or estrogen-deficient mice［J］. J Bone Miner Res，2006，21（23）：466-476.

［83］ KEYAK JH，FALKINSTEIN Y. Comparison of in situ and in vitro CT scan-based finite element model predictions of proximal femoral fracture load［J］. Med Eng Phys，2003，25（9）：781-787.

［84］ AUGAT P，SCHORLEMMER S. The role of cortical bone and its microstructure in bone strength［J］. Age Ageing，2006，35（suppl 2）：27-31.

［85］ NAGARAJA S，COUSE TL，GULDBERG RE. Trabecular bone microdamage and microstructural stresses under uniaxial compression［J］. J Biomech，2005，38（4）：707-716.

［86］ CHESNUT CH 3RD，MAJUMDAR S，NEWITT DC，et al. Effects of salmon calcitonin on trabecular microarchitecture as determined by magnetic resonance imaging：results from the QUEST study［J］. J Bone Miner Res，2010，20（9）：1548-1561.

［87］ RHO JY，ROY ME，TSUI TY，et al. Elastic properties of microstructural components of human bone tissue as measured by nanoindentation［J］. J Biomed Mater Res，2015，45（1）：48-54.

［88］ RAPILLARD L，CHARLEBOIS M，ZYSSET PK. Compressive fatigue behavior of human vertebral trabecular bone［J］. J Biomech，2006，39（11）：2133-2139.

［89］ BAGI CM，HANSON N，ANDRESEN C，et al. The use of micro-CT to evaluate cortical bone geometry and strength in nude rats：correlation with mechanical testing，pQCT and DXA［J］. Bone，2006，38（1）：136-144.

［90］ SEEMAN E. Structural basis of growth-related gain and age-related loss of bone strength［J］. Rheumatology，2008，47（Suppl 4）：iv2-iv8.

［91］ LINK TM，MAJUMDAR S. Current diagnostic techniques in the evaluation of bone architecture［J］. Curr Osteoporos Rep，2004，2（2）：47-52.

［92］ THOMPSON JB，KINDT JH，DRAKE B，et al. Bone indentation recovery time correlates with bond reforming time［J］. Nature，2001，414（6865）：773-776.

［93］ NIYIBIZI C，EYRE DR. Bone type V collagen：chain composition and location of a trypsin cleavage site［J］. Connect Tissue Res，1989，20（1-4）：247-250.

［94］　VIGUETCARRIN S,GARNERO P,DELMAS PD. The role of collagen in bone strength［J］. Osteoporos Int,2006,17(3):319-336.

［95］　NYMAN JS,REYES M,WANG X. Effect of ultrastructural changes on the toughness of bone［J］. Micron,2005,36(7):566-582.

［96］　NYMAN JS,ROY A,TYLER JH,et al. Age-related factors affecting the postyield energy dissipation of human cortical bone［J］. J Orthop Res,2010,25(5):646-655.

［97］　PINNELL SR,FOX R,KRANE SM. Human collagens:Differences in glycosylated hydroxylysines in skin and bone ☆［J］. BBA - Protein Structure,1971,229(1):119-122. doi:

［98］　WANG X,BANK RA,TEKOPPELE JM,et al. The role of collagen in determining bone mechanical properties［J］. J Orthop Res,2010,19(6):1021-1026.

［99］　SANADA H,SHIKATA J,HAMAMOTO H,et al. Changes in collagen cross-linking and lysyl oxidase by estrogen［J］. Biochim Biophys Acta,1978,541(3):408-413.

［100］　GOLDMAN HM,BROMAGE TG,THOMAS CD,et al. Preferred collagen fiber orientation in the human mid-shaft femur［J］. Anat Rec A Discov Mol Cell Evol Biol,2010,272(1):434-445.

［101］　MARTIN RB,LAU ST,MATHEWS PV,et al. Collagen fiber organization is related to mechanical properties and remodeling in equine bone. A comparsion of two methods［J］. J Biomech,1996,29(12):1515-1521.

［102］　RAMASAMY JG,AKKUS O. Local variations in the micromechanical properties of mouse femur:the involvement of collagen fiber orientation and mineralization［J］. J Biomech,2007,40(4):910-918.

［103］　SILVA MJ,BRODT MD,WOPENKA B,et al. Decreased collagen organization and content are associated with reduced strength of demineralized and intact bone in the SAMP6 mouse［J］. J Bone Miner Res,2010,21(1):78-88.

［104］　PASCHALIS EP,ELIZABETH S,GEORGE L,et al. Bone fragility and collagen cross-links［J］. J Bone Miner Res,2010,19(12):2000-2004.

［105］　KÖWITZ J,KNIPPEL M,SCHUHR T,et al. Alteration in the extent of collagen I hydroxylation,isolated from femoral heads of women with a femoral neck fracture caused by osteoporosis［J］. Calcif Tissue Int,1997,60(6):501-505.

［106］　殷兵,胡祖圣,李升,等. 人体骨骼显微硬度研究［J］. 河北医科大学学报,2016,37(12):1472-1474.

17

第十七章

人体长骨骨硬度与内固定稳定性的关系

内固定稳定是手术治疗骨折所追求的目标,内固定稳定决定了骨愈合过程中绝大多数的生物学反应,是确保骨折愈合的前提。钢板和螺钉是骨折手术中常选用的内固定材料,通过螺钉与骨界面的压力与静态摩擦力提供内固定的稳定。接骨螺钉把持力不足、固定不牢固是内固定失效重要因素。骨硬度下降,骨量减少,骨质量差,如老年骨质疏松患者,螺钉把持力明显下降,易导致螺钉脱出。若把密质骨螺钉用于固定松质骨,由于松质骨硬度和骨强度明显低于密质骨,亦会导致皮质螺钉把持力不足而固定失效。螺钉拔出力试验常用于测定骨折内固定物与骨之间或内固定物之间的稳固程度,可直接反映某一部位螺钉把持力,是评价螺钉固定强度的重要指标。国内外许多学者对螺钉的拔出力进行了广泛研究。影响螺钉拔出力的指标主要有:螺钉的材料及螺纹设计,螺钉的直径与有效长度,固定部位的骨强度与骨硬度等。螺钉设计缺陷、骨硬度和骨强度不足,都会导致螺钉的松动、脱出而导致内固定失败,是临床上常见的并发症。本研究旨在从显微骨硬度的角度作为切入点,研究人体长骨微观机械性能与内固定稳定性的关系。

第一节　资料与方法

一、骨样本的贮存和准备

(一) 样本文件

本研究所采集的标本均为新鲜冰冻骨骼标本,来自 5 位遗体捐献者,其中包括 3 名男性和 2 名女性,年龄 42~54 岁。本研究所涉及的操作流程、研究方法,数据分析等均已通过伦理委员会审查通过。

(二) 样本检查

将尸体标本放于室温解冻后,将右侧股骨和胫骨从体内取出,并由有经验的骨科医师小心仔细剥离肌肉筋膜等软组织,避免暴力操作损伤骨骼。之后对骨折样本进行仔细的视觉检查以发现异常现象、结构损坏等,并通过 X 光检查排除骨折、骨质疏松、骨质破坏、骨肿瘤等骨质异常表现,并结合 QCT 检查确保患者骨量正常。

(三) 制备与贮存

将取出的完整的股骨和胫骨骨骼标本用微型台锯于分别于标本的上、中、下段截取长度为 4cm 的骨段,并将每段骨干分为内、外侧,将所有制备的骨段用密封袋包裹以防变干或脱水,保存在 -20℃冰箱直到进行试验(图 17-1-1、图 17-1-2)。

图 17-1-1　股骨大体图

图 17-1-2　于上、中、下段骨干取 4cm 及 2cm 骨段

二、螺钉拔出试验

螺钉拔出试验是用来测量将嵌入骨中的螺钉拔出所需要的力,它能够反映出骨的强度,及骨-植入物界面的性质。临床上经常用螺钉来连接骨与植入物,或骨与固定器。从拔出试验获得的信息对于确定螺钉的最优尺寸、嵌入技术、嵌入角度及螺钉孔的大小非常有用。骨的极限强度可由 $\sigma=P/\pi dh$ 计算,P 为最大载荷,d 为螺钉的主径,h 是嵌入骨的有效螺线长度。由于骨的各向异性和非均匀性,需要在不同的部位和嵌入方向进行拔出试验。

(一)骨样本试验前的准备

将试验用的骨段在室温下解冻,用直径 3.8mm 的低速骨钻于骨皮质钻孔,用骨科测深测量上、下、前、后四个方位的皮质厚度并记录,取其平均值作为该钉孔的皮质厚度。钉孔攻丝之后将直径 4.5mm 的密质骨非自攻螺钉置入,并穿透单层皮质。

(二)安装样本

将试验样本安装到特制的试验夹具上,将半环形骨皮质置于挡板下方,螺帽向上,通过调整挡板的方向来保证螺钉的方向垂直,且骨组织不发生晃动。将力学试验机预加载 50N 的力用以消除蠕变,之后以每秒 50N 的速度增加拔出力,直至螺钉拔出试验结束,记录应力-位移曲线(图 17-1-3)。

(三)试验操作流程

本研究将试验样本安装完毕后,先将力学试验机预加载 50N 的力用以消除蠕变,之后以每秒 50N 的速度增加拔出力,直至螺钉拔出试验结束,记录应力-位移曲线(图 17-1-4)。

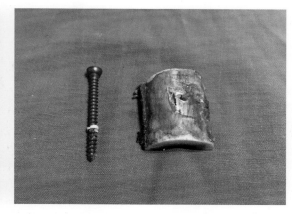

图 17-1-3　将试验样本安装至特制的试验夹具　　图 17-1-4　实验终止后螺钉与骨段大体照

三、压痕试验

(一)骨组织切片制备储存

本研究采用维氏硬度方法测量骨骼硬度。将采集到的新鲜冰冻股骨和胫骨标本放于室温解冻,首先使用微型台锯于三支股骨干和三支胫骨干标本的上、中、下段分别截取长度为 2cm 的骨段,并将每段骨干分为内、外侧。使用高精慢速锯垂直于骨干长轴的方向将骨段切割成厚度为 3mm 的骨组织切片,固定在载玻片上并进行标记,用碳化硅粒依次为 800、1 000、1 200、2 000、4 000 目的砂纸打磨标本,置于 –20℃ 冰箱保存(图 17-1-5)。

（二）压痕试验

将骨组织切片放于室温下解冻，应用德国 KB-5 型显微维氏硬度仪进行压痕试验。将骨组织切片放置于载物台上，使显微镜对准测量区域，调节焦距使骨组织的图像清晰显示在屏幕上。调整维氏硬度仪的参数，设置压头用 50s 从 0 加载到 50g 的压力，并维持 12s，完毕后准确识别四边形压痕的对角线，并记录硬度值，每片骨组织切片测量 5 个不同部位的硬度值，取其平均值作为该部位的骨硬度（图 17-1-6~图 17-1-8）。

图 17-1-5　慢速锯

图 17-1-6　KB-5 显微硬度测试仪

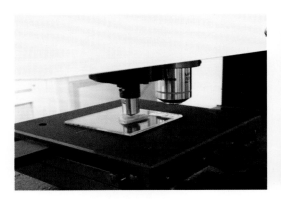

图 17-1-7　仪测试骨组织切片

图 17-1-8　显微镜视野下骨组织切片微观压痕

第二节　结　　果

本研究共测量 60 个骨组织样本的拔出力，其中股骨干 30 个，胫骨干 30 个。我们定义拔出力为 F，有效螺钉长度为 D，单位长度螺钉把持力为 f，f=F/D，即为本实验所用直径 4.5mm 的密质骨螺钉的单位长度把持力。股骨干密质骨和胫骨干密质骨的单位长度把持力与相应部位维氏硬度数值如表 17-2-1 所示。股骨干密质骨维氏硬度平均为 51.44HV，单位长度把持力平均为 360.44N；胫骨干密质骨维氏硬度平均为 48.99HV，单位长度把持力平均为 317.98N。应用 SPSS 15.0 统计软件对两组数据分别进行双样本相关性分析得出：股骨干密质骨单位长度把持力与维氏硬度呈正相关，相关系数为 0.509，$P=0.004$。胫骨干密质骨单位长度把持力与维氏硬度呈正相关，相关系数为 0.663，$P<0.001$。由实验数据得出：就直径 4.5mm 皮质螺钉而言，在股骨皮质中，螺钉单位长度把持力 f(N)=11.88×HV−269.1；在胫骨皮质中，螺钉

表 17-2-1 股骨与胫骨拔出力与相应部位维氏硬度值

股骨干骨皮质		胫骨干骨皮质	
单位长度皮质把持力（N/mm）	维氏硬度（kgf/mm²）	单位长度皮质把持力（N/mm）	维氏硬度（kgf/mm²）
426.21	55.08	434.27	56.58
439.76	54.25	422.67	56.30
397.17	53.31	398.46	55.50
342.70	52.60	406.28	54.18
409.72	52.32	374.79	53.25
267.40	52.21	399.72	53.02
423.24	51.75	281.22	52.64
343.64	51.39	417.69	52.40
416.88	51.36	400.14	52.24
287.49	51.24	494.78	52.06
247.50	50.53	335.60	51.87
314.25	50.28	466.43	51.76
303.51	49.78	403.90	51.71
258.57	49.58	417.06	51.71
277.00	49.32	386.75	51.54
300.00	48.84	285.60	51.51
290.71	48.57	273.75	51.37
284.26	48.23	363.45	51.28
288.79	48.15	295.50	51.20
259.57	47.89	374.26	50.93
319.11	47.60	230.00	50.47
304.47	47.19	356.93	50.17
251.66	46.92	341.64	50.02
257.03	46.66	335.80	49.99
301.86	46.28	319.44	49.90
259.79	45.01	301.85	49.43
307.69	44.20	365.14	48.33
260.50	43.87	276.92	47.74
264.12	43.05	311.64	47.41
289.66	42.23	341.54	46.78

单位长度把持力 f(N)=13.51×HV−334.6。

　　单位面积把持力受多种因素影响,如骨强度,螺钉直径和螺纹等,不同直径和螺纹的单位面积把持力有差异。优良的螺钉材料使之置入后具有良好的钉 - 骨界面把持力。在本研究中,笔者定义单枚螺钉把持力 = 单位长度把持力 × 螺钉有效长度,同样应注意到不同螺钉的单位长度把持力不同,受螺钉的直径、螺纹形状及螺钉表面涂层等影响,此内容不在本研究的范围之内。本研究通过使用同一种螺钉,测量骨干不同硬度区域的骨皮质的把持力,并进行相关性分析,旨在研究骨显微硬度与把持力的关系。结果表明:在股骨干和胫骨干密质骨中,随着骨硬度增高,所提供的螺钉把持力相应增大,两者呈正相关关系。

　　骨折内固定中,足够长度、厚度的接骨板、骨折的解剖复位、按张力带原则固定骨折是获得坚强内固定的基本条件。一般来讲,骨折远、近端应至少分别有 4 根螺钉,每个螺钉应穿过对侧骨皮质。针对同样的骨折,不同的医生会有不同的置钉方法,不同医生之间的操作技术也存在很大差别,且没有统一的操作规范。研究表明,螺钉个数及单枚螺钉的把持力不同也会使接骨板及骨上的应力分布存在很大差异,许多医生皆是凭个人感觉,无章可循。本研究的意义在于根据研究所得的结论,通过相应部位骨硬度的数值及把持力的关系,从而计算出每枚螺钉所能提供的把持力,用以指导临床工作中手术治疗骨折置入螺钉位置及数量的选择,避免出现盲目置钉的情况。过多的螺钉会影响血运,过多损伤软组织,破坏骨折愈合的环境;过少置钉可能会导致把持力不足。理想的方法是在骨折远、近两端置入螺钉,能产生均衡的把持力,又避免了不必要的多置螺钉,在保证骨折断端固定稳定的前提下,骨折断端两侧提供均衡的把持力,为骨折愈合创造前提(图 17-2-1、表 17-2-1)。

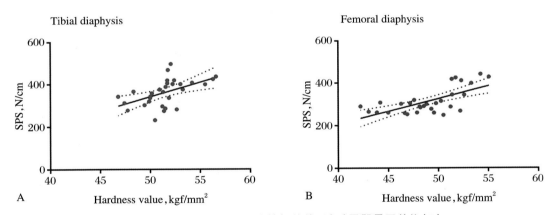

图 17-2-1　胫骨骨干单位长度皮质把持力与硬度的相关关系(A)及股骨干单位(B)

第三节　讨　论

　　螺钉把持力是评价螺钉固定强度的重要指标,螺钉拔出力试验常用于测定骨折内固定物与骨之间或内固定物之间的稳固程度,可间接评价骨骼强度。国内外许多学者对螺钉的拔出力进行了广泛研究。影响螺钉拔出力的指标主要有:固定部位的骨强度,螺钉的材料及螺纹设计,螺钉的直径与有效长度等。骨强度不足,螺钉设计缺陷,都会导致螺钉的松动、脱出而导致内固定失败。本研究首次从显微骨硬度的角度,研究骨骼微观机械性能与内固定稳定性的关系。随着骨硬度增高,所提供的螺钉把持力相应增大,两者呈正相关关系。

有学者定义单枚螺钉把持力＝单位面积把持力 × 钉 - 骨接触面积,然而单位面积把持力受多种因素影响,如螺钉直径和螺纹等,不同直径和螺纹的单位面积把持力不能一概而论。在本研究中,笔者定义单枚螺钉把持力＝单位长度把持力 × 螺钉有效长度,同样应注意到不同螺钉的单位长度把持力不同,受螺钉的直径、螺纹形状及螺钉表面涂层等影响,此内容不在本研究的范围之内。本研究通过使用同一种螺钉,测量骨干不同硬度区域的骨皮质的把持力,并进行相关性分析,旨在研究骨显微硬度与把持力的关系。

（一）螺钉材料、螺纹设计与内固定稳定性的关系

螺钉拔出力代表了该骨折端的最大加压力,它的大小代表了骨折块的抗剪切强度,是反映钉 - 骨界面坚强度的重要指标之一。因此优良的螺钉材料使之置入后具有良好的钉 - 骨界面把持力。有报道称钛合金螺钉有较好的螺钉把持力,钛合金生物相容性好,其螺纹骨长入量比不锈钢螺钉高 33%。另外,钛合金材料螺钉的扭矩明显高于不锈钢螺钉,因此钛合金材料比不锈钢具有更好的骨 - 钉界面,提供更高的螺钉把持力。螺钉表面的涂层（如羟基磷灰石）也可促进骨长入,从而提高螺钉把持力,镀有诱导成骨材料对螺钉的把持力也有影响。有研究发现镀有羟基磷灰石的螺钉在固定 12 周时拔出力明显高于无镀层螺钉,且螺纹内骨长入更加明显。

螺钉螺纹的设计对螺钉的拔出力具有很大的影响。国外学者实施了一项拔出力研究,分别采用一种 FT 螺钉和 PT 螺钉,发现 FT 螺钉的拔出力明显高于 PT 螺钉,并且 FT 螺钉的拔出力大主要决定于其大小螺纹的比例。锥形螺钉也被证实其拔出力超过柱型螺钉拔出力 17%,且有统计学差异。在对自钻螺钉与自钻 / 自攻及圆锥形自攻螺钉的螺钉拔出力试验中,圆锥形自攻螺钉表现出了最大的拔出力。虽然锁定螺钉的浅螺纹设计对骨的把持力低于传统螺钉,但锁定螺钉与接骨板的锁定机制使得螺钉与接骨板成为一个整体,若出现退钉现象,则所有的螺钉一起退出而使接骨板与骨分离。锁定螺钉锁定后与接骨板的角度是稳定的成角固定,因此 LCP 接骨板对骨的把持力强于普通接骨板,因而特别适用于骨质疏松的患者。

（二）螺钉直径、长度与内固定稳定性的关系

直径大的螺钉与骨接触面积大,螺钉把持力大,国外学者实验证实螺钉直径增加 1.0mm 时,拔出力显著增加,螺钉直径增加 2.0mm,扭矩增加 8%。增加螺钉的有效长度,即钉 - 骨界面长度,亦能通过增加钉 - 骨界面面积增加螺钉把持力。有研究发现在对不同长度的颈前路螺钉进行拔出力实验,14mm 和 16mm 的拔出力明显优于 12mm 的,长螺钉（32~40mm）较短螺钉组（16~22mm）具有明显高的拔出力。

骨强度与内固定稳定性的关系

骨组织具有抵抗外力的能力,称之为骨强度。骨强度主要由骨密度和骨质量两方面决定。骨质量属于骨生物力学范畴,用以描述骨的材料学特征和结构强度,骨质量下降则骨脆性增加,易发生骨折。与骨质量密切相关的因素包括:骨几何学、骨显微结构、骨基质、骨矿化、骨胶原、骨重建、骨微损伤及其修复等,这些因素都会影响骨强度,每一个独立的这些属性可能有助于增加或减少骨折的风险。

骨骼能承受低能创伤和重复的刺激,如散步、跑步,以及一定程度上的蹦跳。骨骼能够承受生理性应力刺激的能力,主要由骨质量、几何形态和微体系结构决定的,还包括受其内在骨组织质量控制。骨骼内部矿化的程度及其胶原纤维的排列方向共同决定了骨强度。老年人骨小梁发生退行性改变,骨小梁数量减少,间隔增大,骨重建下降,因此骨骼承受应力能力下降,即骨强度下降,最终使骨折风险升高。老年骨质疏松患者合并有显微骨折,初期能完全修复,但骨合成减少,日积月累当显微骨折达到一定数量时,导致骨折发生。

在人的一生中骨量与骨质量是不断变化的,因此骨强度也随之发生变化。骨重建单位在骨更新改建

的不同阶段其机械强度是不同的。骨结构的损伤,骨小梁粗细、是否断裂、穿孔与缺如,都会影响骨骼的力学强度,进而影响螺钉把持力和内固定稳定性。

骨折内固定手术中,内固定的稳定性是由钉 - 骨界面的摩擦力提供的,螺钉拔出过程中,骨骼受剪切应力,经历了弹性形变 - 塑性形变 - 断裂的动态过程。骨强度越高,骨骼抵抗螺钉拔出的力就越大,螺钉把持力就越大。因此在骨折内固定手术中,应将螺钉置入到骨强度大的区域,有助于提高螺钉把持力,从而增加内固定稳定性。有学者研究发现将螺钉拧出后再拧入,可导致螺钉拔出力明显降低,因为重复置入螺钉会不可避免地对钉 - 骨界面造成微损伤,从而降低螺钉的把持力,因此应尽量避免重复置入螺钉。

对骨强度测量的方法,主要有骨密度测定法、骨强度测定法、骨形态计量测定法等。各种 X 线检测方法或者超声、定量 CT、定量 MRI 等方法,都可以用来明确骨量变化程度。其中骨密度测定的放射线吸收法、定量 CT 及超声测量在临床上应用已经有一定的广度、深度,覆盖部位和普及程度较好。需要注意的是,这些高精度、快速、无创伤的骨密度测定法一般只能代表骨强度的 60%~80%。骨形态计量法能提示骨量减低和骨质疏松,但需要从机体取出骨组织处理,这种有创检查难在临床推广,因此应用仍有一定局限性。

(三) 骨硬度与内固定稳定性的关系

固体材料的硬度是用来描述该材料抵抗另一固体穿透的能力。骨硬度反映当有硬物用力压进骨骼样本时,样本对其抵抗的能力,需要通过强度、韧性、弹性及塑性等力学特性综合评价。具体硬度数值是由产生压痕的力和留在骨组织切片上的塑性形变计算得出。根据压头的几何形状和尺寸可以产生很多种压痕。常用的压头形状有球形、圆锥形、圆柱形和四棱锥形等。根据压头的尺寸,压痕可以分为宏观、微米和纳米压痕。Vickers 硬度,即维氏硬度(HV),试验装置采用微米级金刚四棱锥压头,施加一定的压力,根据压痕对角线的长度来计算硬度值。维氏硬度(HV)的测量精确度在静态力硬度测试方法中最高。

相对于骨密度和 QCT,骨硬度可以更直接地评价骨强度,实验过程中微米级的压头向骨骼表面施加一定的压应力,骨骼经历了弹性形变 - 塑性形变 - 断裂过程,密质骨的屈服压力与拉力各自与它所承受的最大强度相近,表明它所能承受的最大压力与它的屈服力相近。这意味着当密质骨承受屈服强度时,骨就接近发生断裂。当压力达到屈服力时,骨的弹力形变达到极限或骨折发生即刻的形变是密质骨最大的形变,因此骨硬度反应了骨骼的抗剪切强度或抗压强度,更直接地反应了骨强度。理论上讲,一定范围内骨硬度越大骨强度也越大,相应部位的螺钉把持力也越大。

第四节   结   论

本研究首次从显微骨硬度的角度,研究骨骼微观机械性能与内固定稳定性的关系。随着骨硬度增高,所提供的螺钉把持力相应增大,两者呈正相关关系。本研究的意义在于根据研究所得的结论,通过相应部位骨硬度的数值及把持力的关系,从而计算出每枚螺钉所能提供的把持力,用以指导骨科医师在内固定手术中更加科学合理地选择螺钉置入位置及数量,避免螺钉位置不良造成内固定失败,或者螺钉数量过多,损伤软组织,破坏骨折愈合的环境,螺钉数量不足导致把持力不足,并在保证骨折断端固定稳定的前提下,骨折断端两侧提供均衡的把持力,为骨折愈合创造前提。

参 考 文 献

[1] 王广积,林明侠,沈宁江,等.影响椎弓根螺钉拔出力的相关因素[J].中国组织工程研究,2008,12 (35):6919-6922.

[2] 刘志礼,舒勇,许永武.金属松质骨螺钉拔出力的研究[J].中华创伤骨科杂志,2004,6(8):918-920.

[3] 胡勇,谢辉,杨述华,等.寰椎后路两种螺钉固定的解剖学测量和生物力学测试的对比研究[J].医用 生物力学,2007,22(1):88-93.

[4] 潘显明,谭映军,张波,等.椎弓根螺钉的螺纹形状与拔钉生物力学[J].医学争鸣,2002,23(5):447- 450.

[5] 李书纲,邱贵兴,翁习生,等.通用型脊柱内固定系统椎弓根螺钉翻修作用的生物力学研究[J].中华 骨科杂志,2002,22(11):648-652.

[6] 田冲,张美超,欧阳钧.不同骨密度下松质骨螺钉生物力学性能的三维有限元分析[J].南方医科大 学学报,2010,30(11):2466-2468.

[7] 胡勇,谢辉,杨述华,等.强化椎弓根螺钉稳定性的生物力学研究进展[J].中华创伤杂志,2002,18 (8):506-508.

[8] ZHANG QH,TAN SH,CHOU SM. Investigation of fixation screw pull-out strength on human spine [J]. J Biomech,2004,37(4):479-485.

[9] STADELMAIER DM,LOWE WR,ILAHI OA,et al. Cyclic pull-out strength of hamstring tendon graft fixation with soft tissue interference screws. Influence of screw length[J]. Am J Sports Med,1999,27(27): 778-783.

[10] FEERICK EM,MCGARRY JP. Cortical bone failure mechanisms during screw pullout [J]. J Biomechan,2012,45(9):1666-1672.

[11] BERLEMANN U,CRIPTON PL,NOLTE LP,et al. Pull-out strength of pedicle hooks with fixation screws:influence of screw length and angulation [J]. Eur Spine J,1996,5(1):71-73.

[12] FU CF,YI L,ZHANG SK,et al. Biomechanics study on pull-out strength of thoracic extrapedicular screw [J]. J Jilin Univ,2006,9(6):374-376.

[13] GILMER BB,LANG SD. Dual motor drill continuously measures drilling energy to calculate bone density and screw pull-out force in real time [J]. J Am Acad Orthop Surg Glob Res Rev,2018,2(9): e053.

[14] 李增春,张志玉,王以进.骨密度对椎弓根螺钉系统固定的影响之生物力学研究[J].中华骨科杂志, 1998,18(5):293-297.

第十八章

18

骨硬度与 3D 打印

第一节   3D 打印技术的骨科应用背景

传统的制造技术是通过对原材料进行切割、磨损等方式而得到目标物体,3D 打印技术摒弃了这一传统的制造理念,而将"增材制造"这一理念运用于实际操作中,它以离散堆积原理为基础,依托数字化模型,将粉末状的陶瓷、金属、塑料等可粘合材料,依靠喷头进行逐层打印堆积,进而形成目标实体。

近年来,随着 3D 打印技术的迅猛发展,3D 打印技术越来越成熟,成本费用也在逐渐降低,通过将临床医学与 3D 打印技术相结合,3D 打印技术已逐步应用于医疗行业,尤其在骨科领域。3D 打印技术可通过分析患者的影像学资料(CT/MRI),将患者解剖数据行三维建模,经计算机处理后获得 3D 模型,目前世界几大著名骨科器械制造商已陆续推出了 3D 打印产品,市场规模迅速增长。目前在骨科领域的应用主要包括:①打印模型在术前模拟的应用;②打印手术导向模板;③打印内植物和假体;④打印骨科康复支具;⑤骨肌组织工程的应用;⑥矫形骨科的应用。以下详细介绍具体的应用。

(一) 3D 打印模型在骨科术前及教学工作的应用

传统的手术方案制定一般为通过术前获取患者的 X 线片、CT、MRI 等影像学资料进行术前分析,确定手术方案。但传统影像学资料提供的大多是二维信息,不能形成三维的立体触视感。随着医学成像和计算机编程技术的进步,二维轴向图像逐渐可以被处理成其他格式化视图和三维虚拟模型,并且该技术使用的频率逐年上升,并在过去 10 年的医疗应用趋于普遍。依靠该技术打印出的 3D 模型可用以表示患者自身独特的解剖结构,这些经过处理的数字信息可被骨科医生详细分析,更精准地为患者制定手术计划。3D 打印模型不仅可以更加直观的对病情做出评估,并帮助医患进行沟通,术前还可以在模型上行模拟手术操作,对患者的解剖结构形成充分的认知,制定精密的手术计划,可以明显缩短手术时间、降低手术创伤、减少术中出血,明显地提高手术质量,实现个性化精准医疗模式。对于骨折患者,通过术前在模型上的模拟手术,可提前预判骨折复位时可能发生的困难、复位后固定钢板及螺钉的型号、对钢板进行预弯、确定螺钉固定的位置(图 18-1-1)。

多项研究表明,通过现场直观的手术模拟,术者可以尝试多种不同的手术方法,进而选择更佳的个体化手术方案,减少术中失误。术中,3D 模型在手术台上可帮助术者更加精确的执行手术方案,加快手术进程,有效地避免了由于手术入路选择不当而对患者造成更大的手术创伤。同时 3D 打印模型还可以应用于病例教学,术后对 3D 模拟数据的保存,用于建立各种骨折类型的数据库,需要时即可再次打印。3D 打印模型对于外科青年医生、内科医生及医学生都是很好的教学工具,除了增加青年医生对骨科的了解外,3D 打印模型还可以让外科医生在实际临床操作环境中进行类似的操作之前更加熟悉患者自身的特有情况,将模型与病例结合,可以对疾病有更精准的认知,提高患者的安全性(图 18-1-2)。

(二)3D 打印骨科康复器械

外固定支具在骨折后的康复训练应用很常见,传统的外固定支具从最初的小夹板到石膏绷带、热塑夹板、可卸式泡沫夹板等的发明均给创伤骨科患者的治疗带来了更加有效的帮助。但传统外固定支具因透气性差、吻合度低,支具材质过重等缺点,易造成后期康复训练的不便,情况严重时会导致固定接触部位的感染,甚至坏死,且很难满足患者个体化的需求。近年来 3D 打印技术的兴起可以很好地解决相关问题,其可以实现对不同年龄、不同身高、不同体重的患者行个性化康复器的制定。3D 打印支具的优点包括:①材料选择的多样性:可根据不同治疗目的的患者的要求,选择不同的制作材料;②更加简便,快速易成型;③材料耗费少,且制作周期短,节能省时;④符合人体的解剖学特点,美观轻便、舒适合体,透气性能高,高度贴合人体并提高患者的依从性,利于患者后期的功能康复锻炼;⑤便于医生对于术后切口的观

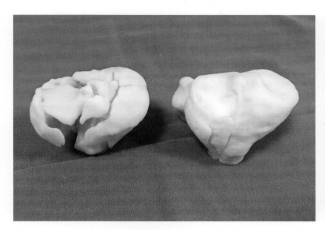

图 18-1-1　3D 打印的胫骨平台骨折模型

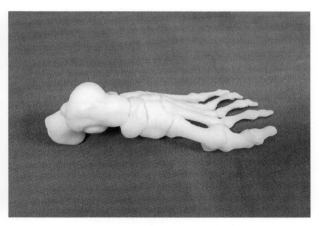

图 18-1-2　人足部的 3D 打印模型

察,方便换药,减少支具脱落、压疮等并发症;⑥可实现个性化定制,极大改善患者日常活动能力。

通过对患者行三维立体扫描,收集相关数据并录入计算机,即可打印出与患侧肢体高度贴合的个性化康复器。目前 3D 打印康复器已设计多个领域,包括足踝矫形器、膝关节支具、指骨骨折支具、脊柱矫形支具等。

通过 3D 打印的个性化足踝矫形器和膝关节支具可辅助关节损伤患者的关节屈伸活动并且 3D 打印支具更符合受适者的解剖结构和步态生物力学曲线。在脊柱外科领域,尤其是青少年特发性脊柱侧凸,佩戴支具是治疗该疾病的最主要的非手术方法,但传统的石膏外固定或其他材料支具的体验较差,常常影响不固定部位以外的肢体正常运动功能,不易被接受,通过 3D 打印脊柱矫形支具可避免上述缺点,取得良好的治疗效果。

3D 打印康复器不仅增强了设计的自由度和灵活性,并精确地模拟了患者的解剖结构,更加的舒适、安全,前景十分广阔。当然,此项技术也存在一些不足之处:①在采集患者数据行三维立体扫描时,由于扫描速度不均匀、患者肢体抖动、扫描距离不恒定等原因,常会造成一定的扫描误差;②由于 3D 打印的支撑问题,打印后的支具模型需要表面打磨处理,增加了医生操作时间;③实验条件的限制,样本量不足等。个性化支具辅助骨折康复治疗的疗效最终需要大样本的数据支撑,但其前景仍然是十分广阔的。

（三）3D 打印的导板设计与应用

骨科中的导板技术很大程度减轻了手术难度,又提高了手术的精准性。截骨导板的使用在膝关节置换手术中尤为频繁。以往在出现假体尺寸或几何结构不匹配的情况,术者往往会根据假体形态来改造患者与假体对应的解剖结构来保证手术的完成。随着 3D 打印技术的进步,为截骨导板的发展提供了动力。3D 打印截骨导板可结合人体解剖结构为 TKA 手术提供合适的假体及关节截骨部件,术前通过对患者膝关节的 CT 扫描,对患者胫骨平台组织、股骨假体组织作综合评定,明确股骨外旋角度、胫骨近端截骨角度、股骨外翻角度等,获得数据后在计算机上进行力线的调整得出最佳截骨位置,最后通过三维成像技术制作截骨板。虽然 3D 打印个性化截骨板在全膝关节关节置换中的应用价值仍然存在争议,但是许多研究表明个性化截骨板对于患者的手术创伤小于传统截骨板。有学者发现在全膝关节置换术中,相比于传统截骨板,3D 打印截骨板术者出血更少,有效的减少术后引流量,而且手术时间更短,截骨更加精确。还有学者认为 3D 打印截骨板的使用使手术更加简单有效,优化了操作流程,使患者术后可以更好地恢复下肢力线、膝关节活动度及膝关节功能。

除了在关节外科的应用外,在脊柱、创伤与矫形领域 3D 打印导板也在快速发展。研究发现 3D 打印的个体化置钉导向板辅助进行颈椎侧块螺钉置钉,可以显著提高置钉的准确性和优良率。从收集数据到 3D 打印导板术中应用大约需要 4 周,需要大量的时间成本,这可能是许多医生更偏向于传统导板的原因。3D 打印个性化截骨导板同样有学习曲线,并且个性化导板多为有经验的临床医师所设计,并不可以完全取代传统的手术器械。不仅在人工关节领域,在脊柱、创伤与矫形领域,3D 打印的导板设计与应用也正不断的深入研究,并逐渐彰显其特殊价值。

(四) 3D 打印内植物和假体

3D 打印技术在医学领域的发展及应用主要集中在骨科假体的植入、仿生模型的制造等。目前感染、创伤、肿瘤切除、手术翻修、畸形矫正等造成的骨缺损进而形成的骨不愈合是骨科领域面临的重要问题。同时,随着人口老龄化,骨关节炎患者的数量也在逐年递增。

临床医生治疗骨缺损最主要的办法包括自体骨移植、异体骨移植以及人造材料填补。自体骨移植是治疗骨缺损最主要的方法,但自体骨主要取自患者的髂骨等部位,取骨的同时难以避免新的创伤形成且取骨量有限,在骨缺损较大时难以满足临床需求。另一种方法异体骨移植,异体骨经过处理虽可使其免疫原性降低,但同时也很难避免其造成的骨传导、骨诱导能力降低等问题,另外,也不能忽视其存在传播传染性疾病的危险因素。近年来,羟基磷灰石、硫酸钙等人造材料作为骨缺损的填充物已用于临床治疗中,但实际效果却逊于自体或异体骨,因此探索新的技术和途径来破解骨缺损治疗问题成为了骨科医生关注的焦点。

在人工关节置换领域,患者已不满足仅仅以缓解疼痛及恢复运动功能为治疗目的,而是要求最大限度的恢复其原有功能,所以要求人工关节需更好的匹配特定患者的解剖学与运动学特点。而在手术操作过程中,主刀医生常见假体尺寸或几何结构与患者不匹配的情况,此时常通过改变患者的解剖结构来适应假体的形态,这样显然增加了手术风险,增加了围手术期的并发症,影响手术效果。通过 3D 打印出的个性化人工关节可以很大程度上规避上述风险,最大程度地匹配患者患侧关节的解剖结构,改善患者术后的运动效果,提高手术疗效。

近年来兴起 3D 打印技术在骨科领域应用广泛,尤其在骨缺损治疗和关节置换。其制造原理是依靠对缺损骨的三维立体重建,制备出个性化及内部结构精确的缺损骨的三维立体模型,特别是可以克服传统模型内部结构可调控性差、外形与缺损处不匹配等缺点,有着广阔的应用前景。

(五) 3D 打印在骨组织工程中的应用

在骨组织工程中,支架的构建为重要环节,支架可为细胞种植提供场所并可作为组织再生的模板,虽然传统方法在制作骨组织工程支架已取得一定的成果,但在支架的三维结构、力学强度、支架个性化方面仍面临挑战,近年来随着 3D 打印技术的迅猛发展,依靠 3D 打印技术有望改进上述不足。

3D 打印技术可以依据不同患者组织器官的个性化数据,利用计算机技术构建、打印出个性化三维支架材料,精准的构建缺损的组织器官,如骨、肌肉、血管、肌腱等。3D 打印技术制作的骨组织工程支架在支架个性化、精确性、机械强度、孔隙调节、空间结构复杂性方面较传统支架有显著优势。

通过对缺损、病变部位的影像学扫描,获得成像数据,可制作与患者病变缺损部位完美匹配的个性化组织工程骨支架。其优势体现在能够精准快速的构建复杂外观与微观内部结构一体化的生物材料,完成支架与病变缺损部位的完美匹配,投入临床使用。目前已有学者依据 CT 扫描数据依靠 3D 打印技术制备人上颌骨、下颌骨支架并诱导骨髓来源的脂肪干细胞诱导支架内血管再生。

不足的是 3D 打印在骨组织工程的应用研究主要应用于基础和动物实验,距离临床应用仍有较大的差距。

（六）3D 打印在矫形骨科中的应用

传统的矫形骨科手术,创伤大且手术时间长,矫形患者病变结构的解剖变异几率远高于常人。因此,在术中常常因病损区域复杂的解剖变异而调整手术方案。这不仅延长了手术时间,另一方面也增加了患者创伤,甚至可能危及生命。术前通过 3D 打印技术打印出患者患处模型,通过对患处模型的三维空间的观察和直接接触可以在术前对患者病情有深刻的认知,减少手术时间,减低手术创伤。

（七）3D 打印的挑战与未来

虽然 3D 打印技术应用使得手术安全性和精确性有所提高,但是总的来说 3D 打印技术还处于起步阶段,有许多不足的地方。骨科 3D 打印产品主要以骨组织为主,韧带、软骨等软组织的 3D 打印很少有报道,而且以现在的 3D 打印技术,无法打印出具有生物活性的组织和细胞。3D 打印骨组织使用的材料大部分为合金材料,其硬度远大于骨质硬度。人体骨组织结构复杂,各部位的密度及硬度也不相同,要想制作一个生物相容性良好又符合人体骨组织结构的移植骨,存在一定难度。此外,不管是 3D 打印移植骨,还是打印导板,制作费用相对较高,再加上其漫长的生产过程,医生和患者一般都不愿使用,而且也很难在急诊手术中快速运用。3D 打印技术涉及的学科众多,除了要有专业的骨科、影像医生以外,还需要生物工程、增材制造的专业人才,需要各方面人才的合作。3D 打印技术可能还涉及伦理问题,目前还没有完善的法律法规规范 3D 打印产品的制造和应用。目前人工智能的兴起,可能为 3D 打印大发展注入了一鼓新的动力。随着增材制造的发展,和未来人工智能技术相结合,或许可以快速生产出需要的 3D 打印产品,而且更加符合人体组织构造以及更好的生物相容性。

第二节　人体骨硬度的分布特点

骨骼主要是由骨细胞和钙化的细胞外基质行成的致密结缔组织,是人体最坚硬的组织之一。骨硬度和骨强度通常被用来评价骨骼的生物力学性能。国外研究人员研究发现骨骼在不同状态(如含水量、温度、湿度等)、不同的解剖部位和是否存在微骨折等条件下其硬度均有不同。研究表明,骨骼显微硬度与骨板的显微排列方式及方向密切相关,同时组织矿化程度及水分含量也影响着骨显微硬度。骨组织的矿化程度与骨硬度呈正相关,即骨组织矿化程度越高,其显微硬度就越强。以往骨密度被认为是诊断骨质疏松的"金标准",也是评估骨质疏松性骨折的重要手段。骨质疏松是以骨量减少、骨组织显微结构退化为病变特征的全身性骨骼系统退化疾病,使骨折的易感性明显增高。但研究表明,骨密度在反应骨强度上的可信度是有限的。骨强度不仅依赖于骨量的多少,它更多的依赖于骨组织各成分间的骨的内部结构,纵向排列的胶原纤维可明显增加密质骨的拉伸强度,大量混合胶原纤维排列方向的骨单位具有较高的压缩强度。骨密度作为一种非侵袭性的检测,只可解释 60%~80% 的力学强度,有一定的局限性。通过对骨骼显微硬度的研究,可以进一步强调骨强度与显微骨硬度之间的关系,可有望将骨硬度可以作为评价骨强度的参考指标。

由张院士带领的团队率先提出人体骨骼硬度系统研究计划,以人体全身骨骼为框架,运用维氏显微硬度测量仪测量人体全身骨骼显微硬度值,并绘制出人体全身骨骼硬度图,探寻人体各块骨骼的骨硬度值特点,为 3D 打印人工骨的设计提供理论基础。

（一）下颈椎显微骨硬度分布特点

C_3~C_7 被称作下颈椎,下颈椎活动度大但稳定性较差,且解剖结构复杂。随着当前社会人口老龄化和人们不良的生活习惯,颈椎的退行性病变频发,一般的药物治疗只能缓解疼痛,目前手术治疗是根治上述疾病的主要方式,所以研究颈椎的生物力学对于发病机理探究以及颈椎手术的完成至关重要。研究发

现下颈椎 C_3~C_7 的骨密度分布规律基本相似,无论是密质骨还是松质骨颈椎椎体区硬度值均小于附件区骨硬度值。椎体主要由骨松质构成,在其前方及周边有一薄层的骨皮质;在椎体向附件过渡区域,即在椎体后方,骨皮质逐渐增厚,形成对椎弓根和后方结构的支持。后方结构的骨皮质和骨松质均较椎体排列致密。手术中硬度较高的区域螺钉的把持力也相对较高,对下颈椎骨硬度的研究有利于颈椎手术的方式制定,也为下颈椎三维有限元和 3D 打印制造提供参考依据。

（二）锁骨显微骨硬度分布特点

锁骨外形从正面观察近似直线形,上面观察呈 S 形。锁骨内 1/3 横截面呈四边形 / 菱形,以抵御轴向拉力和压力;中 1/3 呈管状;外 1/3 呈扁平状以适应肌肉的牵拉和附着。锁骨的密质骨外壳在体部较厚,由体部向两端逐渐变薄。研究发现锁骨中段骨硬度最高,锁骨远段骨硬度最低,而且锁骨中段密质骨 / 松质骨骨硬度显著高于锁骨两端密质骨 / 松质骨骨硬度,由此我们可以发现其硬度变化趋势为锁骨中段向两端逐渐递减。通过测量锁骨硬度值,可以为 3D 打印仿生骨的设计与制备提供数据支持,生产出符合人体锁骨硬度梯度的仿生骨。

（三）肱骨近端显微骨硬度分布特点

肱骨外科颈及以上的部位称为肱骨近端。研究显示,肱骨近端是肱骨骨折最常见的部位,对于肱骨近端骨质特点的研究就显得尤为重要。通过对三具标本肱骨近端不同层次,方位的显微骨硬度特点研究发现,肱骨外科颈内侧部分硬度最大,其次为外科颈外侧以及后侧,这 3 处骨硬度明显高于肱骨近端其他部位;硬度最小处为大结节处松质骨。从解剖部位来看,肱骨近端硬度分布外科颈硬度大于肱骨头及大、小结节区硬度,大结节区硬度最小。在肩关节盂水平,肱骨头前半部硬度大于后半部硬度。在外科颈,不同水平层次骨硬度差异不大,但是外科颈前方骨硬度总体低于其他方位。因此对于肱骨近端骨折术者,一般可选择硬度相对较高的部位置入螺钉,以增加螺钉把持力。有些时候由于条件限制,若在肱骨大结节部位打入螺钉时,尽量选择螺纹大、螺距宽的螺钉进行固定。

随着 3D 打印的迅猛发展,可将其引入肱骨近端骨折的治疗,3D 打印植入物依赖其框架结构和孔隙结构,可用于提供机械支撑和骨长入条件,但植入物须面临不能与正常骨组织硬度及弹性模量相匹配的问题。通过对肱骨近端显微骨硬度分布特点的研究,以及硬度和弹性模量的相关关系,可为设计、应用3D 打印内植入物提供指导,解决相关问题。

（四）桡骨显微骨硬度分布特征

对于三具标本的桡骨显微硬度研究发现,桡骨的平均骨硬度值为 39.70HV,硬度最大的部位是桡骨干下段,硬度值最小的部位为桡骨头。从整体来看,桡骨干是桡骨中硬度最高的部位,桡骨近、远端桡骨硬度都低于桡骨干,且这两个部位的硬度无明显差异。在桡骨干中,桡骨干下段的硬度又为最高。

桡骨干硬度明显大于干骺端,主要是因为桡骨干由密质骨构成,干骺端由松质骨构成,所以桡骨远端骨折的概率远大于桡骨干。除来自身结构因素外,还和其骨硬度有关。

（五）尺骨显微骨硬度分布特征

尺骨为前臂外侧的稳定骨,尺骨鹰嘴骨折较为常见,其与远端骨折、桡骨近端组成肘关节,若这些部位没有得到良好的复位,可能会引起创伤性骨关节炎。研究发现尺骨硬度最大的部位位于尺骨干,硬度最小部位位于尺骨头。尺骨近端和远端主要由松质骨构成,尺骨干主要由密质骨构成,才导致了其硬度的差异。目前肘关节置换的假体以合金为主,其硬度远大于骨硬度,对尺骨硬度的研究,有利于制造更符合人体骨结构的 3D 打印肘关节假体。

（六）腕关节显微骨硬度分布特征

腕关节是一个复杂的关节,腕骨由手舟骨、月骨、三角骨、豌豆骨、大多角骨、小多角骨、头状骨及钩骨组成,腕骨与毗邻的尺骨和桡骨、掌骨等构成腕掌、桡腕、腕中和远端尺桡关节。研究发现,腕骨中钩状骨硬度最大,小多角骨硬度最小。舟骨为腕骨中最大的一块骨头,也是骨折的好发部位,研究结果发现舟骨腰部显微硬度高于舟骨其他部位硬度,这可能与舟骨腰部较细,而且又是应力集中部位有关。在对于月骨的研究中发现,月骨内部骨质相对均匀、致密,月骨各部位硬度值均一,表现出一致的微观机械性能。对于腕关节相关骨头的硬度研究,有利于我们对腕部骨骼三维有限元分析和 3D 打印移植骨的制造。

（七）人体下腰椎显微骨硬度分布特征

腰椎对于承受人体重量有着十分重要的作用,目前腰椎病变引起的疾病越来越常见,对于腰椎的研究也成为一种趋势。下腰椎指的是 $L_3\sim L_5$ 的部分。研究团队对三具标本的下腰椎显微硬度研究发现,下腰椎密质骨平均硬度为(32.86±5.35)HV,松质骨平均硬度为(31.25±3.55)HV。此外,三具标本下腰椎椎体区密质骨平均硬度小于附件区密质骨平均硬度;椎体区松质骨平均硬度也小于附件区松质骨平均硬度,三具标本骨硬度值的变化规律与整体趋势一致,也就是说,附件区密质骨与松质骨骨硬度值均高于椎体区密质骨与松质骨骨硬度值。这可能与附件区骨质更加致密有关。由于腰椎各部硬度不一致的特点,在制造 3D 打印骨时,要根据其硬度梯度制造符合人体生理结构和负重要求的移植骨(图 18-2-1)。

（八）髋臼骨硬度分布特点

通过对髋臼前、后壁的骨硬度实验研究分析,发现无论是髋臼前、后壁之间对比,还是前壁内不同位置或后壁内不同位置的对比,其骨硬度值都是均匀一致的,其分布特点也保证了髋臼骨在不同应力方向上的稳定性,有效避免了因髋臼各部位负重不同引起的骨性不均匀沉降。通过对髋臼前、后壁骨硬度的数据分析,可以设计与髋臼弹性模量较一致的内固定物如接骨板、螺钉等,同时可以与 3D 打印技术结合,设计出接近人生理状态的仿生骨(图 18-2-2)。

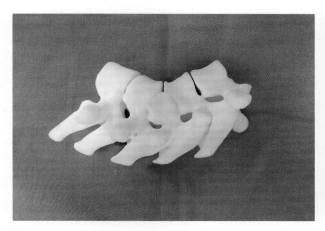

图 18-2-1　人体腰椎 3D 打印模型

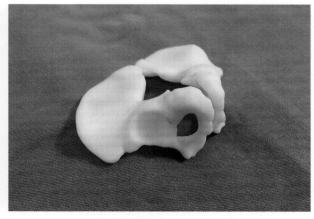

图 18-2-2　3D 打印人体髋臼模型

通过对髋臼前、后柱的骨硬度实验研究分析,发现髋臼后柱的骨硬度值较前柱大,单位体积内后柱骨质的弹性模量等力学特征也大于前柱。通过该部位骨硬度分布特征,可以合理选择螺钉置入位置、置钉密度、数量及方向,应优先置入硬度较大的位置。同时依据髋臼前后柱骨硬度实验结果,结合 3D 打印技术,可仿制出与髋臼梯度弹性模量一致的模型,提升手术质量。

（九）胫、腓骨远端骨硬度分布特点

踝关节是人体重要的负重关节,损伤后导致的踝关节炎会显著损害人体运动功能,由于胫、腓骨的负重差异,其远端骨组织必然存在生物力学性能的差异。通过对胫、腓骨远端骨硬度分布特点的研究分析,发现胫骨远端与腓骨远端骨硬度并非均匀一致。实验将下胫腓联合依次分为三层,在下胫腓联合层面一,胫骨硬度大于腓骨硬度;下胫腓联合层面二,胫骨硬度大于腓骨硬度,但差异减小;下胫腓联合层面三,腓骨硬度大于胫骨硬度。通过综合评定,在胫、腓骨远端,胫骨硬度值大于腓骨。骨显微硬度与骨材料的弹性模量有很好的正相关性,理想的植入物的生物力学特性应与原生骨一致,通过上述的实验结果,可以为 3D 打印仿生骨提供数据支持,开阔新的视角。

（十）股骨骨硬度分布特点

对于股骨的骨硬度研究显示,骨干部位的骨硬度值较大,近端、远端的骨硬度值较小,且近端骨硬度值大于远端。同样,通过对股骨骨硬度分布特点的研究,可以在术中对于螺钉的置入位置及对螺钉把持力的掌握有更为清晰的认知,可有效降低骨折术后相关并发症。

通过上述研究不难发现,人体同一骨的不同层次,不同方位都可能存在硬度差异,但是硬度值变化规律与整体趋势一致。例如,不同长骨均表现为骨干部位硬度值较大,近端、远端硬度值较小,且骨干硬度与近端、远端相比差异均有统计学意义。因此,在面对骨创伤缺损或需植入假体的患者,骨硬度不均一的问题便不可回避(图 18-2-3)。

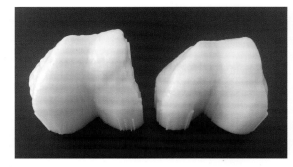

图 18-2-3　3D 打印重建的人体股骨远端关节面模型

（十一）距骨骨硬度分布特点

距骨和胫骨远端、腓骨下端共同组成踝关节,成为人体最大的负重关节。距骨骨折的发病率较低,但是骨折后缺血性坏死发生率较高。通过研究我们发现距骨的内侧骨硬度高于外侧骨硬度,距骨头颈部内外侧骨硬度与体部内外侧骨硬度无明显差异。也就是说其硬度分布为内外侧的差异,这可能与距骨内侧的应力高于外侧应力有关,内侧应力高导致的骨硬度也相对升高。研究还发现距骨松质骨的骨硬度略高于密质骨,可能与距骨的主要承重结构为松质骨有关。

（十二）总结

通过对上述部分骨的研究我们可以发现人体长骨骨干硬度大于两端硬度,骨骼应力较高的部位硬度也相对较高。长骨骨干主要由密质骨组成,而长骨两端骨质松质骨含量较高,这也是造成其硬度差异的主要原因。同样,腰椎、颈椎、腕关节、髋臼、距骨等骨与骨之间,骨内部不同部位的骨硬度值都是不同的。

人在行走、运动时,会对骨骼产生应力作用。应力指加在物体上面作用力的大小,或指物体对外来作用力所产生的分子间阻力。根据 Wolff 定律,骨组织受到应力刺激时,骨组织内部结构和外部形态会发生改变以适应功能需要。对距骨来说,使足内翻的肌肉比使足外翻肌肉更坚强,而且内侧韧带产生的应力也更强,距骨内侧应力高于外侧。所以,矿物质的聚集更偏向于距骨内侧。

对于人体骨硬度的研究,可以明确人体骨硬度的分布特点,为骨组织的三维有限元模型构建和 3D 打印移植骨提供数据支持,可以使 3D 打印的缺损骨和人工假体在外型与骨硬度分布特点上与人体骨骼一致,而且骨硬度分布特点也有利于手术中螺钉位置和进钉深度、角度的选择,进一步推动了骨生物力学的研究。

第三节　3D 打印与骨硬度的关系

3D 打印技术的出现可以很大程度上帮助骨科医生解决骨缺损、关节置换等问题,打造出缺损骨和置换关节解剖结构一样的三维立体模型。但骨硬度是需要关注的一个问题,人类不同部位的骨和骨的不同层次,其骨硬度值是不同的,而 3D 打印的植入物通常为均质材料,难与正常骨组织的弹性模量/刚度相匹配。若忽视骨硬度这一问题,很可能导致植入物受力不均、松动,造成手术失败。通过分析人体骨骼硬度的分布特点,将其与 3D 打印相结合,可以有效地规避这一缺点,打造出真正符合人体骨骼构造的仿生骨。

(一) 骨的不均匀性

从骨硬度分布特点来看,我们可以知道骨是一种不均质材料。通过骨的生物力学实验绘制的坐标图,可以看到,纵坐标表示骨的切片标本所承受的载荷值,横坐标表示在压力作用下,骨标本缩短或延长的数值大小,图中箭头所指处即称为屈服点,在均质性材料的力学试验中,在屈服点前,随着载荷值的增大,标本的变形呈线性增加,去除负荷后该标本恢复原状,其结构无明显改变。但是由于骨组织是一种非匀质性材料,因此并不具备完好的弹性。超过屈服点,骨组织会发生永久性损害(图 18-3-1)。

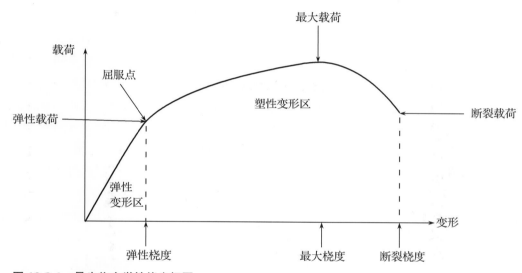

图 18-3-1　骨生物力学性能坐标图

骨组织的生长是一个复杂的过程,是骨塑行和骨重建两种状态协调而成。骨组织在生长过程中,骨细胞感受力学信号的刺激,再将力学信号转化为生物学信号,影响细胞的代谢、表达、形态等,导致细胞的生物学行为发生改变,从而调控骨组织的生长。载荷较高的区域,骨的质量和密度会发生增长;在载荷较低的区域,骨的质量和密度会发生下降。相应的不同密度的骨质其硬度也不相同。如果骨的三维立体模型设计与人体正常骨骼存有偏差,由均值材料构建而成的模型不符合正常人体骨骼骨硬度分布特点,那么其在植入人体后并在受力时很容易因受力不均而发生断裂、脱落,造成打印骨的不可逆性损坏,手术失败。

(二) 移植骨骨硬度变化的实现

骨组织作为人体最坚硬的部分,起到重要的支撑作用。人体不同部位的骨组织根据其不同的载荷,其刚度和柔韧性也有所不同。骨组织是由众多矿化胶原微纤维根据不同排列方式组装而成,有学者提出矿物质是骨支撑结构的基础,胶原纤维对于骨骼的韧性起来至关重要作用。研究发现,骨组织的整体刚度依赖于无机相的体积分数,而有机相对刚度影响略小,矿物质作为支撑人体载荷的重要物质,而胶原纤维作为增强体赋予骨材料韧性。也就是说矿物质含量越高,骨质刚度越高,硬度也就越高,当胶原纤维增加的时候,骨质就变得更有弹性,其韧性也就越好,就好比儿童的骨骼胶原纤维较高,更容易发生青枝骨折。在我们制造移植骨的时候,例如上述的锁骨,其中段的骨硬度最高,近段和远段骨的骨硬度呈硬度递减趋势,在仿制锁骨过程中,移植骨的中段使用矿物质或者合金的比例稍高,这样就能保证其中段硬度比其他部位稍高,在近段和远段的制备过程中,可以适当增加弹性材质的比例,这样既能保证移植骨的硬度,又能保证其整体的韧性。

人体骨骼的存在是一个不断构建、塑形和重建的动态过程,当这一动态平衡的紊乱就会导致骨骼的疾病,老年人的骨重建功能下降,导致了骨质疏松,其主要特征是骨量减少和骨组织微结构破坏,使得骨质变脆,骨折的风险增加。分布于哈弗斯管周围的骨细胞可感受骨骼的微损伤和力学刺激,力学刺激通过内分泌、自分泌、旁分泌转化和其他方式转化为一系列电信号及化学信号,调控着骨组织的丢失与形成。在制作3D打印移植骨支架的时候,根据每个部位的密度、硬度不同,可以对骨支架结构进行调整。在骨硬度要求较高的区域,可以增加支架矿物质长入空隙密度,这样有利于矿物质的聚集,形成硬度较高的区域,在硬度要求较低的区域,支架空隙密度就相对较低。此外,除了自身力学刺激以外,还可以利用特殊材质诱导该区域骨质的流失与重建,快速形成骨组织的密度、硬度的变化。

从骨硬度分布特点来看,我们发现密质骨的硬度会大于松质骨,一块骨头上造成骨硬度差异较大的地方也主要在骨皮质和骨松质之间。密质骨的结构致密,由哈弗斯系统组成,主要分布在长骨骨干和干骺端的表面。骨松质则由相互交织的骨小梁组成,松质骨的骨硬度即为骨小梁的硬度。两者的骨硬度也是明显不同的。有学者指出密质骨的硬度比松质骨硬度高约18%。研究发现骨皮质的螺钉固定强度是骨松质的10倍。骨皮质由于硬度、密度明显大于骨松质,其螺钉拔出时摩擦力远大于骨松质。以锁骨为例,当锁骨竖直放置切割成不同层面,每一层面前、后、内、外侧的密质骨骨硬度无统计学差异,但是其中间的松质骨骨硬度明显小于密质骨,在制作类似于锁骨这样的移植骨时,每一层的外周部先用硬度较高材料制造,中间则用硬度较低的材料制造,以模仿密质骨与松质骨部分。

有研究人员提出设想,骨组织的显微硬度值与螺钉的把持力成正相关。骨质疏松的患者骨组织相对于正常骨组织易被穿透。而且往往骨质疏松的患者容易导致手术后螺钉松动。一些学者利用三维有限元分析发现密度越高的松质骨螺钉拔出的力需要的就越大。骨质疏松的患者由于各种因素导致了骨组织中钙质的流失或者不足,导致骨硬度明显降低。由此不难看出,骨质密度的大小某种程度上又决定骨质硬度的大小,这一点又可以为3D打印移植物制造提供思路。3D打印移植骨制作过程中,单位体积内材料的使用量的差别可以有效的模拟了松质骨与密质骨的骨密度的差别,将二者的硬度有效区分。未来对于骨硬度的进一步研究,在大数据支持下,做到更微小层次的材质密度的变化,可以更好地应对人体骨骼由于不同位置或者不同骨骼方位导致的硬度差别。

(三) 骨硬度于3D打印技术重要性

通过上述大量的骨硬度实验数据,可以发现,不同骨与不同骨之间或同一骨的不同部位,骨硬度值的分布特点并非完全一致。无论是骨折内固定物的选择、人工关节的置换还是缺损骨的填充,都需要引入骨硬度这一概念,以避免后期的手术失败。传统的螺钉、接骨板仅在型号上有所差异,通过引入骨硬度概念,可以研发更符合该部位弹性模量的接骨板、螺钉等,使进钉部位更加精确。对于缺损骨的填充,通过对缺损骨的骨硬度分析,并将此与3D打印技术结合,可制造出与缺损骨硬度分布特点一致且更符合缺损骨解剖特点的仿生骨。面对关节置换患者,需行人工关节的植入,但每个患者都有其特殊的解剖结构,不同患者之间存在显著差异,大批量生产的人工关节不能满足个体化的需求。

目前生产的人工关节和仿生骨仅在型号上有所区别,统一大批量生产很难做到与特定患者的解剖结构相匹配。在关节置换手术中术者常常遇到人工假体与残留结构很难精细匹配的情况,面对这一情况术者常常以常规人工假体为基础,对邻近骨性结构进行改造,从而实现内置物与邻近骨性结构相匹配,但常常造成局部支撑强度不够、应力传导不足,引起一系列术后并发症。通过引入 3D 打印的概念,并收集患侧关节的骨硬度特点,行 CT 图像预处理、CT 图像分割、骨骼的三维模型构建及最终的 3D 打印重建,打印出与人体关节外型完全一致且硬度分布特点也与人体关节一致的人工关节。同样,在行缺损骨重建的手术时,将缺损骨不同部位的骨硬度值进行计算机处理,与 3D 打印技术结合,制造仿生骨。仿生骨同样可以达到几何结构和骨硬度分布特点与缺损骨相一致的要求。通过引入 3D 打印,加入骨硬度概念,可以使人工关节、仿生骨与人体解剖结构完美匹配,同时可以有效地避免术后因植入物受力不均、松动,造成的手术失败。

此外 3D 打印前的计算机有限元模型建立过程中,骨组织的硬度、密度等数据特征也可以引入计算机中,可以从更加微观、精细的层面去分析骨骼与骨骼,以及肌肉与骨骼间的联系。对于复杂骨折的患者,有限元模型可以模拟其骨损伤的过程,为手术方案的制定提供参考。对于骨硬度的深入研究,可以为今后骨组织有限元模型建立提供参数,选择适合参数的材料。

第四节　3D 打印的材料选择

骨组织主要由无机纳米羟基磷灰石颗粒与胶原及少量非胶原蛋白等基质形成的多孔复合材料。理想 3D 打印骨组织需要具备良好的生物力学特性、生物相容性、骨传导性、三维多孔结构为骨细胞的长入提供环境。3D 打印骨组织的设计需要尽量模仿天然骨的复杂的多孔微观结构,并结合骨硬度、生物力学等情况,以诱导成骨的方式实现骨的修复和再生。

近年来哈佛大学教授提出了膜层层组装三维支架理论。利用层层组装的方法,可以实现打印骨的高度精确三维呈现。此外结果表明在该层层组装构建的 3D 支架中,氧气及营养成分能顺利扩散至支架中心,帮助化学梯度及微环境的形成,促进细胞分化,便于组织构建。对于人体骨硬度的研究正好能应用到这一理论中,这就给我们另一种启发,在 3D 打印过程中,除了改变同种材质单位体积使用量外,还可以利用不同材质的不同性质,使每一层使用不同硬度、刚性的材料以达到人体骨硬度的精确模拟,然而这一种层层材质改变的打印技术可能是一项技术难点。

常见的 3D 打印生物材料主要有金属、磷酸钙等无机盐、聚合物类、高分子凝胶、复合材料等。作为骨科植入体的材料必须具有良好的生物相容性、强度和可塑性。目前金属合金类材料已广泛应用于临床,骨科中安装的假肢、假体也大部分使用的合金材料。由于生物相容性的需要,又促进了机高分子聚合物类的发展。近年来出现的复合材料结合了多种材料的优势,可以制造更加符合人体骨组织特性的移植骨。

第五节　总　　结

我国 3D 打印在骨科的应用仍处于起步阶段,依然存在大量问题:缺乏大量和长期的数据随访;植入材料的选择要求较高,合适的植入材料成为限制因素;3D 打印难以满足应急情况,人的组织器官极其复杂,打印的精确度仍需提高;依据目前的发展情况看,3D 打印技术仍局限于填充、修补、重建等,还未能实现组织功能的恢复,也无相关的法律法规明确地监督个性化 3D 打印产品的应用。

随着 3D 打印技术的不断发展,其在骨科领域内的应用也将更加广泛,并逐渐形成极具市场潜力的新兴产业。同时 3D 打印技术与组织工程学、数字化医学、材料学等多学科领域的不断结合,使越来越多生物相容性好、成骨诱导能力优良、机械性能稳定的 3D 打印产品被研发并应用于骨缺损的临床应用中。

3D 打印蓬勃发展的同时也应将其与人体骨硬度非均一一致的理念相融合,从而最大程度降低 3D 打印模型在术后的风险因素。各种打印材料的诞生,多种打印方式的推广,能够很好解决打印物材质均一的问题,打印的移植骨各层次及部位的硬度也更加符合人体解剖结构。在未来,3D 打印的花费也将越来越低,速度不断提升,操作更为简便,个性化 3D 打印模型将被普遍应用于术前诊断、术前模拟手术、术中辅助手术、个性化导航、个体化植入物、组织工程生物材料方面,这将是中国骨科在植入式医疗器械制造赶超国际步伐的一个机遇。

参 考 文 献

[1]　胡钧元,李耀文,张叶青,等 . 3D 打印技术在临床医学中的应用进展[J]. 山东医药,2019,55(9):106-109.

[2]　付艳红,高薇,李世明,等 . 个体化 3D 打印模型在骨科术前模拟中的应用[J]. 哈尔滨医科大学学报,2019,53(4):418-420.

[3]　贺统,李凡,杨晶,等 . 数字化 3D 打印截骨导向器在全膝关节置换术中的应用研究[J]. 实用骨科杂志,2018,24(4):310-313.

[4]　陈拥,王增辉,朴成哲 . 3D 打印个性化截骨导板辅助行全膝关节置换的应用[J]. 中国组织工程研究,2019,23(8):1155-1160.

[5]　赵凯,程奎,杨晶,等 . 基于 3D 打印的截骨导向板的设计与临床应用[J]. 新疆医科大学学报,2016,39(1):59-63.

[6]　苏楠,王炳强,杨雍,等 . 3D 打印的颈椎侧块螺钉导向板辅助侧块螺钉置钉的评估[J]. 临床和实验医学杂志,2019,18(14):1499-1505.

[7]　蔡宏,刘忠军 . 3D 打印在中国骨科应用的现状与未来[J]. 中华损伤与修复杂志(电子版),2016,11(4):241-243.

[8]　王春鹏,杨海娇,张成,等 . 3D 打印技术在骨科领域的应用进展[J]. 医学综述,2020,26(1):118-122.

[9]　武成聪,王芳,荣树,等 . 3D 打印应用在骨组织工程研究中的特点与进展[J]. 中国组织工程研究,2017,21(15):2418-2423.

[10]　王镓垠,柴磊,刘利彪,等 . 人体器官 3D 打印的最新进展[J]. 机械工程学报,2014,46(23):119-127.

[11]　张晓娟,李升,王建朝,等 . 人体下颈椎显微骨硬度体外测量的实验研究[J]. 中华解剖与临床杂志,2019,24(5):425-429.

[12]　张晓娟,王建朝,殷兵,等 . 锁骨显微压痕硬度的分布特征及临床意义[J]. 中华创伤杂志,2019,35(9):811-816.

[13]　PALVANEN M,KANNUS P,NIEMI S,et al. Update in the epidemiology of proximal humeral fractures[J]. Clin Orthop Relat Res,2006,442:87-92.

[14]　李升,王建朝,殷兵,等 . 肱骨近端显微骨硬度分布特征的实验研究[J]. 中华骨与关节外科杂志,2018,11(11):801-804.

[15]　吴卫卫,殷兵,李升,等 . 桡骨显微骨硬度分布特征的实验研究[J]. 中华肩肘外科电子杂志,2018,6(4):287-291.

[16]　吴卫卫,殷兵,李升,等 . 尺骨显微骨硬度分布规律的体外测量研究[J]. 中华骨科杂志,2019,39(2):98-104.

[17]　殷兵,李升,郭家良,等 . 人体腕骨显微骨硬度分布特征的研究[J]. 中华解剖与临床杂志,2020,25(2):93-97.

[18]　张晓娟,殷兵,王建朝,等 . 人体下腰椎显微骨硬度分布特征研究[J]. 中国脊柱脊髓杂志,2019,29(4):343-347.

[19]　刘国彬,殷兵,王建朝,等 . 人体髋臼前后壁骨硬度分布特征研究[J]. 中华骨与关节外科杂志,2019,

12 (9):708-711.

[20] 刘国彬,殷兵,王建朝,等 . 人体髋臼前后柱骨硬度分布特征研究[J]. 中华关节外科杂志(电子版),2020,14(1):57-62.

[21] 王建朝,李升,刘国彬,等 . 胫腓骨远端骨硬度分布特征研究[J]. 中华骨与关节外科杂志,2019,12(11):864-867.

[22] 殷兵,胡祖圣,李升,等 . 人体骨骼显微硬度研究[J]. 河北医科大学学报,2016,37(12):1472-1474.

[23] 殷兵,郭家良,李升,等 . 人体距骨显微硬度的分布特征研究[J]. 中华解剖与临床杂志,2018,23(6):461-464.

[24] 张晓刚,秦大平,宋敏,等 . 骨生物力学的应用与研究进展[J]. 中国骨质疏松杂志,2012,18(9):850-853.

[25] 崔伟,刘成林 . 基础骨生物力学(一)[J]. 中国骨质疏松杂志,1997,3(4):82-85.

[26] 张西正 . 骨重建的力学生物学研究[J]. 医用生物力学,2016,31(4):356-361.

[27] 何泽栋,赵婧,许博 . 有机相对骨组织力学性能影响的有限元分析[J]. 复合材料学报,2018,35(1):238-243.

[28] 中华医学会骨质疏松和骨矿盐疾病分会 . 原发性骨质疏松症诊疗指南(2017)[J]. 中国骨质疏松杂志,2019,25(3):281-309.

[29] OHMAN C,ZWIERZAK I,BALEANI M,et al. Human bone hardness seems to depend on tissue type but not on anatomical site in the long bones of an old subject [J]. Proc Inst Mech Eng H,2013,227(2):200-206.

[30] 王江泽,丁真奇 . 影响松质骨螺钉固定强度的相关因素[J]. 中国现代医生,2012,50(12):26-28.

[31] 胡祖圣,李升,刘国彬,等 . 人体骨骼显微硬度及其相关因素初步研究[J]. 河北医科大学学报,2016,37(1):102-104.

[32] 田冲,张美超,欧阳钧 . 不同骨密度下松质骨螺钉生物力学性能的三维有限元分析[J]. 南方医科大学学报,2010,30(11):2466-2468.

[33] DERDA R,LAROMAINE A,MAMMOTO A,et al. Paper-supported 3D cell culture for tissue-based bioassays [J]. Proc Natl Acad Sci U S A,2009,106(44):18457-18462.

[34] 林嘉宜,袁伟壮,张洪武 . 医用 3D 打印材料应用于骨缺损修复的研究进展[J]. 中国临床解剖学杂志,2017,35(6):708-712.

[35] 王凯,郑爽,潘肃,等 . 制备 3D 打印骨组织工程支架修复骨缺损的特征[J]. 中国组织工程研究,2019,23(34):5516-5522.

19

第十九章

骨硬度与法医学

　　法医学是应用临床医学、生物信息学、药学和其他自然科学理论与技能解决法律问题的循证医学,为解决法律问题、帮助案件侦查提供医学证据。因其作为法律和医学的桥梁,提供的证据和依据具有科学性,所以得到了不断发展。法医鉴定是法医学中重要的一项程序,它利用医学、生物学、人类学、物理、化学等知识展开对于活体、尸体以及生物物证的鉴定,从而取得相应的损伤程度、死亡原因、事实确认等结果。其中,法医骨科学是法医学的一个重要的分支,其中包括面部叠加、面部重构、法医牙科学、骨科病理学及考古研究等,尤其在考古研究以及司法鉴定领域,占有重要地位。不同部位的骨骼以及同一骨骼的不同位点,其骨硬度值并非均匀一致的,通过人体骨骼不同部位的骨骼硬度平均值及特点,可对考古研究及司法鉴定进行辅助判断。因此,一套完整的人体骨硬度值作为参考标尺具有重要意义。

第一节　骨科在法医学中的应用

　　生物学身份的四个主要特征是性别、年龄、身材和种族背景。法医骨科医生的目的是从骨骼遗骸中建立个体的这些属性。

　　骨科与法医学有着密切的关系,许多法医学鉴定和判别都建立在骨科知识上,对于骨组织的研究可以帮助我们进行尸体的鉴别。法医骨科学是法医学中一较大的分支,其中包括面部叠加、面部重建、法医牙科,骨病理学和考古学等研究。法医骨科医生负责的工作主要是对遗骸骨的物种来源、解剖部位以及身份信息进行确认。考古人员通过对墓地残存骨骼的分析,判定了墓堆中死者的性别、死亡年龄,最后通过分析确定了他们的民族以及身份。

　　同时在处理因意外伤害等引起的法律纠纷时,也需要法医骨科医生协助判断。在许多意外或者创伤性案件中,可利用骨科知识对损伤的性质、程度进行判定。目前有学者通过深度学习技术判断被测者骨龄(基于深度学习区域融合的骨龄评价研究)。此外,骨科法医学还可用于面部重建、法医牙科学、骨病理学的研究。

　　法医学对骨科的鉴定有以下内容:是否为骨组织,人类骨还是动物骨,男人骨还是女人骨,骨骼的年龄,骨骼的损伤情况,骨骼的年龄。此外,通过对颅骨的识别,可以实现死者的复容与颅像重合。人体不同部位的骨骼也存在差异,研究人员对颅骨、股骨、下颌骨进行组织学研究,发现其构成骨板数分别为内外环骨板的排列结构、显微骨板的层数存在差别。此外,可以利用骨组织的同位素预测骨骼至今的年限,对于考古工作有巨大帮助。

　　较大的骨组织在肉眼下可以根据骨骼的形状、表面特点就能辨别,对于较小的骨组织则可以研究其显微结构。在肉眼观察下,人类的头骨、关节骨、牙齿与动物的骨差别较大。人类的运动行为最特别,其骨骼的解剖形态亦独一无二。因此掌握上述骨骼解剖形态特征便能快速准确判断骨骼种属。骨组织由骨小管、哈弗斯系统组成,不同的骨组织其显微构造不同。人类骨组织哈弗斯管形态规则,横断面呈圆形或椭圆形;动物的哈弗斯管形态不规则,多呈长条形。有学者研究了多种动物骨组织微观结构发现不同动物骨骼的组织学特征是完全不同的。每个物种都有其特有的骨组织特征,通过观察骨骼的微观结构可以轻易地分辨人类和其他动物的骨骼。而且经过处理骨组织残渣很难用肉眼观察辨别,通关观察骨残渣显微结构可以让鉴别变的更容易。

　　从形态学上来说,光给一个人类骨骼通常很难辨别是男性还是女性,男性骨骼通常较大而重,肌嵴和骨突较为明显。女性骨骼则较为纤细,骨面光滑,骨质较轻。男性与女性的骨盆结构差异较大,通过骨盆鉴定性别的准确性可达 95%。从生物分子学角度,可以通过提取的骨组织的 DNA 来加以鉴别性别。牙齿中的牙髓细胞可以提取 X、Y 染色质分辨性别。研究人员在研究肱骨、股骨的骨小梁发现特别是 50 岁以后的人骨中,女性骨质较男性更疏松。在临床中骨质疏散的患者更加偏向于女性,这点为骨骼性别的鉴定提供了又一依据。

年龄推断一直作为法医学研究的一个重点,从骨骼中我们可以提取到较为准确的年龄信息。随着现在刑事、民事案件的需要,法医学年龄的推断越来越重要,其方法与手段也在不断更新,推断结果也更加准确。青少年可以通过牙齿的萌出顺序来推断年龄,成人则可以根据牙齿的磨耗来判断年龄,有学者将上下颌牙齿的进行比较,发现牙齿主人的上下颌牙齿磨损无显著差异。在儿童及青春期前后,根据骨化核的出现与骨愈合时期可以推断年龄。更加直观的是,老年人的骨骼表面会有骨质的增生,而且骨小梁分布稀疏,通过评价骨骼密度可以有效诊断骨质疏松。有学者利用X线观察联合面波浪嵴、骨纹结构、松质骨、骨小梁分布横骨梁、骨质增生和耻骨下支骨皮质等的形态分析人类骨骼年龄变化。目前有学者利用X线研究不同年龄下胸骨、肋骨、耻骨的差异。人体骨骼在不同年龄阶段其骨骼特征存在差异。骨质的变化以及骨骼关节面、关节缘的改变是成人骨骼X线片年龄推断的基础。随着技术的发展,人们可以利用更加先进的技术进行鉴别。随着人体细胞的衰老以及凋亡,各种分子标志的成分也相应发生改变。晚期糖基化终末产物的积累、端粒的缩短、线粒体DNA 4 977bp的缺失和蛋白质D型天冬氨酸的积累等等,而且DNA中的某些基因与年龄的增加密切相关。

在临床中,不同的损伤机制可以造成不同方位的骨裂以及移位。外界暴力超过了骨组织弹性极限造成了骨折。研究人员利用摆锤撞击猪骨,发现撞击速度不同产生的裂横形状也不相同。根据骨折不同形态可分为横型、斜型、螺旋型、粉碎型、扦插型等。在许多民事案件中,骨骼损伤的损伤鉴定至关重要。有学者对桡骨远端骨折伸直型进行生物力学分析发现骨折总是沿着与骨纵轴大致成45°从远端向近端发展。法医学中最常见的骨折为颅骨骨折,其次为肋骨骨折、四肢骨折、脊柱骨折和骨盆骨折。骨骼在钝器损伤后可表现为粉碎、无规则的破裂以及凹陷,锐器损伤的骨骼,创面及创底锐利平滑,创口较小。有学者发现,肌肉骨骼的疲劳性损伤与能量代谢产物、氧化应激反应、部分炎症反应中的标记物密切相关。某些工作由于身体某个部位长期受力、重复操作、姿势不当等因素,导致工作人员形成相关的职业病。这一发现可以很好的作为法医学职业病鉴定的依据。在某些错综复杂的案件中,往往需要鉴定死者是生前还是死后的骨折。生前骨折,在骨折处会有生活反应。骨折的愈合一般经历4个阶段,在受伤后4~5小时为血肿形成期,大约在骨折后2~3天,纤维骨痂形成,紧接着骨母细胞产生新生骨质逐渐取代纤维性骨痂,即骨性骨痂。可以根据死者骨折愈合的阶段判断其骨折的时间。

第二节 人体骨硬度特点

骨是由有机质和无机质构成的复合物质,为人体最坚硬度的组织之一。研究发现骨骼在不同状态(如温度、湿度等)不同的解剖部位和是否存在微骨折等条件下其硬度均有不同。相关研究发现骨硬度与骨板的排列方式及方向以及骨组织的矿化程度密切相关,矿化程度越高,骨硬度值越大。既往多用骨密度来反映骨强度大小,但骨强度大小不仅取决于骨量的多少,更依赖于骨组织各成分间骨的内部结构,纵向排列的胶原纤维可以明显增加密质骨的拉伸强度。骨密度仅可解释60%~80%的力学强度,通过对骨硬度的探究可进一步强调骨硬度与骨强度的关系,明确人体不同解剖部位骨骼硬度的特点,为后续研究提供数据支撑。

有学者们发现骨显微组织中存在着大量的结构变异,但这种差异在其发生过程中是恒定的,根据这些结构的变异他们发现:同一骨骼的不同部位,不同骨骼的不同部分,同一截面的不同区域,不同物种,在不同的年龄,这些骨组织的塑造微型显微结构不相同,这就意味着不同物种间、同一物种的不同部位骨组织的特性存在显微或者较大差别,骨组织的这一特点成为了法医学关于骨组织鉴别的基础。目前对于骨组织法医学的鉴定以骨密度检测为主,骨密度法医学鉴定可利用 X 线成像、CT、超声,此法对于骨质疏松患者的法医学鉴定更为有效。骨硬度的引入可以为法医鉴定提供更有效的依据,也可以利用更简单有效的手段达到鉴定的目的。

对于人体骨硬度值,至今没有一套完整的数据作为系统参考。为此张英泽院士带领的骨硬度团队率先开展了骨硬度值的测定,以人体全身骨骼为框架,运用显微硬度测量仪测量人体全身骨骼显微硬度值,完成并记录了一套完整的人体骨硬度值。骨硬度这一概念的深入研究进一步促进了医学的发展,骨硬度对于 3D 打印弹性模量制造、螺钉把持力力学的分析,以及对未来法医学的鉴定都有不小的帮助。

一、人体髋臼骨硬度值特点

髋关节是人体最重要的承重关节,髋臼骨折约占全身骨折的 3%~8%。近年来髋臼骨折的发病率逐渐升高,究其原因多为暴力外伤所致。通过研究发现,髋臼前壁骨硬度值范围在 19.80~40.70HV,均值在 31.15±4.94HV。髋臼后壁骨硬度值范围在 16.40~39.50HV,均值在 29.93±4.64HV。

通过测量髋臼骨硬度值,可以明确髋臼骨硬度值范围,为髋臼骨遗骸的评估或因髋臼骨折引起的纠纷提供数据参考。

二、人体腕骨骨硬度值特点

腕关节是生活和工作中使用频率最高的关节之一,是维持手发挥功能位置的最重要关节。在手指发挥功能时,腕关节起稳定和协同作用。腕关节骨损伤会严重影响生活自理、工作学习、运动健身能力。通过研究发现,人体腕关节骨的平均硬度范围在 31.82~39.04HV。其中,钩状骨骨硬度值最大,腕骨不同骨骼骨硬度从高到低依次为钩状骨(39.04±5.79)HV、头状骨(38.98±6.17)HV、舟骨(37.72±5.85)HV、大多角骨(35.89±4.75)HV、月骨(33.65±5.42)HV 及小多角骨(31.82±5.54)HV,其中小多角骨骨硬度值最小。

三、人体腰椎骨硬度值特点

腰椎是人体承重及活动范围较大的节段,易受到暴力冲击导致腰椎骨折。当面临纠纷时,需要明确患者的损伤是来源于自身骨质疏松所导致的骨折还是为外界暴力损伤所致。通过相关研究发现,腰椎密质骨总体硬度为 19.00~48.80HV,平均为(33.12±5.41)HV。松质骨总体硬度 21.90~41.30HV,平均(31.51±3.88)HV。腰椎椎体区平均骨硬度值为(31.82±5.00)HV,附件区密质骨平均骨硬度值为(34.16±5.52)HV。椎体区松质骨平均骨硬度值(30.31±3.39)HV。附件区松质骨平均骨硬度值为(32.39±4.07)HV。通过上述数据,可以大致明确腰椎骨骨硬度值范围及分布特征,为后期法医鉴定提供数据支撑。

四、人体胫、腓骨骨硬度值特点

由于胫、腓骨负重的差异导致的骨组织功能性适应,胫、腓骨远端局部骨组织必然存在生物力学性能的差异。相关研究发现,胫骨骨硬度平均值为(44.59±7.99)HV,腓骨平均骨硬度值为(44.39±7.31)HV。研究还发现,腓骨不同区域骨硬度值也有显著差异,其前侧硬度值最小,后侧硬度值最大(图 19-2-1)。

依靠对胫、腓骨骨硬度值的统计,可以对遗骸骨片进行分析,确定骨片的来源。

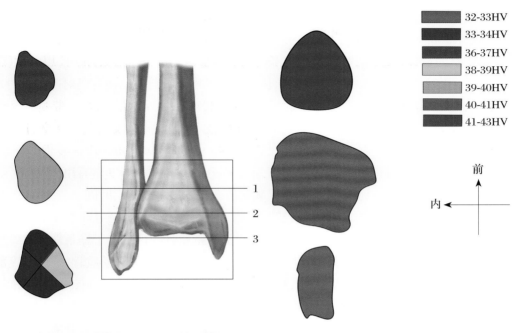

32-33HV
33-34HV
36-37HV
38-39HV
39-40HV
40-41HV
41-43HV

前
内←

图 19-2-1　人体胫腓骨远端骨硬度分布差异图

五、人体肱骨干骨硬度值特点

肱骨在是上肢骨中最粗且最长的管状骨,肱骨骨折在四肢骨折中也较为常见。研究发现肱骨干在不同层面及区域骨硬度值存在差异,其中肱骨干中段骨硬度值大于上、下段,肱骨干中、下段外侧骨硬度值大于后侧。肱骨干中段骨硬度值约为(49.11±6.44)HV。肱骨干上段骨硬度值(46.37±4.71)HV,下段骨硬度值(46.28±5.98)HV。肱骨干后侧整体硬度(45.28±6.47)HV,肱骨外侧(49.12±5.22)HV、内侧(48.28±6.10)HV、前侧(47.40±5.55)HV。

六、人体耻骨上、下支骨硬度值特点

耻骨支是骨盆前环的重要组成部分,通过研究发现,耻骨下支骨硬度值大于耻骨上肢。

第三节　骨硬度与法医的关系

一、遗骸骨来源与骨硬度关系

当发现遗骸骨时,警官或验尸官首先需要考虑的问题是骨骼的来源,是来自人类还是动物。对于人骨的识别,主要依靠骨科法医的经验以及骨骼要素的分析。依靠经验进行识别时,往往依靠对遗骸骨骨骼形态的鉴别,或者通过加热,依靠散发的味道来鉴别。依靠以往的经验识别往往带有一定的主观性,对判定结果会产生一定的误差。

在确定遗骸身份信息时,常常需要骨科医生提供准确的信息,辅助判断,对遗骸骨的物种属性、性别、年龄做出正确评估。对于遗骸骨的研究往往面临许多问题。当发现新的骨骼时,首先需要判断是人类骨骼还是动物骨骼,法医骨科医生的经验以及所测骨骼的骨骼元素是重要的鉴别因素。长骨或肋骨的部分

节段很难与动物进行区分,通过蒸煮、加热等方式可以辅助鉴别,但准确性往往不高,易受干扰因素较多。其次,对于长期埋葬于底下的骨骼,受干扰因素更为复杂。

因此,单纯依靠以往的研究方法判断骨骼来源往往不够精确。在以往研究方法上引入骨硬度概念,通过对遗骸骨的骨硬度值进行测定,并与标准的人体骨骼骨硬度值进行对比便可以对遗骸骨的来源进行判断并对遗骸骨的解剖部位进行定位,极大的提高了鉴别的准确性。

二、遗骸骨的存放条件、时间与骨硬度关系

维氏显微硬度可以对骨骼材料的塑性变形进行无损测量,这对于法医学非常有用。硬度测量可判断、分析骨骼内有机质和水分比例。且验尸时可根据骨硬度值变化辅助判断死亡时间。

新鲜人体骨组织成分中,矿物质占59%,有机基质占30%,水占11%。在生理条件下测得的骨硬度值、弹性模量值低于干燥环境中的样品,研究发现含水量高的密质骨的硬度比干燥条件下的骨质硬度值低36%。这种差异在松质骨中为29%。浸泡于70%的无水乙醇中而脱水的松质骨,维氏硬度值提高了10%。因此,我们可以使用硬度值来评估水含量和有机基质比例。

骨组织在显微硬度方面表现出方向差异性。密质骨横向和轴向两个方位的硬度值,均与制冷度日数相关的腐化周期有相应的比率关系,因此骨硬度值可辅助判断尸体于不同情况下旷置的时间。

骨骼组织的硬度在长骨内部平均相对均匀。与未损坏的区域相比,骨骼的受损区域显微硬度值可降低50%。因此,硬度值可在评估骨钝器损伤的程度中起重要作用。

三、遗骸骨主的年龄、性别与骨硬度关系

在许多刑事案件中,法医们需要先判断尸体的性别、年龄等基本信息。对于较为新鲜的尸体,我们尚可大致判断其基本情况,但是对于腐烂程度较重,或者处理过的尸体,很难判断其年龄。此时我们可以通过测量尸体骨的性质来判断死者年龄。目前主要通过X线照片对腕、踝等关键关节骨骺融合情况,肩、肘、腕部骨化中心的最大径等研究结果推断年龄,怀疑是较为年轻的尸体,同样可以用此种方法鉴别是否为青少年。儿童长骨内外环骨板层数较多,哈弗斯系统较少,有机质含量较为丰富,这与成人骨骼构造差异较大。这就导致儿童骨骼硬度较小,韧性较强,而成人骨骼硬度则较大。可通过骨骼的硬度值及骨骼组成初步判断尸体是否成年。最新研究有学者分析腕骨MR图像来估计年龄。骨组织为非均质材料,人体各部位骨硬度都有其硬度特点。骨组织硬度取决于骨组织矿物含量,骨组织矿物质主要成分为磷酸钙、碳酸钙柠檬酸钙等。骨硬度值的测量可间接反应人体骨矿物质含量,人体的骨骼生成是一个动态平衡状的过程。随着年龄的增长,中老年人由于各方面原因骨质开始变疏散。由于雌性激素等一些原因,女性骨质量降低早于男性且发展较快。原本的动态平衡被打破,骨骼中的钙盐不断流失,导致血钙升高。这也造成了骨骼硬度的下降,在对于成年人骨骼分析的程中,可以依据某个部位骨硬度大小,初步判别此成年人是青年还是老年。野外发现白骨时,我们一时间可能很难区分是不是人类骨骼,有研究人员选取不同种属动物骨骼作比较,他们发现不同物种间生物骨单位数量、骨板的结构不同,这就意味着不同生物间骨骼的硬度存在差异,通过大致比较骨骼硬度可粗略判断是否为人类骨,或者是某种已知的生物。

四、骨组织毒物检测与骨硬度关系

骨组织的主要成分为矿物质,随着时间的推移,人体内重金属等有害物质可以在骨组织内沉积,而且不同毒物可以引起骨质的不同程度的变化,因此通过检测骨组织的毒物成分,可以确定死者是否为慢性毒物中毒。有学者将160只小鼠采用随机数字表法分成16组,其中8组灌入不同浓度将氟化钠,另外8

组灌入不同浓度的亚砷酸钠。结果发现两种毒物不同程度上影响了小鼠骨形成基因的表达。有学者给予小鼠不同浓度含铅食物喂养，结果显示高剂量铅组大鼠股骨骨小梁稀疏、变细、变薄或断裂，骨髓腔相对扩大，他们发现高剂量的大鼠组中骨骼的钙质丢失严重，造成骨组织结构的破坏，也使得某些成骨相关基因的表达下调。此外，铅还可以调控人体内激素的分泌间接调控骨骼中钙离子，例如降钙素、糖皮质激素等。长时间在骨铅暴露下的人们，其血液及骨铅的含量会大大增高。人体内铅的升高对于婴幼儿的毒害作用更为敏感。除了造成神经系统、消化系统、泌尿系统等一系列症状外，还可以造成骨钙的明显下降。基于对骨铅的测点，目前 X 射线荧光技术可以直接测量活体骨铅含量，此法已得到迅速发展。综上所述，在某些毒性状态的骨组织骨硬度下降，变得更脆，通过简单的骨骼硬度测定，可判断骨骼是否为毒性损伤。

五、法医学中骨硬度的测量方法

张英泽院士骨硬度团队在对骨硬度测量时使用的是维氏硬度仪，其测量的仪器较为专业，但是不足之处时测量时骨标本需要打磨成薄片，操作较为烦琐。在法医学的骨硬度测量中我们可以采用其他较为便捷的方法，骨密度可以间接反应骨骼的强度，在临床中可以通过超声骨密度仪、普通 X 射线、双能 X 射线、定量 CT 等技术测量骨骼密度，从而间接判断骨骼硬度。例如在 X 线的图像中，骨骼表面的密质骨会比中间的松质骨显现更为透亮，因其密度较高，相应的，骨组织外侧密质骨的硬度也大于松质骨的硬度。此外，可以通过某种物种在骨表面的穿透程度来直接反应骨组织的硬度，国外有学者研究了桡骨不同解剖部位的骨硬度及其对螺钉拔出强度的影响，他们发现桡骨的中段的硬度最高，相应的螺钉在中段的拔出强度要比远段和近段都要高，这与张英泽院士骨硬度团队测量的骨硬度分布大致相同（图 19-3-1）。

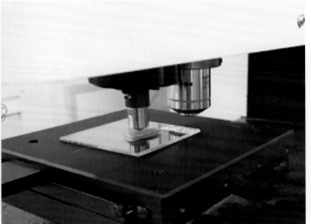

图 19-3-1　维氏显微压痕硬度测试仪和测量过程

六、临床鉴定与骨硬度关系

人体骨硬度分布不均的特点导致其各部位的螺钉把持力不同，同样的，在受到不同的外力的时候，各部产生的骨折特点也不尽相同，对于人体全身骨硬度的分析，有利于法医学中骨折的力学分析，解释骨折分型和损伤机制。有学者发现骨组织在接受撞击后骨折的裂痕形状与撞击的速度密切相关。笔者认为，物体撞击到不同硬度的骨质也会产生不同形态变化。老年人容易骨质疏松，摔跤后易造成骨折，这与老年人的硬度降低有密切关系。因此,在面对医疗纠纷等问题时,通过引入骨硬度概念,依据受伤者的基础骨硬度情况,以及受伤时的作用力大小,寻找导致患者受伤的绝对因素,判断是因自身骨质疏松导致的骨折还是由于外界暴力主导损伤所致。

第四节　骨硬度在法医学应用的前景与展望

骨科作为法医学的一项重要分支起到了不可替代的作用,涉及法医学的多个方面,包括骨骼来源的确定、人骨与动物骨的鉴别、一人骨与多人骨鉴别、人骨性别鉴定等。在涉及到考古问题时,骨科法医可以根据对遗骸骨的研究,判断其大致的物种来源。以往的研究手段准确性有所欠缺,仅仅依靠个人经验作为评判方法欠为妥当。当在明确遗骸骨骨硬度值大小时,可以将测量到的骨硬度与人体骨硬度数据库的骨硬度值作对比,大大缩小了判定范围,可以准确高效地对骨骼来源及部位做出判断。随着科技的发展,利用生物信息学成为了法医学的鉴定趋势,因为其准确性较高,每个人都有其特有的 DNA。目前,人工智能的发展又为法医学的发展提供了动力,人工智能技术可以用于法医学的方方面面,可以推断死者的死亡时间,对死者性别、年龄的判断,以及对于临床影像、病理学切片的诊断等等,大大提高了法医鉴定的效率和准确性。未来对骨硬度的全面研究,利用大数据技术,制定人类的骨硬度数据库,再利用法医学与人工智能结合,可以做到对于骨组织的快速鉴别。

参 考 文 献

［1］　Scheuer L. Application of osteology to forensic medicine［J］. Clin Anat,2002,15(4):297-312.
［2］　张继宗.人类骨组织特征研究[J].人类学学报,2008,27(4):325-330.
［3］　谭宇,田雪梅,张继宗.人与动物短骨的区别[J].刑事技术,2009(4):65-66.
［4］　张继宗.骨骼种属鉴定的组织学研究[J].法医学杂志,2001,17(3):139-141.
［5］　刘良财,左雪松,吴德清.牙龄推断的研究进展[J].四川解剖学杂志,2017,25(1):35-37.
［6］　张忠尧,吕登中,刘永胜,等.男性耻骨结构软 X 线影像与年龄关系的研究[J].中国法医学杂志,1995(4):210-212..
［7］　张继宗,徐理想,车红民.X 线片的骨骼年龄判定[J].刑事技术,2005(6):21-26.
［8］　边英男,张素华,李成涛.个体年龄推断的法医学研究进展[J].中国司法鉴定,2015(4):85-88.
［9］　BOCKLANDT S,LIN W,SEHL ME,et al. Epigenetic predictor of age［J］. PLoS One,2011,6(6):E14821.
［10］　钟思武,曲颖,王忠旭.工作相关肌肉骨骼疲劳与损伤相关生物标志物研究进展[J].职业与健康,2018,34(21):3012-3018.
［11］　白洁,马文静,冯维博,等.骨密度测定及其法医学应用[J].刑事技术,2018,43(5):396-400.
［12］　唐天华,唐三元,杨辉.髋臼骨折手术入路与并发症关系的研究进展[J].中华创伤骨科杂志,2014,16(2):169-172.
［13］　陈晓磊.髋臼骨折外科临床治疗的探讨[J].中国医药导刊,2010,12(6):1077.
［14］　刘国彬,殷兵,王建朝,等.人体髋臼前后柱骨硬度分布特征研究[J].中华关节外科杂志(电子版),2020,14(1):57-62.
［15］　殷兵,李升,郭家良,等.人体腕骨显微骨硬度分布特征的研究[J].中华解剖与临床杂志,2020,25(2):93-97.
［16］　张晓娟,殷兵,王建朝,等.人体下腰椎显微骨硬度分布特征研究[J].中国脊柱脊髓杂志,2019,29(4):343-347.

［17］ 王建朝,刘国彬,张晓娟,等．人体腓骨体部骨组织显微硬度的分布特征［J］．中华解剖与临床杂志, 2019,24(5):430-434.

［18］ 张晓娟,李升,吴卫卫,等．人体肱骨干显微骨硬度分布特征的实验研究［J］．中华解剖与临床杂志, 2019,24(4):318-321.

［19］ SCENDONI R,CINGOLANI M,GIOVAGNONI A,et al. Analysis of carpal bones on MR images for age estimation:First results of a new forensic approach［J］. Forensic Sci Int,2020,313:110341.

［20］ 赵翠玲,张惠芹,王连智．法医学中个体年龄推断研究进展［J］．中国人民公安大学学报(自然科学版),2005,11(4):29-32.

［21］ 胡祖圣,李升,刘国彬,等．人体骨骼显微硬度及其相关因素初步研究［J］．河北医科大学学报,2016, 37(1):102-104.

［22］ 刘燕铭,王海枝,贾子超,等．原发性骨质疏松易发年龄段骨代谢相关激素的变化［J］．标记免疫分析与临床,2001,8(3):180-181.

［23］ 覃子秀,李浩,胡君伟,等．氟砷联合暴露对大鼠骨组织骨形态发生蛋白 2 和骨形成相关因子 Runt 转录因子 2 基因转录表达的影响［J］．中华地方病学杂志,2018,37(8):612-617.

［24］ 郭李萌,冯翠萍,云少君,等．铅对大鼠骨组织代谢影响［J］．中国公共卫生,2017,33(4):592-595.

［25］ 易伟松,罗贤清,陈建军,等．骨铅含量应作为人体铅中毒新的生物标记［J］．广东微量元素科学, 2006,13(4):1-6.

［26］ 赵飞,陈维娟,张元刚,等．156 例骨质疏松患者双能 X 线骨密度仪检测数据分析［J］．影像研究与医学应用,2018(11):176-177.

［27］ WU WW,ZHU YB,CHEN W,et al. Bone hardness of different anatomical regions of human radius and its impact on the pullout strength of screws［J］. Orthop Surg,2019,11(2):270-276.

［28］ COHEN H,KUGEL C,MAY H,et al. The impact velocity and bone fracture pattern:Forensic perspective ［J］. Forensic Sci Int,2016,266:54-62.

［29］ 康克莱,叶健,季安全,等．法医学二代测序标准化进展与展望［J］．中国法医学杂志,2020,35(1):73-77.

［30］ 刘志勇,张更谦,严江伟．人工智能在法医学中的应用与展望［J］．刑事技术,2019,44(5):383-387.

图书在版编目（CIP）数据

骨硬度学 / 张英泽主编 . —北京：人民卫生出版
社，2022.1
ISBN 978-7-117-32426-7

I. ①骨⋯　II. ①张⋯　III. ①骨骼 – 硬度值　IV.
①Q984

中国版本图书馆 CIP 数据核字（2021）第 232620 号

人卫智网　www.ipmph.com　医学教育、学术、考试、健康，
　　　　　　　　　　　　　　购书智慧智能综合服务平台
人卫官网　www.pmph.com　人卫官方资讯发布平台

骨硬度学
Gu Yingduxue

主　　编　张英泽
出版发行　人民卫生出版社（中继线 010-59780011）
地　　址　北京市朝阳区潘家园南里 19 号
邮　　编　100021
E - mail　pmph @ pmph.com
购书热线　010-59787592　010-59787584　010-65264830
印　　刷　北京华联印刷有限公司
经　　销　新华书店
开　　本　889×1194　1/16　　印张：31
字　　数　851 千字
版　　次　2022 年 1 月第 1 版
印　　次　2022 年 1 月第 1 次印刷
标准书号　ISBN 978-7-117-32426-7
定　　价　468.00 元

打击盗版举报电话：010-59787491　E-mail: WQ @ pmph.com
质量问题联系电话：010-59787234　E-mail: zhiliang @ pmph.com